中国科学院教材建设专家委员会规划教材
全国高等院校规划教材
供经济、管理、法学、文学、艺术、外语等专业使用

大学化学

主　编　唐玉海　张　雯
副主编　关　放　陈　麒
编　委（按姓氏笔画排序）
王　蓓（首都医科大学）
卞　伟（山西医科大学）
权新军（吉林大学）
关　放（西安交通大学）
许　昭（西安交通大学）
张　雯（西安交通大学）
陈　麒（兰州大学）
徐四龙（西安交通大学）
高瑞霞（西安交通大学）
唐玉海（西安交通大学）

科学出版社
北　京

内 容 简 介

本教材以化学基础知识和化学发展历史为依据，围绕能源、环境、材料、文物保护、生命科学等社会普遍关注的热点问题展开讨论。全书由绪论、化学基础知识、化学与能源、化学与健康、化学与生命科学、化学与环境、化学与材料、化学与文物保护、化学与司法侦查、化学与国防军事、化学与哲学以及化学的继往开来共12章组成。

本教材主要以普通高等学校人文、社科、外语等学科的学生为读者对象，可供经济、管理、法学、文学、艺术、外语等专业大学本科生使用，亦可作为理工科学生和相应管理人员学习了解自然科学知识的参考书。

图书在版编目(CIP)数据

大学化学 / 唐玉海，张雯主编. —北京：科学出版社，2015. 12
中国科学院教材建设专家委员会规划教材·全国高等院校规划教材
ISBN　978-7-03-046635-8

Ⅰ. ①大… Ⅱ. ①唐… ②张… Ⅲ. ①化学—高等学校—教材 Ⅳ. ①06

中国版本图书馆CIP数据核字（2015）第290217号

责任编辑：王　超 / 责任校对：何艳萍
责任印制：李　彤 / 封面设计：陈　敬

科学出版社 出版
北京东黄城根北街16号
邮政编码：100717
http://www.sciencep.com
北京凌奇印刷有限责任公司 印刷
科学出版社发行　各地新华书店经销
*
2015年12月第　一　版　开本：787×1092　1/16
2023年 7 月第三次印刷　印张：14
字数：340 700

定价：59.80元

（如有印装质量问题，我社负责调换）

前　言

随着“高等教育新世纪教学内容和课程体系计划”的实施。高等教育逐渐由专业型教育向知识、能力、素质三位一体的教育模式转变，在这一转变过程中，“使理工科学生了解更多的人文学科知识，使文科学生了解必要的自然科学知识”已达成共识；化学以其自身的特点为文科学生窥视自然科学全貌之窗口。

化学作为一门中心性的、实用性和创造性的科学。在人类多姿多彩的生活中可以说是无处不在，尤其是在危险品，环境污染等问题日趋严重的今天。本书以当代人们共同关注的能量、环境、材料、生命科学、国防军事等热门话题为经线，以化学的基本概念、化学的基础知识为纬线编写而成的。全书由第 1 章绪论、第 2 章化学基础知识、第 3 章化学与能源、第 4 章化学与健康、第 5 章化学与生命科学、第 6 章化学与环境、第 7 章化学与材料、第 8 章化学与文物保护、第 9 章化学与司法侦查、第 10 章化学与国防军事、第 11 章化学与哲学以及第 12 章化学的继往开来共 12 章组成。

全书重点突出以下特点：

- 精心选取素材，内容编写深入浅出，使文科学生不因化学基础相对薄弱而学习困难。
- 融合化学与社会问题，突出热点，增加知识性和趣味性。
- 正面社会现实问题，努力培养学生的社会责任感。
- 注重科学知识普及，提高科学素养，增强科学思维和决策能力

全书由西安交通大学（按姓氏笔画排序）关放、许昭、张雯、徐四龙、高瑞霞、唐玉海，山西医科大学卞伟，首都医科大学王蓓，吉林大学权新军，兰州大学老师陈麒编写。由西安交通大学唐玉海，张雯任主编，西安交通大学关放，兰州大学陈麒任副主编。本书在编写过程中得到西安交通大学、兰州大学、吉林大学、首都医科大学、山西医科大学的大力支持，得到同行的大力帮助，在此表示衷心的感谢。

由于编者水平有限，书中难免有不足及错误之处，恳请读者和同行批评指正。

编　者

2015 年 9 月

目　录

第1章 绪 论

顺应“二十一世纪高等教育新教学内容和课程体系改革以及培养复合型人才的需要”，高等教育逐渐由专业型教育向知识、能力、素质三位一体的教育模式转变。在这一转变过程中，“使理工科学生了解更多的人文科学，使文科学生了解必要的自然科学知识”已是大势所趋。化学以其自身的特点成为文科学子窥视自然科学全貌之窗口，如何让文科类学生了解必需的化学知识是本教材编写的目的。化学是在原子、分子层次上研究物质的组成、结构、性质及其变化规律的一门科学。它涉及存在于自然界的物质以及由化学家创造的新物质；它涉及自然界的变化，还有那些由化学家发明创造的新变化。茫茫宇宙中浩瀚的物质世界，在化学家看来不过是千百万种化合物的存在与组合，而且是由为数不多的几十种常见元素所组成。它们之间的差别仅在于元素的种类、原子的数目和原子构成分子(或晶体等)时方式的不同。

丰富多彩的物质世界尽管其外表形形色色、变化无穷，但其内部是统一的，一切物质都会有相同的、最简单的组成部分或单元，那就是原子和分子。原子是由电子、质子和中子三种粒子组成的。其中质子和中子靠核力组成原子核，核靠静电引力将电子束缚在核外的一定空间中运动。元素是具有相同质子数(即核电荷)的同一类原子的总称。化学变化的实质是原子的重新排列组合。化学变化过程是旧键断裂和新键形成的过程。

1.1 化学在现代社会发展中的作用和地位

人类在进入二十一世纪的今天，化学已渗透到了人类社会生活的各个方面。从人们生活的衣、食、住、行来看，人们穿着的色泽鲜艳的衣料却是经过化学处理和印染制得的，丰富多彩的合成纤维是化学家对人类的又一大贡献。要装满粮袋子，丰富菜篮子，关键之一是发展化肥和农药的生产。饮食行业要加工制造色香味俱佳的食品，离不开各种食品添加剂，如甜味剂、防腐剂、香料、调味剂和色素等，这些添加剂大多是用化学合成方法或用化学分离方法从天然产物中提取分离出来的。现代建筑所用的水泥、石灰、油漆、玻璃和塑料等材料都是化学产品。现代各种交通工具，不仅需要汽油、柴油作动力，还需各种添加剂、防冻剂和润滑剂，这些无一不是石油化学产品。此外，人们需要的药品，洗涤剂、美容化妆品等日常生活必不可少的用品也都是化学制品。由此可见，我们的衣、食、住、行无不与化学有关，人人都需要用化学制品，可以说我们生活在化学世界里。

再从社会发展来看，化学对于实现农业、工业、国防和科学技术现代化具有重要的作用。在中国要解决“三农”问题，首先要解决农业大幅度的增产问题，农、林、牧、副、渔各业要全面发展，在很大程度上依赖于化学科学的成就。在工业现代化和国防现代化方面，急需研制各种性能迥异的金属材料、非金属材料和高分子材料。在煤、石油和天然气的开发、炼制和综合利用中包含着极为丰富的化学知识，并已形成煤化学、石油化学等专门领域。导弹的生产、人造卫星和我国神舟系列宇宙飞船的发射，都需要很多具有特殊性能的化学产品，如高能燃料、高能电池、高敏胶片及耐高温、耐辐射的化学材料等。

随着科学技术和生产水平的提高以及新的实验手段和电子计算机的广泛应用，不仅化学科学本身有了突飞猛进的发展，而且由于化学与其他科学的相互渗透，相互交叉，也大大促进了其他基础科学和应用科学的发展和交叉学科的形成，如化学物理学、计算化学、生物化学、分子生物学和大气化学等。如今世界最关心的环境的保护、能源的开发利用、功能材料的研制、生命过程奥秘的探索等都与化学密切相关。随着工业生产的发展，工业废气、废水和废渣越来越威胁环境。全球温室效应、臭氧层破坏和酸雨已成为当今三大环境问题，正在危胁着人类的生存和发展。随着人们物质条件的改善，人口的增加，各种生活垃圾，电子垃圾越来越多，如何处理是化学工作者正面临的问题。在能源开发和利用方面，化学工作者为人类使用煤和石油曾做出了重大贡献，现在又在为开发新能源积极努力，利用太阳能和氢能源的研究工作都是化学科学研究的前沿课题。材料科学是以化学、物理和生物学等为基础的交叉科学，它主要是研究和开发具有电、磁、光和催化等各种性能的新材料，如高温超导体、非线性光学材料和功能性高分子合成材料等。生命过程中充满着各种生物化学反应，当今化学家和生物学家正在通力合作，探索生命现象的奥秘，从原子、分子水平上对生命过程做出化学的说明则是化学家的优势。人类基因的破译，各种疾病发病机制的研究，癌症、糖尿病、艾滋病等疾病的防治是化学工作面临的又一挑战。

总之，化学作为一门中心性的，实用性和创造性的科学与国民经济各个部门、尖端科学技术各个领域以及人民生活各个方面都有密切联系。对文科学生开展化学知识教育的普及是社会发展的需要，是提高公民科学素质的需要，更是提高文科大学生适应社会发展的需要。

1.2 化学学科分类

化学的研究范围极其广泛，按其研究对象和研究目的不同，在 20 世纪初，化学已逐渐形成了分析化学、无机化学、有机化学和物理化学等分支学科。

· **分析化学** 分析化学分支形成最早，自 19 世纪初，相对原子质量的准确测定，促进了分析化学的发展，这对相对原子质量数据的积累和元素周期律的发现具有很重要的作用。从 1841 年 J.J.Berzelius 的《化学教程》、1846 年 C.R.Fresenius 的《定量分析教程》到 1855 年 E.Mohr 的《化学分析滴定法教程》等专著相继出版，标记今日化学分析的端倪。随着科学技术的发展，人们借助于光学性质和电学性质建立了光度分析法以及测定物质内部结构的 X 射线衍射法、红外光谱法、紫外光谱法、核磁共振法等近代的仪器分析方法，这些方法可以快速灵敏地进行检测。例如利用高效液相色谱法和柱切换技术对运动员的兴奋剂监测，尿样中某些药物浓度即使低到 $10^{-13}g \cdot ml^{-1}$ 时，也能检测出来。

· **无机化学** 19 世纪 70 年代无机化学的形成以 D.I.Mendeleev 和 J.L.Meyer 发现元素周期律和公布元素周期表为标志。他们把当时已知的 63 种元素及其化合物的零散知识，归纳成为一个统一整体。一个多世纪以来，化学研究的成果还在不断丰富和发现元素周期律，元素周期律的发现是科学史上的一个勋业。现代无机化学研究的范围极广，几乎包括除碳及其衍生物外的百余种元素及其化合物，它是以现代科学理论为依据，采用先进的实验技术，将无机物的性质和反应与结构相联系的学科。当今，天然资源的开发利用，新型材料的合成，酶的化学模拟等，使无机化学在理论和实践上都取得了新进展。

·有机化学 有机化学形成于19世纪50年代。1861年S.F.Kekul提出碳的四价概念，1874年J.H.van't Hoff和L.Bell的四面体学说，至今仍是有机化学最基本的概念之一，世界著名的有机化学权威杂志就是用Tetrahedron(四面体)命名的。有机化学是最大的化学分支学科，它以碳氢化合物及其衍生物为研究对象，也可以说有机化学就是“碳的化学”。医药、农药、炸药、染料、化妆品等无不与有机化学有关。在有机物中有些小分子，如乙烯、丙烯、丁二烯，在一定温度、压力和催化剂的条件下可以聚合成为相对分子质量为几万、几十万的高分子材料，例如塑料、人造纤维、人造橡胶等，它们已经走进千家万户、各行各业。目前高分子材料的年产量已超过亿吨，总产量接近各种金属总产量之和。若按使用材料的主要种类来划分历史时代，人类经历了石器时代、烧炼时代和高分子时代，即将进入可设计材料时代。

·物理化学 物理化学是从化学变化与物理变化的联系入手，研究化学反应的方向和限度、化学反应的速率和机理以及物质的微观结构与宏观性质的关系等重大问题，物理化学是化学学科的理论核心。1877年W.Ostwald和J.H.van't Hoff合作创办了《物理化学杂志》，标志着这个分支学科的形成。随着电子技术、计算机、微波技术等的发展，化学研究如虎添翼，空间分辨率已达10^{-10}m，这是原子半径的数量级，时间分辨率已达飞秒级($1fs=10^{-15}s$)，这和原子世界里电子运动速度差不多。 肉眼看不见的原子借助于仪器的延伸已经变得可以摸得着，看得见的实物，微观世界的原子和分子不再那么神秘莫测了。

在研究各类物质的性质和变化规律的过程中，化学逐渐发展成为若干分支学科，但在探索和处理具体课题时，这些分支学科又相互联系、相互渗透。无机物和有机物的合成总是研究的起点，在进行过程中必定要靠分析化学的测定结果来指示合成工作中原料、中间体、产物的组成和结构，这一切当然都离不开物理化学的理论指导。

化学学科在其发展过程中还与其他学科交叉结合形成多种边缘学科，例如生物化学、环境化学、农业化学、医学化学、材料化学、地球化学、放射化学、激光化学、计算化学、星际化学等。在21世纪的今天，社会需要化学科学做什么？化学工作者能为社会做哪些贡献？这是世人关心热门话题。

1.3 化学变化遵循的基本规律

化学变化以化学反应为基础。参与化学反应的反应物性质和状态可以千差万别，控制化学反应的外界条件(如温度、压强等)也可以是各种各样，但所有的化学反应都遵循以下基本规律：

·化学反应遵守质量守恒定律 化学变化是反应物的分子，通过旧化学键破坏和新化学键形成重新组合的过程。例如氢气在氯气中燃烧生成氯化氢气体，在燃烧过程中氢分子的H—H键和氯分子的Cl—Cl键断裂，氢原子和氯原子通过形成新的H—Cl键而重新组合生成氯化氢分子。在化学反应过程中，原子核不发生变化，电子总数也不改变，因此，在化学反应前后，反应体系中物质的总质量不会改变，即遵守质量守恒定律。这条定律是组成化学反应方程式和进行化学计算时的依据。氢气在氯气中的燃烧反应，可表示为

$$H_2 + Cl_2 = 2HCl$$

在日常生活中物质的质量单位通常采用千克(kg)或克(g)表示。由于化学中所涉及的原子、分子等微粒，质量大都在 10^{-26}kg 数量级，即使是蛋白质、核酸等大分子，一个分子的质量也大都在 10^{-20}kg 以下，目前在一般条件还不能直接进行称量。为此，在化学中采用大量微粒的集合体为基本量的方法来解决这个问题，“物质的量”就是化学中常用的一个这类的物理量。国际单位制(SI)中规定的物质的量的基本单位为摩[尔]，其符号为mol，它的定义为：摩[尔]是一系统的物质的量，该系统中所包含的微粒数目与 12g 碳($^{12}_{6}C$)的原子数目相等，这个系统物质的量为 1 摩[尔](1mol)。根据实验测定 12g $^{12}_{6}C$ 中含有的原子数目是 6.022×10^{23} 个，这个数称为阿伏伽德罗常数(N_A)。

摩[尔](mol)是物质的量的单位，而不是质量单位。物质的量、物质的质量与摩尔质量之间的关系可用下式表示

$$\frac{\text{物质的质量}}{\text{摩尔质量}}=\text{物质的量}$$

摩[尔]这个单位的应用为化学计算带来了很大方便。化学反应方程式中，反应物和生成物之间的质量关系比较复杂，而从摩[尔]单位看则很简单。例如

$$CaCO_3 \xrightarrow{\text{加热}} CaO + CO_2$$

摩尔质量/(kg · mol^{-1})	100	56	44
	1*t*	0.56*t*	0.44*t*

通过上面化学反应方程式和有关化合物的摩尔质量就很容易看到 1*t* 碳酸钙在完全分解时应得到 0.56*t* 氧化钙和 0.44*t* 二氧化碳。

· **化学变化都伴随着能量变化**　在化学反应中，断裂化学键需要吸收能量，形成化学键则放出能量，由于各种化学键的键能不同，所以当化学键改组时，必然伴随有能量变化。在化学反应中，如果放出的能量大于吸收的能量，则此反应为放热反应，反之则为吸热反应。

$$H_2(g)+\frac{1}{2}O_2 \longrightarrow H_2O+286\text{kJ} \tag{1}$$

$$\text{或}\quad H_2(g)+\frac{1}{2}O_2 \longrightarrow H_2O(l) \qquad \Delta H=-286\text{kJ}\cdot\text{mol}^{-1} \tag{2}$$

式中，(g)和(l)分别代表物质处于气态和液态，若是固态，则用(s)代表。第(1)式在右边写+286kJ，表示在生成 1mol H_2O(l)时有 286kJ 热产生，这是放热反应。这种写法直观，容易理解。但化学专业书刊中都按第(2)式书写，因为化学反应方程式的着眼点是质量守恒，一般不把原子结合的变化和热量变化用加号连在一起，其次对一个化学反应而言还有其他的物理量需要注明，而 ΔH 的数值又随温度，压力的不同而不同，因此用第(2)式表示为宜。请注意，这两式的+、−号恰相反，ΔH 代表生成物的 H 值与反应物的 H 值之差，ΔH 为负值，即生成物的 H 值小于反应物的 H 值，那么体系就是放热；反之 ΔH 为正值，即生成物的 H 值大于反应物的 H 值，所以体系要吸热。还有 ΔH 的单位不是 kJ，而是 kJ · mol^{-1}，在此 mol^{-1} 是代表“每摩[尔]这样的反应”而不是指每摩[尔]H_2O 或每摩[尔]H_2 或每摩[尔]O_2，所以若有 2mol H_2 和 1mol O_2 起反应，其 ΔH 值则为−572kJ · mol^{-1}。

本书以当今社会各界共同关心的环境、能源、材料、生命、国防和军事等热门话题为经线，以化学基本概念为纬线进行编写。希望读者能通过化学事例了解自然科学在社会发展中的地位和作用，自然科学和社会科学的相互依存，以利于科学文化素质的提高。

思 考 题

1-1 下列几种变化，哪些属于化学变化？哪些属于物理变化？

(1)铁的生锈　　(2)从海水晒盐

(3)蜡烛燃烧　　(4)蔗糖溶于水中

1-2 下列说法是否合理？请举例说明。

(1)发展农业最需要的化学产品有化肥、农药和塑料薄膜等。

(2)化学是污染环境的祸首，所以必须限制发展。

(3)化学在科技发展中，处于中心位置。

(4)我们生活在“化学世界”里。

1-3 D.I.Mendeleev 发现元素周期律时知道多少种元素？现在知道人们发现了多少种元素？以后是否还能发现新元素？

1-4 判断下列几种说法是否正确，并说明理由。

(1)原子是化学变化中最小的微粒，它由原子核和核外电子组成。

(2)相对原子质量就是一个原子的质量。

(3)4g H_2 和 4g O_2 所含分子数目相等。

(4)0.5mol 的铁和 0.5mol 的铜所含原子数相等。

(5)物质的量就是物质的质量。

(6)化合物的性质是元素性质的加合。

1-5 硫酸铵 $(NH_4)_2SO_4$、碳酸氢铵 NH_4HCO_3 和尿素 $CO(NH_2)_2$ 三种化肥的含氮量各是多少？哪种肥效最高？

1-6 10g NaOH 配制成 1L 溶液，求该溶液的浓度(单位：$mol \cdot L^{-1}$)；若从中取出 25ml，其浓度是多少？其中有多少摩[尔]的 Na^+？

1-7 实验室常用 36.5%的盐酸溶液，密度为 $1.19g \cdot ml^{-1}$，问该溶液的浓度(单位：$mol \cdot L^{-1}$)是多少？

1-8 H_2 和 O_2 化合生成 H_2O 的过程中，哪些化学键断裂？哪些化学键生成？

1-9 碳酸钠 Na_2CO_3 俗称纯碱，也叫苏打，它是一种用途甚广的化工原料，在国民经济和社会发展的统计公报中，常用 Na_2CO_3 的产量作为工业生产发展的指标之一。Na_2CO_3 可以用 NaCl，$NH_3 \cdot H_2O$ 和 CO_2 为原料，按下列化学反应方程式制造。那么每生产 100 吨纯碱，理论上需要多少吨 NaCl 为原料?同时还能得到多少吨 NH_4Cl?

$$NaCl + NH_3 \cdot H_2O + CO_2 = NaHCO_3 + NH_4Cl$$
$$2NaHCO_3 = Na_2CO_3 + CO_2 + H_2O$$

1-10 绿色植物在太阳光作用下，借叶绿素可以将空气中的 CO_2 和 H_2O 转变为葡萄糖，同时放出 O_2，这个过程叫光合作用，可以用下列化学方程式表示

$$6CO_2(g) + 6H_2O(l) \xrightarrow{\text{叶绿素}} C6H_{12}O_6(s) + 6O_2(g), \Delta H = +289kJ \cdot mol^{-1}$$

这是生命世界最重要的最基本的化学反应之一。按此化学方程式计算，每生成 100kg，需要吸收多少千焦太阳能？

(西安交通大学　唐玉海)

第 2 章　化学基础知识

每当我们仰望美丽的星空，常常会产生无限的遐想，宇宙是由什么组成的？人类居住的地球又是由什么组成的？

丰富多彩的物质世界尽管外表形形色色，变化无穷，但其内部组成都是统一的，一切物质都具有相同的、最简单的组成部分或单元，那就是元素、原子和分子。正确地掌握这三个化学中最基本的概念，是迈进科学大门的基础。

2.1　元素的起源与合成

自古以来，人们就力求了解世间万物的起源。我国古代流传的许多美丽动人的神话，诸如盘古开天地、女娲补天、后羿射日、精卫填海等，都是在描述地球的起源和物质的来源。公元前 4 世纪或更早诞生于中国的阴阳五行学说，认为万物是由金、木、水、火、土这五种要素组合而成的，并且五行可以由阴、阳两气相互作用结合。而古希腊的恩培多克勒(Empedokles，公元前 490～前 435)提出了与“五行说”相似的“四元素说”，认为万物都是由“水、火、土、气”四种元素按不同比例组成的，通过爱和憎两种成分(相当于中国的阴和阳)互相结合或分离，从而引起物质的变化。亚里士多德(A.G.P.Aristotle，公元前 384～前 323 年)继承了“四元素说”，但他认为还必须增加第五个元素，即“精英元素”，或称“第五原质”(意为无处不在的元素)，而且“元素能按任何比例结合，构成了各种各样的微粒，从而组成世间万物”。

“近代化学之父”拉瓦锡(A.L.Lavoiser，1743～1794)通过大量科学实验，抓住了元素在化学反应中不能分解和转化的客观特征，首次给元素下了一个科学的定义：

元素是用任何方法都不能再分解的简单物质。

他认为各种复杂的物质(化合物)都是由多种元素组成的，但并不是包含所有元素。近代科学元素学说的建立，结束了自古以来关于元素概念的混乱状态。元素学说以一种崭新的面貌进入了科学的殿堂，成为现代化学理论的起点，完成了人类元素认识史上的一次质的飞跃。

2.1.1　元素的起源

化学起源于古代，各种元素是随着年代时间的推移而逐步被发现的。1750 年之前，对“化学”发展的促进，主要为中国和印度，这期间化学的发展十分缓慢。1750 年之后，由于进行了大量有目的的科学研究，现代化学的基本理念逐渐形成(表 2-1)。

英国化学家玻意耳相信：“宇宙中由普遍物质组成的混合物体的最初产物实际上是可以分成大小不同且形状千变万化的微小粒子。”在《怀疑的化学家》(1661 年)的书中，他提出“猜测世界可能由哪些基质组成是毫无用处的，人们必须通过实验来确定它们究竟是

表2-1　元素的发现史

时间	发现元素数目	发现的元素
史前	3	C，S，Au，天然单质态存在
公元前 3000 年	5	Ag，Cu，Pb，Sn，Hg，稳定矿石
公元前 1000 年	1	Fe，需要高温还原
公元前 500 年	1	Zn，大约 90%纯度
至 1650 年	3	As，Sb，Bi（与 Pb 混合）
1650～1700 年	1	P（1669 年）
1700～1750 年	3	Co，Ni，天然 Pt
1750～1775 年	7	H，N，O，Cl（气体）；Ni，Mn，Bi（纯净）
1775～1780 年	5	Cr，Mo，W，Te，Ti（1910 年得以纯化）
1800～1825 年	18	Li，Na，K，Mg，Sr，Ba；Ce，Ir，Os，Pd，Rh，Zr；B，Cd，I，Se
1825～1850 年	9	Br，Si，Be，Al，V，La，Ru，Th，U
1850～1875 年	5	Rb，Cs，Ga，Tl，Nb
1875～1900 年	约 11	5 种稀有气体；F，Ge；Po Ra，Ac（放射性）；镧系元素
1900～1925 年	约 10	Rn，Ta，In，Hf，Re，Pa；镧系元素
1925～1950 年	11	镧系；Tc，Pm，Fr，At；Np，Pu，Am，Cm，Bk（人造超铀元素）
1950～1975 年	10	最后 2 种纯化的稀土；8 种人造元素
1975～1989 年	约 4	人造元素

注：表中有元素重复出现的现象，后者出现表明其为纯化物

什么”。他把任何不能通过化学方法将其分解成更简单组分的物质称为元素。在他看来，“元素是指某种原始的、简单的、没有任何掺杂的物质。元素不能用任何其他物质造成，也不能彼此相互造成。元素是直接合成所谓完全混合物的成分，也是完全混合物最终分解成的要素”。后来的化学家拉瓦锡也把“元素或要素”定义为“分析所能达到的终点”。

对元素起源学说的科学探索始于 20 世纪初，可以说原子核科学的发展奠定了元素是在星际演化过程中由核合成反应形成的科学理论。

为了说明宇宙中元素的起源伽莫夫等人建立了元素的大爆炸形成理论。他们将宇宙膨胀和元素形成联系起来，提出了元素的大爆炸形成理论。按照这一理论，宇宙大爆炸初期生成的氦丰度为 30%，而由恒星内部核合成的氦丰度只有 3%～5%。其余的氦丰度只能来自宇宙大爆炸时的核合成，从而证实了热大爆炸宇宙学的理论预言。

热大爆炸宇宙学认为，宇宙膨胀是按“绝热”的方式进行的，宇宙是从热到冷演变的。在宇宙早期，辐射和物质的密度都很高，光子经过很短的路程就会被物质吸收或散射，然后物质再发射出光子，辐射和物质频繁地相互作用。宇宙对辐射是不透明的，达到热平衡状态，辐射符合黑体辐射的规律。当宇宙温度下降到大约 3000K 时，质子与电子结合成为氢原子，物质对辐射的连续吸收大大减少，物质跟辐射几乎不再相互作用了，宇宙对辐射变得透明，光子可以在空间自由地穿行。宇宙的热辐射主要是可见光和红外线。时至今日，由于宇宙膨胀带来的红移，使温度为 3000K 的宇宙辐射的最大强度移到微波波段，称为宇宙微波背景辐射。阿尔弗等人计算出与微波背景辐射相对应的温度为 5K 左右。1965 年，美国科学家彭齐亚斯和威尔逊在 7.35cm 波长上接收到了各方向的来自宇宙的微波噪声，噪声的信号强度等效于温度为 3.5K 的黑体辐射。微波背景辐射的发现，有力地支持了热

爆炸宇宙模型。因此，大爆炸宇宙学得到大多数科学家的认同。

2.1.2 人造元素的合成

有这么一个神话，说有一位国王，虽然已经从老百姓那里搜刮了许多黄金，可是他仍然贪得无厌地想得到更多的黄金，于是向神仙祈求，结果神仙给了他一个“点石成金”的手指头。只要是他用这个手指头摸过的东西都会变成黄金。他高兴极了，王宫里到处金光灿灿的。这时，他心爱的小女儿朝他跑来，他兴高采烈地抱起女儿。谁知那“点石成金”的手指头一碰到女儿，女儿也变成了金人一动不动了。直到这时，国王才明白，他虽然变成了世界上最富有的人，但也同时变成了世界上最孤寂的人！

当然，世界上并不存在什么“点石成金”的手指头。可是，自古以来，不论中外，许许多多的人都在寻找“点金石”（或叫“哲人石”），做着“点石成金”的美梦，探索种种“点石成金”的方法。如今，科学家真正实现了古人“点石成金”的梦想，这就是人造元素的合成。

1919 年，英国科学家卢瑟福(D.Rutherford)发现，用 α 粒子(氦核 ${}_{2}^{4}He$)轰击氮时，氮原子核变成氧原子核，同时放出高速质子(${}_{1}^{1}H$)，第一次实现了人工核反应，反应式如下：

$${}_{2}^{4}He + {}_{7}^{14}N \longrightarrow {}_{8}^{16}O + {}_{1}^{1}H$$

这是一件非常了不起的大事，把一种元素转变成另一种元素，不仅实现了古人的梦想，同时也加深了人们对元素本质的认识。在此之后，人们不但寻找自然界存在的元素，而且设法合成自然界不存在的新元素——人造元素。

1934 年，劳伦斯(E.O.Rawrence)在回旋加速器中，用含有 1 个质子的氘原子核(${}_{1}^{2}H$)去轰击 42 号元素——钼，结果得到了 43 号新元素——锝。这是当时第一个未在自然界发现的人造新元素，后来人们从铀的裂变产物中发现了极微量的锝。用同样的方法，科学家合成了一个又一个人造元素，填充着元素周期表。到目前为止，得到世界各国科学家公认的元素已达 111 种。

1999 年 7 月，从美国传出了一个震动整个科学界的消息，美国劳伦斯-利弗莫尔国家实验所的一个俄美联合科研小组成功合成了第 114 号元素，并设法使它存在了整整 30s！此外他们还声称合成了 3 个第 118 号元素的原子，每个原子的原子核中带有 118 个质子和 175 个中子。这个新合成的超重元素几乎在顷刻之间就衰变成了本身也存在不了多久的第 116 号元素。不过，就是这短暂的瞬间，使它们成为迄今为止在地球上存在过的绝无仅有 3 个新原子。

他们的研究成果，还有待于世界各国科学家的进一步验证。如果得到证实，那么，人类对化学元素的认识又将向前跨进一大步。

2.2 原子论

虽然原子说和元素说的历史同样悠久，但自公元前 5 世纪以来的两千多年间，它们却始终互相隔离，以至于人们对原子的认识一直含糊不清。

伟大的物理学家牛顿是原子学说的拥护者。在《光学》中他阐述了他的原子思想："在我看来，上帝在最初造物时，可能使用的是固态的、有质量的、坚硬的、不可穿透的和可运动的微粒；这些微粒的大小、形状、所具有的性质、在空间中的比例等，都最适合于他造物的目的；这些固态的初始粒子无比地坚硬，坚硬到绝不会磨损，不会破碎成小块；任何普通的力量都不可能把上帝第一次创造的初始粒子破开。"

18 世纪，物理学家罗杰·约瑟夫·博斯科维奇在牛顿力学的框架中，以没有大小、只有力学作用的原子模型来说明已知的物理现象。丹尼尔·伯努利则在 1738 年首先于现在意义上提出了物质的原子结构的思想，并从分子运动推导出压强公式，由此揭开分子运动论的序幕。不过，直到 19 世纪，气体分子运动论才获得真正发展。在这一世纪，伟大的物理学家麦克斯韦与玻尔兹曼采用当时的原子模型，把气体看作由原子组成的分子的集合来处理，说明了气体的温度、压力等构成气体分子的一般表现，并由此创建了"统计力学"的分支。

2.2.1　近代原子论的创立与发展

拉瓦锡化学革命以后，人类不仅揭示了燃烧之谜，建立了科学的元素说，而且在思想方法和研究方法上也发生了根本性的变革，这给化学的迅猛发展注入了新的活力。化学开始从收集材料为特征的定性描述阶段，逐渐过渡到以整理材料、寻找化学变化规律为特征的理论概括阶段。定量分析方法的广泛应用，使化学家搞清了很多物质的组成和反应中各物质之间量的关系，进而陆续归纳出了一些基本的实验规律，如质量守恒定律、当量定律、定组成定律、气体分压定律等。这些规律的建立促使化学家进一步思考：为什么在化学反应中，物质的种类和性质都发生了变化，而反应前后物质的重量却不改变？为什么反应物间总是严格按照一定的比例形成新的化合物，而且各种物质的组成严格不变？是否由于反应前后存在着等量不变的微粒？为了揭示这些定律的内在本质和联系，必须用一种新的化学理论给予解释。

道尔顿(J.Dalton)
英国，1776～1844

1807 年，英国化学家道尔顿提出了原子论，其基本要点是：元素是由极其微小的、看不见的、不可再分割的原子组成；原子既不能创造和毁灭，也不能转化，所以在一切化学反应中都保持自己原有的性质；同一种元素的原子形状、质量及性质相同，而不同元素的原子形状、质量及性质则各不相同，原子的质量(而不是形状)是元素最基本的特征；不同元素的原子以整数比例相结合，形成化合物。化合物的原子称为复杂原子，它的质量为所含各种元素原子质量之总和。同种化合物的复杂原子，其性质和质量也必然相同。1808 年正式发表了《化学哲学的新体系》一书，由此近代原子理论得以建立。同时，道尔顿以氢的相对原子质量为 1 作标准，发表了包括 20 种元素的相对原子质量表，还设计了一套符号来表示简单原子和复杂原子。

道尔顿的原子论为近代科学原子论的创立构建了新的框架，是继拉瓦锡化学革命之后，化学发展史中又一座光辉灿烂的里程碑。它结束了元素说与原子说旷日持久的隔离状态，第一次把它们融合为一个统一的理论体系。

卢瑟福(D.Rutherford)
英国，1871～1937

19世纪末，放射性、电子以及X射线的发现，向道尔顿“原子不可再分”的思想提出了挑战。1903年，英国著名的物理学家卢瑟福(D.Rutherford)和化学家索迪(F.Soddy)合作研究了铀、钍和镭等元素的放射性现象，发现了镭发出的α射线(后来发现α粒子就是带正电的氦离子)、β射线和γ射线，并发现镭放射出α粒子以后，变成了另一种元素氡。于是，他们大胆地提出了具有革命意义的元素蜕变理论，从而彻底推翻了道尔顿原子学说中关于原子和元素是不可分割和不可转化的观念。

那么，一种元素是怎样变成另一种元素的呢？1911年，卢瑟福在进行了著名的α粒子散射实验以后，提出了“行星式”的原子结构模型：在原子的中心有一个带正电的原子核，它的质量几乎等于原子的全部质量，电子在它的周围沿着不同的轨道运转，就像行星环绕太阳运转一样。由于电子在运转时产生的离心力和原子核对电子的吸引力达到平衡，因此电子能够与原子核保持一定的距离，正像行星和太阳保持一定的距离一样。原子越重，带正电的原子核越大，电子数也越多。

这一模型对于认识原子结构有着十分重要的意义，它第一次打开了原子世界的神秘大门。卢瑟福由于在放射性元素和原子结构方面的研究中所做出的卓越贡献荣获了1908年的诺贝尔化学奖。在发表授奖演说时，卢瑟福幽默地说：“我一生中经历过不同的变化，但最快的变化要算这一次了——竟从一个物理学家一下子变成了化学家。”正是在这两个学科互相渗透的交叉点上，物理学和化学碰撞出创造性的火花，开辟了更加广阔的研究领域。

在行星式原子模型的基础上，1913年，玻尔(N. Bohr)将当时物理学上的量子理论、光子学说等重大成果应用于原子结构的研究，提出了新的原子结构模型——玻尔模型，其要点为：

原子核外的电子只能在某些特定的轨道上运动，这些轨道应该符合量子论推导出来的量子化条件；这些符合量子化条件的轨道称为稳定轨道，它具有固定的能量；电子在稳定轨道上运动时，并不发射也不吸收能量，只有当电子从一个轨道到另外一个轨道时才发射或吸收能量。电子在离核越远的轨道上运动，能量越大。

玻尔理论成功地解释了原子的发光现象及氢原子光谱的规律性。但因无法解释这种光谱的精细结构，也不能解释多电子原子、分子或固体的光谱，因而仍然有待完善。

玻尔 (N. Bohr)
丹麦，1885～1962

2.2.2 现代原子结构理论

20 世纪 20～30 年代，伴随着质子、中子等一系列重大的发现，人们对原子的组成有了新的认识。原子是由电子、质子和中子三种基本粒子组成的，其中质子和中子靠核力组成原子核，原子核靠静电引力将电子束缚在核外的一定空间中运动。在一个中性原子中：

核内质子数=核电荷数=核外电子数=原子序数

薛定谔(E.Schrodinger)
奥地利，1887～1961

原子结构的近代研究发现，核外电子的运动与宏观物体运动有着完全不同的特征和规律。电子和光一样，除有粒子性外还有波动性(即波粒二象性)。因此，电子不会有确定的轨道。那么怎样来描述电子等微粒的运动状态呢？1926 年，奥地利物理学家薛定谔(E.Schrodinger) 建立了著名的微观粒子的波动方程——薛定谔波动方程：

$$\frac{\partial^2\psi}{\partial x^2}+\frac{\partial^2\psi}{\partial y^2}+\frac{\partial^2\psi}{\partial z^2}+\frac{8\pi^2 m}{h^2}(E-V)\psi=0$$

式中，ψ 为波函数，E 是总能量，等于势能与动能之和；V 是势能；m 是电子的质量；h 是普朗克常数；x、y 和 z 是空间坐标。这个偏微分方程的数学解很多，但从物理意义上看，这些数学解不一定都是合理的。为了得到电子运动状态合理的解，必须引用只能取某些整数值的三个参数——量子数。这三个量子数可取的数值及它们的关系如下：

主量子数　$n=1$，2，3，4，…

角量子　$l=0$，1，2，…，$(n-1)$

磁量子数　$m=0$，±1，±2，…，$\pm l$

每一组特定的 n、l、m 得出一个相应的波函数 $\psi_{n,l,m}$，它表示了原子中核外电子的一种运动状态，习惯上称为原子轨道。还有一个量子数即自旋量子数 m_s ($m_s=\pm1/2$) 是根据后来的理论和实验的要求引入的。因为电子在核外运动时，除绕核作高速运动之外，还有自身的旋转运动(通常用“↑”和“↓”表示自旋方向相反的两种运动状态)。有了这样四个量子数，就可以确定电子在原子核外的运动状态了。

薛定谔方程解决了电子在原子核外可能存在的各种运动状态的问题，那么，原子中的电子是如何分配在这些运动状态(原子轨道)中，即电子在原子核外是怎样排布的呢？20 世纪 30 年代，著名化学家鲍林根据光谱实验的结果，提出了多电子原子中原子轨道的近似能级组(表 2-2)。表中的能级顺序表示价电子层填入电子时对应的各能级的能量。能量相近的能级划为一组，称为能级组。通常分为七个能级组(相对应于元素周期表中的七个周期)，依 1，2，3，…能级组的顺序，能量逐渐增加。能级组之间的原子轨道能量差较大，而能级组内各原子轨道能级间的能量差较小。

表 2-2 原子轨道近似能级组与元素周期表的关系

电子层	能级组	周期数
1s	第一能级组	第一周期

续表

电子层	能级组	周期数
2s，2p	第二能级组	第二周期
3s，3p	第三能级组	第三周期
4s，3d，4p	第四能级组	第四周期
5s，4d，5p	第五能级组	第五周期
6s，4f，5d，6p	第六能级组	第六周期
7s，5f，6d，7p	第七能级组	第七周期

此后，人们根据对光谱实验结果和元素周期系的分析，归纳出电子在原子核外排布的三条原则，即 Pauli 不相容原理、能量最低原理和 Hund 规则。根据这三条原则，就可以确定各元素的基态原子的电子排布情况。

电子在核外的排布情况，通常称为电子层构型(或电子层结构)，简称电子构型。化学上表示原子的电子层构型通常有两种方法：一种是轨道表示式，是用一个小框格代表一个原子轨道，在框格下注明该轨道的能级，框格内用向上(↑)和向下(↓)的箭头表示电子的自旋状态，这种方法形象而直观。例如氮原子的电子层结构可表示为图 2-1。另一种简明的方法是电子排布式。它是在亚层(能级)符号的右上角用数字注明所排列的电子数。例如氮原子的电子层结构可表示为 $1s^22s^22p^3$。

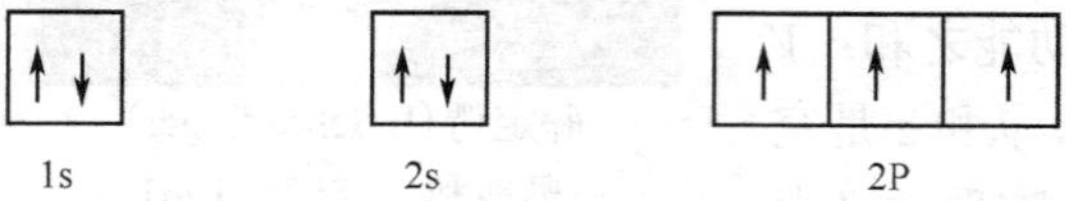

图 2-1 氮原子的电子层结构示意图

2.3 元素周期表

道尔顿近代原子论的确立，使化学家对元素的概念有了更科学的认识。通过实验手段，人们弄清了许多化合物的组成，发现了一大批新的元素，积累了大量关于元素及其化合物的感性材料。但这些材料庞杂零乱，必须加以归纳整理。同时，化学家也在思考：地球上到底有多少种元素？如何去寻找新元素？如何把众多的元素按照化学性质进行分类整理？时代向化学家提出了发展新理论的要求。

2.3.1 元素周期律

19 世纪 60 年代，化学家已经发现了 60 多种元素，并积累了这些元素的原子量数据，为寻找元素间的内在联系创造了必要条件。俄国著名化学家门捷列夫(D.I.Mendeleev)和德国化学家迈耶尔(Meyer)等分别根据原子量的大小，将元素进行分类排队，发现元素性质随原子量的递增呈明显的周期性变化的规律。1868 年，门捷列夫经过多年艰苦探索，发现了自然界中一个极其重要的规律——元素周期律。这个规律的发现是继原子-分子论之

门捷列夫(D.I.Mendeleev)
俄国，1834～1907

后，近代化学史上的又一座光辉夺目的里程碑，它所蕴藏的丰富而深刻的内涵，对以后整个化学和自然科学的发展都具有普遍的指导意义。1869 年，门捷列夫提出了第一张元素周期表(表 2-3)，根据周期律修正了铟(In)、铀(U)、钍(Th)、铯(Cs)等 9 种元素的相对原子质量；他还预言了三种新元素及其特性，并暂取名为类铝、类硼、类硅，这就是后来在 1871 年发现的镓(Ga)、1880 年发现的钪(Sc)和 1886 年发现的锗(Ge)。这些新元素的相对原子质量、密度和物理化学性质都与门捷列夫的预言惊人地相符，周期律的正确性由此得到了举世公认。

表2-3　门捷列夫第一张元素周期表(1869年)

			Ti = 50	Zr = 90	? = 180
			V = 51	Nb = 94	Ta = 182
			Cr = 52	Mo = 96	W = 186
			Mn = 55	Rh = 104.4	Pt = 197.4
			Fe=56	Ru=104.4	Ir=198
			Ni = Co = 59	Pd = 106.6	Os = 199
H =1			Cu = 63.4	Ag = 108	Hg = 200
	Be = 9.4	Mg = 24	Zn = 65.2	Cd = 112	
	B = 11	Al = 27	? = 68	U = 116	Au = 197?
	C = 12	Si = 28	? = 70	Sn = 118	
	N = 14	P = 31	As = 75	Sb = 122	Bi = 210?
	O = 16	S = 32	Se = 79.4	Te = 128?	
	F = 19	Cl = 35.5	Br = 80	I = 127	
Li =7	Na = 23	K = 39	Rb = 85.4	Cs = 133	Tl = 204
		Ca = 40	Sr = 87.6	Ba = 137	Pb = 207
		? = 45	Ce = 92		
		?Er = 56	La = 94		
		?Yt = 60	Di = 95		
		?In = 75.6	Th = 118?		

2.3.2　现代元素周期表

直到 20 世纪 30 年代，随着量子力学的发展及弄清了各元素的核外电子排布之后，人们才认识到元素在周期表中的位置取决于原子的核外电子构型，特别是与最外层电子的排布密切相关。本书末附有目前常用的周期表，其中注明了外层电子结构，虽然形式与当年门捷列夫的周期表有所不同，但关于周期、主族、副族等基本概念是一脉相承的。

现在已知的 112 中元素在周期表里各就各位，有条不紊，横向分为 7 个周期，纵向分为 18 列，其中 1～2 列、13～18 列(即ⅠA～ⅧA)为主族元素，3～12 列(即ⅢB～ⅡB)为副族元素。

由原子核外电子排布的规律可知，随着原子核电荷(即原子序数)的递增，最外层电子(即价电子)数目总是由 s^1 至 s^2p^6 重复变化，一个周期相应于一个能级组，它所包含的元素数目恰好等于该能级组所能容纳的最多电子数目。

根据价电子构型的不同，周期表可分为 s，p，d，ds 和 f 五个区。s 区元素ⅠA 和ⅡA 族(第 1～2 列)，价电子构型为 $ns^{1\sim2}$；p 区元素包括ⅢA～ⅧA 族(第 13～18 列)，价电子构型为 $ns^2np^{1\sim6}$；d 区元素包括ⅢB～ⅧB 族(第 3～10 列)，价电子构型为 $ns^{1\sim2}(n\text{–}1)d^{1\sim9}$，

常称为过渡元素；ds 区元素包括ⅠB～ⅡB 族(第 11～12 列)，价电子构型为 $ns^{1\sim2}(n-1)d^{10}$；f 区元素包括镧系和锕系元素，价电子构型为 $(n-2)f^{1\sim14}(n-1)d^{0\sim2}ns^2$，这些元素本应插入主表相应位置中，为了便于按正常篇幅安排，才将它们取出放在周期表下方。

元素的化学性质在很大程度上取决于其价电子数。在同一族中，不同元素虽然电子层数不同，但都有相同数目的价电子数。例如碱金属最外层都是 ns^1，卤族元素都是 ns^2np^5。因此，同一族元素性质非常相似，如碱金属都容易失去一个 s 电子，成为正一价离子，表现出很强的金属性质；卤素最外层有 7 个电子 (s^2p^5)，有夺取一个电子形成负离子的倾向，是活泼的非金属。因此，碱金属可与卤素形成典型的离子型化合物。

过渡元素都是金属元素，它们的特征是：随着原子序数增大而增加的电子排在较内层的 d 或 f 轨道上，而最外层只有 1～2 个电子。例如钛(Ti)电子构型为 $3d^24s^2$，它可以失去 1 个或 2 个 4s 电子，也还可以再失去 1 个或 2 个 3d 电子，即最多能失去 4 个电子。因此，钛的化合价变化较多，可以是+1，+2，+3 或+4 价。过渡元素的特点是可以形成多种价态的化合物，这些化合物常呈现美丽多彩的颜色。

元素周期表是一个概括元素化学知识的宝库，其内容随着化学知识的增加而不断丰富。对某个元素，可以从周期表中直接获得下列信息；元素的名称、符号、原子序数、相对原子质量、电子结构、族数和周期数；从元素周期表中的位置可以判断元素是金属还是非金属，并可估计其电离能、密度、原子半径、原子体积和化合价等。

元素周期律是自然科学的一个基本定律，这个定律使人们对化学元素的认识形成了一个完整的体系，使化学成为一门系统的科学。

2.4 化学键与分子结构

物质是由原子组成的，但在通常情况下，原子本身并不稳定，即不能孤立存在，而是通过某种结合力形成稳定的分子形式。分子中原子之间这种结合力称为化学键。化学变化的实质是原子的重新排列组合，化学变化过程是旧化学键断裂和新化学键形成的过程。人们经过一个世纪的探讨，对化学键本质的认识逐步深化。现在认为，最基本的化学键类型有三种：离子键、共价键和金属键，相应地组成了最常见的三类物质：离子型化合物、共价型化合物和金属晶体。

2.4.1 离子键和离子型化合物

氯化钠(NaCl)是最典型的离子型化合物，是食盐的主要成分。它易溶于水，熔点较高(801℃)，熔融状态的氯化钠能导电，电解产物是金属钠和氯气：

$$2NaCl(熔融) \xrightarrow{电解} 2Na + Cl_2$$

当金属钠在氯气中燃烧时，Na 和 Cl_2 就化合成 NaCl。那么钠原子和氯原子之间是靠什么样的作用力相结合的呢？1916 年，德国化学家柯塞尔(W.Kossel)从稀有气体元素的性质与原子结构的关系中得到启发，提出了离子键理论。他认为：稀有气体元素的原子，除了氦只有 1 个电子层含有 2 个电子外，其他原子的最外层都含有 8 个电子，这种结构为稳定的结构。化学键的形成都是由原子的外层电子结构决定的。当原子的外层电子不具有这种稳定的结构时，可以通过在化学反应中失去电子或夺得电子的方式使自己的外层电子排布达到稳定状态的结构。这种趋势就形成了阴、阳离子，前者是夺得电子而成为阴离子，后者是失去电子而成为阳离子。阴、阳离子之间由于存在着库仑引力而相互吸引。随着阴、阳离子的相互接近，离子的核外电子之间、核与核之间就会产生斥力，当吸引力与排斥力达到平衡时，体系的能量达到了最低值，体系最稳定。这时候阴、阳离子之间的距离将保持恒定，从而形成了相对稳定的化学键。这种靠阴、阳离子的静电作用而形成的化学键叫做离子键。由离子键形成的化合物叫离子型化合物。氯化钠晶体由 Na^+和 Cl^-相间配置而成，见图 2-2，将这些正负离子近似看成球体，则每个离子都尽可能多地吸引异号离子而紧密堆积。

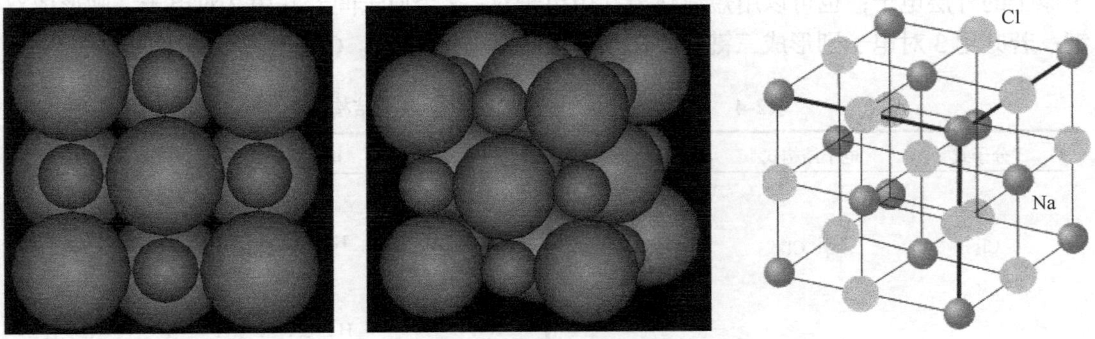

图 2-2　NaCl 晶体中 Na^+和 Cl^-的排列和紧密堆积

在 NaCl 晶体中，每个离子都被几个异号离子所包围，因此在这种晶体中根本不存在独立的小分子，只能把整个晶体看成一个巨大的分子。

由于在离子晶体中，离子间具有较强的静电引力，所以离子型化合物的晶格能一般比较大，这就是它具有较高的熔点和硬度的根本原因。可以说，这是离子型化合物的一个显著特性。离子型化合物虽然较硬，但又比较脆，这是因为晶体在受到冲击时，各层离子较易发生错动，从而大大减弱了它们之间的引力。大多数离子型化合物可溶于极性溶剂，难溶于非极性溶剂，这是离子型化合物的第二个特性。离子型化合物的第三个特性是不论在熔融状态还是在水溶液中，它都是电的良导体。可是当它处于固体状态时，由于离子只能在晶格的结点上振动，故它几乎不导电。

2.4.2　共价键与苯环结构

离子键理论很好地解释了离子型化合物（如 NaCl）的结构和性质，但不能说明如氧气（O_2）、氢气（H_2）、氯气（Cl_2）及水（H_2O）等共价型化合物的成键情况。1916 年，美国化学家路易斯（W.Lewis）提出了共价键理论。他认为，同种或不同种非金属原子之间可以通过共用一对或几对电子而各自达到稳定的电子结构（八隅体状态）并形成分子。例如当两个氯原子相遇时，各提供一个电子作为共用，从而使最外层电子层都具有 8 个电子而呈稳定状态。一对共用电子通过与原子核的引力将两个原子拉在一起形成分子。这种靠共享电子对而形成的化学键，叫做共价键。氯气分子的路易斯电子结构可以形象地用图 2-3 表示。在氯气分子中，每个氯原子的外层都享有 8 个电子，从而形成类似稀有气体氩原子（Ar）的八电子稳定结构。

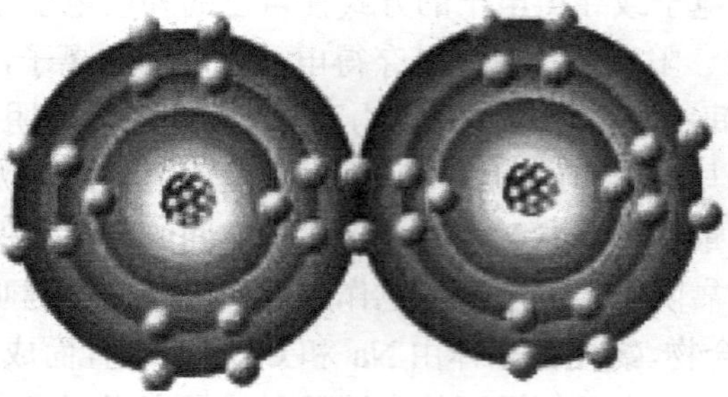

图 2-3 氯分子的电子结构式(示意图)

路易斯理论和柯塞尔理论是互为补充的，它们虽然各有侧重，但有一个共同之处，即都是用电子行为来解释物质的化学变化。这使得始于 19 世纪中叶的 “在化合物各原子之间划一短线以表示两者的结合” 有了实际意义。由于这两种理论简明易懂，很快为人们所接受。

在表 2-4 所示的结构式中，既可以用“·”代表一个原子的外层电子，“×”代表另一个原子的外层电子；也可以用短线代表共用电子对。2 个原子间若共用 2 对电子，则形成双键；若共用 3 对电子则形成三键。C_2H_4 分子内含有碳碳双键，C_2H_2 分子则含有碳碳三键。

表2-4 一些常见共价分子的路易斯电子结构式

分子式	电子结构式	分子结构式	分子式	电子结构式	分子结构式
Cl_2	:C̤̈l· C̤̈l:	Cl—Cl	CH_4	H ∶ O ∶ H（上下各一 H）	H—C—H（上下各一 H）
HCl	H·C̤̈l:	H—Cl	C_2H_4	H∶C∷C∶H（下各一 H）	H—C=C—H（下各一 H）
H_2O	H∶Cl∶H	H—O—H	C_2H_2	H∶C⋮⋮C∶H	H—C≡C—H

苯的分子式为 C_6H_6，相对分子质量为 78。苯分子中碳氢的比例说明它是一个高度不饱和的化合物，但却又不显示一般不饱和化合物所具有的那种易于发生加成反应的特征。甲苯、二甲苯、硝基苯、苯胺等一系列芳香族化合物的出现，引起了化学家们浓厚的兴趣，而如何说明这类化合物中碳原子的位置和结合方式成了当时的一大难题。

富有科学想象力的化学家凯库勒(S.F.Kekulé)认为，解决这一难题的关键是弄清最简单的芳香族化合物苯的结构。因此凯库勒反复琢磨苯的结构式：在满足碳四价和氢一价的前提下，怎样才能把6个碳原子和6个氢原子合理地安排在一起呢？经过长时间的思索，仍然不得要领。据他自己说，带着懊丧的情绪，某天他在书房里打起了瞌睡，梦中见到碳原子的长链像蛇一样盘绕卷曲，旋转飞舞，忽然蛇一口咬住了自己的尾巴，这副图像在他眼前炫耀般地旋转不已。他猛然惊醒，根据梦中的启示，写出了苯的封闭式结构(图 2-4)：在苯分子中 6 个碳原子连成环状，碳碳之间以单双键交替结合，每一个碳原子都再与一个氢原子相连，形成一个平面六角形的封闭结构。这样既满足了碳四价，又符合分子式 C_6H_6。

图 2-4 苯分子的凯库勒结构

苯环结构学说是化学结构理论发展史上一项辉煌的成就。如果把有机结构理论比喻为一座大厦，那么苯环结构学说则起了奠基石的作用。它引导人们把组成分子的原子数目、结合方式和排列次序联系在一起，自觉地运用结构式来认识分子的性质；不仅合理地说明了苯、甲苯、二甲苯、酚类、苯胺类等众多芳香族化合物的结构和某些化学性质，而且可以根据其他原子或基团取代苯环上的氢原子数及其在苯环上的相对位置，推知各种异构体的存在，成为人们研究和制备芳香族化合物的指路明灯，也为煤焦油综合利用和有机合成打下了理论基础。

为了解释苯的二元取代物异构体的数目和高度不饱和性的特点。1872 年，凯库勒又提出了苯环中碳原子的振荡原理，即苯分子中碳原子以平衡位置为中心，不停地进行振荡运动，造成单、双键不断地更换位置(图 2-5)，从而比较满意的解释了苯的二元取代物的异构现象。到了 20 世纪 30 年代，人们用 X 射线衍射法证明了苯环的平面六角形结构。著名化学家鲍林(L.C. Pauling)则在现代化学键理论的基础上，进一步用共振论解释了苯分子的结构和性质。共振论可以说是凯库勒互变振荡假说的进一步发展。苯环结构学说经过 100 多年的严峻考验，至今仍为现代最新的化学理论所应用。

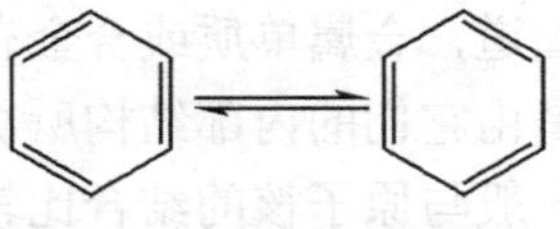

图 2-5　苯环的共振结构式

2.4.3　碳四面体学说与立体化学

1848 年，法国著名生物学家巴斯德(L.Pasteur)发现酒石酸盐的晶体呈半晶面，其中一些面朝左方，另一些则向右。他用手工方法将这两种具有不同取向的半晶面的晶体分开，再用旋光仪分别测定其溶液的旋光度，发现一个是右旋酒石酸，另一个是左旋酒石酸，若将它们等量混合就得到无旋光的酒石酸。元素组成相同的酒石酸的两种异构体具有完全相反的旋光方向，这种现象被称为旋光异构现象，所涉及的两种异构体称为旋光异构体(或立体异构体)。1869 年，德国化学家威利森努斯(Wislicenus)发现从酸牛乳中得到的发酵乳酸和从肌肉中提取的肌肉乳酸具有相同的元素组成和结构即 α-乳酸：CH_3—CH(OH)—COOH，但却是一对旋光异构体。据此他认为，如果分子在结构上是等同的，可是却具有完全不同的性质，那么这种差别就只能是由于原子在三维空间有不同的排布造成的。由此，威利森努斯等人进一步提出了空间化学的思想，唤起了人们研究原子的空间排布与性质关系的兴趣。

在巴斯德、威利森努斯等人对旋光异构现象研究的基础上，1874 年，荷兰化学家范特霍夫和法国化学家勒贝尔各自独立地提出了碳四面体学说：

当碳原子的四个价键被四个不同的基团饱和时，假定碳原子的四个价键指向四面体的顶点，碳原子占据四面体的中心，就可以得到两个并只能得到两个异构体。这两种异构体在空间上不能重叠，其中一个是另一个的镜像，因此称为对映体。它们都具有旋光性，且大小相同，但旋光方向相反。

范特霍夫把这种与四个不同原子或基团相连的碳原子称为“不对称碳原子”，现在也称“手性碳原子”。

左旋和右旋 α-乳酸对映体的立体结构如图 2-6 所示。

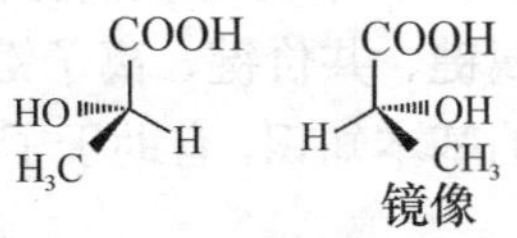

图 2-6　α-乳酸对映体的立体异构
(图中实线键表示在纸平面上，楔线键表示在纸平面前方，虚线键则表示在纸平面后方)

碳四面体学说的提出再一次开阔了人们的视野，把化学家引向了三维空间的新领域，开创了立体化学的新时代。为此，范特霍夫也获得了 1901 年的首届诺贝尔化学奖。

2.4.4　金属键

在已知的 111 种元素中，金属元素占 80%以上。金属与非金属之间通过离子键或配位键结合，非金属之间则通过共价键结合。那么，金属原子之间的结合力有何特征呢？我们知道，金属单质或合金有许多共性：导热、导电，富有展延性、有金属光泽等。这些特性是由它们的内部结构所决定的。从金属是电的良导体可以猜测到，金属原子的外层价电子一般与原子核的结合比较松散，它们易脱离原子核的束缚而成为自由电子在整个金属晶体中自由运动，金属原子也因为失去电子而成为金属离子。整个金属晶体是由金属原子、金属离子和自由电子所组成的，金属原子与金属离子则由于不断地交换电子而互相转变，自由电子即为金属原子、金属离子所共有。通过这种共有就把金属原子和金属离子黏合在一起，金属原子和金属离子犹如沉浸在“电子的海洋”中。这种由多个原子或离子共用自由电子所构成的键就是金属键。这种理论叫做改性共价键理论。应用这一理论可以解释上述的金属特性。例如金属中的自由电子可以吸收可见光，然后又把各种波长的光大部分发射出去，故大多数金属呈银色光泽。自由电子在外加电场影响下作定向流动形成电流，这就是它的导电性。当金属的某一部分受热而加强原子或离子的振动时，通过自由电子能把热能传递到邻近的原子或离子，这就是它的导热性的根源。金属晶体在外力影响下能使一层原子在临近的一层原子上滑动而不破坏金属键，这就是它具有良好的机械加工性能的原因所在。

关于金属键的另一种理论叫能带理论，这种理论认为，金属晶体的晶格里有比较高的配位数。金属晶格里原子很密集，它们的原子轨道能组成许多分子轨道，相邻的分子轨道之间的能量差很小，可近似地认为各个能级之间的能量基本上是连续的，故可形象地称之为能带。能带属于整个晶体。填满电子的分子轨道叫满带，未填满电子的分子轨道叫导带，满带和导带之间的能量空隙叫禁带。能带理论同样能很好地说明金属所具有的特性。能带中的电子可吸收光能，并将吸收的能量发射出去，从而使金属具有光泽和成为辐射性能良好的发射体。当向金属施加电场，导带中的电子会在能带中沿着外加电场方向通过晶格运动，这就说明了金属的导电性。由于金属中电子是离域的，当对晶体施加机械力时，一个地方的金属键被破坏了，另一个地方又可生成新的金属键，因此金属具有延展性和可塑性。金属晶体是靠金属键结合的。金属键没有方向性，金属的自由电子在整个晶体内运动，故金属键也没有饱和性，它可以在任意方向与尽可能多的临近原子相结合，从而使金属晶体内有较高的配位数，故金属晶体一般都是以紧密堆积的排列方式构成的。

金属键、共价键、离子键是三类不同的化学键，它们之间既有联系，又有区别。掌握化学键的基本知识，有助于了解化学变化的本质和规律，以便更有效地应用这些化学变化。

2.4.5 分子间作用力

分子内相邻原子间的强烈作用力称为化学键，而分子与分子之间也存在一些比较弱的作用力。例如，二氧化碳晶体(干冰)直接升华成气态，冰融化进而再气化，都需要从环境吸热。在这些变化过程中，分子组成(CO_2或H_2O)并不改变，而只是改变分子间的距离和相互作用状况。既然分子型物质的物态变化也伴随有热效应(如蒸发热、升华热、熔化热等)，说明分子间是有作用力的。

荷兰化学家范德华(van der Waals)最早研究了这一问题，因而这种分子间的作用力就称为范德华力。同一种物质，固态时分子间引力最大，熔化成液态时，因需要克服分子间的部分引力而消耗能量，物质气化成气态时则需吸收更多的能量，因而气态时分子间的范德华力最小。另外，不同物质分子之间作用力的性质或强度也可能不同。例如，通常状况下，卤素中氟和氯都是气体，溴是液体，碘是固体，这说明 F_2 或 Cl_2 的分子间引力都很小，分子运动最为自由；液态 Br_2 分子间引力较大些，分子排列稍受约束，占有一定体积；固态 I_2 分子间引力最大，排列成有序晶体。

范德华力存在于所有的分子(极性分子和非极性分子)之间，它是由分子之间很弱的静电引力所产生的。极性分子是一种偶极子，具有正负两极，当它们靠近到一定距离时，就有同极相斥、异极相吸的静电引力，但这种引力比离子键弱得多。极性分子与非极性分子之间的作用力则是由极性分子偶极电场使邻近的非极性分子发生电子云变形(或电荷位移)而相互作用产生的，如 O_2(或 N_2)溶于水中，O_2 和 H_2O 分子间的作用力就是这种情况。非极性分子与非极性分子之间的作用力来自原子核外电子在不停运动瞬间总会偏于这一端或那一端而产生的瞬间静电引力。原子半径越大越容易产生瞬间静电引力。稀有气体是单原子分子，这是典型的非极性分子，它们的液化过程就是靠这种瞬间静电引力产生的。由氦(He)到氙(Xe)半径依次递增，瞬间的静电作用力也依次递增，沸点依次升高，见表 2-5。

表 2-5　稀有气体的沸点

项目	氦(He)	氖(Ne)	氩(Ar)	氪(Kr)	氙(Xe)
沸点/℃	−269	−246	−186	−153	−107
沸点/K	4	27	87	120	166

氢键　与电负性(在分子中原子对成键电子的吸引能力)大的原子 X 共价结合的氢原子(X—H)带有部分正电荷，导致它能再与另一个电负性大的原子(如 Y)结合，形成一个聚集体：

$$X—H\cdots Y$$

这种化学结合作用叫做氢键。氢键是化学家在研究 KHF_2 的晶体结构时首先发现的。F—H…F 氢键的存在表明它们的结合是以氢为中心的氟原子之间的键合。后来通过对冰的晶体结构和液态水的异常性质的研究，证实氢键的存在。因为利用氢键能满意地解释水和冰密度的反常变化。我们都知道，冰在水中漂浮而不是下沉，这说明冰的密度小于水，冰融化时密度反而变大，而绝大多数固体熔化时密度都是变小的。这一反常现象和冰的结构有关。在图 2-7 中(a)是冰结构的一部分，(b)则是其中的一个四面体部分。在这种结构中，每个 O 原子都处于以邻近 4 个 H 原子为顶点的四面体中心，但 4 个 H 原子与 O 原子的结合有所不同。其中，2 个 H 与该中心 O 原子以共价键相连(较近)，另外 2 个 H 与该中心 O 原子以氢键相连(较远)。同时还可以看出，每个 O 原子又处于由相邻 4 个 O 原子形成的四面体中心。由于冰的这种晶体结构特点使其内部空隙较大，故而冰的密度较小。当冰融化时，部分地破坏了这种敞空结构，液态水中分子排列趋于紧密，密度反而增加。

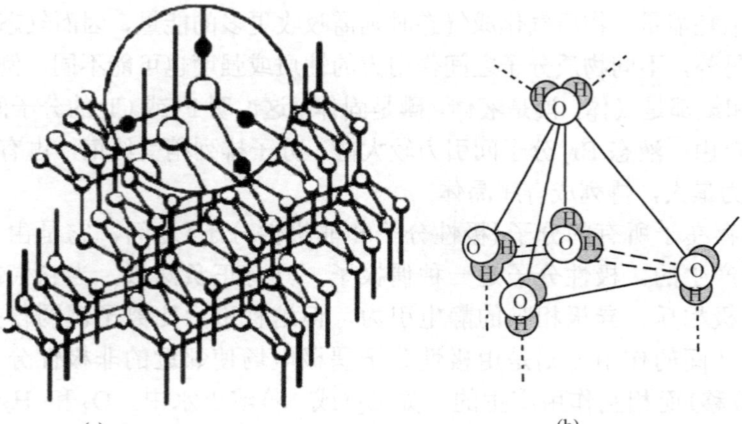

(a)　　　　　　　　　　　　　　(b)

图 2-7　冰与冰中氧原子结构

(a)冰中氧原子的四面体结构；(b)冰的结构

氢键不同于通常的化学键，它是一种特殊的分子间作用力。以 HF 为例，氟的电负性很大，HF 键是强极性共价键，氟原子强烈地吸引氢原子的电子云，使氢核几乎成为“裸体”的质子，它允许带部分负电荷的氟原子充分接近它，并产生静电引力，这就形成了 F—H…F 氢键。X、Y 原子的电负性越大，半径越小，则形成的氢键越强，例如 F—H…F 就是最强的氢键。分子间的氢键可使很多分子结合起来，形成链状、环状、层状、螺旋状或立体的网状结构。氢键的键能比较小，但是氢键的形成对物质的性质却有显著的影响。例如使熔点、沸点升高；溶质与溶剂之间形成氢键，则会使溶解度增大。

氢键在生物体内也起着重要的作用，在 DNA 的双螺旋结构中，正是通过氢键把两条多核苷酸组成的长链巧妙地连接起来，同时氢键的形成也决定了蛋白质分子的构象。(详见第 5 章化学与生命科学)

思 考 题

2-1　写出下列原子的原子序数、电子数、质子数、中子数和质量数。

$$^{2}_{1}H \quad ^{3}_{1}H \quad ^{19}_{9}F \quad ^{117}_{50}Sn \quad ^{235}_{92}U$$

2-2　写出决定原子结构的 n、l、m、m_s 四个量子数取值规定及物理意义。

2-3　当 $n=4$ 时，角量子数可以取哪些值？

2-4　什么是元素的电负性？周期表中电负性有何变化规律？

2-5　何为氢键？如何解释相对分子质量相同的甲醚和乙醇的沸点相差很大？

2-6　何为离子键？何为共价键？两者区别在哪里？

2-7　如何解释冰的密度大于水？

2-8　碳的同素异构体有几种？简述石墨、金刚石和球烯的结构。

（兰州大学　陈　麒）

第 3 章　化学与能源

能源是可从其获得热、光和动力之类能量的资源(《科学技术百科全书》)；能源是一个包括所有燃料、流水、阳光和风的术语，人类用适当的转换手段便可让它为自己提供所需的能量(《大英百科全书》)；能源是可以直接或经转换提供人类所需的光、热、动力等任一形式能量的载能体资源(《能源百科全书》)。人类在进入 21 世纪的今天，能源、材料、信息被称为现代社会繁荣和发展的三大支柱，已成为人类文明进步的先决条件，国际上往往以能源的人均占有量、能源构成、能源使用效率和对环境的影响因素来衡量一个国家现代化的程度。从人类利用能源的历史中可以清楚地看到，每一种能源的发现和利用，都把人类支配自然的能力提高到一个新的水平；能源科学技术的每一次重大突破，都引起一场生产技术的革命。

有关能源的国际组织有：国际能源机构/国际能源署/国际能源组织(International Energy Agency，IEA)；世界能源理事会/世界能源委员会(World Energy Council，WEC)；国际原子能机构(International Atomic Energy Agency，IAEA)；世界石油大会/世界石油理事会(World Petroleum Congress，WPC)；石油输出国组织(Organization of the Petroleum Exporting Countries)，简称欧佩克 OPEC 或油组；政府间气候变化专业委员会(Intergovernmental Panel on Climate Change，IPCC)；经济合作与发展组织(Organization for Economic Cooperation and Development，OECD)。

化学在能源的开发和利用方面扮演着重要的角色，无论是煤的充分燃烧和洁净技术，还是核反应的控制利用；无论是新型绿色化学电源的研制，还是生物能源的开发，都离不开化学这一基础学科的参与。可以说，能源科学发展的每一个重要环节都与化学息息相关。因此，在 20 世纪末，化学学科中一个新的分支——能源化学应运而生。

3.1　全球能源结构和发展趋势

煤炭、天然气、地热、水能和风能等是自然界现成存在的，不必改变其基本形态就可直接利用的能源，常被称为一次能源。二次能源则是由一次能源经过加工或转化成另一种形态的能源产品，如电力、焦炭、汽油、柴油、煤气等。通常人们把目前技术上比较成熟并已大规模生产和广泛利用的能源称为常规能源，如煤炭、石油、天然气、核裂变燃料、水能等，其中煤炭、石油、天然气等矿产，由于是古代动、植物遗骸经地壳变化埋藏地下多年转化而成的可燃矿物，因此也称为矿物能源与常规能源，把以新技术为基础，新近才利用或正在开发研究的能源称为新能源，如太阳能、核聚变能、氢能、生物能等。

有些能源是不会随本身的能量转换或者人类利用而日益减少的能源，它们具有天然的自我恢复能力，如水能、太阳能、风能、生物能等，因此又被称为可再生能源；而非再生能源正好相反，它们越用越少，不能再生，如矿物燃料、核裂(聚)变燃料等。另外，从能源消费后是否造成环境污染的角度出发，能源又可分为污染型能源(如煤炭、石油等)和清洁型能源(如水能、氢能、太阳能等)。

3.1.1 地球上可供利用的能源

近代世界能源结构经历了三次大的转变。18 世纪 60 年代，英国的产业革命促使全世界的能源结构发生了第一次大的转变，这是因为蒸汽机的推广、冶金工业的勃兴以及铁路和航运的发达，无一不需要大量的煤炭。以 1920 年为例，煤炭在当时世界商品能源构成中占到 87%。第二次世界大战以后，世界能源结构发生了第二次大的转变，几乎所有工业化国家都转向石油和天然气。一方面，同煤炭相比，石油和天然气热值高，加工、转化、运输、储存和使用方便、效率高，而且是理想的化工原料；另一方面，迅速提高的社会和政府部门的环境保护意识也推动了这一转变。1950 年，世界石油能源消费已近 5 亿吨。能源结构从单一的煤炭转向石油和天然气，标志着能源结构的进步，对社会经济的发展起到了重要作用。在 20 世纪 50～60 年代，西方一些发达国家正是依靠充足的石油供应，特别是廉价的中东石油，实现了经济的高速增长。70 年代初，第四次中东战争引发了资本主义世界第一次石油危机。70 年代末，伊朗爆发伊斯兰革命，国际石油供应再度紧张。90 年代初，海湾战争爆发，又使世界能源市场受到巨大冲击。

以矿物燃料为主体的能源系统对全球环境污染严重，说明原有的能源体系不可能长久地维持下去。联合国 1994 年《能源统计年鉴》数据表明，1993 年世界能源储量的情况是：煤的可开采总量为 10 633.68 亿吨；原油和液化天然气的储量 1407.66 亿吨；天然气的可开采的储量为 214.203 万亿吨；铀矿的理论储量为 3 643 542 吨，水电理论装机容量为 33 989 264 万亿焦(耳)。1993 年固体燃料(主要指煤)的消费量为 320 671.9 万吨标准煤，液体燃料的消费量为 407 425.3 万吨标准煤。目前，在世界一次能源总消费结构中，石油占 39.7%，天然气占 24.1%，煤炭占 26.1%，水电和核电占 10.2%。从近几年的发展趋势看，煤炭的比例仍会有所下降，而石油、天然气、水电和核电都将有不同程度的增长。按 1993 年的统计数据来推算，如果煤炭和石油的消费量按平均每年 3%的速度递增，那么可以预计再过 100 多年它们就将消耗殆尽。因此，20 世纪末，世界能源结构开始了第三次大转变，即从石油、天然气为主的能源系统转向以生物能、风能、太阳能等可再生能源为基础的可持续发展的能源系统。

3.1.2 中国能源消费现状及特点

我国进入 20 世纪 90 年代以后，能源的生产量略小于消费量(约 10%以内)，1996 年，中国成为全球第二大一次能源消费国，同时也是全球第二大能源生产者。而能源消费总量增长的趋势更加明显，两者之间的差值有拉大的趋势(表 3-1)。

在能源消费总量中，煤占 70%～80%，是我国的主要能源。近年来，煤所占的比重有所下降，天然气的比重保持在 2%左右。目前我国正在实施“西气东输”，加快了对天然气的开发利用，预计到 2010 年，我国将年产、输送和转化 600 亿～700 亿立方米天然气，在能源构成中的比例将增加到 8%以上。另外，随着三峡大坝的建成和秦山核电站二期工程、大亚湾、连云港等核电站的建设，也将使水电和核电在我国的能源结构中有较大的增长。

表 3-1 中国能源生产、消费总量及消费构成

年份	能源总量/万吨标准煤		能源消费构成比重/%			
	生产	消费	原煤	原油	天然气	水电、核电、风电
1980	63 735	60 275	72.2	20.7	3.1	4.0
1985	85 546	76 682	75.8	17.1	2.2	4.9
1990	103 922	98 703	76.2	16.6	2.1	5.1
1995	129 034	131 176	74.6	17.5	1.8	6.1
2000	135 048	145 531	69.2	22.2	2.2	7.5
2005	216 219	235 997	70.8	19.8	2.6	6.8
2010	299 000	325 000	70.9	16.5	4.3	8.3

资料来源：《中国统计摘要 2011》

总的来看，我国能源有以下特点：

能源资源总量丰富 煤炭储量约占世界总储量的 12.6%，居第 3 位。水力资源占世界总量的 30%，居第 1 位，原油占 2.4%，天然气仅占 1.2%。

人均能源资源拥有量较低、分布不均 人均能源资源占有量不到世界平均水平的一半，石油仅为 1/10。

人均能源消费量低、单位产值能耗高 即能源消费强度，是指单位 GDP 所投入的能源量。

能源消费系数高效率低 主要表现为生产耗能高。据有关专家预测，我国主要耗能产品的单位产品能耗比国际先进水平高 30%以上。能源系统的总效率低下，还不到发达国家的 1/2。从单位 GDP 能源消费看，我国的能源效率也处于较低水平。提高能源的利用率，降低能耗是当务之急，在十一五期间要求 GDP 增长 7%能耗下降 15%。

能源安全面临威胁 1993 年开始成为石油净进口国，2008 年石油进口依存度(净进口量与消费量之比)接近 52%。

能源消费以煤为主，环境压力加大，新能源与可再生能源有待大力发展 中国能源发展战略：坚持节约优先、立足国内、多元发展、依靠科技、保护环境、加强国际互利合作，努力构筑稳定、经济、清洁、安全的能源供应体系，以能源的可持续发展支持经济社会的可持续发展。

我国能源的现状和特点是由国内生产力水平决定的，国情决定了我国能源产业结构的发展战略是：以煤炭为基础，以电力为中心，积极开发石油、天然气，适当发展核电，因地制宜开发新能源和可再生资源，走优质、高效、低耗的能源可持续发展之路。

3.2 能量产生和转化的化学原理

众所周知，化学变化都伴随着能量的变化。在化学反应中，如果反应放出的能量大于吸收的能量，则此反应为放热反应。燃烧反应所放出的能量通常叫做燃烧热，化学上把它定义为 1 摩[尔]纯物质完全燃烧所放出的热量。理论上可以根据某种反应物已知的热力学常数计算出它的燃烧热。

化学反应的能量变化可以用热化学方程式表示，如甲烷燃烧反应的热力学方程式为：

$$CH_4(g) + 2O_2(g) = CO_2(g) + 2H_2O(l)$$
$$\Delta_c H_m^\theta = -890.3kJ \cdot mol^{-1} = -55.6\ k \cdot g^{-1}$$

式中，$\Delta_c H_m^\theta$ 表示恒压反应热，又称反应焓变，c 表示燃烧，负值表示放热反应(如为正值则表示吸热反应)。由于其数值随温度、压力的不同而变化，因此为建立统一的标准，热力学上把压力为 100kPa 规定为标准态，并在 ΔH 的右上角加“θ”来表示。反应的热效应除了与温度、压力相关外，还与反应物和生成物的状态有关，因此热化学方程式中必须标明物质的状态。对于工业上用的燃料，如煤和石油，由于它们不可能是纯物质，所以反应热值常常笼统地用发热量(热值)来表示。表 3-2 列出了几种不同能源的发热量值，从中可见常规能源大大地低于新能源的发热量。裂变和聚变能来源于核能的变化，在以下 3.4 节中将做系统的介绍。目前，国际上能源统计中常用吨标准煤(即发热量为 29.26 kJ · g^{-1} 的煤)作为统计单位，其他不同类型的能源就按其热量值进行折算。

表 3-2 几种不同能源发热量的比较

能源	石油	煤炭	天然气	氢能	U 核变	H 聚变
发热量/(J · g^{-1})	48	30	56	143	8×10^7	60×10^7

各种能源形式都可以互相转化。在一次能源中，风、水、洋流和波浪等是以机械能(动能和重力势能)的形式提供的，可以利用各种风力机械(如风力机)和水力机械(如水轮机)将其转化为动力或电力。煤、石油和天然气等常规能源的燃烧可以将化学能转化为热能，热能可以直接利用，但多是将热能通过各种类型的热力机械(如内燃机、汽轮机和燃气轮机等)转换为动力，然后带动各类机械和交通运输工具工作；或是带动发电机送出电力，以满足人们生活和工农业生产的需要。

能量的转化和利用由两条基本的规律要遵循，那就是热力学第一、第二定律。热力学第一定律即能量守恒及转化定律是大家已经熟悉的一条基本物理定律。依据这条定律，在体系和周围的环境之间发生能量交换时，总能量保持恒定不变。因此，不消耗外加能量而能够连续做功的永动机是不可能存在的。但是，在不违背第一定律的前提下，热量能否全部转化为功？或者说热量是否可以从低温热源不断地流向高温热源而制造出第二类永动机？科学家通过对热机效率的研究，发现热机的效率 η 是由以下关系所决定的：

$$\eta = \frac{T_2 - T_1}{T_2}$$

即热机工作时，为了使热能够自发地流动，从而使一部分热转化为功，必须有温度不同的两个热源：一个温度较低(T_1)，另一个温度较高(T_2)。从上式可见，若 $T_1 = T_2$，$\eta = 0$ 因为在两个温度相同的热源间，不可能发生恒定的单方向的热传递过程，所以无法使热机工作，其效率为 0。若 T_1=0K，$\eta = 1$。但 0k 的热源在现实生活中是不能提供的，因此一般情况下 η<1。这就是著名的“卡诺定理”。由此引出了热力学第二定律：一个自行动作的机器，不可能把热从低温物体传递到高温物体中去，或者说功可以全部转化为热，但任何循环工作的热机都不能从单一热源取出热能使之全部转化为有用功，而不产生其他影响。

热电厂是利用热机发电的典型例子，热机的效率一般都低于 40%，即燃料燃烧释放出的化学能只有不到 40%被转化为电能，其余的能量则以不可避免的方式被损耗，如在活动部件之间摩擦所消耗或作为废热在烟囱和冷却塔上排出等。

3.3 化学在煤、石油和天然气开发利用方面的贡献

煤炭、石油和天然气作为主要的常规能源，为人类文明和进步做出了重要贡献。在这三大能源的开发利用方面，化学发挥了十分重要的作用。无论是煤的高效、洁净燃烧技术还是天然气的化学转化技术，都与化学密切相关。石油化工从炼油开始到每一种分子质量较小的烃类化合物(如汽油、煤油、柴油、乙烯、丙烯等)的生产均离不开催化技术，化学家研制的催化剂已成为石油化工的核心技术。

3.3.1 煤的高效、清洁化燃烧及化学转化

随着蒸汽机的发明和推广应用，煤逐渐成为能源的“主角”。最先大量用煤作能源的是英国，英国三岛森林资源有限而又是产业革命的发源地，对煤有这迫切的需要。世界各地虽然都有煤炭资源，但分布并不均匀，绝大部分都埋藏在北纬 30° 以上地区。煤炭资源储藏最丰富的国家为：美国、俄罗斯、中国、印度、澳大利亚、南非。这 6 个国家的煤炭储藏量之和占全世界煤炭储藏量的 80%以上。煤炭是中国工业的主要能源，中国能源资源的基本特点是富煤、贫油、少气。煤炭是中国的第一能源，在一次性能源的构成中煤炭占 70%左右。煤炭作为化石燃料是非再生能源，按现在的开采速度估计，煤只能用几百年。煤炭可直接燃烧，但这样仅利用了煤炭应有价值的一半，对环境污染也比较严重。

煤是由远古时代的植物经过复杂的生物化学，物理化学和地球化学作用转变而成的固体可燃物。人们在煤层及其附近发现大量保存完好的古代植物化石；在煤层中可发现炭化了的树干；在煤层顶部岩石中可以发现植物根、茎、叶的遗迹；把煤磨成薄片，于显微镜下可以看到植物细胞的残留痕迹。这些现象都说明成煤的原始物质是植物。

这些古代植物是怎样变成煤的呢？按生物演化过程，地球的历世可分为古生代，中生代和新生代三大时期。其后温湿植物茂盛始于古生代中期，距今已有 3 亿年之久。植物从生长到死亡，其残骸堆积埋藏演变成煤的过程当然是非常复杂的。经地质学家、煤田学家、化学家们的共同努力，现代的成煤理论认为煤化过程时：植物—泥炭—褐煤—无烟煤，这个过程称为煤化作用。

煤的化学组成虽然各有差别，目前公认的平均组成是碳、氢、氧、氮、硫，将其平均组成折算成原子比，一般可用 $C_{135}H_{96}O_9NS$ 代表；灰的成分为各种矿物质，如 SiO_2、Al_2O_3、Fe_2O_3、CaO、MgO、K_2O、Na_2O 等。按碳化程度的不同，一般可将煤分为无烟煤、烟煤、次烟煤和褐煤。无烟煤的固定碳含量最高，而挥发分含量最低，由于灰分和水分较低，一般发热量很高；其缺点是着火困难，不容易燃尽。烟煤的碳化程度较无烟煤低，挥发成分含量较高，而固定碳和发热量都较无烟煤低，但烟煤的着火和燃尽都比较好。次烟煤的挥发分含量和发热量都低于烟煤，着火比较困难。褐煤的碳化程度次于烟煤，挥发成分含量很高，且挥发成分的析出温度较低，所以着火和燃烧比较容易，但水分和灰分很高，而且发热量低。

至于煤的化学结构，至今已有几十种模型。现代公认的模型如图 3-1 所示。

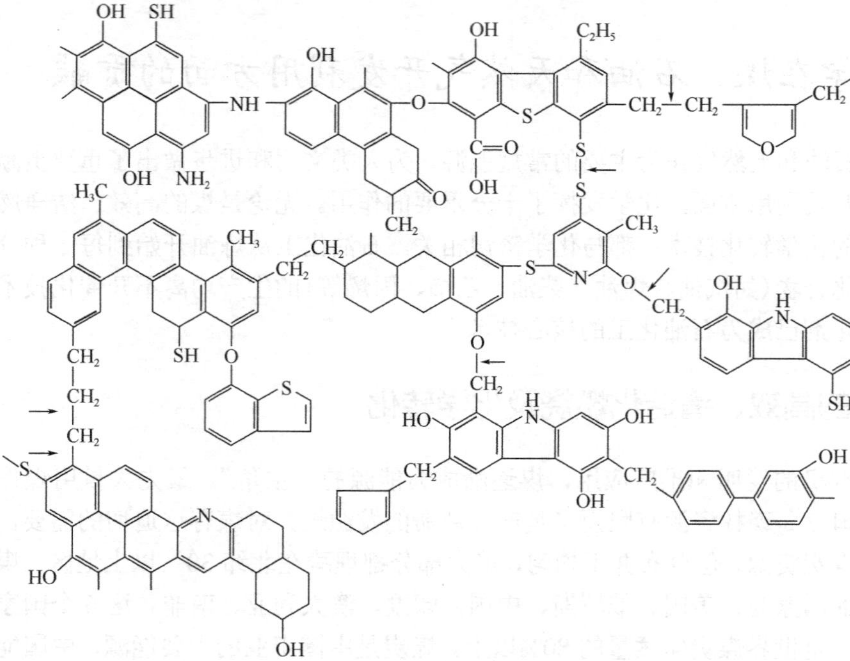

图 3-1　煤的结构模型

由上图所见，煤炭中含有大量的环状芳烃，缩和交联在一起，并且夹着含 S 和含 N 的杂环，通过各种桥键相连。所以煤可以成为环芳烃的中药来源。同时在煤燃烧过程中有 S 或 N 的氧化物产生，污染空气。

煤在我国能源消费结构中位居榜首(约占 70%)，煤的年消费量达 10 亿吨以上，其中 30%用于发电和炼焦，50%用于各种工业锅炉，窑炉，只有 20%用于人类生活。就是说煤的大部分是直接燃烧的，其中 C，H，S 及 N 分别变成 CO_2，H_2O，SO_2 及 NO_x。这样热效率的利用并不高，如煤球热效率只有 20%～30%；蜂窝煤高一点，可达 50%，而碎煤则不到 20%。

目前燃煤锅炉广泛应用于工厂、食堂、发电厂等，它能为人类提供蒸汽、电力。这类设备直接利用煤作燃料。当煤直接燃烧时，其中的 S、N 分别变成了 SO_x 和 NO_x；当大量的废气排放到大气中，就会造成酸雨，从而严重污染环境。因此，如何实现粉煤的高效、清洁燃烧是一个非常重要而实际的课题。为了尽可能减少燃煤所产生的二氧化硫，常常需进行必要的预处理，如在粉煤中加入石灰石做脱硫剂，当煤在锅炉中燃烧时，其产生的热量会使石灰石分解成氧化钙，氧化钙则易于和二氧化硫反应生成 $CaSO_3$，再被氧化为比较稳定的 $CaSO_4$，从而达到脱硫的目的。我国政府非常重视煤炭洁净技术的开发和利用，限制直接燃烧原煤，在烟气脱硫、循环流化床锅炉、低 NO_x 燃烧技术和火电厂粉煤灰综合利用等方面都取得了较大成绩。

除了直接燃烧以外，还可以通过化学转化使烟煤转化为洁净的燃料，化学转化主要是指煤的焦化、液化和气化。

煤的焦化也叫煤的干馏，是把煤置于隔绝空气的密闭炼焦炉内加热，使煤分解，生成固态的焦炭、液态的煤焦油和气态的焦炉气。随着加热温度的不同，产品的数量和质量都不同，有低温(500～600℃)、中温(750～800℃)和高温(1000～1100℃)干馏之分。中温湿法的主要产品是城市煤气。煤经过焦化加工，可使其中各种成分都能得到有效利用，而且用煤气作燃料要比直接烧煤干净得多。

液化煤炭也叫人造石油，是将煤加热裂解，使大分子变小，然后在催化剂的作用下加氢(450～480℃，12～30MPa)，从而得到多种燃料油。其实际工艺相当复杂，涉及多种化学反应。除了这种直接液化，还可以进行间接液化，即把煤气化得到的 CO 和 H_2 等气体后，在一定温度、压力和金属催化剂的作用下合成各种烷烃、烯烃和含氧化合物。这种合成过程就是著名的 F-T 合成。1925 年 Fischer 和 Tropsch 曾首先在铁和钴等催化剂下，于 0.1～0.7MPa 和 250～300℃条件下由 CO 和 H_2(合成气)来合成烃类，如今，合成烃类及含氧化合物又重新引起了化学家的兴趣。

让煤在氧气不足的情况下进行部分氧化，可使煤中的有机物转化为可燃气体，再以气体燃料的方式经管道输送到车间、实验室、厨房等，也可作为原料气体送进反应塔，这就是煤的气化。例如，将空气通过装有灼热焦炭(将煤隔绝空气加热而成)的塔柱，则焦炭氧化放出的大量热可使焦炭温度上升到 1500℃左右；然后切断空气，将水蒸气通过热焦炭，即可生成占总体积分数 86%的 CO 和 H_2，这就是通常所说的水煤气。水煤气的最大缺点是其中的 CO 有毒，而且这种制备方法只能间歇制气，操作复杂。

如果将纯氧和水蒸气在加压下通过灼热的煤，可使煤中的苯酚等挥发出来，并生成一种气态燃料混合物，其按体积分数约含 40% H_2、15% CO、15% CH_4、30% CO_2，称为合成气。此法不但可直接用煤而不用焦炭，且可进行连续生产。合成气可用作天然气的代用品，其完全燃烧所产生的热量约为甲烷的三分之一。

3.3.2　化学在石油开发中利用

石油有“工业血液”、“黑色的黄金”等美誉。自美国人德莱克于 1859 年在宾夕法尼亚打出世界第一口油井后，直到 1953 年，美国的石油产量一直位居世界第一，占石油产量的 50%以上。1917 年首次用炼厂气中的丙烯合成异丙醇，公认为第一个石油化学产品，标志石油化工诞生。

石油和天然气的成因有过多种论点。现在认为石油是由远古海洋或湖泊中的动植物遗体在地下经过漫长的复杂变化而形成棕黑色黏稠液态混合物，其沸点范围从室温到 500℃以上。未经处理的石油叫原油，他分布很广，世界各大洲都有石油的开采和炼制。就目前已查明的储量看，重要的含油带集中在北纬 20° ～48° ，世界上两个最大的产油带，一个叫长科迪勒地带，从地中海经中东到印度尼西亚。这两个地带在地质变化过程中都是海槽，因此曾有“海相成油”学说。海相成油：生源物的来源主要是在海洋中生活的生物。另外还有陆相成油：即生源物的来源主要是非海相生物，即生活于湖沼的生物。

石油的主要元素组成为：碳(C)、氢(H)、氧(O)、硫(S)、氮(N)。C 占 84%～87%，H 占 11%～14%；微量元素有：Fe、Mg、V、Ni 等 30 多种，其中 V、Ni 为主。碳、氢占绝对优势，总量达 95%～99%，主要以烃类形式存在，是组成石油的主体。石油中的硫含量：海相石油高硫(一般大于 1%)，陆相石油低硫(一般小于 1%)，钒和镍含量与比值：海相石油 V、Ni 含量高，且 V/Ni 大于 1；陆相石油 V、Ni 含量较低，且 V/Ni 小于 1。

我国石油资源 90%以上分布在四大油区，即以大庆、吉林油田为代表的松辽油区；以胜利、辽河、华北、大港、中原油田为代表的渤海湾油区；海口油区和以新疆塔里木、吐哈、青海、长庆等油田为代表的西部油区。

石油是埋藏在地下深处的棕黑色黏稠液体混合物，未经处理的石油叫原油。原油必须经过处理后才能使用，处理的方法主要有分馏、裂化、重整、精制等。涉及原油后处理的工业称为石油化工工业。

在石油化工中，通常采用化学中的分馏技术对沸点不同的化合物进行分离。在 30～180℃沸点范围内收集的 C_5～C_6 馏分是工业常用溶剂，这个馏分的产品也叫溶剂油(石油醚)；在 40～180℃沸点可收集 C_6～C_{10} 馏分，这是需要量很大的汽油馏分。按其中各种烃组成的不同又可分为航空汽油、车用汽油、溶剂气油等。提高蒸馏温度，依次可以获得煤油(C_{10}～C_{16})和柴油(C_{17}～C_{20})。在 350℃以上的各馏分则属重油部分，C_{18}～C_{40}，其中有润滑油、凡士林、石蜡、沥青等。

汽油的质量是用辛烷值(octane number)表示的。辛烷值是衡量汽油在气缸内抗爆震能力的一个数字指标，其值高表示抗爆性好。异辛烷(2,2,4-三甲基戊烷)的抗爆性较好，辛烷值定为 100。正庚烷的抗爆性差，辛烷值为 0。若汽油的辛烷值为 90，即表示它的抗爆震能力与 90%异辛烷和 10%正庚烷的混合物相当(并非一定含有 90%的异辛烷)，商品上称为 90 号汽油。1L 汽油中若加入 1ml 四乙基铅 $Pb(C_2H_5)_4$，它的辛烷值可以提高 10～12 个标号。四乙基铅是具有香味的无色液体，有毒，对环境污染严重，为了提醒人们注意这是含铅汽油，有时在其中适当加一些色料。目前正努力用改进汽油组成的办法来改善汽油的抗爆性，如加入一些含氧化合物(甲基叔丁基醚、乙醇等辛烷值的促进剂)取代四乙基铅，即所谓的无铅汽油。

在石油化工中，催化裂化和催化重整是两种经常用到的提炼方法。前者可以使碳原子数较多的碳氢化合物裂解成各种小分子的烃类，裂解产物很复杂，从 C_1～C_{10} 都有。经催化裂化，可从重油中获得更多的乙烯、丙烯、丁烯等化工原料，还能获得高辛烷值的汽油。催化重整则是在一定的温度压力下，将汽油中的直链烃在催化剂表面进行结构的“重新调整”，使之转化为带支链的烷烃异构体，从而有效地提高汽油的辛烷值；与此同时还可以得到一部分芳香烃，这是在原油中含量很少只靠从煤焦油中提取不能满足生产需要的化工原料。

分馏和裂解所得的汽油、煤油、柴油中都混有少量含 N 或含 S 的杂环有机物，在燃烧过程中会生成 NO_x 及 SO_x 等酸性氧化物污染空气。但在一定的温度压力下，采用催化剂可使 H_2 和这些杂环有机物起反应生成 NH_3 或 H_2S 而将其分离出来，从而使留在油品中的只是碳氧化物。这种提高油品质量的过程称为加氢精制。显然，在整个炼油过程中，无论是裂解、重整还是加氢，都离不开高效的催化剂。催化剂已成为石化工业的核心技术。

3.3.3 天然气的开发利用

广义的天然气是指自然界中一切天然生成的气体(包括大气、岩石中的气体、海洋中的气体、地幔气、宇宙气等)。狭义的天然气是指在地质条件下生成、运移并聚集在地下岩层中、以烃类为主的气体。天然气的元素组成主要为 C、H、O、S、N 及微量元素组成，其中 C 占 65% 80%，H 占 12% 20%。天然气的化合物组成为：烃类——CH_4 为主，以及非烃类——CO_2、N_2、H_2S，多数气藏以烃类为主。气藏和油气藏中天然气，无论是气藏类型，还是气体中化合物组成，都是以烃类气体为主。

天然气的主要成分是甲烷，也有少量的乙烷和丙烷。天然气是一种优质能源，和前面提到的城市煤气相比，它不含有毒的 CO，燃烧产物是 CO_2 和 H_2O，燃烧热值很高。为了避免燃煤所产生的严重污染，天然气将成为未来发电的首选燃料，天然气的需求量将会不断增加。有专家预测，到 2040 年，天然气将超过石油和煤炭成为世界“第一能源”。我国的“西气东输”工程就是要将西部储存丰富的天然气通过管道运送到东部地区，可以为东部许多大城市提供源源不断的优质能源。

21 世纪初，我国在内蒙古鄂尔多斯市地区发现了一个储量达 5000 亿立方米以上的天然气田——苏里格气田，天然气储量相当于一个 5 亿吨的特大油田。另外，在我国南海地区海底又发现了储量可观的甲烷水合物，也就是通常所说的“可燃冰”，它是甲烷分子藏在冰晶体的空隙中形成的，甲烷分子和水分子之间以范德华力相互作用，高压是形成甲烷水合物的必要条件，因此，自然界中的甲烷水合物主要存在于深度达 300m 以上的深海海底。在“可燃冰”中甲烷分子与水分子之比约为 1/5.74，所以若将它从海底提升到海平面，每 $1m^3$ 固体可释放出 $164m^3$ 的甲烷气体。据估计，甲烷水合物中甲烷的总量按碳计算，至少为已经发现的所有矿物燃料的中碳的 2 倍。在未来的几十年中，甲烷在我国能源结构中的比例将会得到不断的提高。除了直接作为燃料以外，天然气还可以通过化学转化而成为重要的化工原料和其他形式的能源。由于 CH_4 中 C—H 离解能为 $435kJ\cdot mol^{-1}$，高于一般 C—H 键平均键能($414kJ\cdot mol^{-1}$)，因此如何对甲烷进行有效的化学转化一直是化学家们急于攻克的难题。目前，化学家已经提出了几种天然气转化的途径(图 3-2)，其中之一是直接化学转化，即可以将甲烷在不同的催化剂作用和不同的反应条件下，直接转化为烯烃、甲醇和二甲醚等；

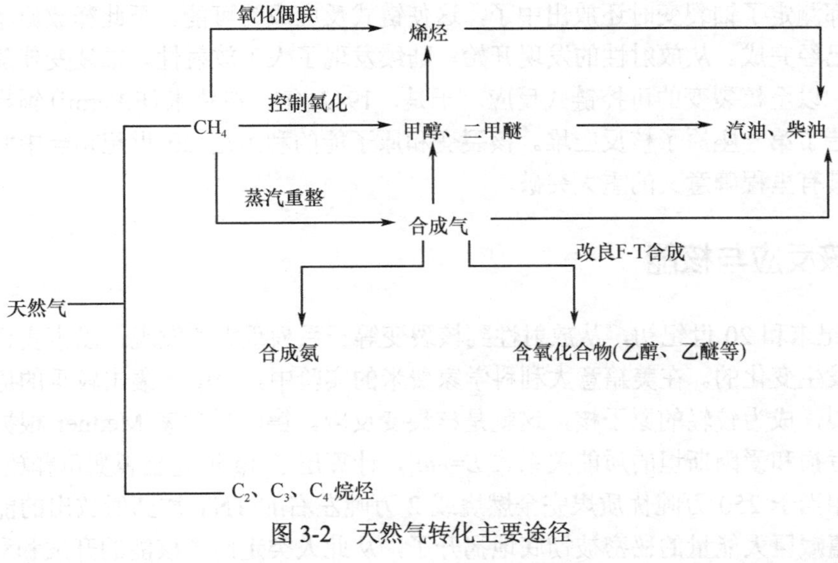

图 3-2　天然气转化主要途径

另一种途径就是进行间接转化，即利用天然气通过水蒸气或二氧化碳催化重整转化为合成气，反应方程式分别为

$$CH_4(g)+H_2O(g)\longrightarrow CO(g)+3H_2(g)$$

$$CH_4(g)+CO_2(g)\longrightarrow 2CO(g)+2H_2(g)$$

然后利用合成气中的 CO 和 H_2 再合成其他有用的化工产品，如通过 F-T 合成方法进一

步合成汽油、柴油等烃类化合物。

由于CH_4和CO、CO_2、CH_3OH等分子中均只含有一个碳原子，把它们通过化学方法转化为多元碳分子是化学家普遍感兴趣的问题。因此学术上把它们归成一类并称之为 C_1 化学。将C_1转化为多元碳分子的过程大多涉及催化过程，因此C_1化学已成为催化研究的一个重要领域。

3.4 化学对和平利用核能的贡献

20世纪在人类能源利用方面的一个重大突破是核能的释放和可控利用。在此领域中，首先是化学家居里夫妇从19世纪末到20世纪初，先后发现了放射性比铀强400倍的钋和比铀强200多万倍的镭，这项研究打开了20世纪原子物理学的大门从而获1903年诺贝尔物理学奖。此后，居里夫人继续专心于镭的研究和应用，测定了镭的相对原子质量，建立了镭的放射性标准；同时积极地提倡把镭用于医疗，使放射治疗得到了广泛应用从而获1911 年诺贝尔化学奖。20 世纪初，卢瑟福从事关于元素的衰变理论，研究了人工核反应从而获1908年诺贝尔化学奖。之后约里奥·居里夫妇第一次用人工方法创造出了放射性元素从而获1935年诺贝尔化学奖。在此基础上，费米用慢中子轰击各种元素获得了60种新的放射性核素，并发现了 β 衰变，使人工放射性元素的研究迅速成为当时的热点从而获1938 年诺贝尔物理学奖。1939 年，哈恩发现的核裂变现象震撼了当时的科学界，成为原子能利用的基础从而获1944年诺贝尔化学奖。

1939 年，费里施在裂变现象中观察到伴随着碎片有巨大的能量，同时约里奥·居里夫妇和费米都测定了铀裂变时还放出中子，这使链式反应成为可能。至此释放原子能的前期基础研究已经完成。从放射性的发现开始，陆续发现了人工放射性，铀裂变伴随能量和中子的释放，以至核裂变的可控链式反应。于是，1942 年，在费米(E.Fermi)领导下，人类成功地建造了第一座原子核反应堆。核裂变和原子能的利用是 20 世纪初至中叶，化学和物理学界具有里程碑意义的重大突破。

3.4.1 核反应与核能

19世纪末和20世纪初，从放射性到核裂变等一系列重大的发现，以事实证明了原子核是可以发生变化的。在美籍意大利科学家费米的实验中，用中子轰击较重的原子核使之发生了分裂，成为较轻的原子核，这就是核裂变反应。德国科学家 Meitner 根据铀核裂变后的质量亏损和爱因斯坦的质能关系式 $E=mc^2$，计算出了1g铀完全裂变可释放出0.8亿J的能量，相当于250万吨优质煤完全燃烧或2万吨左右的TNT炸药所放出的能量。这使原子核内蕴藏巨大能量的秘密被彻底地揭开了，从此人类走向了核能的开发和利用之路。例如，目前32个有核电的国家和地区共有439座核电站，装机容量为3.66亿kW，占世界总发电量17%。

然而，地球上的$^{235}_{92}U$储量是十分有限的，那么是否有比核裂变提供更多能量的反应呢？人类从太阳那里找到了答案，这就是核聚变反应。它是由两个或多个轻原子聚合成一个较重原子的过程，也称热核聚变反应。如

$$ {}_{1}^{2}H + {}_{3}^{6}Li = 2{}_{2}^{4}He $$

$$ {}_{1}^{2}H + {}_{1}^{2}H = {}_{2}^{4}He $$

据计算，后一反应每克氚聚变可以得到 7 亿 J 的能量。根据海水中的氘、氚储量计算，它们可供人类使用几亿年，因此，如果能将可控聚变反应用于发电，那么人类将不再为能源问题困扰。

3.4.2　核反应堆的安全性

核能的和平利用始于 20 世纪 50 年代。1951 年，美国利用一座产钚的反应堆的余热试验发电，电功率仅为 200kW。1954 年，苏联建成了世界上第一座核电站，电功率为 5000kW。我国第一座自行设计建设的核电站是秦山核电站，第一期 30 万 kW 已于 1991 年并网发电，第二期工程两台 60 万 kW 级的压水堆核电机组 2000 年底投入使用。我国从法国成套进口的广东大亚湾两台 90 万 kW 的核电机组也分别于 1993 年和 1994 年并网发电，我国连云港核电站正在建设中预计近期可望发电。

核电站的工作原理如图 3-3 所示。

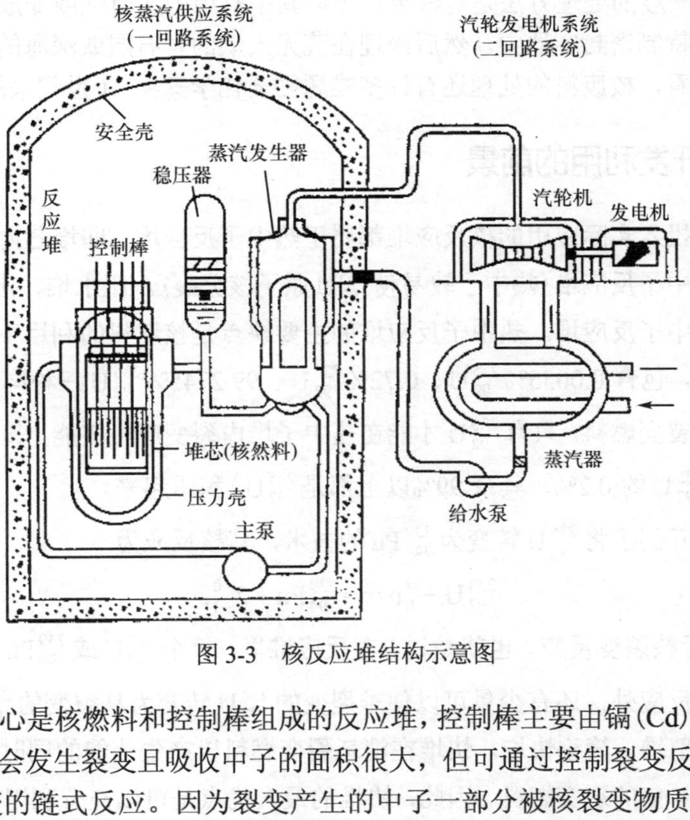

图 3-3　核反应堆结构示意图

核电站的中心是核燃料和控制棒组成的反应堆，控制棒主要由镉(Cd)、硼(B)、铪(Hf)制成，它本身不会发生裂变且吸收中子的面积很大，但可通过控制裂变反应过程产生的中子数来控制裂变的链式反应。因为裂变产生的中子一部分被核裂变物质和反应堆内件吸收，另一部分中子留在堆内的有可能与其他重核再次产生裂变反应，留下的中子必须大于一定的比率，才能使反应继续而成为链式反应。逸出的中子越多，链式反应越弱以致根本不能进行。反之，反应越强，形成核爆炸。

原子弹爆炸就是利用这一原理。在核反应堆中，通过控制棒控制使幸存中子平均恰为

1，这使链式反应可以经久不息地进行下去。在设计核反应堆时，大多采用低浓度核裂变物质作燃料，而且这些核燃料在反应堆芯被合理地分散隔开，因此在任何情况下都不可能达到爆炸式链式反应所需要的最低样品质量(临界质量)；同时，反应堆内还装有控制铀裂变速率的减速剂，由此保证了反应堆在任何情况下都不会发生像原子弹那样的核爆炸。

苏联切尔诺贝利核电站事故是人类历史上最严重的一次核灾难。1986 年 4 月 26 日，在切尔诺贝利核电站第 4 号机组在停机检测时发生事故，引起爆炸和大火，致使 8 吨多强辐射物泄漏，造成大面积的放射性物质的污染，甚至影响到周边国家。2000 年底，切尔诺贝利核电站被永久关闭，曾经风景如画的地方如今成了一座“核坟墓”。这一历史的教训是惨重的，因此在核能的开发方面，要保证安全第一，严防放射性物质的大量泄漏，采取必要的风险防范措施。今天核电站一般都设置了三道安全屏障，即燃料包壳、压力壳和安全壳(图 3-3)，这使一切可能的事故限制并消灭在安全壳内，同时能承受龙卷风、地震等自然灾害的袭击。切尔诺贝利核电站正是由于反应堆设计上的缺陷才造成放射性物质大面积泄漏的。

核反应堆运行过程带来的另一个问题是核废料的处理。因为 ${}^{235}_{92}U$ 裂变产生的核碎片都具有放射性，因此当核燃料更新后，卸下的放射性废料就存在一个如何处理、运输、掩埋的问题。目前，一般的处理方法是对核废料提取其中有用的放射性或非放射性物之后，将放射性废料装入特制密封容器中，然后深埋在荒无人烟的岩石层或深海的海底。显然，从环境保护的角度看，核废料的处理还有许多难题需要化学家在 21 世纪来解决。

3.4.3 核能开发利用的前景

目前世界上投入实际应用的核反应堆都属于热中子反应堆，即堆芯内有慢化剂，可以将中子慢化为热中子反应堆(热中子较易使 ${}^{235}_{92}U$ 原子核分裂)。压水堆、沸水堆、重水堆、石墨堆都属于热中子反应堆。热中子反应堆的主要缺点是核燃料的利用率很低。在开采、精炼出来的铀中，包含 0.0055% ${}^{235}_{92}U$、0.72% ${}^{235}_{92}U$、99.2745% ${}^{235}_{92}U$ 三种同位素，其中 ${}^{235}_{92}U$ 不能直接用作核裂变燃料，只有 ${}^{235}_{92}U$ 才能在热中子堆内裂变产生核能，其他约 99%都将作为贫铀(其中含 ${}^{235}_{92}U$ 约 0.2%，其余 99%以上都是 ${}^{235}_{92}U$)积压起来。

现代技术已开创了将 ${}^{235}_{92}U$ 转变为 ${}^{239}_{94}Pu$ 的技术，其核反应为

$$ {}^{238}_{92}U + {}^{1}_{0}n = {}^{239}_{94}Pu + 2\,{}^{0}_{-1}e $$

${}^{239}_{94}Pu$ 能进行核裂变反应。也就是说，在反应堆里，每个 ${}^{235}_{92}U$ 或 ${}^{239}_{94}Pu$ 裂变时放出的中子，除维持裂变反应外，还有少量可以使难裂变的 ${}^{238}_{92}U$ 转变为易裂变的 ${}^{239}_{94}Pu$。这种反应堆称为快中子增殖堆，简称快堆。快堆在消耗裂变燃料以产生核能的同时，还能生成相当于消耗量 1.2～1.6 倍的裂变燃料。因此，快堆的最大优点是可以充分利用 ${}^{238}_{92}U$，在克服了工艺上的困难以及提高经济性之后，快堆会逐渐取代热堆，成为 21 世纪核能利用的主力堆型。

前面提到的可控核聚变堆的实现将彻底解决人类的能源问题，如此诱人的前景吸引着许多科学家为之努力奋斗。然而，这一课题难度非常大。在地球上实现可控聚变的关键问

题是要把氘、氚原子核加温到至少几千万摄氏度，并把它们约束在一起。目前主要研究通过磁约束、激光惯性约束和介质催化等途径实现可控核聚变，在向可控核聚变目标探索的过程中，虽然已露出胜利的曙光，但还处于基础研究阶段。有专家预测，2050 年能实现原型示范的可控核聚变堆，要发展到经济实用阶段还有一段艰辛的道路。

3.5　化学为开发新能源再立新功

在 20 世纪，人类是用煤、石油和天然气等生物质矿物作为主要能源和有机化工原料的，然而使用这些矿物资源不仅容易造成严重的环境污染，而且它们不可再生。因此，研究和开发清洁而又用之不竭的新能源将是 21 世纪能源发展的首要任务。在此领域，化学作为基础的和中心的学科，将会起到十分重要的作用。

3.5.1　生物质能源

生物质能包括植物及其加工品和粪肥等，是人类最早利用的能源。植物每年储存的能量相当于全球能源消耗量的十几倍。由于光合作用，各类植物程度不同地含有葡萄糖、油、淀粉和木质素等，并在它们的分子里储存能量。因此，利用生物质能就是间接地利用太阳能。生物质能除了可再生和储量大之外，发展生物质能本身就意味着要扩大地球上的绿化面积，而这样做不仅有利于改善环境，调节气温，还可以减少污染。

· 利用生物质能的转化技术提高能源利用率　利用生物质能的传统方式是直接燃烧法。当生物质燃料时，上述分子储存的能量即以热能的形式放出，与此同时，二氧化碳又被重新放到大气中。此法对于生物质能的利用效率很低，且造成温室效应加剧。因此，必须改变传统的用能方式，利用生物质的转化技术提高能源利用率。目前，利用生物质能源主要有以下几种方式：

(1) 用甘蔗、甜菜和玉米等制取甲醇、乙醇，用作汽车燃料。

(2) 从“石油植物”中提取石油。世界之大，无奇不有，在植物乐园中也存在着石油资源。如巴西的橡胶树、美国的黄鼠草等。这些植物利用光合作用生成类似石油的物质，经简单加工即可制成汽油和柴油。种植这些植物无异于增产石油。

(3) 利用废木屑、农业废料及城市垃圾制造燃料油。首先，让生物废料如细木屑通过一个反应器——热解装置，变换成初级气化物，再让气化物通过沸石催化剂，此时约有 60% 转变成石油，同时还会生成一定量的木炭和 CO、CO_2 及水蒸气等气体。

(4) 利用人畜粪便、工农业的有机废物或海藻等生产沼气。沼气是生物质在厌氧条件下通过微生物分解而成的一种可燃性气体，其主要组分为甲烷(占 55%～65%)和二氧化碳(占 35%～45%)。沼气是一种高效、廉价、清洁的能源。发酵的残余物还可以综合利用，作为肥料、饲料等。与发展中国家不同的是工业发达国家生产沼气主要与垃圾处理结合起来，而且规模较大。

· 用新的技术分析手段研究生物化学过程的机理　绿色植物通过光合作用把二氧化碳和水转化成单糖，并把太阳能储存于其中，然后又把单糖聚合成多糖、淀粉、纤维和其他大分子物质。其中占绝大多数的纤维构成了细胞壁的主体，它们的主要成分是纤维素、半纤维素和木质素等。纤维素是由葡萄糖基组成的线型大分子；半纤维素是一群复合聚糖的总称，植物种类不同，复合聚糖的组分也不同；木质素是自然界最复杂的天然聚合物之一，它的结构中重复单元间缺乏规则性和有序性。木质素的黏结力把纤维素凝聚在一起。它们都是极为有用的资源。例如纤维素可以转化为葡萄糖和酒精，木质素是可再生的植物纤维组分中蕴藏太阳能最高的，也是地球上含量最丰富的可再生资源，初步估计全世界每年产生 600 万亿吨，因此它可能是石油的最佳替代品。但是目前遇到的最大困难是，迄今还没有办法把木质素成分从植物的细胞壁中分离出来，其根本原因在于人们对这些生物大分子在植物细胞壁中的排列顺序和联结方式了解甚少，对自然界中广泛存在的酶降解等生物化学过程的机理仍不完全清楚。

近年来，化学家利用电子显微镜、扫描隧道电镜(STM)等先进技术来研究细胞壁内部的超分子结构信息，已经取得了初步成果。可以预期，随着化学家对植物细胞壁的化学结构和交联方式的研究取得突破，必将为开发和利用生物质能源做出新的贡献。

3.5.2 氢能源

氢能是一种理想的、极有前途的二次能源。氢能有许多优点：氢的原料是水，资源不受限制；氢燃烧时反应速率快，单位质量的氢气完全燃烧所放出的热量是汽油的三倍多；燃烧的产物又是水，不会污染环境，是最干净的燃料。所以，氢能被人们视为理想的“绿色能源”。另外，氢能的应用范围广，适应性强。这种能源的开发利用有三个关键技术需要解决：一是如何制氢，二是如何储氢，三是制造燃料电池。

目前工业上制取氢的方法主要是水煤气法和电解水法。由于这两种方法都要消耗能量，还是离不开矿物燃料，所以不理想。随着对太阳能开发利用的不断深入，科学家们已开始用阳光分解水来制取氢气，这种利用氢能的设想如图 3-4 所示。通过光电解水制取氢气的关键技术在于解决催化剂问题。第一个通过光电化学电池本身分解水的报道是 1972 年日本研究人员提出的，但是其效率仅为 1%。因为电极材料 TiO_2 吸收不了太多的光能。目前，卡罗拉多能源再生实验室(NREL)的 Taurner 和 Kbaslev 创造了一种光致电压-电化学结合的装置将水分解为氢和氧，效率达到 12.4%。它是磷化镓铟光化学电池与砷化镓光致电池的特殊组合。光致电压组件提供了有效电解水所需的电压。还有其他的一些物质，如金属氧化物催化剂、半导体电极、蓝-绿藻等低等植物对光解也有一定效果，不过还未达到实际应用的要求。但一旦找到了更有效的催化剂，那么，水中取“火”——通过电解水来制取氢，就将成为日常生活中一件极为平常的事。

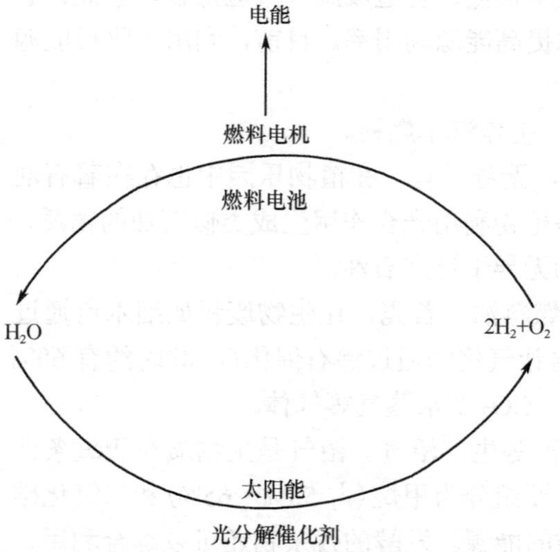

图 3-4 氢能的转化示意图

氢气密度小，不利于贮存。在 15MPa 的压力下，40L 的钢瓶只能装 0.5kg 的氢气。若将氢气液化，则需耗费很大能量，且容器需绝热，很不安全，因此很难在一般的动力设备上推广使用。于是人们设想：如果能像海绵吸水那样将氢吸收起来并长期贮存，等到需要时再将氢释放出来，就可以解决氢的贮存、运输和使用问题了。但要实现这个过程需要有一种特殊功能的材料，即贮氢材料。科学家已经找到了这种材料，如镧镍合金 $LaNi_5$。1kg $LaNi_5$ 在室温和 250kPa 压力下能吸收 15kg 以上的氢气形成金属化合物 $LaNi_5H_6$，而当加热时 $LaNi_5H_6$ 又可以放出氢。除此之外，还有许多种合金能够贮氢。目前正在研究的是如何进一步提高这些材料的贮氢性能，使其成为既安全、方便，又经济的贮氢工具。

氢作为燃料，首先被应用于汽车上。1976 年，美国研制成功了世界上第一辆以氢气为动力的汽车，我国则于 1980 年成功地研制出第一辆氢能汽车。用氢作汽车燃料，即使在低温条件下也容易发动，不仅干净，而且对发动机的腐蚀作用小，有利于延长发动机的寿命。由于氢气与空气能均匀混合，因此可以省去一般汽车上所使用的汽化器。另外，实践表明，如果在汽油中加入 4%的氢作为汽车发动机的燃料，就能节油 40%，并且无需对汽车发动机作多大的改进。液态的氢既可以用作汽车、飞机的燃料，也可以用作火箭、导弹的燃料。美国发射的“阿波罗”宇宙飞船以及我国用来发射人造卫星的“长征”运载火箭，都是用液态氢作燃料的。

氢气燃料电池是将氢气燃烧的化学能直接转化为电能，氢气分子首先在电极催化剂作用下离子化，再与 O_2 起反应生成 H_2O，氢电池能量利用率可高达 80%。反应产物无污染，一种 10～20kW 的碱性 H_2-O_2 燃料电池已成功地用于航天飞机。但目前由于电极成本高、气体净化要求高，短期内还难以普及。

3.5.3　太阳能电池

地球上最根本的能源是太阳能。太阳能每年辐射到地球表面的能量为 50×10^{18}kJ，相当于目前全世界能量消耗的 1.3 万倍，可谓“取之不尽，用之不竭”，因此太阳能的利用前景非常诱人。但是太阳能受日夜、季节、地理和气候的影响较大，它的能量密度又低，因此，如何有效地收集太阳能是太阳能利用中极为关键的问题。

对太阳能的收集和利用主要有三种方式：光-化学转换，光-热转换和光-电转换。其中，光-化学转换是将太阳能直接转换成化学能。绿色植物的光合作用就是一个光-化学转换过程。光-热转换则是通过集热器进行的太阳能热水器，集热器的一个非常实用的例子。目前太阳能热水器已经商品化，进入了千家万户，为人们提供生活用热水或用于取暖。光-电转换是利用光电效应将太阳能直接转换成电能，即太阳能电池。

太阳能电池的制造工艺比较复杂，制造成本也较高，而且还受到半导体材料的限制。目前主要应用的有硅电池、CdS 电池和 GaAs 电池等。最近国际上推出了一种铜-铟-镓-硒合金(CIGS)的薄膜，其光电转化效率达到 18%，每发 1 度电所需的成本仅为 0.5 美元，而以往最好的晶体硅电池需要 3～4 美元。铜-铟-硒合金(CIS)光电池早在 20 世纪 70 年代就已开发出来，而如今把镓加入其中使得合金的能跟太阳辐射的光子能量更加匹配，从而大大提高了转化效率。

除了上述几种不同类型能源的利用之外，世界上一些地理位置比较特殊的地方还可以不同程度地利用风能、海洋能、地热能等可再生能源，这无疑可以进一步丰富世界能源的结构。因此，可以预计，未来能源的发展之路，必将是一条在稳步发展和高效利用常规能源的基础上，综合化学、材料、物理等多学科的优势不断开发新技术、利用新能源、注重洁净能源和可再生能源的可持续发展之路。

思 考 题

3-1 我国能源消费结构与国际相比有何特点？

3-2 什么是一次能源？什么是再生能源？

3-3 能源的利用和能量守恒定律有何联系？

3-4 何为“可燃冰”？为什么能形成“可燃冰”？

3-5 简述我国实施“西气东输”的战略意义。

3-6 美、日等发达国家把节约能源列为继煤、石油、自然能和核能之后的“第五常规能源”，这对我国能源建设有何启示？

3-7 谈一谈你对我国实行节约经济和节约社会的看法。

3-8 如何发扬我国老一辈科学工作者的“二弹一星”精神，为祖国科学事业作出新的贡献？

3-9 为什么说一个自行动作的机器不可能把热从低温物体传递到高温物体中去？

3-10 某种天然气热量为 38.9mJ·m^{-3}，那么 100 m^3 的这种天然气相当于多少千克标准煤？

（首都医科大学　王　蓓）

第4章 化学与健康

保持身心健康是人拥有幸福生活的最基本保障。据世界卫生组织统计，全球人口的平均寿命在20世纪初约为45岁，而到1993年已增长到65岁，到2013年增长到71岁。中国人曾经的“人生七十古来稀”，现已变得稀松平常了。那么，促使人类寿命延长的原因是什么呢？这和两大因素有关，一是人类生活水平的提高，二是医疗条件的改善。而这两个因素无一不与化学的进步有关。首先，化学知识帮助人们认知了食品的营养物质成分；各化学合成营养增强剂、食品色素、香精和调味剂提高了食品的利用价值；借助分析化学的食品分析和检验手段保证了食品的质量；食品防腐剂和抗氧化剂等化学品延长了食品的储存时间。其次，化学是生命科学研究的基础，随着化学的发展，以分析化学为基础的临床检验大大提高了疾病诊断的准确性，而涉及很多物理化学过程的分析技术为快速和准确地诊断疾病提供了方法；古代的炼丹士试图“点石成金”，寻找长生不老的药物，今天的化学家除了给人类提供了预防和诊断各种疾病的有效方法和技术外，还发明了各种类型的化学药物，使过去长期危害人类健康的常见病、多发病得到有效控制。因此，化学的进步正逐步实现对危害人类健康的常见疾病的预防和控制，成为促进人类健康的最重要的保障。

4.1 食品中的化学

为了生存需要，人类必须摄入包含生命活动所需的营养物质的食物。食物经消化道吸收后进入体内能为人体提供必要的营养素，维持正常的生理功能、生长发育，并保持人体健康。人类可通过耕种、畜牧和捕捞等生产活动来获取食物，也可在市场上购得食物，即食品。人类还可通过烹饪等加工方式来改造食物，以提高食物的营养水平、观感和口感等，从而更有效地利用食物。

人体从外界获取食物满足自身生理需要的过程称为营养，其中包括摄取、消化、吸收和体内利用等过程。营养素是保证人体生长、发育、繁衍和维持健康生活的物质，迄今已有40多种人体必需的营养素，其中最主要的有蛋白质、脂类、糖类、矿物质、维生素和水。

4.1.1 食品营养和人体的营养物质交换过程

营养是人体维持生命的基本条件，是保证身体健康的物质基础。人体的化学组成很复杂，但都依赖于基本的营养物质来维持它们的生物活性(表4-1)。

表4-1 人体的基本化学组成

化学物质	蛋白质	脂类	碳水化合物	矿物质	水
质量/kg	11	9	1	4	40
比例/%	17.0	13.8	1.5	6.1	61.6

表 4-1 中反映了一个体重为 65kg 的男子的基本化学组成。构成人体的主要化学物质存在于细胞群、细胞外支持组织和脂肪三大类组织中。在不同个体和不同生理、生活条件下，这三大类组织差异较大，一般健康人体中的细胞群约占人体总重的 55%，支持组织约占人体总重的 30%，而脂肪组织约占 15%。物质代谢是指生物体与外界环境之间物质的交换和生物体内物质的转变过程。如图 4-1 所示，食物在体内消化(digestion)后，要经过吸收(absorption)、分布(distribution)、代谢(metabolism)和排泄(elimination and excretion)等过程。

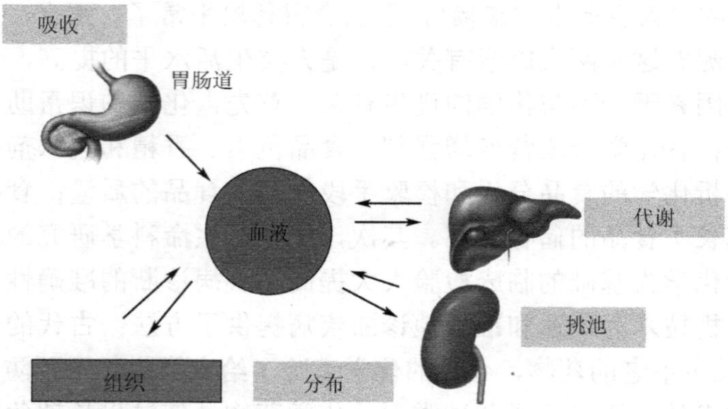

图 4-1　营养素在体内的过程

消化过程主要是在一系列消化酶(enzyme)的作用下完成的。食物经过消化，将大分子物质变成小分子，如将多糖分解成单糖、将蛋白质分解成氨基酸、将脂肪分解成甘油和脂肪酸在小肠被吸收；而维生素与矿物质则在消化道管壁直接进入血液循环，这些过程称为吸收。营养素的化学性质决定其被吸收的方式。食物进入胃之前没有吸收，胃可以吸收少量的水、无机盐及酒精，其消化过程 4～6h。营养物质的吸收主要在小肠进行，而大肠主要吸收在小肠没被完全吸收的水分和电解质。在人体内的组织细胞中，蛋白质、脂肪、糖、矿物质、维生素和水要发生多种不同的化学反应，并转变为组织材料或能量，这些过程总称为代谢。在肝脏等组织中营养与非营养物质的化学转变过程称为生物转化(biotransformation)。体内物质代谢产生的小分子活性物质或毒物进入体内的各类异己物质，如毒物、药物、食品添加剂等在体内可以通过生物转化改变结构和性质，再通过肝脏或肾脏等途径排出体外的过程称为排泄。

4.1.2　糖类

糖类化合物是指具有多羟基醛或多羟基酮的一大类有机化合物，是在自然界分布最广的有机物质。糖类是机体重要的组成成分之一，也是人体必需的营养素。所有生物的肝脏、肌肉中含有糖原，乳汁中含有乳糖，细胞质和细胞核都含有核糖。植物体主要由糖类构成，如植物的木质部分含有纤维素，根茎中含淀粉，甘蔗及甜菜中含蔗糖，水果中含果糖和葡萄糖等。

人和食草动物主要的供能物质来自于糖类，人的生命活动所需的能量供给主要依赖食物中的淀粉，而食草动物能利用纤维素作为能量的来源。糖类化合物由碳、氢、氧三种元素组成，是由绿色植物经光合作用产生的。最初发现的糖的化学式大多都符合通式

$C_n(H_2O)_n$，其中氢、氧原子的个数之比恰与水分子中相同。若经浓硫酸脱水碳化，这类化合物是按一分子碳和一分子水比例组成，故可称其为“碳水化合物”。例如，葡萄糖的分子式为 $C_6H_{12}O_6$ 或写作 $C_6(H_2O)_6$。

糖可分为单糖、低聚糖或寡糖和多糖。单糖是不能水解成更小分子的糖类，如葡萄糖和果糖；低聚糖是能水解成 2～10 个单糖的糖类，如麦芽糖、蔗糖和乳糖；多糖是能水解成 10 个以上单糖的糖类，如淀粉和纤维素。单糖和低聚糖一般为结晶体，有甜味，易溶于水；多糖一般为无定形粉末，不溶于水或在水中形成胶体溶液，没有甜味。葡萄糖、果糖、阿拉伯糖和半乳糖是几种在营养学上比较重要的单糖。葡萄糖含有六个碳原子(故称为己糖)，是机体最易吸收和利用的单糖，可由淀粉等水解得到。葡萄糖在机体内吸收速度最快，除向机体提供能量外，还可与其他物质一起构成诸如黏蛋白、糖蛋白和糖脂等机体的重要组成成分。有些器官、组织和细胞如大脑、骨髓质、肺组织、红细胞等完全依靠葡萄糖供给能量。葡萄糖的结构如图 4-2 所示，实验证明葡萄糖溶液中含有环状的 *α-D-*葡萄糖、*β-D-*葡萄糖和链式葡萄糖三种结构存在，其中 *β-D-*葡萄糖最多(64%)，*α-D-*葡萄糖较少(36%)，链式葡萄糖极少。它们在溶液中相互转化，最后达到动态平衡：

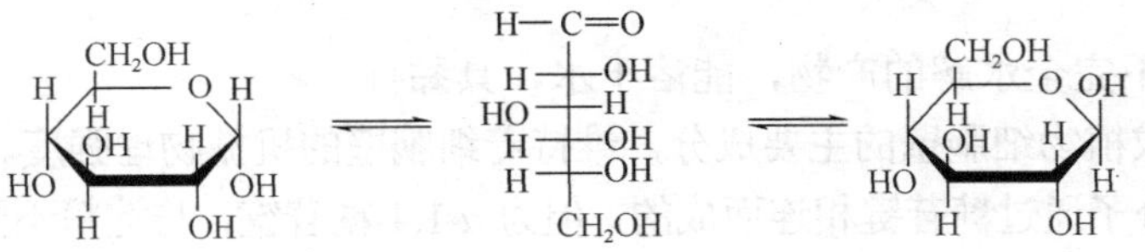

图 4-2　葡萄糖的结构及其转化

由 2 个单糖构成的低聚糖称二糖。自然界存在的重要的二糖有蔗糖、麦芽糖和乳糖等。我们日常食用的白砂糖、红糖和冰糖都是蔗糖，它由一分子葡萄糖和一分子果糖通过 *α*、*β*-1，2-糖苷键组成，其结构式如图 4-3 所示。蔗糖广泛分布于植物体内，特别是甜菜、甘蔗和水果中含量极高。蔗糖在口腔中易于发酵，可与牙垢中的某些细菌和酵母作用后，在牙齿上形成一层黏着力很强的不溶性葡聚糖，同时产生能溶解牙齿珐琅质和矿物质的酸性物质而产生龋齿。

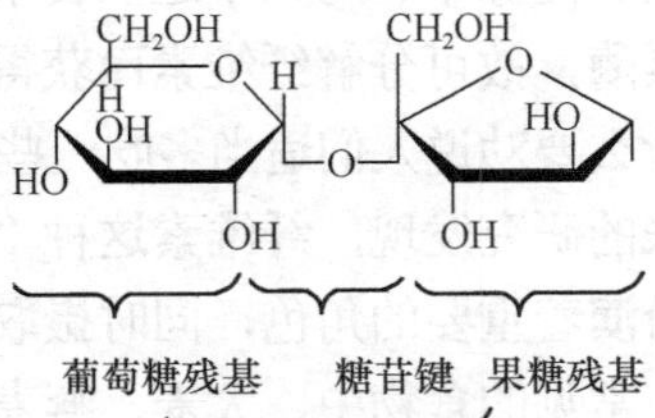

图 4-3　蔗糖的结构式

多糖是由九个以上单糖构成的糖类化合物，按照能否被人体所吸收，可分为可消化多糖和不可消化多糖。多糖中淀粉、糊精、糖原都属于可消化多糖，而纤维素属于不可消化多糖。

淀粉通常是人体能量的主要来源。它广泛存在于植物的种子、块根和茎中，例如在大米中含量为 75%～80%，玉米中为 65%，小麦中为 60%～65%，马铃薯中为 20%。淀粉分子是以葡萄糖分子为单元组成的。淀粉按照化学结构可分为直链淀粉和支链淀粉，分别含 250～300 个葡萄糖和 6000～40 000 个葡萄糖。能溶于热水的淀粉为直链淀粉或可溶性淀粉，不溶而膨胀的叫支链淀粉。一般淀粉中含有 10%～20%的直链淀粉，80%～90%的支链淀粉。它们的结构式如图 4-4 所示。淀粉在水中加热或加入无机酸时很容易水解，能完全水解成 *D-*葡萄糖。其降解逐步进行，经历了由淀粉→糊精→麦芽寡糖→葡萄糖的水解过程。

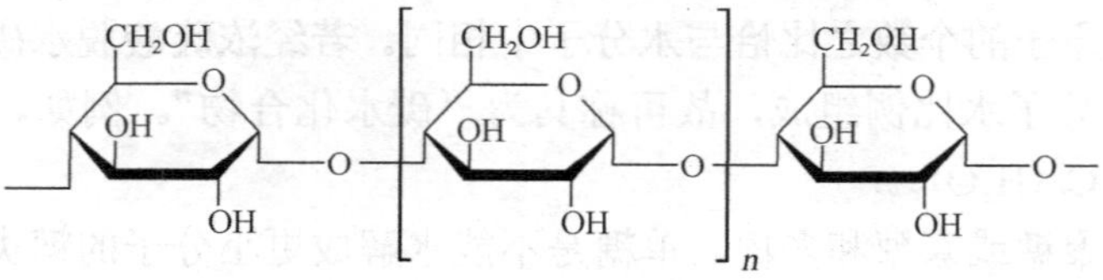

直链淀粉

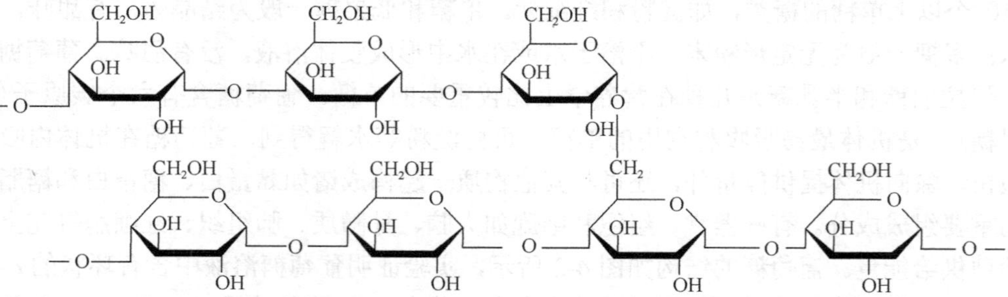

支链淀粉

图 4-4　淀粉的结构式

糊精是淀粉不完全水解的产物，能溶于水，具黏性。

纤维素是组成植物细胞壁的主要成分，维持着细胞壁的机械物理强度。纤维素同样也是由单一的葡萄糖分子通过糖苷键相连而成的，但为 α-1,4-糖苷键，与淀粉不同。纤维素分子没有分支，但分子质量比淀粉大得多，其结构式如图 4-5 所示。纤维素是白色纤维状固体，不溶于水，但能吸水膨胀。纤维素的水解要比淀粉困难得多，需加酸在高压下长时间加热才能水解成葡萄糖。由于人体不能产生分解纤维糖苷键的酶，因此人体不能消化吸收食物中的纤维素。而像牛、马、羊这些食草动物的消化道中含有能分解纤维素糖苷键的微生物分泌的纤维素酶，故可分解纤维素而获得自身所需的葡萄糖。既然人不能消化纤维素，那么保健医生为什么要劝说人们适当多吃一些富含纤维素的食物，即所谓多吃膳食纤维呢？这是因为近 20 年来的研究发现，纤维素这种“非营养素”与人体健康密切相关，它在保持消化系统健康方面扮演着重要的角色，同时摄取足够的纤维素也可以预防心血管疾病、癌症、糖尿病等疾病。在常见的食物中，大麦、燕麦、豆类、柑橘和胡萝卜等食物都含有丰富的水溶性纤维，而小麦糠、玉米糠等粮食麸皮以及芹菜、韭菜等茎叶蔬菜则含有丰富的非水溶性纤维。

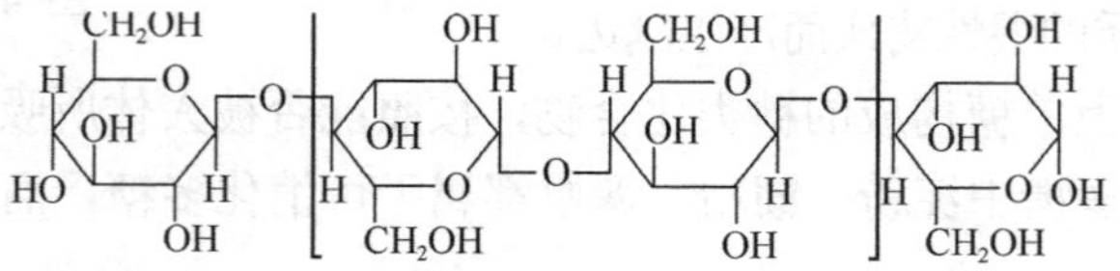

图 4-5　纤维素的结构式

4.1.3 脂类

脂类是一大类不溶于水而溶于有机溶剂的生命物质的总称，是生物组织的主要成分之一，包括脂肪和类脂。脂类具有构成机体组织、供给和提供能量、促进脂溶性维生素 A、D、E、K 等生物活性物质的吸收、维持体温、保护脏器的生理功能。脂肪是人体能量的主要来源之一，平均每克脂肪在体内彻底氧化提供的热能相当于糖类化合物和蛋白质的两倍多。脂肪的化学结构是由一分子的甘油(丙三醇)和三分子碳原子数大于 10 的高级脂肪酸组成的三羧酸甘油酯。如图 4-6 所示，R_1、R_2、R_3分别表示相同或不同的烃基。按照化学结构，脂肪中的脂肪酸可以分为饱和脂肪酸和不饱和脂肪酸(表 4-2)。天然脂肪中的饱和脂肪酸绝大多数都是偶数碳原子，结构通式为 $C_nH_{2n}O_2$，动植物脂肪中最常见的饱和脂肪酸是十六酸(软脂酸)和十八酸(硬脂酸)，其次为十二酸(如月桂酸)、十四酸(如豆蔻酸)、二十酸(花生酸)。动植物脂肪含有的不饱和脂肪酸中有的含有一个或多个碳碳双键，也有少数含有碳碳三键。不饱和脂肪酸中的亚油酸含有两个碳碳双键、亚麻酸含有三个碳碳双键、花生四烯酸含有四个碳碳双键，都是人体不可缺少的营养物质。由于不能在人体内合成，因而必须从食物中摄取，故被称为必需脂肪酸。必需脂肪酸既是组织细胞的组成成分，又可保护皮肤细胞免受损伤，同时还可降低血中胆固醇、减少血小板的黏附性以防止动脉粥样硬化等。当人体缺乏必需的脂肪酸时，可出现皮炎、抵抗力减弱，甚至生长停滞等症状。不饱和脂肪酸因含有碳碳不饱和键，故化学性质活泼，稳定性差，很容易发生氧化、分解、加成和聚合等反应。在生活中我们常会发现，油脂类食品久藏后，容易散发一种使人恶心的臭味，这种现象称为酸败。油脂酸败是因为脂肪中不饱和烃链被空气中的氧所氧化，生成了过氧化物。而过氧化物极易分解，产生短链的醛、酮或酸，从而产生具有刺激性的气味和滋味。除空气中的氧以外，光和热等环境因素也能促使油脂酸败。油脂一旦发生酸败，不仅失去营养价值，而且还具有毒性，长期食用酸败的油脂会诱发癌症。植物油中虽然含有较多不饱和脂肪酸的成分，但因含有较多的天然抗氧化剂维生素 E，故不像动物脂肪那样容易变质。

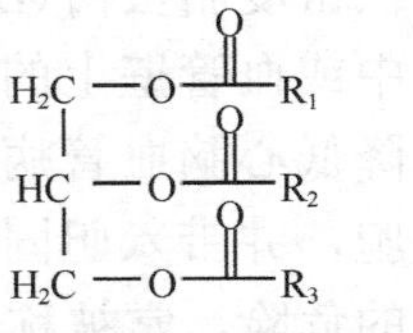

图 4-6　甘油脂的结构式

表 4-2　油脂中常见的脂肪酸

类型	名称	结构式
饱和脂肪酸	月硅酸(十二碳酸)	$CH_3(CH_2)_{10}COOH$
	豆蔻酸(十四碳酸)	$CH_3(CH_2)_{12}COOH$
	软脂酸(十六碳酸)	$CH_3(CH_2)_{14}COOH$
	硬脂酸(十八碳酸)	$CH_3(CH_2)_{16}COOH$
	花生酸(二十碳酸)	$CH_3(CH_2)_{18}COOH$
	菊焦油酸(二十四碳酸)	$CH_3(CH_2)_{22}COOH$
不饱和脂肪酸	鳖酸(9-十六碳烯酸)	$CH_3(CH_2)_5CH{=}CH(CH_2)_7COOH$
	油酸(9-十八碳烯酸)	$CH_3(CH_2)_7CH{=}CH(CH_2)_7COOH$
	亚油酸(9，12-十八碳烯酸)	$CH_3(CH_2)_3(CH_2CH{=}CH)_2(CH_2)_7COOH$
	亚麻酸(9，12，15 十八碳三烯酸)	$CH_3(CH_2CH{=}CH)_3(CH_2)_7COOH$
	桐油酸(9，11，13-十八碳烯酸)	$CH_3(CH_2)_3(CH{=}CH)_3(CH_2)_7COOH$
	花生四烯酸(5，8，11，14-二十碳四烯酸)	$CH_3(CH_2)_3(CH_2CH{=}CH)_4(CH_2)_7COOH$

脂肪按其常温状态的不同分为油和脂。植物油类一般含有较多的不饱和脂肪酸，在室温下呈液态，通常称为油；而动物油类一般含有较多的饱和脂肪酸，在室温下呈固态，通常称为脂。油脂中常见的脂肪酸见表 4-2。不饱和脂肪酸多为顺式结构，其烃链因弯曲而干扰了堆积时空间填充的有效性，结果降低了分子间作用力，使脂肪酸的熔点随其不饱和度增加而降低。脂肪在人体内的消化吸收率取决于脂肪的状态，即取决于其熔点。

凡是脂肪的熔点低于人的体温(37℃)者，就比较容易被人体吸收。几种常见油脂中脂肪酸的含量见表 4-3。

表 4-3 一些常见油脂中脂肪酸的含量

油脂名称	软脂酸/%	硬脂酸/%	油酸/%	亚麻酸/%
大豆油	6~10	2~4	21~29	50~59
花生油	6~9	2~6	50~57	13~26
棉籽油	19~24	1~2	23~32	40~48
猪油	28~30	12~18	41~48	6~7
牛油	24~32	14~32	35~48	2~4

类脂是一类结构和性质类似于油脂的物质，包括磷脂(卵磷脂、脑磷脂、肌醇磷脂)、糖脂、脂蛋白、固醇和蜡等。其中磷脂、胆固醇和脂蛋白等化合物在营养学上特别重要，因为所有细胞都含有磷脂，在脑、神经和肝中含量尤高。卵磷脂是膳食和体内最丰富的磷脂之一。脂蛋白是血液中脂类的主要运输工具，分为高密度脂蛋白(HDL)和低密度脂蛋白(LDL)，都具有携带和运输胆固醇的功能。其中高密度脂蛋白负责把血液中或血管壁上的胆固醇等脂质垃圾运送到肝脏，经分解处理后排出体外，因而能显著降低心脑血管病的危险，常被称为“好”胆固醇；而低密度脂蛋白能够进入动脉壁细胞，并带入胆固醇。低密度脂蛋白水平过高能致动脉粥样硬化，使个体增大患冠心病的危险，常被称为“坏”胆固醇。类脂中的固醇主要有胆固醇、麦角固醇、皮质甾醇、胆酸、维生素 D、雄激素和孕激素等。

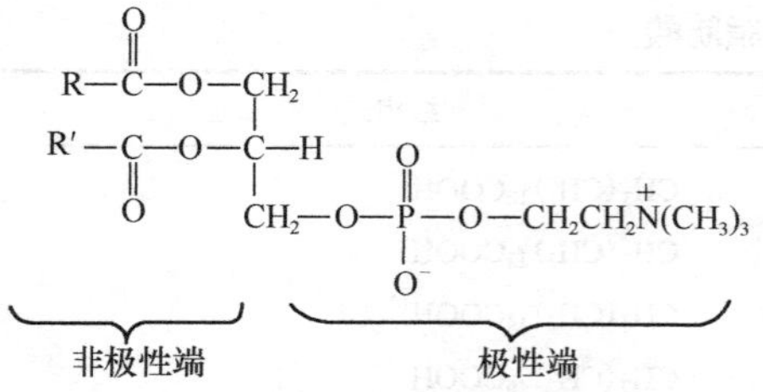

图 4-7 卵磷脂的结构式

磷脂与油脂同时存在于大多数动植物中。磷脂分为卵磷脂和脑磷脂，卵磷脂是动植物中分布最广的磷脂，存在于蛋黄、动物脑组织和大豆中，其中蛋黄中含量最多；脑磷脂主要存在于脑组织、神经组织和大豆中。尽管不同生物体的磷脂各具自身特点，但磷脂的化学结构与脂肪酸甘油酯十分相似，如卵磷脂的化学名称为磷脂酰胆碱或胆碱磷酸甘油酯，由多元醇与脂肪酸和磷酸酯化而形成，结构式如图 4-7 所示。磷脂分子中同时具有亲水性基团和亲脂性基团，为表面活性分子，可将脂肪乳化而促进脂肪的代谢，因此在食品加工中可用作乳化剂。

固醇是一类环戊烷多氢菲的衍生物。最重要的动物固醇是胆固醇(结构式如图 4-8 所示)，在人体中含量约为 0.2%。胆固醇性质稳定，熔点很高，不溶于水、酸和碱，而溶于乙醚、苯、丙酮等有机溶剂中，在烹饪和食品加工中胆固醇几乎不被破坏。胆固醇是动物组织中其他固醇类化合物如胆汁醇、性激素、肾上腺皮质激素、维生素 D_3 等的前体，其体内代谢的最终产物是胆汁酸。若胆固醇摄入过多或人体调节功能出现障碍，会导致血清中胆固醇浓度过高，容易引发高血压及冠心病。

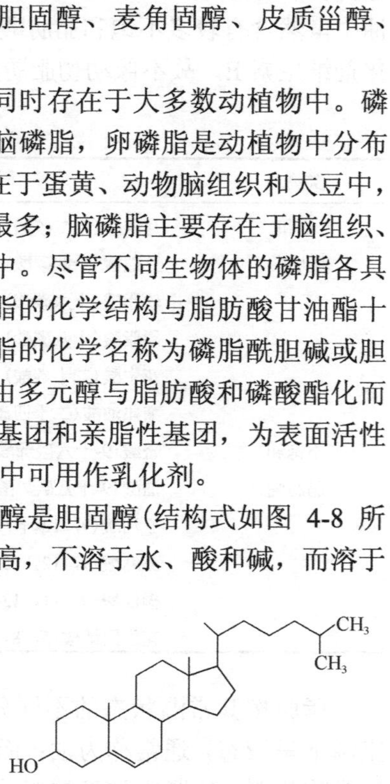

图 4-8 胆固醇的结构式

4.1.4　维生素

早在我国唐代时，“药王”孙思邈在行医中发现，用动物肝脏可防治夜盲症，用谷皮熬粥可防治脚气病；世界地理大发现时代欧洲远洋海员发现坏血病可以用柑橘和柠檬汁来治疗。1906 年英国 F.G.Hopkins 发现，以只含蛋白质、脂肪、糖和矿物质的饲料喂养的大鼠不能存活；但若在饲料中添加少量牛奶后，大鼠就能正常生长。于是 F.G.Hopkins 感悟到，动物正常饮食中除蛋白质、脂肪、糖和矿物质外，还需要有某种食物“辅助因素”，其量很小，但为动物生长所必需。1912 年，波兰化学家 C.Funk 从米糠中提取出一种能够治疗脚气病的白色物质(硫胺素)，他称之为 Vitamine，这是第一次对维生素命名。由于随后发现的一些维生素并不是胺类，1920 年英国生物化学家 J.C.Drummond 将维生素的名称改为 Vitamin。

维生素是维持人体和动物体正常生理功能所必需的微量营养物质，主要参与机体的能量转移和代谢调节。维生素具有以下共同特点：①维生素参与维持机体正常生理功能，虽然需要量极少，但却必不可少；②维生素不能在人体内合成或合成的量较少，不能满足机体的需要，因此必须由食物摄取；③维生素在人体内既不是机体的组成成分，也不提供热量；④维生素或其前体都存在于天然食物中，但迄今尚无任何一种天然食物可提供人体所需的全部维生素。各种维生素的主要作用和每日所需量见表 4-4。

维生素种类繁杂，结构差别很大，理化性质和生理功能也各不相同，通常人们将维生素分为水溶性和脂溶性两大类。水溶性维生素主要有维生素 B_1、B_2、B_3、B_6、B_{12} 及维生素 C(抗坏血酸)；脂溶性维生素主要有维生素 A、D、E、K。除维生素 C 等少数维生素外，多数维生素都是由一系列结构相似、性质相近、功效不同的维生素家族构成。

表 4-4　维生素的主要功能

维生素名称	主要功能
水溶性维生素	
维生素 B_1(硫胺素)	治疗脚气病、周围神经炎
维生素 B_2(核黄素)	治疗口腔溃疡、皮炎、口角炎、角膜炎
维生素 B_3(烟酸)	治疗糙皮病、失眠、口腔溃疡
维生素 B_6(吡哆醇)	治疗贫血、先天性代谢障碍病
维生素 B_9(叶酸)	预防婴儿出生缺陷
维生素 B_{12}(钴胺素)	治疗恶性贫血、神经系统疾病
维生素 H(生物素)	治疗皮肤炎、肠炎
维生素 C(抗坏血酸)	治疗坏血病等
脂溶性维生素	
维生素 A(视黄醇)	治疗眼干燥症、夜盲症等
维生素 D_3(胆钙化醇)	治疗佝偻病、骨软化症
维生素 E(生育酚)	治疗不育症、习惯性流产
维生素 K	治疗新生儿出血症

维生素 A 又称视黄醇，是一个具有脂环的不饱和一元醇，包括维生素 A_1、A_2 两种，均来自动物性食物，是一类具有视黄醇生物活性的物质。维生素 A_1 多存在于哺乳动物及

咸水鱼的肝脏中，而维生素 A_2 多存在于淡水鱼的肝脏中。由于维生素 A_2 的活性较低，所以通常所说的维生素 A 是指维生素 A_1。1913 年 E.McCollum 等发现在脂溶性食物如黄油、蛋黄和鱼肝油中，似乎有某种保持正常发育所需要的脂溶性的物质。后来的研究还发现，缺乏这种物质时白鼠会出现眼疾，人缺乏这种物质时也会患“夜盲症”。因为它与视觉有关。E.McCollum 将其命名为 Vitamin A。1931 年，瑞士 P.Karrer 首次确定了维生素 A 的化学结构，发现它与 β-胡萝卜素关系密切(图 4-9)。β-胡萝卜素是维生素 A 的前体，在动物体内可被转化为维生素 A，因此又被称为 Vitamin A 元。维生素 A 能维护正常视觉功能，若缺乏时会影响体内视紫红质的合成，对暗光适应能力减弱，引起夜盲症；维生素 A 还能保持上皮细胞组织的机能，若缺乏则易皮肤干燥，呈角质化鳞片状；此外，维生素 A 还能维持骨骼和牙齿的正常发育，强壮骨骼，增强生殖力等。但维生素 A 摄取过量时不易从体内排出，并导致脱发和骨痛。

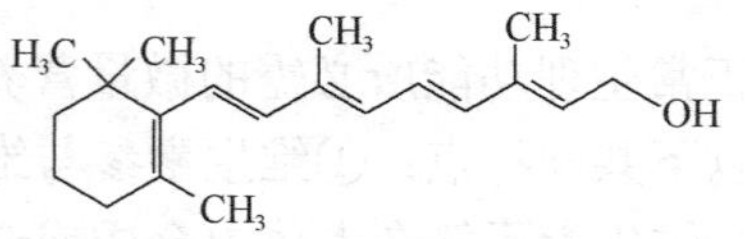

维生素A

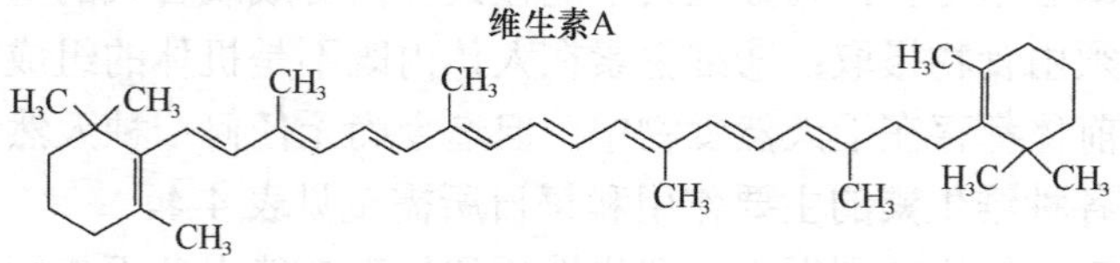

β-胡萝卜素

图 4-9 维生素 A 和 β-胡萝卜素的结构式

1921 年 E.McCollum 使用维生素 A 被破坏掉的鱼肝油喂狗做抗佝偻病实验，发现了维生素 D。维生素 D 是类固醇的衍生物。维生素 D 家族具有活性的化合物约有 10 种，但最重要的是 D_2 和 D_3。维生素 D_2 和 D_3 的结构十分相似，其差别只是 D_2 比 D_3 在侧链上多一个双键和甲基。由于植物中的麦角固醇和被日光或紫外线照射激活后会转变成维生素 D_2，而人的皮肤中含有的 7-脱氢胆固醇经同样的照射激活后会转变成维生素 D_3，因此，麦角固醇和 7-脱氢胆固醇都属于维生素 D 原。维生素 D 原转变反应式如图 4-10 所示。

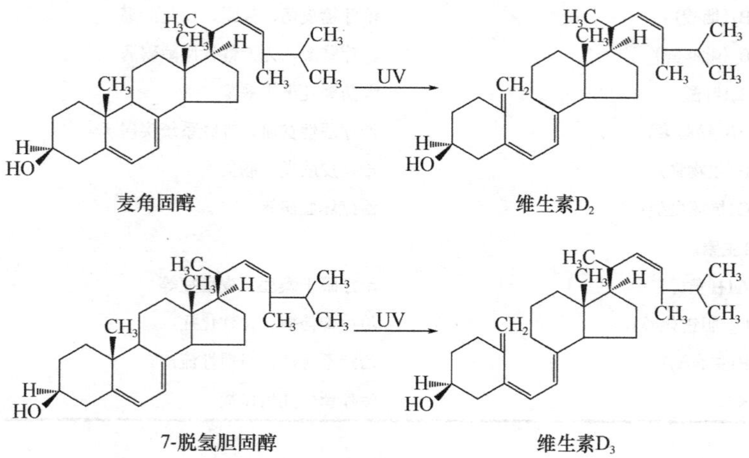

图 4-10 维生素 D 原转变反应式

维生素 D 能促进钙和磷的吸收，维持血清钙磷浓度的稳定，是调节钙磷正常代谢所必需的物质。维生素 D 能够促进牙齿和骨骼的正常生长，利用钙磷的沉积促进骨组织钙化，可使钙磷成为骨质的基本结构。维生素 D 缺乏会导致少儿佝偻病和成年人的软骨病。佝偻病、骨软化症是膳食缺乏维生素 D 或人体缺乏日光照射的结果。近期的研究表明，缺乏维生素 D 可能对身体极其有害，心脏病、肺病、癌症、糖尿病、高血压、精神分裂症和多发性硬化等疾病的形成都可能与缺乏维生素 D 密切相关。但长期摄入过量维生素 D 则会引起中毒，中毒的症状主要是关节疼痛和弥漫性骨质脱矿化。我国制定维生素 D 平均每日摄入的最高限量为 20μg。

维生素 E 家族包括生育酚(tocopherol，T)和三烯生育酚(tocotrienol，T-3)，属于脂溶性维生素，在植物油中含量较多。它是细胞膜的重要组成成分和主要抗氧化剂。天然的维生素 E 有 8 种，从化学结构上看，都是苯并二氢吡喃的衍生物。其中 α-生育酚(图 4-11)的效力最大。维生素 E 是一种天然抗氧化剂，具有延缓衰老、预防癌症、预防多种慢性疾病的功效。它能促进肌肉的正常生长发育，预防和治疗肌肉萎缩症。长期服用大剂量维生素 E 也可引起各种疾病。导致激素代谢紊乱，血中胆固醇和甘油三酯水平升高，血压升高，血小板聚集，严重时形成血栓性静脉炎或肺栓塞。

维生素 C 又叫抗坏血酸，能防治坏血病而得名。维生素 C 广泛存在于新鲜水果及绿叶蔬菜中，尤以猕猴桃、枣、柠檬、山楂、刺梨和辣椒中含量丰富。1932 年美国匹兹堡大学的 C.G.King 和 W.A.Wangh 从柠檬汁中分离出结晶状维生素 C。维生素 C 具有烯二醇的结构，极易溶于水，显酸性和强还原性，易被空气中的氧氧化为去氢抗坏血酸，进而脱羧生成呋喃甲醛，其结构式如图 4-12 所示。临床研究表明，维生素 C 能促进胶原蛋白合成，有利于组织创伤伤口的愈合；维生素 C 能使难以吸收的三价铁还原为易于吸收的二价铁，促进铁的吸收，因此，维生素 C 是治疗贫血的重要辅助药物；维生素 C 能促进叶酸还原为四氢叶酸后发挥作用，故对巨幼红细胞性贫血也有一定疗效。此外，维生素 C 是一种重要的抗氧化剂，它通过逐级供给电子而变成三脱氢抗坏血酸和脱氢抗坏血酸，从而起到清除自由基的作用，故具有抗衰老和抗癌作用。缺乏维生素 C 会感到全身乏力、食欲减退，严重时能引起坏血病，主要症状为牙龈出血，牙齿脱落，肝肾衰竭而致死亡。

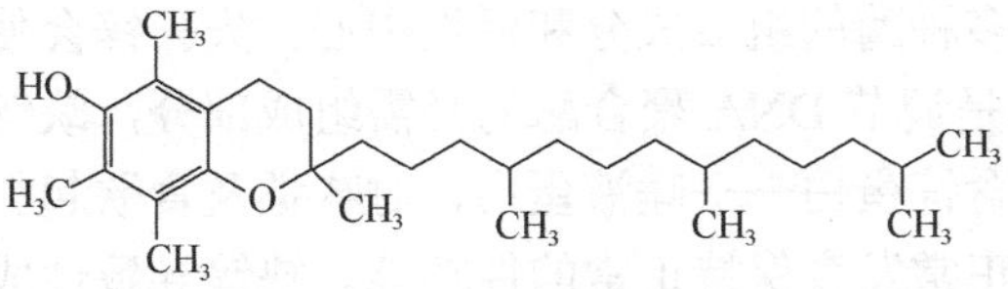

图 4-11　α-生育酚的结构式

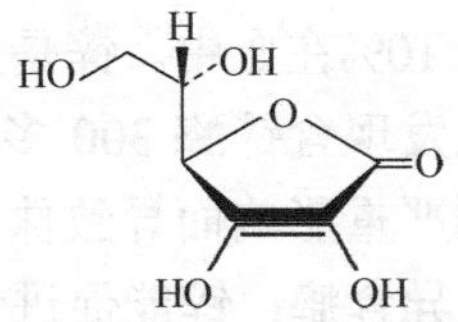

图 4-12　维生素 C 的结构式

4.1.5　矿物质

除碳、氢、氧、氮四种主要元素以有机化合物的形式存在外，人体中其余各种元素多以无机盐的形式存在，故称为矿物质。有些矿物元素是维持人体正常生理功能所必需的，必须从膳食中摄取。矿物元素在体内含量较多的有钙、镁、钠、磷、氯、硫等，占人体总灰分的 60%～80%；另有一些元素在人体内含量极微。一般将体内含量低于万分之一的元素称为微量元素，而具有一定生理功能，并且必须通过食物摄取的微量元素称为必需微量元素。目前已知人体必需的微量元素有铁、锌、碘、铜、硒、氟、钼、钴、铬、锰、镍、锡、钒和硅等14种。

1. 钙 一个体重60kg的正常人体内含钙总量约为1.2kg，约占人体成分的2%。人体中大约99%的钙存在于骨骼和牙齿中，其余1%分布在血液、细胞间液及软组织中。人体骨骼和牙齿的坚硬的支架结构材料主要是羟磷灰石[$Ca_{10}(PO_4)_6(OH)_2$]结晶。体液和软组织中的钙统称为混溶钙池，混溶钙池与骨骼中的钙维持着动态平衡，即骨中的钙不断地从破骨细胞中释放出来进入混溶钙池，而混溶钙池中的钙又不断沉积于成骨细胞，从而确保血浆钙的浓度维持恒定。成人每日钙的更新约为700mg，更新速度会随着年龄的增长而减慢。正常人的血钙水平维持在2.1～2.6mmol · L^{-1}，如果低于这个范围，则认定为缺钙。当人体缺钙时，胎儿或儿童会引起生长发育迟缓、骨骼和牙齿质量差，临床主要表现为牙齿散乱和佝偻病；老年人则主要表现为骨质疏松症等。除了用作构成骨骼和牙齿的成分外，钙还具有以下生理功能：维持神经和肌肉的活动，钙与肌肉的收缩和舒张有关；钙离子是凝血因子，参与凝血过程；多种酶的激活剂；降低毛细血管及细胞膜的通过性，防止渗出，控制炎症及水肿。

食物中的植酸和草酸以及食物纤维都会影响钙的吸收。体内维生素D不足时，钙结合蛋白的合成减少，钙的主动吸收能力下降。

2. 铁 成人体内含铁总量为4～5g，其中约有72%以血红蛋白、3%以肌红蛋白和0.2%以其他化合物的形式存在，其余约25%则以贮备铁的形式存在。储备铁主要以铁蛋白的形式储存于肝脏、脾脏和骨髓的网状内皮系统中。铁在体内的生理功能主要是以亚铁离子与血红素和球蛋白相结合，形成血红蛋白及肌红蛋白，参与组织中氧气、二氧化碳的转运和交换过程或在肌肉中转运和储存氧，正是铁在血红蛋白、肌肉蛋白中的呈色作用，使人保持肤色红润；铁还能形成细胞色素，通过电子传导作用，参与呼吸和能量代谢。如果机体内铁的携氧能力被阻断或铁的水平低下，将造成缺铁性贫血，严重时免疫功能下降，工作能力降低。维生素A、B、C及元素铜具有改善机体对铁的吸收、促进和改善血红蛋白的合成和转运等功能，有利于防治缺铁性贫血。

3. 锌 人体正常发育中的必需元素，人体所有的器官都含有锌，以内脏、皮肤、前列腺、生殖腺和眼球等组织中含量为丰富。成人体内的含锌量约为2g，90%的锌都存在肌肉与骨骼中，其余10%在血中。锌是人体中多种酶的组成成分和活性中心，失去锌会使酶失去活性。迄今已发现含锌酶300多种。锌是调节DNA聚合酶的必需组成部分，缺锌儿童生长发育会受到严重影响而导致侏儒病；含锌蛋白——唾液蛋白，对味觉及食欲起促进作用，缺锌会产生异食癖；锌能促进性器官正常发育保持正常的性功能。缺锌导致性成熟迟缓，性器官发育不全，性功能降低，精子减少，月经不正常。锌对皮肤、骨骼和牙齿都有保护作用，缺锌时可出现皮肤的粗糙、干燥等现象。锌能维护免疫功能，缺锌时，淋巴细胞受损、细胞免疫力降低、有免疫力的细胞增殖减少、胸腺因子活性降低，机体因免疫机制被削弱，抵抗力降低而易被感染。

4. 碘 碘在人体内的含量为25～50mg，水和食物中的碘主要是以无机碘化物的形式存在，很容易被小肠吸收并转运至血液中，吸收后的碘主要为蛋白质结合碘。碘是甲状腺的主要成分，甲状腺所分泌的甲状腺素能促进体内的氧化作用，甲状腺素能促进三羧酸循环中的生物氧化，协调生物氧化和磷酸化的偶联、调节能量转换。调节蛋白质合成和分解，即当蛋白质摄入不足时，甲状腺素能促进蛋白质合成；当蛋白质摄入过量时，甲状腺素又可促进蛋白质分解。甲状腺素还能加速糖的吸收利用，促进糖原和脂肪分解氧化。含碘的甲状旁腺激素促进骨骼的发育，维护中枢神经系统的正常结构。一般在沿海地区并不缺乏碘，但在许多的内陆城市却相当缺碘。孕妇缺碘会使胎儿生长迟缓，造成智力低下或痴呆，甚至发生克汀病(呆小症)。幼年缺乏碘时，由于甲状腺素分泌减少，生长发育迟缓，思维比较迟钝；成年缺乏时，促使脑垂体促甲状腺激素的分泌增加，而导致甲状腺组织代偿性增生，出现甲状腺肿大。

5. 硒　硒在地壳中含量极低，1973 年 Rotruck 等发现硒是谷胱甘肽过氧化物酶(GSH-Px)的最重要活性部位，随后硒是人和动物生命活动所必需的元素得到了世界卫生组织的确认，它也成为人所必需的十四种微量元素之一。人体本身的硒总含量为 6～20mg。硒遍布各组织器官和体液，肾中浓度最高。当硒缺乏的时候，就很容易导致人体免疫能力下降，威胁人类健康的许多疾病都与人体缺硒有关，如心血管病、癌症、肝病、糖尿病、生殖系统疾病等。硒的生物学作用主要表现在：①硒在维持心血管系统正常结构和功能上起着重要作用，缺硒是导致心肌病、冠心病等高发的重要因素，而补硒则有利于预防多种心脑血管疾病的发生。②糖尿病患者血液中的硒含量明显低于健康人，同时，其高血糖也会引发体内自由基的大量产生，从而损伤人体内各种生物膜导致多系统损伤，出现多种并发症。患者补硒有利于营养、修复胰岛细胞，恢复胰岛正常的分泌功能。③肿瘤患者免疫功能下降，而免疫力下降是肿瘤发生、发展的重要因素之一。硒能促进淋巴细胞产生抗体，使血液免疫球蛋白水平维持正常，因而补硒可有效提高患者机体免疫功能，增强机体防癌和抗癌能力。④多数肝病患者体内均存在硒缺乏现象。硒是强效免疫调节剂，刺激体液免疫和细胞免疫系统，增强机体的免疫功能，提高肝脏自身的抗病能力，同时能拮抗多种重金属物质等有毒物质对肝脏的伤害。硒无疑是保障人体健康的最耀眼的明星元素。我国是一个缺硒大国，约七亿人生活在低硒地区。大部分地区食物中硒含量在 $0.02mg \cdot kg^{-1}$ 以下，远低于联合国卫生组织规定的最低限($0.10mg \cdot kg^{-1}$)。因此，在日常饮食中摄取足量的硒对于维护国民的身体健康具有极其主要的意义。

4.1.6　食品中的化学品

食品中化学成分相当复杂，有些成分是食物内原有的；有些则是在加工过程、储藏期间新产生的。食品的外观、色泽、嗅味不仅能使人们在感官上有愉快的享受，而且还直接或间接影响到食物的消化吸收。在加工食品时，除了要求能够保证食品卫生和安全外，而且还要求食品色、香、味和营养俱全。因此，人们在食品加工时常加入一些少量的辅助化学品，如色素、香料、防腐剂、保鲜剂、营养强化剂等以满足以上要求，并延长食品的储存时间。这些人工添加的化学物质称为食品添加剂。食品添加剂在现代食品工业中起着重要的作用。

食品添加剂一般多为同时加入多种化学物质以发挥不同的效能，它的使用范围和种类与化学发展密切相关。目前中国食品添加剂种类包括色素、酸度调节剂、抗氧化剂、增味剂、营养强化剂、防腐剂、甜味剂、增稠剂、香料、咸味剂等 23 大类。其中食品营养强化剂是指为增强营养成分而加入食品中的天然或者人工合成物质，属于天然营养素范围的食品添加剂。由于食品添加剂在现代食品工业中所起的作用愈来愈重要，各国许可使用的食品添加剂的品种越来越多。美国已有 25 000 种以上的不同添加剂应用于 20 000 种以上的食品之中。日本使用的食品添加剂约 1100 种。欧洲联盟使用 1000～1500 种食品添加剂。中国许可使用的食品添加剂随着时代的进步品种不断增加，已达 1513 种，其中包括食品香料 1027 种。食品添加剂分为天然和化学合成两大类。

1. 色素 食品的色泽是食品感观质量的一个重要方面，而在食品中加入色素正是要改善和提高食品的食品感观质量。食品中的色素按来源可分为天然色素和合成色素两大类。天然色素是指食品新鲜原料中呈现颜色、或经加工后而呈现颜色的有色物质。天然色素可分为水溶性和脂溶性的。人们比较熟悉的天然色素中，像动物组织中的血红素是水溶性，而植物组织中的叶绿素是脂溶性的。此外，广泛存在于生物界的类胡萝卜素，以及现今发现的最强的抗氧化剂虾青素是一类脂溶性色素，在植物体内多与脂肪结合生成酯并与叶绿素、蛋白质共同形成色素蛋白。用于食品着色的天然色素还有焦糖色素、胭脂树橙色素、红曲色素、栀子黄色素、辣椒红色素和姜黄色素等。绝大部分天然色素来自于植物，而天然色素一般具有对光、热、氧、微生物和金属离子及 pH 变化敏感，稳定性较差的缺点。

合成色素即人工合成的色素，具有色泽鲜艳，着色力强，色调多样，价廉和使用方便的优点。自 1856 年英国化学家 W.H.Perkin 制造成第一种合成染料苯胺紫以来，在很短的时间内又有很多有机色素被合成出来，并用于食品着色。这些人工合成色素按照化学结构可分为偶氮化合物和非偶氮化合物两大类。随着化学工业和食品工业的发展，人工合成色素得到了广泛应用。然而合成色素有一个致命的缺点，即具毒性和致癌性。如苏联在 1968—1970 年曾对苋菜红这种人工合成的食用色素进行了长期动物试验，结果发现致癌率高达 22%。其后，美、英等国的科研人员研究发现，许多其他的合成色素也对人体有严重伤害作用，可能导致生育力下降、畸胎等，有些色素在人体内可能具有致癌作用。因此，考虑到这种非天然色素对人类健康的潜在威胁，世界各国对合成色素的使用种类、使用量均有明确的规定。根据 GB27600—1996《食品添加剂使用卫生标准》规定，我国目前允许使用的食用合成色素有苋菜红、胭脂红、柠檬黄、日落黄、靛蓝等，但对其使用做了严格的规定。它们可分别用于果味水、果味粉、配制酒、罐头以及糕点表面上彩等，但禁止用于肉类、鱼类及其加工品、水果及其制品、婴幼儿食品和饼干等。

图 14-3　食品中的各种调味剂

2. 调味剂 味觉是人的舌头上特定的化学感受系统——味蕾对来自食物的刺激的感觉，习惯上这种感觉可分为酸、咸、甜、苦、辣、鲜、涩等七味，其中酸、甜、苦、咸四种味道在舌头上都有与之对应的、专一性较强的味觉感受器，故又称为生理基本味。因此食品添加剂中也就包括了这几种口味的调味剂，图 4-13 为食品中的各种调味剂。

甜味剂 甜味是人们最喜爱的基本味道，甜味的强度即甜度通常是以蔗糖作为基准物，即其他糖的甜度以 10%或 15%的蔗糖水溶液在 20℃时的甜度为 1.0 比较得到的。食品中的甜味剂很多，甜味剂种类较多，可分为：按其来源可分为天然甜味剂和人工合成甜味剂；按其营养价值分为营养性甜味剂和非营养性甜味剂；按其化学结构和性质分为糖类和非糖类甜味剂。天然甜味剂除葡萄糖、果糖、麦芽糖、蔗糖及糖醇外，还有一些非糖甜味剂，如甘草苷、甜叶菊苷和氨基酸的衍生物。糖醇类甜味剂虽有甜味但食用后不会使人血糖升高，这类甜味剂主要有 *D*-木糖醇、*D*-山梨醇、*D*-甘露醇和麦芽糖醇等四种，可作为糖尿病病人的理想甜味剂。合成甜味剂主要有糖精、甜蜜素、安赛蜜、三氯蔗糖等。最经典的强力甜味剂糖精味极甜，甜度为蔗糖的 300～500 倍，稳定性好，在酸性食品和焙烤食品中均可使用，但在大量食用的主食、婴幼儿和病人食品中不宜使用。较新型的强力甜味剂三氯蔗糖甜度可达蔗糖的 600 倍，这种甜味剂具有无能量，甜度高，甜味纯正，高度安全等特点。是最优秀的功能性甜味剂之一。

酸味剂　酸味剂是能够赋予食品酸味并控制微生物生长的食品添加剂，酸味是由于舌黏膜受到酸味物质中的氢离子刺激而产生的。食品中常用的酸味物质既有无机酸，又有有机酸。酸味剂食品中的主要调味料，有增进食欲、促进消化吸收的作用。除调节味觉外，还可提高酸度、抑制细菌生长(防腐)等作用。有机酸因阴离子部分的羟基、羧基或氨基的有无和数目的多少，以及在分子结构中所处的位置不同，而带有不同的风味，如柠檬酸、*L*-抗坏血酸、葡萄糖酸具有令人愉快的酸味，苹果酸稍带有苦涩味，乳酸、酒石酸，延胡索酸伴有刺激性臭味，而琥珀酸、谷氨酸伴有鲜味。

咸味剂　咸味是一种最重要的基本味，我们的正餐可以不加糖，但绝不可以不加盐，因而咸味被称为“百味之主”，是调制各种复合味的基础。咸味剂食盐主要含有氯化钠，另外还含有少量 KCl、$MgCl_2$、$MgSO_4$ 等无机盐。咸味剂氯化钠的咸味主要由其解离后产生的钠离子决定，钠离子称为定味基；而氯离子会影响咸味的形成，称为助味基。氯化钠是人体内钠离子和氯离子的主要来源，有调节血液渗透压力，刺激唾液分泌，参与胃酸形成，促进消化酶活动等生理功能。无盐饮食会导致头晕、恶心、食欲减退、四肢无力、血压下降、心律不齐等不良反应，但过多摄入食盐会导致心血管病、高血压等疾病的发生。对于有喜爱重咸味饮食习惯的人群，应减少食盐的摄取。

苦味剂　苦味剂是一种添加于产品中，使其味道或气味带有苦味的化学制剂。单纯的苦味不可口，但苦味对感受器官有强烈的作用，若苦味物质与其他调料调配得当，便能起到丰富食品风味的作用。苦味物质广泛存在于生物界，主要有咖啡碱、茶碱、嘌呤类等生物碱类，柚皮苷、苦杏仁苷、苦瓜苷等糖苷类，像存在于啤酒酒花中的 α-酸、异 α-酸等藻类物质等萜类，以及如存在于动物胆汁中的胆汁味极苦，主要成分为胆酸、鹅胆酸及脱氧胆酸的胆汁酸类物质。

辣味剂　辣味剂是一种添加于产品中，使其味道带有辣味的化学制剂。辣味可刺激舌与口腔的味觉神经，同时刺激鼻腔，从而产生灼热刺激的感受。适当的辣味有增进食欲、促进消化液分泌的功效，并有杀菌作用，所以被广泛应用。具有辣味的物质主要有辣椒、胡椒、葱、姜、蒜等，其中的主要成分是辣椒素、胡椒酰胺、姜酮、姜烯酚等物质。

此外，食品中还常加入鲜味剂以提高食物的鲜味。食物中的肉类、鱼类、贝类及味精和酱油等都各具有特殊的鲜美滋味，通常称为鲜味。这些食物中的鲜味主要来自琥珀酸、核苷酸、氨基酸等。谷氨酸钠(味精)和 5′-肌苷酸二钠、5′-鸟苷酸二钠是最常用的合成鲜味剂。

食品中还常常加一些香气物质即食用香料和香精。这类化学品可分为天然香料和人造香料。常用的天然香料很多，如花椒、胡椒、八角、茴香、桂皮、生姜、薄荷、橙皮、丁香、桂花和玫瑰等。此外还有直接从植物中制得的各种香精油，如玫瑰花油、柠檬油、香叶油、姜油、橘橙油等。人造香精的成分相当复杂，是由多种香精单体配合而成的，由于所用原料及配方比例不同，配制出的香精可呈现出不同的香气。

3. 食品防腐剂和抗氧化剂 我们购买的食品上常常会印着保质期，保质是食品保存中最重要的问题。由于具有丰富的营养，食品及其原料在生产和贮存过程中，会使许多微生物在其中生长繁殖，从而导致食品腐败。食品腐败后不仅营养价值降低，而且会产生有害物质，引起食物中毒。

除了应用巴氏杀菌法进行食品防腐外，经常会在食品中加入化学试剂防腐。这种能防止由微生物引起的腐败变质、延长食品保藏期的食品添加剂称为防腐剂。我国批准使用的化学食品防腐剂有：苯甲酸、苯甲酸钠、山梨酸、山梨酸钾、丙酸钙、丙酸钠、对羟基苯甲酸乙酯、对羟基苯甲酸丙酯、脱氧乙酸等 25 种。其中最为常用的苯甲酸及盐多添加于碳酸饮料、葡萄酒、果酒、酱油、食醋、果汁饮料，而山梨酸及盐多添加于鱼、肉、蛋、禽类制品、乳酸菌饮料、糕点、面包、月饼中。食品防腐剂为食品较长时间保鲜提供了便利，但比起食用天然的未加添加剂的食品来，经常和大量食用包括食品防腐剂等添加剂的加工食品无疑是不利于身体健康的。

通常生物需要氧气来维持生存，但同时高反应活性的氧气又可氧化破坏生物体。因此，食品在贮藏过程中除受细菌、霉毒等作用发生腐烂变质外，还受空气中氧的作用发生化学反应而出现褪色、变色，产生异味现象，使食品变质而不能食用。最常见的例子就是因氧化导致的油脂的“酸败”。而肉类食品的变色，蔬菜、水果的褐变，啤酒的异臭味和变色，均与氧化有关。为阻止或减缓食品氧化，采取避光、低温、抽真空、充氮、密封、干燥等物理性措施无疑是最优先的选择，但添加抗氧化剂也不失为一种简单、经济的方法。能防止或延缓食品氧化变质的食品添加剂叫抗氧剂。按照抗氧化剂的作用方式可将其分为自由基吸收剂、过氧化物分解剂、氧消除剂、单线态氧猝灭剂、紫外线吸收剂或金属离子螯合剂等几类。如维生素 E 是自由基吸收剂，在类脂氧化时能够阻断自由基连锁反应；谷胱甘肽过氧化物酶(GSH-Px)，可以清除食物中的过氧化物；抗坏血酸是氧消除剂，通过除去食品中的氧而延缓氧化反应的发生；柠檬酸作为金属离子螯合剂可以掩蔽食物中有催化作用的金属离子而阻止氧化反应的发生。迄今人类发现的最强的食品抗氧化剂是一种天然化学物质虾青素。

4.2 疾病诊断中的化学

人体是由化学物质组成的有机整体，在新陈代谢过程中，人体组织的形态和机能不断发生着变化。长期以来，人们应用与化学相关的科学技术预防、诊断和治疗疾病，而以化学为基础的临床检验大大提高了疾病诊断的准确性，保障着人们拥有健康的身体。在疾病的认识和诊断过程中涉及大量的化学知识，下面以临床上常见的血液检查和尿液检查为例说明化学与疾病诊断的关系。

4.2.1 血液检查

血液是人体最重要的体液之一，由血浆和血细胞组成，是在人体内心血管系统循环的不透明红色液体，其成分的变化，可反映人体的健康信息。

血液检验可分为血液常规检验和血液生物化学检验两大类。血液常规检验，简称血常规，是通过对血细胞的数量、形态、生理状况的检查，对目前机体的健康状况、疾病诊断、疗效观察提供帮助，是某些疾病，如炎症、贫血的重要诊断依据。如红细胞计数(RBC)的正常值男性为(4.0～5.5)$\times10^{12}$/L，女性为(3.5～5.5)$\times10^{12}$/L。红细胞计数的降低，多见于急性或慢性失血；红细胞遭受物理、化学或生物因素破坏；缺乏造血因素、造血障碍和造血组织损伤；各种原因的血管内或血管外溶血等。表 4-5 为血液常规检验的主要项目和正常值。

表4-5　血常规的主要检验项目和正常值

项目名称	正常参考值	项目名称	正常参考值
血红蛋白(HGB)	男性 120～160 g/L	白细胞分类	
	女性 110～150 g/L	中性粒细胞(N)	50%～70%
红细胞计数(RBC)	男性(4.0～5.5)$\times10^{12}$/L	嗜酸性粒细胞(E)	0.5%～5%
	女性(3.5～5.5)$\times10^{12}$/L	嗜碱性粒细胞(B)	0～1%
白细胞计数(WBC)	成人(4.0～10.0)$\times10^{9}$/L	淋巴细胞(L)	20%～40%
	儿童(5.0～12.0)$\times10^{9}$/L	单核细胞(M)	3%～8%
		血小板计数(PLT)	(100～300)$\times10^{9}$/L

血液生物化学检验指标很多，如血中的各种无机离子(血钾、血钠、血氯、血钙和血铁等)、血脂、脂蛋白、载脂蛋白及血脂代谢产物、血糖及其代谢产物、血清非蛋白氮类、血清蛋白质和酶等。血糖即血中的葡萄糖，正常人在清晨空腹血糖浓度参考值为 3.9～6.1mmol · L^{-1}。在正常情况下，血糖浓度受到神经系统和体液激素的调节，使其代谢达到动态平衡。当血糖的内稳态被破坏时，就会出现高血糖或低血糖。血糖浓度的测定，可用于糖尿病的诊断、昏迷鉴别诊断及糖代谢研究。如大于 6.1mmol · L^{-1} 而小于 7.0mmol · L^{-1} 为空腹血糖受损；如两次空腹血糖大于等于 7.0mmol · L^{-1} 考虑糖尿病；建议复查空腹血糖，糖耐量试验。如果随机血糖大于 11.1mmol · L^{-1} 可确诊糖尿病。如血糖低于 2.8mmol · L^{-1}，则其临床症状称为“低血糖”。糖尿病是一组由于胰岛素分泌不足或胰岛素作用低下而引起的代谢性疾病，其特征是患糖尿病时长期存在的高血糖，导致各种器官，特别是眼、肾、心脏、血管、神经的慢性损害和功能障碍。糖尿病分 1 型和 2 型，诱发 1 型糖尿病的可能原因是胰腺 β-细胞的自身免疫性损伤导致患者胰岛素水平低下；诱发 2 型糖尿病的可能原因是患者胰岛素受体受损导致对胰岛素的作用产生抵抗。胰岛素是由两条肽链组成的一种多肽激素，其主要功能是加速葡萄糖的原氧酵解和有氧氧化，促进肝和肌中糖原的合成和贮存，促进葡萄糖转变为脂肪，从而降低血糖的浓度。

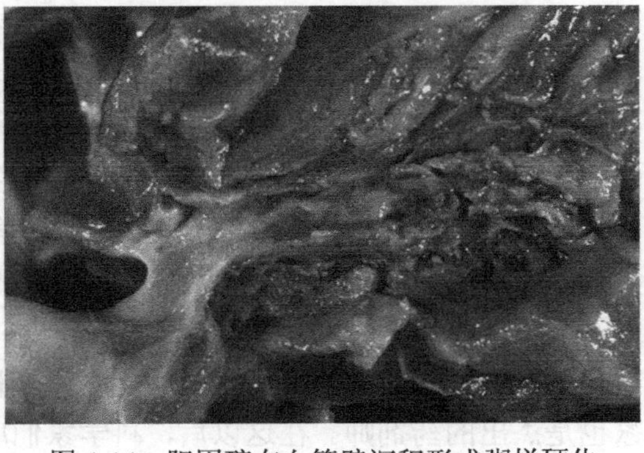
图 4-14　胆固醇在血管壁沉积形成粥样硬化

总胆固醇是胆固醇酯和游离胆固醇的总和，正常参考值为 2.6～6.2mmol · L^{-1}。当人体因发生阻塞性黄疸、肝细胞受损，或长期饮食不当时，总胆固醇会偏高。当人体摄入总胆固醇量过多时，它会沉积在动脉血管的内壁上(图 4-14)，导致高胆固醇血症、冠心病、糖尿病、脑卒中(旧称中风)等疾病的发生。临床上常测定总胆固醇用作脂代谢异常和动脉粥样硬化的危险性评定指标。

4.2.2 尿液检查

同血液一样，尿液也是常用于疾病诊断的体液样品。尿液除水外，主要含有尿素和无机盐类。健康人排出的尿液是淡黄色或黄褐色的，成人每日排尿量约为 1～2L，尿液的 pH 5.0～8.0。尿液指标也可反映人体健康状况和可能罹患的疾病。尿液常规检验，简称尿常规。例如尿液的 pH 可反映体内酸碱平衡情况和肾脏的调节功能。减低见于糖尿病、痛风、酸中毒、慢性肾小球肾炎等。增高见于频繁呕吐、泌尿系统感染、服用碳酸盐药、碱中毒等。又比如尿酮体检测在正常情况下应为阴性，因为在生理条件下，机体组织中的脂肪酸能彻底氧化成二氧化碳和水；但在病理状态下，当妊娠剧吐、患糖尿病或机体处于饥饿、剧烈运动的应急状态时，由于脂肪酸氧化不完全，从而使得酮体检查为阳性。糖尿病患者一旦出现酮尿，则有可能发生酮症酸中毒而危及生命。表 4-6 为尿常规的主要检验项目和正常值。

表 4-6 尿常规的主要检验项目和正常值

项目名称	正常参考值	项目名称	正常参考值
尿胆原(UBG)	定性为阴性或弱阳性，定量≤$10mg \cdot L^{-1}$	亚硝酸盐(NIT)	阴性
胆红素(BIL)	定性为阴性，定量 $1.7～22.2\mu mol \cdot L^{-1}$	葡萄糖(GLU)	阴性
酮体(KET)	阴性	红细胞(RBC)	0～11 个 $\cdot \mu l^{-1}$
蛋白质(PRO)	定性为阴性，定量 $60～83g \cdot L^{-1}$	白细胞(WBC)	阴性

4.3 药物与化学

目前药物治疗仍是医治疾病的最重要手段，而药物与化学有非常紧密的关系，现在的药学就是以化学、生物学和医学为基础的学科。

4.3.1 药物的发现

人类在长期的生存实践中，学会了使用药物来医治疾病，它是人类文明史的重要一环。据考古发现，约在 50 万年以前，原始人类在获取食物的过程中就发现不同的动植物对人体健康可产生不同的影响，于是就产生了包括动物药、植物药和矿物药的天然药物。我国作为四大文明古国之一，创立了中医药学，创造了璀璨的医药文明。炼丹术是中国古代化学的原始形态，我国在公元前 3000 多年前的周代就有了以炼丹术从矿物中提炼有效成分的记载，《雷公炮炙论》是我国第一部制药学专著。到汉代，人们已能制备汞、朱砂(硫化汞)、雄黄(硫化砷)等无机物质，其后人们试图从植物药中寻找治病药物。

到了 18 世纪，工业革命带动了社会生产力的迅速发展，也推动了科学的进步。1828 年德国化学家从无机物合成了草酸和尿素，标志着有机化学的诞生。当时许多著名的化学家也是杰出的药剂师。在这以后，科学家们应用已经获得的化学知识来分离和纯化天然药物中的有效成分。例如：1805 年从阿片中分离出了镇痛药吗啡，这标志着天然药物研究的新阶段。1823 年人们从金鸡纳树皮分离出了抗疟疾药奎宁，1831 年从颠茄等茄科植物中分离得到抗胆碱药物阿托品，1855 年从古柯中发现了局部麻醉药可卡因。

由于天然植物中药用成分含量很低，提取不易，人们便采取有机合成的方法制备药物。1897 年德国化学家 F.Hoffmann 以水杨酸为原料合成出了解热镇痛药乙酰水杨酸，并取名为阿司匹林(Aspirin)。1921 年德国化学家 G.Domagk 发明了磺胺药，1928 年英国生物学家 A.Fleming 发现了青霉素，1938 年瑞士化学家瑞士 P.Karrer 首次合成了维生素。其后，各种激素类药、抗结核药、降血压药、抗心绞痛药、抗精神失常药、降血糖药、安定药、抗肿瘤药和抗病毒药等大量面世，迎来了药物发现和发明的黄金时代。

20 世纪 70 年代后，随着化学、生物学、医学等自然科学与技术的蓬勃发展，学科之间相互交叉、渗透，特别是近年来分子生物学的进步，极大地推动了人类对生命本质的认识，促进了药物的研发。目前人们发现药物的途径主要有：从天然物质中寻找新药物、基于构效关系的药物分子设计和基于靶分子的合理药物设计等。人们不但可以生产出天然的活性物质，还可以按照人们的意愿，对其进行结构改造，生产具有更高活性和特异性的新药。例如，20 世纪 80 年代初我国科学家屠呦呦等从民间抗疟疾草药黄花蒿中发现了新药青蒿素，临床应用表明该药对恶性疟疾疗效显著。后来，通过对青蒿素的化学结构进行改造，得到了疗效更好的衍生物蒿甲醚，结构见图 4-15。该药于 1994 年开发上市，1995 年被 WHO(世界卫生组织)列入国际药典，这是我国第一个具有自主知识产权的创新药物，屠呦呦也因此在 2015 年 10 月获得诺贝尔生理学或医学奖，成为第一位获此殊荣的本土中国科学家。

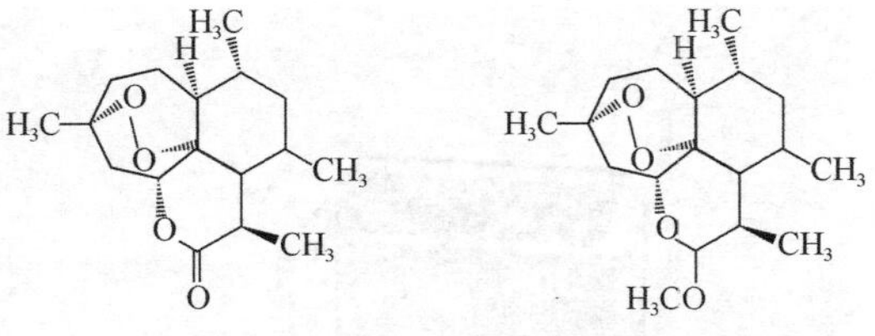

青蒿素　　　蒿甲醚

图 4-15 青蒿素和蒿甲醚的结构式

又如采用计算机药物设计法，针对艾滋病病毒 HIV-1 蛋白酶的结构，把三维结构数据库中的化合物分子逐一与其“对接”，筛选出与其最佳匹配的先导化合物；然后进行先导化合物的结构修饰和改造，寻找与 HIV-1 蛋白酶靶标大分子作用的化合物分子的最佳构象，通过比较与受体受点区域中心相匹配度和计算其相互作用能，不断优化先导化合物的结构，最终得到了与 HIV-1 蛋白酶相匹配的抗艾滋病药物——沙奎那韦。沙奎那韦分子是一种非肽类化合物，可特异性地结合于 HIV-1 蛋白酶分子空腔内(图 4-16)，从而抑制了 HIV-1 蛋白酶的活性，起到阻断艾滋病病毒复制的作用。

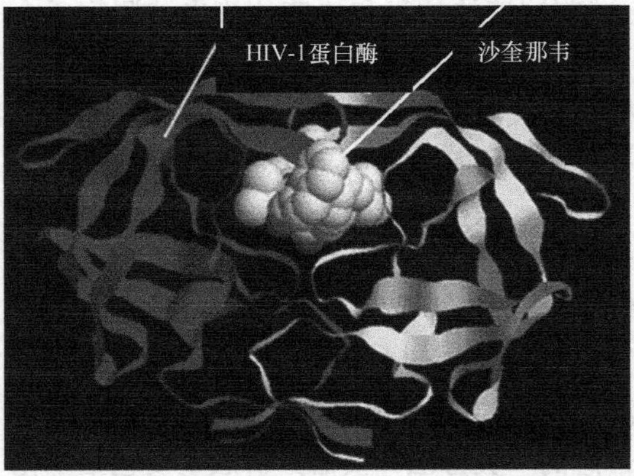

图 4-16 艾滋病病毒 HIV-1 蛋白酶与沙奎那韦复合物的计算机分子模拟图

从人类首个合成药物阿司匹林诞生至今，人类已合成出成千上万种药物，其中临床上常用的药物就有近千种。这些药物的发明，使过去严重危害人的生命和健康的疾病如一些细菌、病毒感染性以及寄生虫类疾病得到了有效的控制，大大降低了死亡率。今天，人们又面临艾滋病、癌症、糖尿病、心脑血管病、老年性疾病等一系列重大疾病的挑战，药物研究任重道远。

4.3.2 药物的质量控制

用于疾病治疗的药品是一种特殊的商品，因其质量直接关系到患者的生命健康。药品的质量决定其安全性和有效性。一般情况下人们很难用表观的方法判断药物的质量，而建立在分析化学和药物化学基础上的药物分析学则提供了准确和有效的检验方法，提供给人们可以感受到的药物的质量信息。依据所用化学及相关物理学原理的不同，药物分析常用的分析方法分为化学分析法和仪器分析法。

化学分析法是建立在化学反应基础上的测定试样的方法。化学分析法一般为常量分析，可对药品生产过程中的原料、中间体和成品药进行真伪鉴别、杂质检查和有效成分含量测定。化学分析法一般准确度和精密度较高，但所需要试样量较大，耗时较长，手工操作而自动化程度较低。

图 4-17 常用的分析天平

化学分析方法又分为重量分析法和容量分析法。重量分析法是指通过称量质量为测定值的分析方法。现代制造工艺和技术制作的称量用的分析天平精密度很高，常用的万分之一级分析天平可以准确称重至万分之一克(0.1mg)，见图 4-17。重量分析法测定结果具有准确度高、精密度好的优点，但缺点是操作复杂，耗时较长。

容量分析法是将一种已知准确浓度的滴定试剂溶液(标准溶液)从滴定管里滴加到被测物质的溶液中，直到所加的试剂与被测物质按化学式计量关系定量反应为止，即达到了化学计量点。然后根据所加试剂溶液的体积和浓度计算出被测物质含量的方法。在容量分析中，将观察到的反应终点称为滴定终点。滴定终点与化学计量点越接近，滴定分析的结果就越准确，因此容量分析法中关键的问题是采用合适的方法来确定反应终点。人们常常利用滴定终点时变色的试剂，即指示剂如酚酞、甲基橙、甲基红等来确定酸碱滴定终点，用铬黑 T 等来确定螯合滴定终点。除指示剂外还可利用光学或电化学方法来确定反应终点。滴定分析法具有操作简便，仪器简单，分析速度快，准确度高等优点，在药品检验中被广泛应用。根据所利用化学反应类型和溶剂的不同滴定分析法又分为：酸碱滴定法、沉淀滴定法、氧化还原滴定法、螯合滴定法和非水滴定法等。

仪器分析是指采用特定的仪器设备，通过测量物质的某些理化性质的参数及其变化来获取物质的化学组成、成分含量及化学结构等信息的一类方法。仪器分析法主要包括电化学分析法、光谱分析法、色谱分析法、质谱分析法和核磁共振波谱法等，其中以光谱分析法和色谱分析法最为常用。

利用物质对电磁辐射的吸收或发射现象来对物质的结构和组成进行研究的科学称为光谱学。将电磁辐射按波长的大小顺序排列成电磁波谱，可划分为不同的电磁波区。常见的有：紫外光区、可见光区、近红外光区、中红外光区和远红外光区等。其波长依次增长，而能量依次变小。利用各电磁波区的电磁辐射与物质的相互作用，可以建立相应的光谱分析方法，如紫外—可见分光光度法、红外吸收光谱法、荧光分光光度法和原子吸收光谱法等。

色谱分析法是由俄国植物学家茨维特创立的分离与鉴定分析方法，在分析化学中占有及其重要的地位，在 1937～1972 年 36 年中有 12 个诺贝尔奖与色谱分析有关。目前，色谱分析方法已成为药物分析的应用最广泛的方法，特别是对于含量较小和干扰较大的样品的分析，色谱分析法有其独到之处。其基本分析过程为：把含有样品的流动相(气体、液体或超临界流体)加载到色谱柱的顶端，然后用不同的流动相冲洗。由于样品中各组分在固定相和流动相两相中反复进行吸附与解吸的过程，与固定相作用弱的组分随流动相流出的速度快，反之，与固定相作用强的组分随流动相流出的速度慢。由于流出速度的差异，混合组分形成了各自单组分的“色谱”带，最后采用适当的检测方法对依次流出的各个单组分物质分别进行定性及定量分析。色谱分析法按其流动相状态可分为气相色谱法和液相色谱法等。

4.3.3　几种典型的药物

1. 阿司匹林　阿司匹林(Aspirin)具有解热镇痛作用，能使发高烧病人的体温恢复正常。它是人类历史上第一个合成药物，其结构非常简单，也最廉价，每年在世界上的销售量在 6000 亿片以上。一部阿司匹林研发史正是人类开发现代药物历史的缩影。据早在公元前约 1550 年的古埃及最古老的医学文献《埃伯斯纸草文稿》(*The Ebers Papyrus*)记载，古埃及人便用柳树的叶子来抑制伤痛。中国古人也很早就发现了柳树的药用价值。据《神农本草经》记载，柳之根、皮、枝、叶均可入药，有祛痰明目，清热解毒，利尿防风之效，外敷可治牙痛。在 1828 年，法国药学家 H.Leroux 成功地从柳树皮里分离提纯出了活性成分水杨苷。1838 年，意大利化学家 Raffaele Piria 将水杨苷水解、氧化，制得水杨酸，并发现其药效要比水杨苷更好。水杨酸在治疗发热、风湿和其他一些炎症方面十分有效，但由于酸性较强，对胃肠道刺激作用较大。1895 年，德国化学家 F.Hoffmann 将水杨酸与醋酸酐一起反应，合成出了酸性较弱的乙酰水杨酸(结构见图 4-18)，后经临床试验证实了在其镇痛和治疗风湿病方面的显著效果。

一百多年来的临床应用证明，阿司匹林是一种十分有效的解热镇痛药，它可广泛用于治疗头痛、发热、神经痛、关节痛、风湿病等。近年来，科学家又发现它还是预防和治疗心脑血管疾病的良药，这是因为阿司匹林在体内具有抑制血小板的释放，防止血小板在血管内聚集形成血栓的功效。

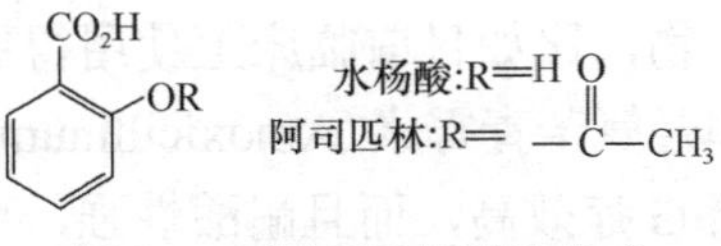

图 4-18　阿司匹林的结构式

2. 磺胺类药物　细菌性感染是严重危害人类健康的疾病，在 20 世纪 30 年代以前，西医对于诸如流行性脑膜炎、肺炎、败血症等细菌性感染性疾病，都因无特效药而感到束手无策，而由细菌性感染引起的瘟疫更是造成病区居民大量死亡。磺胺类药物的发明，曾使死亡率很高的细菌性疾病如脑膜炎、肺炎等得到有效控制，为人类的健康作出了重要贡献。

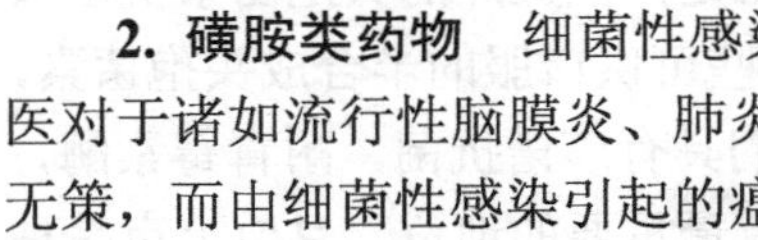

图 4-19　百浪多息的结构式

1904 年，德国化学家 P.Ehrlich 发现，某些用来给细菌染色以便作显微镜检查的染料能够杀死细菌。1932 年，德国病理学家 G.Dumagk 在对许多染料进行筛选试验之后，发现百浪多息(结构见图 4-19)对感染溶血性链球菌的小白鼠具有很高的疗效。

受到百浪多息研发的启发和鼓舞，1935 年，法国巴斯德研究所发现，百浪多息化学结构中抗链球菌感染的有效部位其实是对氨基苯磺酰胺(SN)，并合成出了这种我们常称为磺胺的非常有效的杀菌剂。磺胺是第二次世界大战前唯一有效的抗菌药物。该类药物的问世标志着人类在化学抗菌治疗法方面取得了突破，随后应用于临床的磺胺药物还有有磺胺噻唑(ST)、磺胺嘧啶(SD)、磺胺甲基嘧啶(SM_1)等。其中磺胺嘧啶对预防和治疗流行性脑炎有突出作用，故至今仍在使用。目前最常用的磺胺药是 1962 年首次合成的磺胺甲噁唑(SMZ)，具有较强抑菌作用。

磺胺药通过阻止细菌生长所必需的维生素叶酸的合成来抑制细菌，这是因为对氨基苯甲酸是微生物生长中必要物质叶酸的组成部分，而磺胺类药物能与细菌生长所必需的对氨基苯甲酸产生竞争性拮抗，干扰了细菌对对氨基苯甲酸的利用。对人和高等动物，由于叶酸不在体内合成或合成量太少，须以维生素或维生素原的形式由食物提供，对氨基苯甲酸并不是获取叶酸所必需的物质，因此，磺胺药对人和高等动物体没有太大影响。

3. 抗生素 抗生素(antibiotics)是由细菌等微生物或高等动植物在生命活动中所产生的具有抗病原体活性的代谢产物。它的发现和应用是 20 世纪药物化学发展中最重要的成果，是人类与细菌的斗争中谱写的一曲凯歌。1928 年，英国微生物学家 A.Flemming 在察看葡萄球菌生长情况时，偶然发现原本在培养皿中生长着的金黄色葡萄球菌，却变成了青色的霉菌。原来这种青霉菌能抑制葡萄球菌的生长。A.Flemming 把这种具有抗菌性能的青霉菌分泌物称之为青霉素(Penicillin)。进一步的研究还发现，青霉素不仅能杀死或抑制多种细菌，而且不会破坏人体细胞。1940 年，英国生物化学家 E.B.Chain 和 H.W.Florey 等人首次从青霉菌中分离得到了青霉素粗品，并发现它对葡萄球菌、链球菌、肺炎双球菌、白喉杆菌、淋病双球菌和螺旋体等多种细菌显著的灭杀活性，临床试验非常成功。美国制药企业于 1942 年开始大批量生产青霉素。青霉素的问世是医学发展中的一个里程碑，使过去曾是致命的细菌性感染疾病得到了有效的治疗，拯救了数以千万计的生命。如今，随着青霉素的大规模使用，越来越多的致病菌对它产生了耐药性。解决耐药性的有效办法就是研制新药物，使药物更新换代。

青霉素(结构见图 4-20)药品的原料主要来自生物合成即发酵。然后，化学家通过利用化学合成的方法，将青霉素 G 的 R 侧链改造成其他基团，从而得到了许多疗效更好的衍生物，比如目前临床上使用得更广泛的半合成青霉素氨苄青霉素(Ampicillin，氨苄西林)和羟氨苄青霉素(Amoxicillinum，羟基氨苄西林，商品名阿莫西林)等，不仅比天然的青霉素 G 疗效高，而且耐酸性强，可以口服。

与青霉素结构相似的另一类抗生素叫做头孢菌素类(结构式见图 4-21)，来源于与青霉菌近缘的头孢属真菌。在化学性质上，头孢菌素比青霉素稳定，但天然的头孢菌素抗菌效力较低。为此，化学家对其进行结构改造并成功地合成了一些可供口服的半合成头孢菌素，如头孢氨苄(即先锋Ⅳ号)、头孢拉定(即先锋Ⅵ号)等，它们具有广谱抗菌，耐青霉素酶，疗效高、毒性低，过敏反应少等优点，在抗感染治疗中占有最重要的地位，目前上市品种已达 60 余种。产量占世界上抗生素产量的 60%以上。

除青霉素和头孢菌素类外，抗生素药物还有四环素类(如四环素、土霉素、金霉素、强力霉素等)、氨基糖苷类抗生素(如链霉素和庆大霉素)等。这些抗生素药物的应用，彻底建立了人类在抗击细菌感染类中的优势地位。

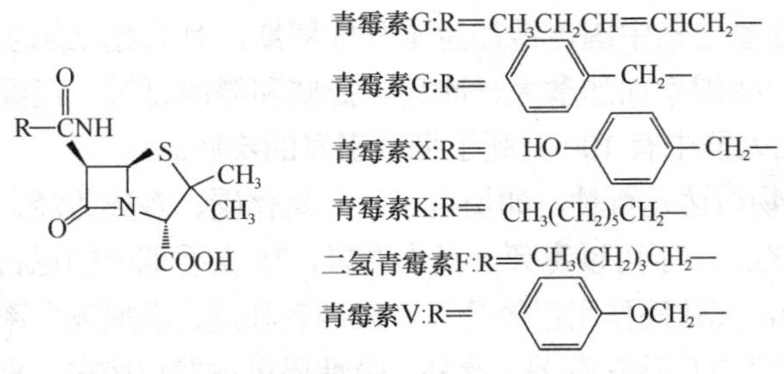

图 4-20　青霉素类药物的结构式

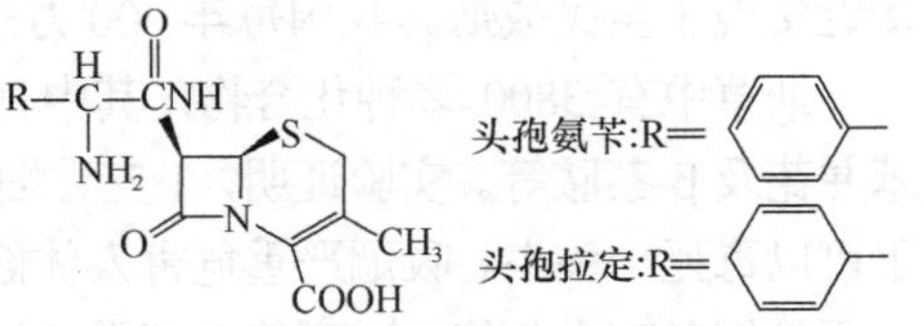

图 4-21　头孢菌素类药物的结构式

4. 达菲　近年来，感染高流行性甲型 H1N1 和高致死性 H7N9 流感人数快速增加，给世界各国人民的生命健康带来严重威胁，而达菲(Oseltamivirphosphate)是迄今为止疗效最好的甲流治疗药物(结构见图 4-22)。达菲化学名称为(3*R*，4*R*，5*S*)-4-乙酰胺-5-氨基-3(1-乙基丙氧基)-1-环己烯-1-羧酸乙酯，其主要原料——莽草酸主要提取自中药八角。达菲是一种非常有效的流感治疗用药，并且可以大大减少气管炎、支气管炎、肺炎和咽炎等并发症的发生和抗生素的使用，是公认的控制甲型 H1N1 和 H7N9 病毒最有效的药物之一。在 2009 年 4 月墨西哥引发的全球甲型 H1N1 流感爆发时成为特效药。达菲口服后经肝脏和肠道酯酶迅速转化为活性代谢物奥司他韦羧酸，因后者的构型与流感病毒神经氨酸相似，故能竞争性地与神经氨酸酶的活性位点结合，阻断流感病毒的合成，是一种高效的流感病毒神经氨酸酶抑制剂，它能减少流感病毒的传播。口服给药后，达菲很容易被胃肠道吸收，经肝、肠的酯酶转化为活性代谢产物，后者可以到达所有被流感病毒侵犯的靶组织。活性代谢产物不再被进一步代谢，而是由尿排泄，故肾功能不全患者用药时要慎重。达菲的不良反应包括恶心、呕吐、支气管炎、咳嗽、眩晕、头痛等。应用于幼儿可能造成因脑内药物浓度过高带来的潜在的安全问题。美国食品和药品管理局(FDA)曾警告说，“达菲”可能会在儿童患者中引起精神错乱和幻觉等严重的副作用，甚至造成死亡，故儿童不可把“达菲”作为防治流感的常用药。尽管孕妇服用达菲有一定的风险，但世卫组织认为，孕妇感染甲流后，发展至重症甚至死亡的风险高于常人，故倾向于使用达菲。针对近年来的 H7N9 型禽流感死亡病例，我国卫生部称鉴于达菲对 H7N9 病毒的有效性，因此初步确定使用达菲对高致死性 H7N9 类流感患者进行抗病毒治疗。

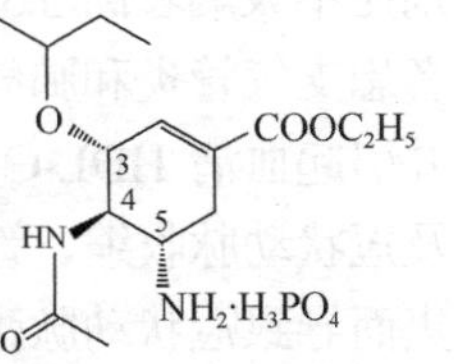

图 4-22　达菲的结构式

达菲于 1999 年在瑞士上市，同年被美国 FDA 批准上市，2009 年 5 月我国卫生部已批准了达菲的进口许可，该药已在中国上市。鉴于达菲的主要原料——莽草酸的 90%来自中国内地，罗氏公司同意授权两家中国企业生产达菲。

4.4　吸烟、酗酒与毒品滥用

4.4.1　吸烟与被动吸烟

吸烟是一种个人生活习惯，但吸烟危害健康已是不争的事实。目前，在全世界 70 亿人口中，约有 10 亿人吸烟，占人口总数不到 15%；而在我国 13.5 亿人口中，约有 3.5 亿人吸烟，占人口总数 26%，我国吸烟人口比例显著高于世界平均水平。此外，2014 年世界烟草消费总量为 5.8 万亿支，仅中国的烟草消费量就超过了其他前 29 个国家的总和。发展中国家是吸烟率最高的国家。目前，世界上的主要吸烟国家包括中国、孟加拉国和俄罗斯，且有越来越多的年轻人加入到吸烟者的行列中；而另外一些国家如加拿大、冰岛、挪威和墨西哥等，已经接近实现了全民戒烟。我国每年 600 万死亡人群中有 100 万死于烟草引发的疾病。

烟草中有 3800 多种化合物，其中有毒物质达几百种，如尼古丁、一氧化碳、多环芳烃、苯并芘及 β-萘胺等。实验证明，1 支香烟中的尼古丁可以毒死一只小白鼠，25 支香烟中的尼古丁可以毒死一头牛。吸烟严重危害人体健康，其致癌作用已经公认。吸烟者肺癌、喉癌死亡率比不吸烟者高十几倍，这可能与烟雾中的致癌物 β-萘胺有关。此外，吸烟还可诱发口腔癌、食道癌、胃癌、结肠癌、胰腺癌、肾癌、乳腺癌和宫颈癌，而且烟雾中的致癌物质还能通过胎盘影响胎儿，使其癌症发病率也显著增高。吸烟还是心、脑血管类疾病的主要危险因素，吸烟者的冠心病、高血压病和脑血管病等疾病的发病率均明显升高。吸烟者冠心病发病率和病死率分别比不吸烟者高 3.5 倍和 6 倍，心肌梗死发病率比不吸烟者高 2～6 倍。45～64 岁的男性吸烟者患支气管炎和肺气肿的死亡率为不吸烟者的 6 倍多。烟草中的尼古丁可损伤血管内皮细胞，并引起血清 HDL-C 降低，胆固醇升高，血管内皮细胞前列环素水平降低，从而引起周围血管及冠状动脉收缩、管壁变厚、管腔狭窄和血流减慢，造成心肌缺氧。尼古丁又可促使血小板聚集而导致冠状动脉粥样硬化的发生。此外，吸烟可引起慢性阻塞性肺病(简称慢阻肺)，最终导致肺源性心脏病。吸烟也影响性功能，能增加男性阳痿的发病率，引起精子的畸形；而妇女吸烟可引起月经紊乱、雌激素低下、受孕困难、自发性流产以及胎儿发育迟缓和新生儿低体重。

吸烟者吸烟时产生的绝大多数烟雾并未吸进自己的口腔，烟雾直接飘散出去，也就未经吸烟者口腔的过滤。被动吸烟就是指生活和工作在吸烟者周围的人们，不自觉和无奈地吸进香烟燃烧产生的烟雾尘粒和各种有毒物质。被动吸烟者所吸入的有害物质浓度并不比吸烟者为低，常会感到烦躁、眼睛不适，还可引起肺功能降低。研究发现，经常在工作场所被动吸烟的妇女，其冠心病发病率显著高于工作场所没有或很少被动吸烟者，丈夫吸烟的妻子的肺癌患病率为丈夫不吸烟的 1.6～3.4 倍。经常感受弥漫在空气中的烟雾的婴儿呼吸吃力，更容易患感冒、支气管炎、肺炎、支气管哮喘等呼吸系统疾病和肺的感染性疾病。在这种烟雾笼罩下的婴儿身体发育较正常婴儿迟缓，更易出现烦躁不安、哭闹现象，更难喂养。因吸收烟草烟雾而致癌患者中的 50%是被动吸烟者。

点燃香烟的一刹那，你也点燃了死亡的导火索。吸烟害己害人，应该自觉养成不吸烟的良好卫生习惯。不要等到有一天你感到胸闷气短，呼吸困难，甚至需要借助呼吸机时才对自己年轻时染上吸烟的坏习惯心怀悔意。戒烟已成为保护我国国民身心健康的紧迫问题。

4.4.2 酗酒

酒中的主要成分是乙醇(ethanol)，乙醇俗称酒精，是无色、透明的挥发性液体，能与水、乙醚、丙酮、氯仿等以任意比例混溶。乙醇沸点 78.4℃，易燃。

不同种类酒的酒精含量也各异。啤酒中含乙醇 2%～6%，葡萄酒等果酒中含乙醇为 10%～30%，白酒中的乙醇含量为 35%～65%。乙醇在胃和小肠上部迅速被吸收，被摄取的乙醇 90 以上在肝内被代谢，其余随尿及呼出气而被排泄。酒精在人体中的代谢是因人而异的，即使是同一个人，不同健康状态和精神状态时饮酒量也是有差别的，比如年轻时比年老时量大，精力充沛时比疲劳时酒量要大，形成这种差异主要和酒精与人体内的分解的快慢有关。酒精在人体内的分解代谢主要靠乙醇脱氢酶和乙醛脱氢酶两种酶，它们能使酒精被分解为二氧化碳和水。如果饮酒过多，超过了酶的分解能力，也就会发生醉酒。

由于酒精主要在肝内代谢，故对肝脏的损害特别大。大量的临床实验证实，经常酗酒容易导致酒精性脂肪肝、酒精性肝炎和酒精性肝硬化。长期酗酒使肝细胞死亡后，肝脏组织开始结成硬痂，然后肝脏逐渐硬化。肝癌的发病也与长期酗酒有直接关系。酗酒也是诱发Ⅱ型糖尿病、高血压、血脂异常、痛风等疾病的元凶，还会导致记忆力减退。由于酒精对人精子和卵子也有毒副作用，故酗酒不仅会导致生殖腺功能降低，而且会使精子和卵子中染色体异常，从而导致胎儿畸形、发育不良及智力低下等。大量饮用高浓度的酒，会造成急性酒精中毒，严重者会导致死亡。研究发现，部分酗酒者体内神经肽和单氨基氧化酶基因异常可能是其狂饮无度的主要原因。

许多人有酗酒的不良习惯，酗酒不仅对自己身体会造成损害，而且易导致认知、行为和社会功能上的障碍，容易产生家庭和社会矛盾，是社会不稳定因素之一。酗酒是一种病态行为，酗酒者通常把其行为作为一种因内心矛盾冲突造成的空虚、胆怯、内疚、失败等强烈心理感受发泄出来的途径，导致寻讯滋事、盗窃、杀人等治安和刑事犯罪以及家庭暴力的发生。我国每年因酗酒肇事而立案高达400万起；全国每年有超过10万人死于车祸，而三分之一以上的交通事故的发生与酗酒及酒后驾车有关。以2009年为例，当年中国汽车保有量约占世界汽车保有量的百分之三，但交通事故死亡人数却占世界的百分之十六，而酒后驾车成为导致交通事故的罪魁祸首。表4-7列出了血中乙醇含量、相应症状和酒后交通事故间的相应关系。

表 4-7 血中乙醇浓度与症状、酩酊度及肇事的关系

乙醇浓度/(mg/100ml)	症状	酩酊度	肇事可能性
50	精神愉快，飘然感	无影响	有可能
100	兴奋、脸红、语无伦次，笑怒无常	无明显影响	增加
150	激动，吵闹	高度受影响	很容易
200	动作不协调，意识紊乱，舌重口吃	酩酊	一定发生
300	麻醉状态，进入昏迷	重度酩酊	一定发生
400	昏迷，呼吸有鼾音，体温下降		
500	深度昏迷，死亡		

饮酒过量驾车易造成交通事故。急性酒精中毒主要是乙醇对中枢神经系统的抑制，中毒的程度通常以血液中乙醇浓度作为标准。一般情况下，血液中乙醇浓度在50mg/100ml以下时无明显影响；达100mg/100ml以上时可出现明显的中毒症状；达400～500mg/100ml可导致呼吸抑制等症状而引起死亡。国家质量监督检验检疫总局2004年5月31日发布的国家标准《车辆驾驶人员血液、呼气酒精含量阈值与检验》(GB19522—2004)规定，驾驶人血液中的酒精含量大于(等于)20mg/100ml、小于80mg/100ml的行为属于饮酒驾车，含量大于(等于)80mg/100ml的行为属于醉酒驾车。酒精中毒剂量因人及习惯不同而差异很大。

4.4.3 毒品与禁毒

毒品是指在日常生活中被某些人为了产生身体或心理上的娱乐目的，而非用来作生理或心理治疗之用当做嗜好品所滥用的功能性精神药物。依照《中华人民共和国刑法》规定“毒品是指鸦片、海洛因、甲基苯丙胺(冰毒)、吗啡、大麻、可卡因以及国家规定管制的其他能够使人形成瘾癖的麻醉药品和精神药品。”预测显示，仅美国的毒品市场——96%的大麻，64%的可卡因和58%的海洛因来自墨西哥，就为墨西哥几大贩毒集团带来每年640亿美元的收入。世界上毒品的走私贩卖金额仅次于军火交易，年交易额达5000亿美元，毒品走私已成为世界上最赚钱的买卖。现今吸毒已经演变成严重的社会问题。根据联合国毒品和犯罪问题办公室发布的《2014年世界毒品报告》，2012年全球因毒品死亡的人数估计超过18万，而根据世界卫生组织统计，全世界每年大约有10万人死于吸毒过量，有100万人因吸毒而丧失劳动力。

鸦片(opium)又名阿片，俗称大烟，是传统的毒品。历史上鸦片贸易和鸦片战争曾给我国人民带来过深重灾难。阿片是将罂粟科植物罂粟已长大但尚未完全成熟的果实的果皮划破后而得到的渗出乳汁的干燥物。它是含有25种生物碱的混合物，主要含有吗啡、可待因、蒂巴因、那可汀及罂粟碱等，其中含量最高的生物碱为吗啡(morphine)，可超过10%。吗啡的盐酸盐(盐酸吗啡)是临床上常用的麻醉剂，有极强的镇痛作用，多用于创伤、手术、烧伤等引起的剧痛，也用于心肌梗死引起的心绞痛，还可作为镇痛、镇咳和止泻剂。吗啡经乙酰化可制成二乙酰吗啡(diamorphine)，即海洛因(heroin)，俗称白粉、白面。海洛因的毒性作用和成瘾性比吗啡更强，镇痛作用是吗啡的4～8倍，现已不作为药用。海洛因被称为毒品之王，是当前对社会危害最大的毒品。图4-23为罂粟原植物图与吗啡和海洛因的结构式。

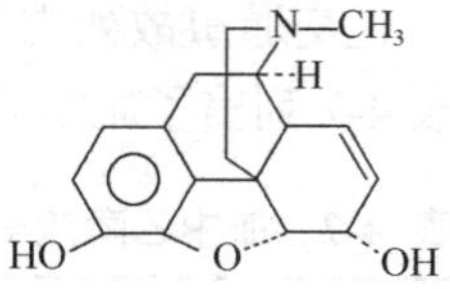

吗 啡

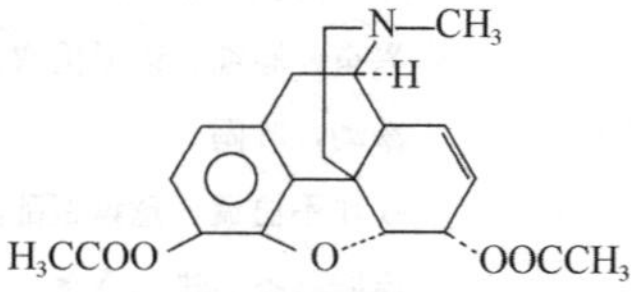

海洛因

图4-23 罂粟原植物图与吗啡和海洛因的结构式

大麻(*Cannabis sativa* L.)为大麻科大麻属一年生草本植物，盛产于亚洲和美洲。大麻是具有多种用途的经济作物，大麻茎的纤维可作为纺织原料；大麻种子可榨油，也可用作中药，被称为火麻仁。大麻中含有多种酚类和酸类化合物，主要活性成分为四氢大麻酚(tetrahydrocannabinol，THC)、大麻酚(cannabinol，CBN)、大麻二酚(cannabidiol，CBD)和大麻酚酸(cannabinolic acid)等，其中又以四氢大麻酚的精神活性最强。大麻是当今世界上最廉价、最普及的毒品。大麻及其制品具有致幻作用，并有成瘾性，是目前国际上常见毒品之一，也属于国际禁毒公约管制的精神药品。

新型毒品冰毒(methamphetamine)化学名称为甲基苯丙胺(结构式见图4-24)，商品名也称甲基安非他明或去氧麻黄素，属于苯丙胺类中枢神经兴奋剂。由于其外观为纯白色结晶，晶莹剔透，故被吸毒、贩毒者称为“冰”，现通称为冰毒。冰毒会对人的中枢神经产生极强的刺激作用，在人体内作用快，吸食后会产生强烈的兴奋作用，大量消耗人的体力和降低免疫功能，严重损害心脏、大脑组织甚至导致死亡。还会造成精神障碍，表现出妄想、好斗、错觉，从而引发暴力行为。还可产生强烈的依赖性，一旦断药，会出现戒断症状。

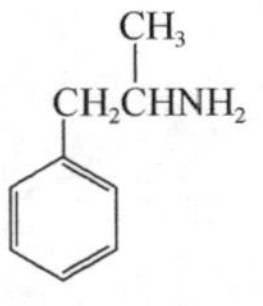

图 4-24　苯丙胺的结构式

摇头丸是冰毒甲基苯丙胺的衍生物——亚甲基二氧甲基苯丙胺(MDMA)的片剂，具有兴奋和致幻双重作用，滥用后可出现长时间随音乐剧烈摆动头部的现象，故称为摇头丸。它也是中枢神经兴奋剂，1971 年被联合国反毒署列入违禁毒品。“摇头丸”有强烈的中枢神经兴奋作用，会使人产生幻觉，长期服用可产生强烈的精神依赖性。摇头丸因其服用后使人产生多种幻觉，表现出摇头晃脑、手舞足蹈和乱蹦乱跳等不由自主的类似疯狂行为，对人作用十分强烈，又被称为“疯狂丸”“快乐丸”。它能诱发心脏病发作、高热综合征、急性肝、肾功能衰竭以及精神失常。

氯胺酮(ketamine)属麻醉镇静剂，曾经作为兽药用于麻醉动物，在临床上也用做手术麻醉剂或麻醉诱导剂，属于静脉全麻药物。走私的氯胺酮毒品外观通常为白色粉末状，故也称为“K粉”。氯胺酮使用后具有一定精神依赖性，因其具有致幻作用而被滥用。我国近年来在一些歌舞厅等娱乐场所出现了滥用 K 粉的现象，曾多次破获大量贩卖包括氯胺酮在内的毒品大案。滥用氯胺酮对人具有很大的毒副作用，使用剂量愈大，毒副作用愈显著。一般情况下吸食 70mg 已经导致中毒，吸食 200mg 便会产生幻觉，会感受到温馨而迷幻的世界，吸食 500mg 将出现濒死状态。此外，K 粉易让人产生性冲动，所以又被称为“迷奸粉”或“强奸粉”。

吸食毒品严重危害人的身心健康，能损害人的大脑、心脏功能、呼吸系统功能等，并使免疫力下降，吸毒者极易感染各种疾病，吸毒成瘾者还会因吸毒过量导致死亡。据调查统计，吸食海洛因成瘾的吸毒者平均存活时间为 8～10 年。静脉注射毒品的吸毒者如果与他人共用注射器，极易导致艾滋病，全国因注射毒品而感染艾滋病者占艾滋病毒感染者总数的 66%。吸毒直接危害着一个国家的人口素质。同时，吸毒总是使得吸毒者倾家荡产，债台高筑。吸毒者纵然有万贯家产，也会伴随着毒品的烟雾千金散尽。为了拼凑吸毒资金，男盗女娼是吸毒者品行的必然归宿。这必然严重危害社会治安和风化。毒品是依照法律规定而实行严格管制的特殊药毒物，任何违反有关药毒物法律规定的行为将构成毒品犯罪行为而受到法律制裁。1987 年 12 月第 42 届联合国大会通过决议，正式将每年 6 月 26 日确定为“国际禁毒日”。今天，人们面对着竞争激烈的社会，但试图用吸食毒品来摆脱压力，增加生活的乐趣，只能是饮鸩止渴。为了社会的稳定，为了家庭的幸福，为了我们自己的身心健康，请永远不要触碰毒品！

思　考　题

4-1　食物中包括哪几类营养素，它们各有什么生理功能？简述化学对人类健康的作用。

4-2　什么是维生素？它有哪些类别？请介绍三种常见维生素的功能和补充途径。

4-3　什么是必需微量元素？请介绍三种必需微量元素及其主要生理功能。

4-4　人体缺硒有何症状，为什么说硒是维持人体健康的明星元素？

4-5　纤维素是维持人体健康所需的营养素吗？为什么？为什么提倡人要适当吃一些富含纤维素的食物？

4-6　说一说你知道的临床检验方法，哪些要用到化学的方法？

4-7　结合几种具体检验指标说明血液和尿液的检验是如何反映机体的生理和病理状态的。

4-8　从中医落后于西医的现状谈谈化学在医学进步中的作用。

4-9　吸烟和酗酒有哪些危害？你认为应如何控制吸烟和酗酒。

4-10　谈谈你所了解的毒品的种类和危害以及如何对待吸食毒品蔓延现象？

（西安交通大学　关　放）

第5章 化学与生命科学

化学与生命科学相结合已成为现代化学发展的一大趋势，化学在生命科学中越来越重要。20世纪生物学取得了巨大的进展，以无数化学家基础研究的成果为前提基础，其中以基因重组技术为代表的一批新成果标志着生命科学进入了一个崭新的时代，这项技术实现了从分子水平了解生命现象的本质，同时从更新的高度去揭示生命的奥秘。

早在20世纪初，化学家就开始研究单糖、血红素、叶绿素、维生素等生物小分子的化学结构，接着又向蛋白质和核酸生物大分子等进军：建立了蛋白质结晶、分离纯化方法，在此基础上用研究小分子结构的理论和方法去研究生物大分子的结构，进而从本世纪50年代起取得了一系列重大突破。蛋白质(包括酶)和核酸的研究成果不仅使生物化学迅速发展，由此也诞生了结构生物学和分子生物学，从而导致了后来围绕基因的一系列研究。20世纪中期，由于化学和生物学协力攻克了遗传信息分子结构与功能关系的难题，使生命科学的研究轨迹进入以基因组成、结构、功能为核心的新阶段。可以说在生命科学发展过程中，化学家从对构成生命物质分子的解析和合成到对生命中化学现象的模拟进行了全方位的研究。

生物学从描述性科学发展成为20世纪末的前沿科学，在很大程度上是依靠化学所提供的理论、概念、方法，甚至试剂和材料。许许多多的化学家为生物学的发展作出了巨大贡献，20世纪的100年间由于从事与生命科学相关的化学基础研究工作有28项获得了诺贝尔奖。这也促使了一门新颖的学科——化学生物学于20世纪90年代诞生了。

5.1 构成生命的最基本物质

构成生命的物质种类很多，不仅包括蛋白质、核酸、糖等生物大分子，而且还包括维生素、激素、神经递质、细胞因子等生物小分子，其中最重要的是蛋白质和核酸。自然界中约150余万种生物中，据估计总共约有10^{10}～10^{12}种蛋白质及核酸。为了揭示生命现象的本质，化学家花费了将近一个世纪的时间，基本搞清了这两大类生物大分子的组成、结构和功能，同时建立了有关的研究方法和技术。

5.1.1 蛋白质

蛋白质(protein)是生命现象的物质基础之一，是构成一切细胞和组织的最重要的组成成分，是生命活动的主要承担者，一切生命活动均与蛋白质有关。新陈代谢是生命活动的主要特征，新陈代谢中所有化学变化都是在酶(enzyme)的催化下才能进行的。除最近发现的极少数具有催化功能的核酸以外，所有的酶都是蛋白质。生物的生长、运动、呼吸、免疫、消化、光合作用，以及其对外界环境变化的感觉，和作出必要的反应等，都必须依靠蛋白质来实现。虽然遗传信息的携带者是核酸，但遗传信息的传递、表达不仅需要蛋白质酶的催化，而且还需要蛋白质的调节控制。一些蛋白质是生物体的重要结构成分。如在高等动物体内，作为身体的支架参与结缔组织和骨骼的构成的胶原纤维是主要的细胞外结构蛋白。细胞壁、细胞膜、线粒体和叶绿素等等都是由蛋白质参与构成的。此外，有些蛋白质是激素，如胰岛素参与血糖的代谢调节，能降低血液中葡萄糖的含量；有些蛋白质被称为抗体或免疫蛋白，能够通过免疫反应构成生命体的一种自我防御机能。

在所有的生命分子中，蛋白质功能最具多样性，结构也最具多样性的。然而，几乎所有的蛋白质都是有不同数目的 20 种氨基酸(amino-acid)组成的。这 20 种氨基酸分子的共同特点是同时含有氨基($—NH_2$ 或—NH—)和羧基(—COOH)，而且氨基均连与羧基相邻的 *α*-碳上，因此称为 *α*-氨基酸。结构通式如图 5-1 所示。式中 R 是每种氨基酸特征基团，除脯氨酸外，其他 19 种基酸的名称和结构见表 5-1，最简单的氨基酸是甘氨酸，其中的 R 为氢原子(H)。然而，上述平面结构式并不能代表氨基酸的真实结构，因为氨基酸分子的结构不是平面的，而是立体的。由于 *α*-氨基酸是手性分子(手性中心为 *α*-碳原子)其立体构型应有两种：一种为 *L*-构型，另一种为 *D*-构型，它们互为对映异构体关系(图 5-2)，但迄今发现的天然氨基酸几乎都是 *L*-构型的氨基酸。组成蛋白质的氨基酸一般为 *L*-构型。为什么生物体选择了 *L*-氨基酸参与蛋白质的组成，是自然界留给人类的难解之谜。

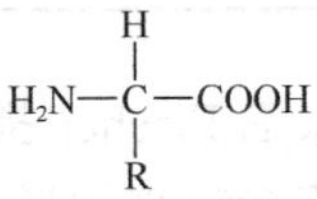
图 5-1　氨基酸的结构通式

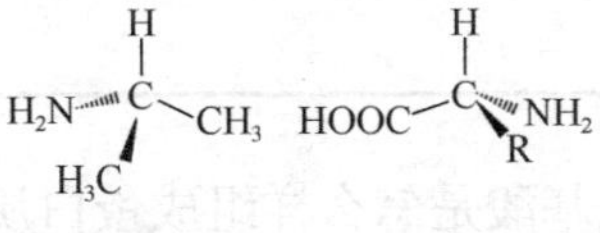

图 5-2　*L*-和 *D*-构型的 *α*-氨基酸

某些氨基酸人体不能合成，但又是生长和发育所需的氨基酸，称为必需氨基酸。已知有 8 种氨基酸是必需氨基酸，它们是亮氨酸、异亮氨酸、赖氨酸、蛋氨酸、苯丙氨酸、缬氨酸、苏氨酸和色氨酸。有研究者认为，对于儿童，组氨酸也是必需的氨基酸。

除了构成蛋白质的20种天然氨基酸(表 5-1)及其衍生物外，人们在自然界还发现了200多种氨基酸，这些氨基酸不参与蛋白质的组成，是以游离态或结合态存在于有机体中，称为非蛋白氨基酸。

表 5-1　20种天然氨基酸的名称和结构

中文名	英文名(三字符)	R 基团的结构
甘氨酸	Glycine(Gly)	—H
丙氨酸	Alanine(Ala)	$—CH_3$
丝氨酸	Serine(Ser)	$—CH_2OH$
半胱氨酸	Gysteine(Gys)	$—CH_2SH$
苏氨酸	Threonine(Thr)	$—CH(OH)CH_3$
缬氨酸	Valine(Val)	$—CH(CH_3)_2$
亮氨酸	Leucine(Leu)	$—CH(CH_3)_2$
异亮氨酸	Ieoleucine(Ile)	$—CH(CH_3)CH_2CH_3$
蛋氨酸	Methionine(Met)	$—CH_2CH_2SCH_3$
苯丙氨酸	Phenylanine(Phe)	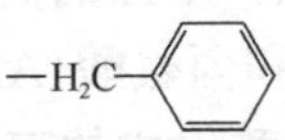

续表

中文名	英文名(三字符)	R基团的结构
酪氨酸	Tyrosine (Tyr)	
色氨酸	Tyrptophane (Trp)	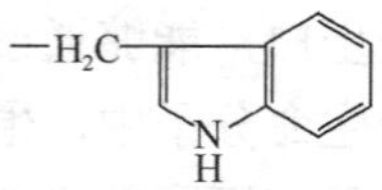
天冬氨酸	Aspartic acid (Asp)	$—CH_2COOH$
天冬酰胺	Asparagine (Asn)	$—CH_2CONH_2$
谷氨酸	Glutamic acid (Glu)	$—CH_2CH_2COOH$
谷氨酰胺	Glutamine (Gln)	$—CH_2CH_2CONH_2$
赖氨酸	Lysine (Lys)	$—CH_2CH_2CH_2CH_2NH_2$
精氨酸	Arginine (Arg)	$—CH_2CH_2CH_2NHC(=NH)NH_2$
组氨酸	Histidine (His)	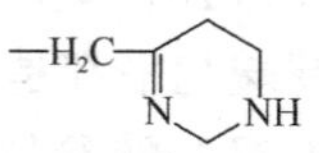
脯氨酸	Proline (Pro)	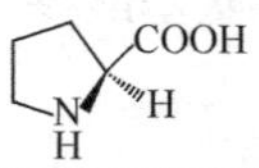

那么，氨基酸是怎么样组成蛋白质的？1902 年，化学家 H.Fischer 提出了蛋白质结构的肽链理论。在蛋白质分子中，氨基酸是通过肽键(酰胺键)连接起来的形成了肽(Peptide)。例如，一个甘氨酸分子的羧基与另一个甘氨酸分子的氨基反应，两者脱去一分子水，形成一个肽键，得到甘氨酰-甘氨酸分子(用 Gly-Gly 表示)，见图 5-3。如此，由 2 个氨基酸连接成的肽叫做二肽；由 3 个氨基酸连成的肽称为三肽；依次类推，由几个氨基酸连成的肽就叫几肽，所形成的链称为多肽链。由于肽链中氨基酸已不是氨基酸的原形，所以通常称为氨基酸残基。一个肽的表示可以用结构式或用氨基酸中文名称的字头表示，或用氨基酸英文名称的三字符表示。自然界中存在的肽有开链式结构和环状结构。对开链式肽，含有自由氨基的一端为起始端，也称 N-端。含有自由羧基的一端称为 C-端。肽中的氨基酸与氨基酸之间用连字符相连，连字符表示肽键。许多肽具有特殊的生物活性。如短杆菌肽 S，对革兰阳性菌有强大抑制作用。又如鹅膏蕈碱是一个环状八肽，存在于毒蘑菇中，它抑制真核生物 RNA 聚合酶的活性，从而抑制核糖核酸的合成，导致机体死亡。

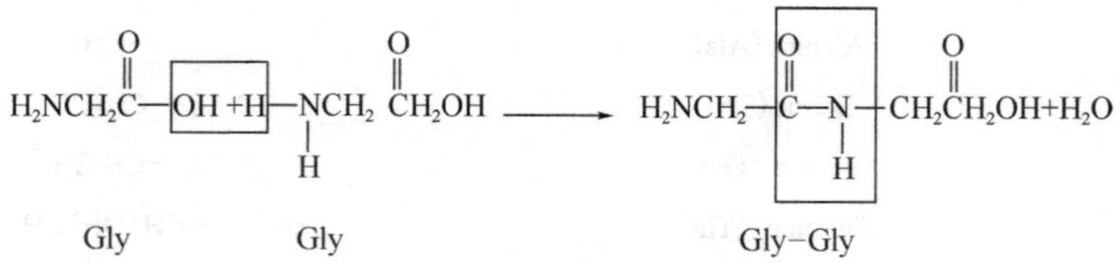

图 5-3　肽键与二肽的形成

如果你怀疑千变万化、丰富多彩的生命世界怎么可能由仅仅 20 种氨基酸构成的蛋白质所体现，那么，下面的简单计算就可以使你明白这个道理。首先，由 2 种不同的氨基酸如甘氨酸(Gly)和丙氨酸(Ala)形成二肽时，可形成 2 种不同的二肽，见图 5-3 和图 5-4。由 3 种不同的氨基酸组成的三肽则有 6 种。一个仅含 100 个氨基酸残基的蛋白质几乎是最小的蛋白质，然而就是在这样的一个小蛋白质中，20 种氨基酸的排列也有 20^{100} 或 10^{130} 种不同的方式。也就是说，可以构成 10^{130} 种不同的蛋白质，这是一个极其巨大的天文数字。即使每一种蛋白质只有一个分子，它们的总质量也将达到 10^{100} 吨。这个质量是地球质量的 10^{78} 倍，是太阳系总质量的 10^{72} 倍。不但在地球上生命进化的 40 多亿年过程中所有的蛋白质不会超过这个质量，而且再过 40 亿年也不会超过这个质量。何况这里只考虑了最小的蛋白质。在自然界中，虽然由一组氨基酸可能形成许多种不同的蛋白质，但活细胞只选择性地制造相对少数的特殊种类蛋白质。生物界蛋白质的种类估计在 10^{10}～10^{12} 数量级。

甘氨酰-丙氨酸(Gly-Ala)　　丙氨酰-甘氨酸(Ala-Gly)

图 5-4　由甘氨酸和丙氨酸组成的两种不同二肽的结构

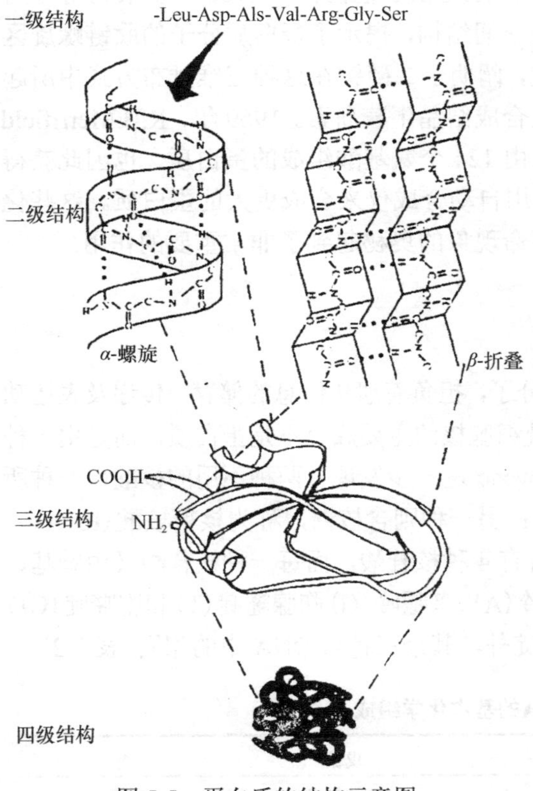

图 5-5　蛋白质的结构示意图

每种蛋白质分子可以由一条或多条肽链构成。肽链中氨基酸的数目、种类和连接顺序称为蛋白质的一级结构。然而，蛋白质分子中的肽链并不是一条直链，而是卷曲、堆积成一定的三维结构(图 5-5)。在肽链中，C—C、C—N 键可以绕键轴自由旋转，因此可以设想每个蛋白质分子存在着几乎无穷多个可能的三维结构(这种由于分子中的原子或基团绕键轴旋转而导致的立体异构体为构象)，但实际上由于一些弱的化学键(如氢键、配位键等)的作用，使得某些构象更稳定，因而存在的可能性更大。例如，在蛋白质的肽链中，一些氨基酸残基上的羰基(C═O)能与另一些氨基酸残基上的氨基(N—H)形成氢键(>C═O···H－N)。如果同一条肽链的第 n 个氨基酸残基的 N—H 基团能够与第(n–4)个氨基酸残基的 C═O 基团之间形成氢键，则这段肽链就可以卷曲成一个螺旋状结构，其上下内径大小相等，被称为 α-螺旋。沿着该螺旋每上升 1.5×10^{-10}m，可旋转 100°。α-螺旋是蛋白质的二级结构。此外，还有一种二级结构是由一段肽链与另一段肽链之间形成氢键引起的，称为 β-折叠。

天然蛋白质都具有独特而稳定的构象。构象是指分子内各原子或基团之间的立体关系。构象的改变是由于单键的旋转而产生的，不需要共价键的断裂，只涉及氢键等次级键的改变。复杂的蛋白质的分子结构可分为四个层次即一级、二级、三级和四级，后三者统称为高级结构或空间构象。在蛋白质分子中，从 N-端至 C-端的氨基酸排列顺序称为蛋白质的一级结构。蛋白质的二级结构是指多肽链借助氢键排列成一维方向具有周期性结构的构象。蛋白质的三级结构是指整条肽链中全部氨基酸残基的相对空间位置。蛋白质的四级结构是由两条或两条以上具有特定构象的肽链(称为蛋白质的亚基)组成的，各个亚基之间通过特定的方式相互结合。因此可以根据构象的不同，可将蛋白质分为纤维状蛋白和球状蛋白，前者一般是结构蛋白，后者则执行着多种多样的生理功能。对于球状蛋白，肽链在二级结构的基础上进一步沿着多个方向盘旋成近似球状的三级结构(图 5-5)。通常只有那些具有高级结构的蛋白质才有生物活性。

化学家不仅研究多肽和蛋白质的结构，而且还人工合成多肽和蛋白质，这是化学具有创造性的一个具体表现。在多肽和蛋白质结构与合成的研究方面，1946 年 J.B.Sumner 等因发明蛋白质类结晶法并分离得到纯的酶和病毒蛋白而获得诺贝尔化学奖；1948 年，W.K.Tiselius 因发明蛋白质电泳分离技术而获诺贝尔化学奖。1955 年，V.Vigneaud 因首次合成八肽激素催产素和加压素而荣获诺贝尔化学奖。F.Sanger 由于对蛋白质，特别是由 51 个氨基酸组成的牛胰岛素分子结构测定的贡献而获得 1958 年诺贝尔化学奖。J.C.Kendrew 和 M.F.Perutz 两人共同获得 1962 年诺贝尔化学奖这是由于他们自从 1960 年以来利用 X 射线衍射成功地测定鲸肌红蛋白和马血红蛋白的空间结构，揭示了蛋白质分子的肽链螺旋区和非螺旋区之间存在三维空间的不同排布方式，阐明了二硫键在这种三维排布方式中所起的作用。1965 年，我国化学家首次成功地人工合成结晶牛胰岛素。1969 年，R.B.Merrifield 发明了多肽固相合成技术，利用该技术合成出由 124 个氨基酸组成的蛋白质，也因此获得了 1984 年诺贝尔化学奖。目前，化学家能够用自动合成仪来合成更大的蛋白质。这些化学基础研究的成果对人类从分子水平上揭示生命现象的奥秘起到了非常重要的作用。

5.1.2 核酸

核酸是另一类重要的生物大分子，是信息分子，担负着遗传信息的储存、传递及表达功能。早在 1869 年，瑞士化学家 F. Miescher 发现细胞核的主要成分不是蛋白质，而是由一种含磷的核酸组成。1911 年，美国化学家 P.A.Levene 进一步发现有两种不用的核酸，一种所含戊糖为脱氧核糖，称为脱氧核糖核酸(DNA)；另一种则含核糖，称为核糖核酸(RNA)。1934 年，P.A.Levene 发现了 DNA 和 RNA 各含有 4 种核苷酸，而每一种核苷酸又由碱基、戊糖和磷酸三部分组成。DNA 中的碱基为腺嘌呤(A)、鸟嘌呤(G)胸腺嘧啶(T)和胞嘧啶(C)；RNA 分子中的碱基除以尿嘧啶(U)代替胸腺嘧啶外，其余三种与 DNA 中的相同(表 5-2)。

表 5-2 DNA和RNA的基本化学组成

核酸	核苷酸	碱基	戊糖	酸
DNA	腺嘌呤脱氧核苷酸	腺嘌呤(A)	脱氧核糖	磷酸
	鸟嘌呤脱氧核苷酸	鸟嘧啶(G)		
	胸腺嘧啶脱氧核苷酸	胸腺嘧啶(T)		
	胞嘧啶脱氧核苷酸	胞嘧啶(C)		
RNA	腺嘌呤核苷酸	腺嘌呤(A)	核糖	磷酸
	鸟嘌呤核苷酸	鸟嘧啶(G)		
	尿嘧啶核苷酸	尿嘧啶(U)		
	胞嘧啶核苷酸	胞嘧啶(C)		

脱氧核糖、核糖和 5 种碱基的结构见图 5-6。

核苷酸是 DNA 和 RNA 的基本结构单位，分为两大类：脱氧核糖核苷酸与核糖核苷酸。在核苷酸中，首先戊糖和碱基缩合以糖苷键相连形成核苷，核苷中的戊糖羟基被磷酸酯化形成核苷酸。其中的磷酸基可以在戊糖 3’-位或 5’-位。例如，3’-胞嘧啶脱氧核苷酸(3’-dCMP)和 5’-腺嘌呤核苷酸(5’-AMP)，如图 5-7 所示。核酸的一级结构指的是组成核酸的诸核苷酸之间连键的性质及核苷酸排列顺序。DNA 的一级结构是由数量极其庞大的 4 种脱氧核糖核苷酸通过 3’，5’-磷酸二酯键依次连接起来的直线形或环状分子(图 5-8)。RNA 的一级结构与 DNA 相似。

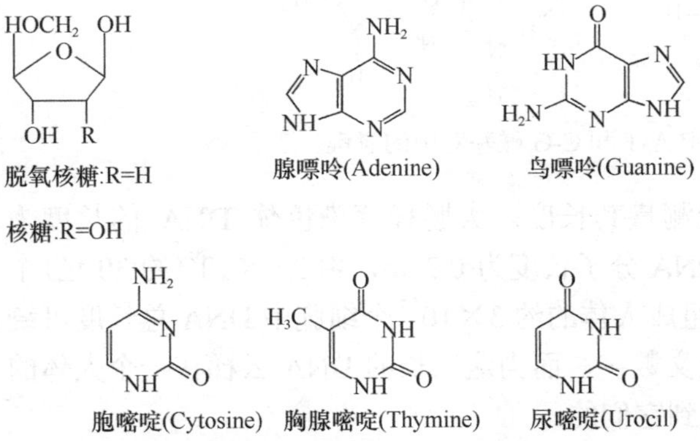

图 5-6　组成核酸的戊糖与碱基的结构

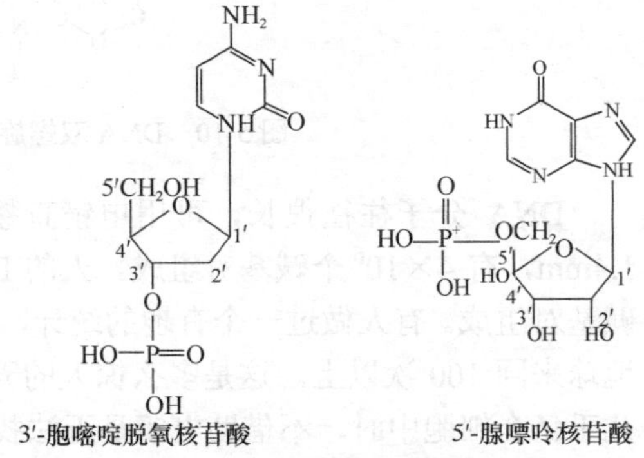

图 5-7　两种核苷酸的结构

对于核酸空间结构的认识，始于著名美国化学家 L.Pauling 把化学结构理论引入生物大分子结构的研究。在此基础上，1953 年，美国化学家 H.Waston 和 F.Crick 根据 X 射线结构分析数据提出了 DNA 双螺旋结构模型(图 5-9)。在 H.Waston-F.Crick 双螺旋中，DNA

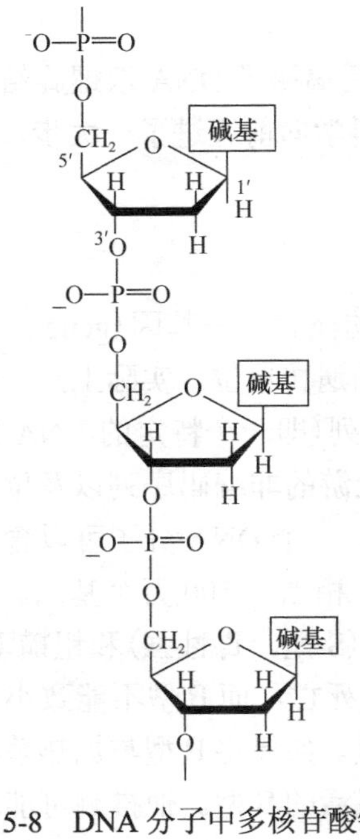

图 5-8　DNA 分子中多核苷酸链的一个片段

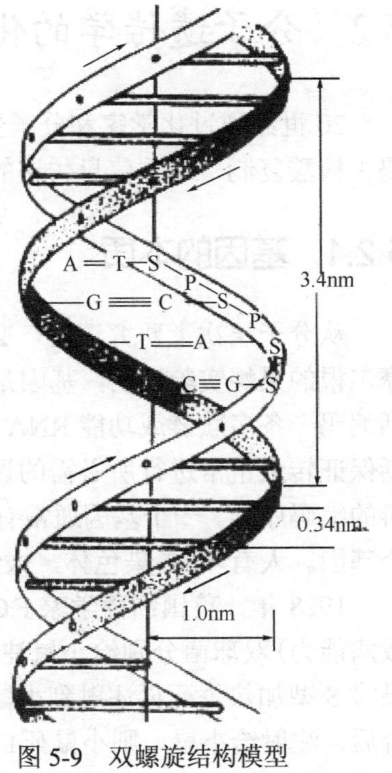

图 5-9　双螺旋结构模型

以双股核苷酸链的形式存在，在双链之间存在着根据其碱基性质严格的两两配对关系：即一条链上的碱基A与另一链上的T之间通过两个氢键配对，同时C与G之间通过三个氢键配对(图5-10)，A—T和C—G配对，而不会是A—G或T—C配对，这称为碱基互补配对原则。

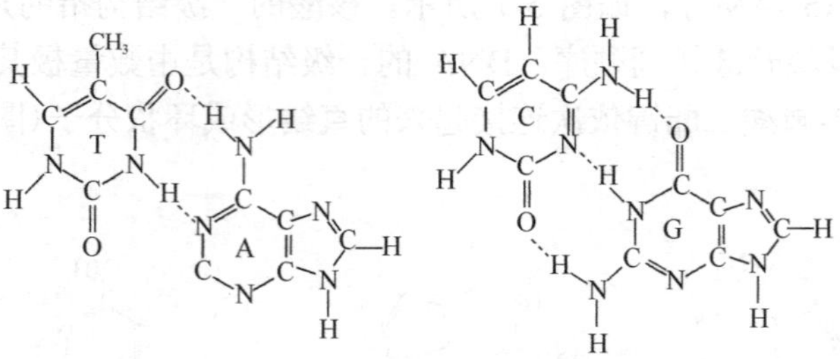

图5-10 DNA双螺旋中A-T和C-G碱基对中的氢键

DNA分子往往很长，可用电镜直接测量其长度。大肠杆菌染色体DNA的长度为1.4mm，有4×10^6个碱基对组成。人的DNA分子长度为0.99m，由2.9×10^9(约30亿)个碱基对组成。有人做过一个有趣的统计，组成人体的约3×10^{14}个细胞中DNA总长度可绕地球来回100次以上。这是多么惊人的天文数字，而当这么长的DNA云梯在一个人体的几千亿个细胞中时，不借助电镜是无法找到它们的。

目前，化学家已经研究和确定了许多生物大分子的结构。1998年4月，在国际生物大分子精细结构数据库中，蛋白质、肽、病毒有6617个，核酸有536个，糖只有12个。但生物体中存在的大量未知的蛋白质、核酸、糖分子仍然很多，因此，研究和发现新的生物大分子，还需要化学家继续做大量的研究工作。

5.2 分子遗传学的化学基础

20世纪通过化学家和分子生物学家共同努力，先后揭秘了DNA双螺旋结构、遗传密码、核酸复制、遗传信息传递的中心法则等，使生命科学向前迈进了一大步。

5.2.1 基因的本质

从分子层次上研究遗传，必须首先明确一个重要的概念——基因(gene.)。1925年，摩尔根的果蝇实验证明，基因是染色体上呈直线排列的遗传单位。实际上，一个基因既包括编码一条多肽链或功能RNA所必需的全部核苷酸序列(即一个特定的DNA片断)，还包括保证转录正常进行所必需的调控序列，位于编码区上游的非编码序列以及位于编码区下游的编码序列。一个基因通常有1000～1500个碱基对，一个DNA分子可以含有多达上万个基因。人有46条染色体，大约含有30亿个碱基对，相当于100万个基因。

1928年，英国细菌学家F.Griffith利用肺类光滑型(S型，毒性强)和粗糙型(R型，无致病能力)双球菌分别给小鼠注射，发现S型可致小鼠死亡，而R型不能致小鼠致死。如果将S型加热杀死再注射到小鼠体内，则不能致死小鼠。如果将R型与加热杀死后S型混合后，注射给小鼠，则小鼠死亡，同时在小鼠体内发现活的S型。他推测可能是死细菌中某一成分(转化源)将无致病能力的细菌转化为病原细菌。1944年，O.Avery等不仅重新证实了上述转化现象，并从 S 型菌的抽提物中确认了这个转化源就是 DNA。他发现只有 S 型细菌 DNA 才能把 R 型菌转变为致病的 S 型菌。1952 年，美国的 A.D.Hershey 将噬菌体外壳的蛋白质用 ^{35}S 标记，核酸用 ^{32}P 标记，实验结果表明进入宿主细胞能复制的是 ^{32}P 标记的核酸，而 ^{35}S 标记的蛋白质留在宿主细胞的外面。这两个实验可以证明连接亲代和子代的遗传物质是 DNA。

1956 年，德国的 H.Fraenkel-Conrot 将烟草花叶病病毒的蛋白质和 RNA 分别提取出来，再分别涂抹在健康烟草叶子上，结果发现只有涂抹 RNA 的叶片得病，而涂抹蛋白质组分的不得病。这证明在不具有 DNA 的病毒中，RNA 是遗传物质。

5.2.2 DNA 的复制过程

DNA 是遗传物质的载体，遗传信息从新代 DNA 传递到子代 DNA 分子上，称为复制。复制时亲代 DNA 必须以自身分子为模板准确地复制成两个拷贝，并分配到两个分子细胞中去，完成其遗传信息载体的使命。DAN 的双螺旋结构对于维持这类遗传物质的稳定性和复制的准确性是极为重要的。

1953 年，H.Watson 和 F.Crick 在提出 DNA 双螺旋结构时曾对 DNA 的复制过程进行过推测：DNA 两条链之间的碱基彼此互补，复制时双链解开，每条链都可作为模板，按照 H.Watson 和 F.Crick 碱基配对原则分别合成出一条互补的新链。这样新形成的两个子代 DAN 分子就与原来 DNA 分子的碱基顺序完全一样。在此过程中，每个子代双链 DNA 分子中的一条链来自亲代 DNA，另一条则是新合成的，这种复制方式称作半保留复制(图 5-11)。1958 年，M.Messelson 和 F.W.Stall 用同位素标记的分子生物学实验证实了 DNA 分子是半保留方式进行自我复制的。

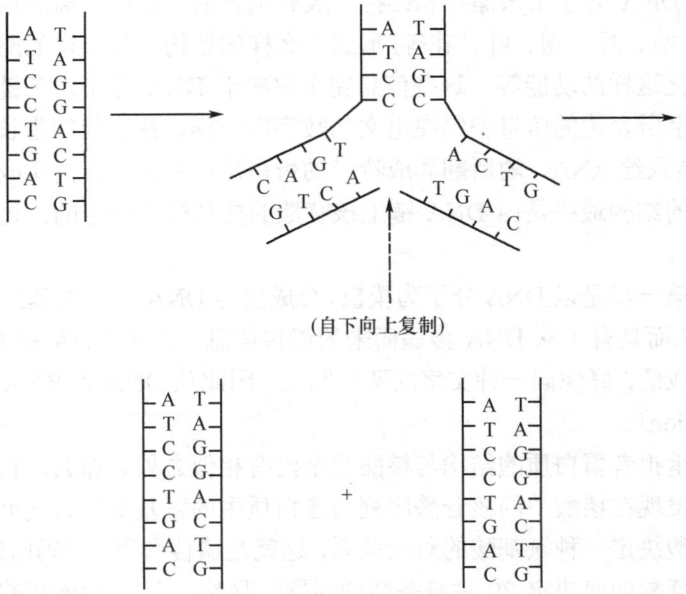

图 5-11　DNA 半保留式复制示意图

近年来，化学家设计了许多小分子化合物发现它们具有不同程度的自我复制能力。这是对 DNA 复制作用的一种化学模拟。实际上，在细胞增殖周期的一定阶段，整个染色体都将发生精确的复制，接着以染色体为单位把复制的基因组分配到两个子代细胞中。染色体 DNA 的复制与细胞分裂之间存在密切的关系，一旦复制完成，即可发生细胞分裂。细胞分裂结束后，又开始新的一轮 DNA 复制。由于 DNA 的半保留复制过程极为可靠，发生错误的可能性只有万分之一，因此保证了生物种的稳定性和延续性。

尽管发生错误(突变)的可能性只有万分之一，但还是可能发生的。在 DNA 复制中由于细胞不能识别这样的错误，出现的随机突变是不可逆的。若在 DNA 链上的某一点 T 代替了 C，对于细胞来说。这个“外来的”T 本身并无特别之处，所以细胞不会采取措施来处理这个误置的核苷酸。当细胞再次分裂时，它将在这个新的位置上复制这个 T，好像 T 原来就在那里一样。如果这样的突变发生在基因的重要位置，或者在基因中有许多这样的突变，就可能会导致有机体性能的改变。基因的突变能够引起遗传的变异，然而变异又是进化的基础。如果 DNA 的复制是绝对可靠，绝对没有任何错误的，那么生物体的突变就只能靠外界因素实现，生物的进化也就不会是目前的情况了，也就不可能有现今五彩缤纷的生物世界。

通常，一个基因突变在遗传物质结构上是难以觉察的。但可以引起表型变化的突变，如红花变白花，这类突变称“可见突变”了；有些突变对机体生命活动影响很大，往往造成机体死亡，这类突变称为“致死突变”；还有一些突变能够使生物存在的条件发生变化，例如 T4 噬菌体的温度敏感突变，在 42℃时致死，在 25℃却能存活，这类突变称为“条件致死突变”。有利的突变可以帮助有机体存在，并且，一旦它们存在于有机体的生殖细胞中，它们就能够传递给后代。

5.2.3 基因的表达与调控

染色体中的 DNA 分子用来储存和维持一般有机体的生命所必需的信息，诸如在什么部位(如手、臂、脸、耳、翅、叶、花等)形成什么样的结构，什么样的酶应该被制造出来控制像呼吸和消化这样的功能等，这些信息完全取决于 DNA 分子两条链上的碱基的排列顺序，就像用汉字所表达的信息编码在电文的数字串一样。在后代的生长发育过程中，遗传信息以 DAN 转录给 RNA，随后翻译成特异的蛋白质，从而使蛋白质成为遗传信息的体现者或产物，它的结构最终是由 DNA 链上核苷酸的排列顺序决定的。这就是基因的表达(gene-expression)。

基因表达的第一步是以 DNA 分子为模板，合成出与 DNA 分子碱基互补的 RNA 分子，这种 RNA 分子从而具有了从 DNA 传递而来的遗传信息。由于 DNA 和 RNA 都是由四种核苷酸(字母)组成的，好像同一种文字的两种写法，因此从 DNA 到 RNA 的过程称为基因的转录(transcription)。

生命活动的承担者蛋白质的结构与核酸完全没有相似之处。那么，它是怎样接受遗传信息的呢？后来发现在核酸中的核苷酸序列与蛋白质中的氨基酸序列之间，存在着由三个一定顺序的核苷酸决定一种氨基酸的对应关系，这就是遗传密码。密码问题实际上是 RNA 分子中的四种核苷酸如何决定 20 种氨基酸的问题。显然，若 1 种核苷酸决定氨基酸，那就只能决定 4 种氨基酸。若两种核苷酸配合起来决定氨基酸，也只有 4^2(即 16)个不同的排列组合，还不够决定 20 种氨基酸。因此，至少要有 3 个核苷酸的组合(4^3)才能决定 20 种氨基酸。三个核苷酸的组合有 64 个，于是以 4 种核苷酸(即 U、C、A、G)为字母，可组成 3 个字母的“字”，这些字共有 64 个。如果每个“字”说明一种氨基酸，64 个“字”就应说明 64 种氨基酸。但氨基酸只有 20 种，因此应该有几个不同的“字”说明同一种氨基酸的情况。这种三个核苷酸组合在一起的编码方式，称为三联体密码或密码子。1960 年前后，M.Nirenberg 等首次用实验确定了苯丙氨酸遗传密码为 UUU。这一结果立即震撼了科学界。到了 1964 年左右，编码 20 种天然氨基酸的 64 种遗传密码均被破译，并完成了完整的密码字典，见表 5-3。表中 U、C、A、G 分别代表四种核苷酸，左边的字母代笔第一个核苷酸，顶部的四个字母代表第二个核苷酸，右边的字母代表第三个核苷酸。表中的三种密码子 UAA、UAG、和 UGA 不编码任何氨基酸，而起着终止密码的作用。此外，AUG 还起到起始密码的作用。这个表在生物学上的意义如元素周期表在化学上一样，具有普遍性。蛋白质生物合成的遗传密码代表着生命现象所具备的基本条件，使生命科学研究又向前推进了一步。因此，遗传密码的破译被认为是 20 世纪生物学中的一个重要发现。

表 5-3　遗传密码表

第一位核苷酸	第二位核苷酸				第三位核苷酸
	U	C	A	G	
U	苯丙氨酸	丝氨酸	酪氨酸	半胱氨酸	U
	苯丙氨酸	丝氨酸	酪氨酸	半胱氨酸	C
	亮氨酸	丝氨酸	终止号	终止号	A
	亮氨酸	丝氨酸	终止号	色氨酸	G
C	亮氨酸	脯氨酸	组氨酸	精氨酸	U
	亮氨酸	脯氨酸	组氨酸	精氨酸	C
	亮氨酸	脯氨酸	谷氨酰胺	精氨酸	A
	亮氨酸	脯氨酸	谷氨酰胺	精氨酸	G
A	异亮氨酸	苏氨酸	天冬酰胺	丝氨酸	U
	异亮氨酸	苏氨酸	天冬酰胺	丝氨酸	C
	异亮氨酸	苏氨酸	赖氨酸	精氨酸	A
	甲硫氨酸	苏氨酸	赖氨酸	精氨酸	G
G	缬氨酸	丙氨酸	天冬氨酸	甘氨酸	U
	缬氨酸	丙氨酸	天冬氨酸	甘氨酸	C
	缬氨酸	丙氨酸	谷氨酸	甘氨酸	A
	缬氨酸	丙氨	谷氨酸	甘氨酸	G

从 RNA 到蛋白质的过程，由于两者分别由不同种类的字母(核苷酸与氨基酸)构成，好像是从一种语言翻译成另一种语言，因此称为翻译。

DNA 的核苷酸序列是遗传信息的储存者，它能够通过自我复制得以保存，通过转录生成 RNA，进而翻译成蛋白质来控制生命现象，这就是生命科学的中心法则。该法则表明，信息流的方向是由 DNA→RNA→蛋白质。在该信息流中，RNA 病毒及某些动物细胞可以用 RNA 为模版复制出 RNA，然后再由 RNA 直接合成出蛋白质。另外有些 RNA 病毒也可以由 RNA 转录出 DNA(称为反转录)，所以中心法则可如图 5-12 所示。

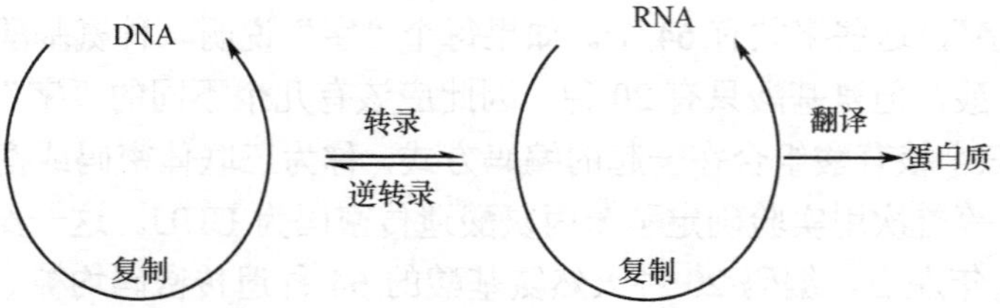

图 5-12 “中心法则”示意图

经过多年的研究，研究者已基本弄清楚遗传信息的传递是由 DNA 到 RNA，再到蛋白质。现在的问题是这一过程是怎样得到调控的。这个问题不仅是细胞发育分化的基础，也和生物体与各种环境因素的相互作用有密切关系。搞清了基因表达调控的机理，就等于掌握了一把揭示生命奥秘的钥匙，因此这是生命化学中的一个重要研究课题。从目前的研究结果初步推断，调节主要发生在转录阶段，DNA 通过与某些特定蛋白(称为调控蛋白)结合，从而控制 RNA 的合成。

另外，人体基因组中有数以亿计的 DNA 核苷酸单元，其中真正用于规定蛋白质中氨基酸序列的密码约占 10%左右，那么其余 90%左右的 DNA 核苷酸单元起什么作用？最近研究结果表明，DNA 核苷酸序列还表达 DNA 构象编码的信息。如人体内组成的蛋白质的氨基酸为什么均为 *L*-构型？虽然与 DNA 有关的空间立体构象的变化是由于围绕着单键的相对自由旋转运动引起的，但不同空间立体构象间有微小的能量差别。或许不同的 DNA 有不同的空间立体结构的选择性?这是否与手性识别有关？当然这是一个构象信息，也是目前化学研究中的一个构象信息和化学研究中的一个重要课题。目前有 90%左右的 DNA 的功能和作用还没有完全了解。这是一个广泛而复杂的研究领域，有待于 21 世纪人们的继续努力。

5.3 生物催化与仿生化学

在生命化学领域，化学家不仅研究生物催化的机理，而且还模拟生物催化来制备有用的化学品。模拟生命过程的化学被称为“仿生化学”，它是当今化学的一个重要研究领域。

5.3.1 酶

人类从发明酿酒、制酱、酿醋和发面时，就对生物催化剂有了初步的认识，不过当时不知道存在着酶这类催化剂。生物体内进行的各种生物化学反应，均借助于酶的催化功能。除极少数具有催化功能的核酸外，迄今为止所发现的酶绝大多数都是球状蛋白质。酶是天然的最有效的生物催化剂。没有任何一种人工催化剂能够像酶那样在温和的生理条件下具有那么强的催化效能。酶催化反应的速度一般要比非酶催化反应快 10^{10}～10^{14} 倍。一个 β-淀粉酶分子每秒钟可催化断裂直链淀粉中的 4000 个键。酶催化反应的特点是高效率和高度的专一性。麦芽糖酶只能催化麦芽糖水解为二分子葡萄糖的反应，这是麦芽糖酶的唯一功能，而其他的酶不能代替它。酶反应的这种专一性就像一把钥匙开一把锁一样。

此外，环境条件会影响酶的活性，而每一种酶又都有自己最适合的催化条件。人体大多数酶最适宜的温度为 35～40℃，与体温基本一致。浓盐酸和 pH 也是影响酶活性的重要因素。仅有少数酶可以容忍极端高盐的环境，这是因为盐离子有害于维持酶空间结构的某些化学键。大多数酶最适宜的 pH 是接近生物体液的 pH 条件，即 6～8。在常温、常压和接近 pH 中性的生理条件下进行反应是酶催化的第三个特点。

化学家不仅研究酶的结构和作用机理，而且还利用模拟酶进行生物转化或生物合成来制备有用的化学物质(如药物等)。由于对酶的研究做出重大贡献而获诺贝尔化学奖的研究就有四项：1946 年 J.B.Sumner、J.H.Northrop 和 W.M.Stanley 发明了酶的结晶法和酶的分离纯化技术；1972 年 C.B.Anfinsen、S.Moore 和 W.H.Stein 对核糖核苷酶的分子结构和催化反应活性中心的研究；1975 年 J.Cornforth 和 V.Prelog 的酶催化反应的立体化学研究；1989 年 T.R.Cech 和 S.Altman 发现 RNA 酶。虽然化学家在酶的发现、结构、作用机理方面的研究已经取得很多进展，但是要研究的内容还有很多，即使对这些研究过的酶，了解的也只是其中的一部分。也就是说，在发现新的酶和深入研究已知酶的结构方面，化学家还有许多工作要做。

5.3.2　生物合成与生物转化

酶反应的高效性、专一性和反应条件温和的特点，使得利用酶进行生物合成与生物转化来制造有用的化学物质具有巨大的工业前景，成为当今化学学科的一个重要研究课题。目前由于固定化酶技术的发展，使酶法合成已在实际应用中取得巨大的经济效益。不少氨基酸、抗生素、有机酸、酒精等重要化工、医药产品都可用固定化酶技术进行生产。

目前，化学家不仅能利用纯化的酶来合成有用的化合物，而且还可直接使用微生物(含酶)来实现生物合成和生物转化，如用发酵法大规模生产抗生素类药物、天然的有机酸(如乳酸、酒石酸)、氨基酸等。此外，化学家还创造性地对天然酶进行适当的化学修饰(称为化学修饰酶)，从而赋予酶全新的催化功能。

5.3.3　模拟酶

酶作为生物催化剂，具有专一性、高效率和催化条件温和的特点，是很多普通的化学催化剂所望尘莫及的。但从化学家的观点看，酶有两个不可避免的限制因素，一个是酶催化反应往往过于专一，不容许进行有机体不需要的反应；二是只有在生理条件下才表现好的活性，要在生物体以外的工业化生产中控制这些因素，并非一件容易的事情。这些就在一定程度上限制了生物酶的应用。另外，天然生物酶一般具有较高的分子质量，其化学结构十分复杂，许多酶必须有非蛋白成分的辅酶或辅因子存在才能保持其活性。再有，从生物体系中，单独分析酶的催化能力中的一个有关因素是非常困难的，这是由于必须对酶的总催化能力中每一个组成部分都了解清楚才能做到。以上这些原因对我们研究理解酶的作用机理，以及结构和功能的关系设置了障碍，这就促使我们在深入了解生物酶特性的基础上，用化学的手段和方法去设计、合成一些较为简单的非蛋白分子，即建造相应的酶模型(也叫人工酶)。如果用合适的酶模型来代替天然生物酶时，由于这个模型可以将其他因素忽略不计而使问题简化，就可以估计每一个催化因素的相对重要性。所以，合成比酶分子小得多、结构简单得多的“酶模型”，不仅可以准确而巧妙地研究酶的特异性，研究模拟酶的某些关键性功能，而且还可以将不同类型的酶模型合并起来改善其催化功能。这种通过化学合成得到的无大分子肽链骨架的“小分子酶”不仅含有酶具有的部分催化活性基团，而且保持这些活性基团在酶分子的活性部位和相同的空间取向。对于酶的这种仿生化学研究不仅有助于加深对复杂生物分子结构与其生理功能之间关系的认识，而且还能帮助化学家发现新的人工合成催化剂。

5.3.4 生物固氮与化学模拟固氮

植物生长除了靠光合作用外，还需要从土壤中吸收含氮的化合物。氮是构成生命物质的基本元素，也是农业生产的基本肥料。虽然分子氮占空气的 80%，可惜的是氮分子中的氮氮三键非常牢固，高等植物无法直接利用它，只有通过某些微生物把空气中游离的氮固定，转化为含氮化合物后植物才可以利用。这种通过微生物将分子氮转化为含氮化合物的过程称为生物固氮。自然界有些细菌和藻类可把空气中的氮转化为氨，它们广泛分布于土壤和水域中，如大豆、三叶草和紫花苜蓿等豆科植物的根瘤菌的固氮菌株就具有这种固氮作用。全球每年生物固定的氮量约 2×10^8 吨(折合尿素约 4×10^8 吨多)，其中由植物根瘤菌所固定的氮约占 1.5×10^8 吨，它们为宿主植物提供了大量氮源。但是，对那些不能与固氮微生物共生的植物，特别是非豆科的粮食作物、果树和蔬菜等通过自生固氮菌所提供的氮肥数量有限，必须人工施氮肥于土壤中来供其利用。固氮作用与固氮酶有关，固氮酶由两种蛋白质组成：一种蛋白质(二氮酶)的相对分子质量约为 220 000，含两个钼原子、32 个铁原子和 32 个活性硫原子；另一种蛋白质(二氮还原酶)是由 2 个相对分子质量 29 000 的相同亚基构成的，每个亚基含 4 个铁原子和 4 个硫原子。要弄清楚固氮酶的结构和作用机制是一项极为复杂的研究，但固氮酶的蛋白质及其活性中心的结构信息可启发化学模拟固氮的催化研究。蛋白质与钼和铁的配合物及钼、铁、硫的原子簇化合物均被认为是可以模拟固氮酶的活性部位。根据计算每收获一吨小麦将从土壤中吸收 2.0kg 氮，由于氮肥在土壤中大量流失(如反硝化、挥发以及冲洗等)，为植物所吸收的氮还不到 40%。随着全球人口不断增长和对粮食需要的增加，农业生产不得不依赖大量化肥。据不完全统计，1990 年全球化学氮肥的用量(折合成氮)已由 1950 年的 3×10^6 吨直线上升到 8×10^7 吨，预计 2020 年将达到 1.6×10^8 吨。生产和施用氮肥不但会消耗不可再生能源，增加农业生产成本，也会对大气和水域造成污染，破坏生态平衡，不利于农业的可持续发展。在农业生产中如何发挥生物固氮的效能从而降低化肥用量，是大自然向人类提出的严峻挑战。可以说无论是生物固氮或是化学模拟固氮，都将是 21 世纪的热点研究领域。

5.3.5 光合作用

植物生长依靠光合作用把二氧化碳和水转变成可供植物细胞需要的原料。在这个过程，绿色植物、藻类和光合细菌利用太阳能驱动体内的化学反应，合成了糖类，放出氧气，并进一步合成其他生物分子而使植物生长。有机化学家 M.Calvin 由于找到了二氧化碳通过光合作用转化为糖和其他重要化合物的途径而获得 1961 年的诺贝尔化学奖。

光合作用是一个典型的氧化还原反应过程(图 5-13)。在植物光合作用过程中，发生了三个重要事件：①CO_2 被还原成糖；②H_2O 被氧化成 O_2；③光能被固定并转化成化学能。

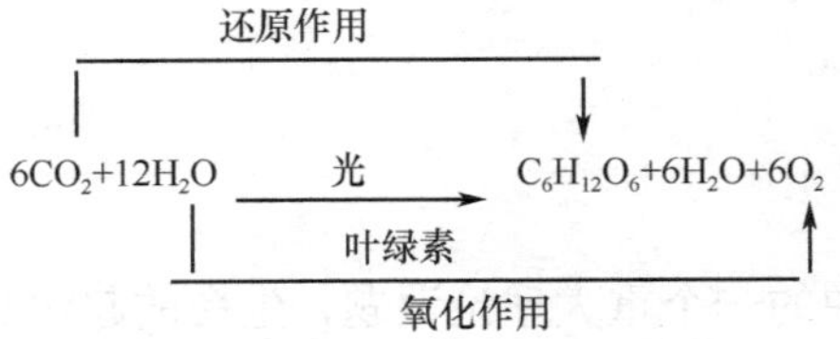

图 5-13　植物的光合作用方程式

每年照射地球表面的日光能是 5.2×10^{21}kJ，其中 50%可被植物利用，但真正进入有机分子中的能量又是其中的 0.05%，即 1.3×10^{18}kJ。陆地植物的光合作用每年固定的 CO_2 量可达 1.55×10^{14}kg，占光合作用固定 CO_2 总量的 61%。据统计，全世界每年消耗的矿物燃料相当于 3×10^{13}kg 碳，约为光合作用所固定碳的 2%。由于地球上几乎所有生物的能量都是直接或间接地来自太阳能，光合作用的核心问题是太阳能的固定和转化。

在光合作用中，叶绿素是核心化合物。它吸收能量后，一个电子越迁到高能级，这个电子再转移到光合作用中心的另一个分子中去。在电子转移过程中，无机磷酸根参与合成三磷酸腺苷(ATP)，形成高能键。ATP 是推动很多生化过程的化学能源。光合作用中的电子的传递终止于一种由烟酸衍生而成的辅酶，并用于完成其他的生物化学过程。失去电子的叶绿素最后从水中拿回电子，水则变成氧气。叶绿素的结构是由 H.Michel、J.Deisenhofer 和 R.Huber 三位化学家用 X 射线单晶测定结构技术建立的。他们还证明，在叶绿素中有序地排列着某些蛋白质和叶绿素组装成的叶绿素聚集体或叶绿素-蛋白质聚集体。他们也因此开创性的研究获得了 1988 年诺贝尔化学奖。在这项重大成果的评语中，诺贝尔奖委员会称光合作用是“地球上最重要的化学反应”。之所以这样评价，是因为当今人类所面临的一系列重大挑战都与光合作用有关。如首先的食品问题，要养活地球上更多的人口，就需要提高光合作用利用太阳能的效率，以便生产出更多的食物。每年地球上的光合作用可把 10^{14} kg 的碳转变成有机化合物，并把太阳能转变成化学能，这是个非常吸引人的问题。若能阐明其机理，就有可能人工模拟光合作用来制造农产品。

另外，矿产能源和资源枯竭了怎么办？人类在寻找各种解决途径，其中最切实可行的是加强植物的光合作用来获得更多的可再生能源和资源，这是因为通过植物的光合功能来提供能源和资源的有利条件很多。这些有利条件是：首先是潜力非常巨大。有人估计，地球上所有植物每年进行光合作用所固定的太阳能大致相当于人类每年生产和生活所消耗的全部能量的 10 倍，而这只不过利用了太阳对地球表面辐射能量的万分之几。其次，植物进行光合作用的原料非常丰富(CO_2 和 H_2O 等无机物几乎到处都有)，操作管理简便(植物的生命活动有惊人的繁殖、适应能力)，较之其他生产方式成本要低廉得多。更重要的是，进行光合作用的植物是生命圈的组成部分，只要生物圈运转良好，它提供的能源和资源都可再生而不会枯竭。

大气污染、水体污染、全球变暖、大量土地荒漠化等使人触目惊心的问题使人类深刻感受到生存环境的急剧恶化。其实，这仅仅是一些比较明显的是事例，如果继续扩展下去，全球生物圈就会受到严重破坏，其后果更不堪设想。由于光合作用是食物和氧气的基本来源，光合作用进行得不顺利，整个生物圈的运转就要受影响。所以，为了保证人类食物供应、提供生产和生活所需要的可再生能源和资源，以及维护正常的生态环境，就必须努力改善和加强植物的光合作用。然而，目前光合作用的机理还远没有搞清楚，这将是未来化学家的一个重要研究课题。

5.4 生命的起源

生物进化是生命科学中的一个重大理论课题，生命的起源是其中的一个重要领域。化学能够通过分析、研究有关的物质和现象，以及通过化学模拟来揭示生命起源之谜。

5.4.1 地球上最早出现的生命物质

1953 年，美国的一位 23 岁的大学生米勒设计了一个有趣的实验，他把甲烷、氨气、氮气、和水密闭在一个石英管中，模拟原始地球的大气环境，连续 8 天 8 夜不断地加热、放电，结果发现石英管内生成了多种氨基酸(如甘氨酸、丙氨酸、谷氨酸、天冬氨酸等)、有机酸和尿素。用同样的方法又获得了嘌呤、嘧啶、核糖核苷酸、脱氧核糖核苷酸、脂肪酸等多种重要生物分子。1959 年 9 月，在澳大利亚落下的一颗碳质陨石中也发现了多种氨基酸和有机酸。这些发现震惊了当时整个科学界，人们开始意识到原始生命物质完全可以在没有生命的自然条件中生产出来，并推论可在此基础上进化产出原始的生命。

20 世纪，随着自然科学的进步，人们逐渐把生命的出现和生命现象放在宇宙历史发展的背景中来考察。目前普遍被人们接受的观点是，我们所观察到的宇宙诞生于 150 亿年前的大爆炸，整个宇宙先后经历了物理进化和化学进化的发展阶段，即物质的形态实现了高能物理的逐级演变(如层子、基本粒子、原子核、原子)和从各种元素(如氢、氧、碳)、星际小分子(如水、氢气、氮气、甲烷)、生物小分子(如氨基酸、嘧啶、嘌呤)到生物大分子(如多肽、DNA)的变化过程。在宇宙膨胀的过程中，生物小分子和大分子的种类在一定的条件下可能急剧地增加，而在此基础上，宇宙的发展又进入生命进化的阶段。尽管化学进化中各种物质特别是生物大分子的演化方式和途径有待于进一步研究，但构成生命的基础物质能独立与生命系统的先决条件而出现的证实，以及生命是这些物质演化的继续这一思想的提出，无疑是人类对生命起源认识的重要突破。

5.4.2 核酸酶的发现

原始的生命物质可以在非生命环境中产生出来，那么原始的生命物质又是如何精巧地组织起来形成原始生命的呢？20 世纪随着生命 DNA-RNA-蛋白质中心法则的发现，出现了蛋白质起源说和核酸起源的讨论。

20 世纪 60 年代，美国的 F.Fox 等学者强调蛋白质在生命起源中的关键作用。他们用干燥的氨基酸粉末混合加热后在水中形成了“类蛋白微球”(proteinoid)，并把它看成“原细胞”的模型。这一假设被称为微球学说。这种实验室模拟出来的“原细胞”具有膜的边界，能与外界溶液进行物质交换，能增大体积(生长)，并能出芽、分裂(繁殖)，体现出某些生命的特征。90 年代初，我国有机化学家赵玉芬院士研究发现，氨基酸在磷酸化以后分子的性质变得异常活跃，可以自身聚合成肽、酯及进行其他多种生物化学反应。这一发现对生命的蛋白质学说提供了有力支持。

而持核酸起源学说观点的学者强调核酸在编码蛋白质序列中的重要作用，提出原始的生命可能发生于核酸工程的首先启动。早在 20 世纪 20 年代，遗传学家 H.J.Muller 就提出过“裸基因说”，认为生命的发生应该是从基因开始的。到了 80 年代，美国生物化学家 J.R.Cech 和 S.Altman 在研究原生动物四膜虫的 rRNA 加工过程中发现，rRNA 可以自身剪接加工，分离出一段具有催化活性的内含子，这个小分子 RNA 被称为核糖核苷酸(ribozyme)，它能够使单体核苷酸聚合成多聚核苷酸，又能将多聚核苷酸加工成不同长度的片段，而它本身却保持不变。这一重大发现打破了“酶是蛋白质”的经典概念。既然 RNA 具有酶的活性，而 RNA 又可作为模板来合成 DNA(即反转录)，那么，可以设想 RNA 或类似 RNA 的分子是原始生命系统的主体，RNA 通过反转录途径建立了 DNA 系统，接着蛋白质介入加速了这一系统的发育，从而导致了 DNA-RNA-蛋白质系统的诞生。J.R.Cech 和 S.Altman 由于发现核糖核苷酸酶对生命科学的贡献而获得了 1989 年诺贝尔化学奖。此后，人们相继发现的一些具有催化肽链合成作用的核糖体 RNA，是对生命核酸起源的又一支持。

上述两种不同的观点，虽然都各有其实验的根据和合理性，但是面对生命 DNA、RNA、蛋白质互为存在前提的运作系统，两种假设又都存在着各自的缺陷。由于在这个系统里，蛋白质的信息来自于 DNA，而 DNA 的复制、转录又需要蛋白质酶的参与，并且在 RNA 向蛋白质表达的传递过程中，RNA 同时控制着“互不相干”的核酸密码与特定的氨基酸的精确对应。这些都很难单独用蛋白质起源说或核酸起源说来解释，而从 DNA 经 RNA 到蛋白质再回到 DNA 的复杂的环环相扣的运作机制，更难想象它们当初是来自某种机遇和巧合。实际上，伴随着生命科学的发展，生物学上著名的“先有鸡还是先有蛋”这个古老的问题，将会不断困扰着人们。

5.4.3　手性分子的起源

自然界中发现的氨基酸绝大多数是 *L*-构型，单糖绝大多数是 *D*-构型；在蛋白质的二级构型中，一般都形成向右旋转的 α-螺旋；DNA 双螺旋也是右手螺旋。那么，为什么手性生物分子的某种对映异构体能够在生物体中占绝对优势呢？目前有许多猜测，如有人认为，在生命起源早期，星际尘埃中的氨基酸受到中子辐射，绝大多数转变为 *L*-氨基酸，当它们落到地球后通过某种放大机制，逐渐形成了 *L*-氨基酸在蛋白质中占绝对优势的局面。但对 1959 年在澳大利亚落地的亚麦启孙陨石中的氨基酸进行化学分析后发现，它们都是消旋的(即 *D*-和 *L*-构型氨基酸的 1∶1 混合物)。据此有人提出，*L*-氨基酸占绝对优势是与地球上生命进化的历程密切相关的。而物理学家则认为，基本粒子的弱相互作用是宇称不守恒的，原子核在蜕变中所放射出的 β 电子是左旋的，在 β 电子照射下，*L*-氨基酸和 *D*-氨基酸的反应速率不同，尽管它们只有万分之一的差异，但化学反应结果可放大到百分之一。此外，氨基酸间形成肽链需要能量，而形成手性一致的氨基酸排列要比形成手性混乱的排列所需的能量低，同时手性混乱的多肽也无法确保它的二、三级结构的形成，就实现不了正常的生命功能，因此被淘汰。

在研究生命起源的领域中，对手性均一的生物大分子对于今天地球上的生命是必需的，这一问题基本达成共识，但是对于“先有手性均一性还是先有生命”这一问题却存在着不同的看法，有人认为有了生命才有手性选择；另一些人则认为先有手性均一性，后又生命，即手性分子是生命的先驱，没有手性分子就没有生命。谁是谁非，迄今尚无定论。

5.5 化学对基因工程的贡献

1980 年，P.Berg、F.Sanger 和 G.K.Gilber 三位化学家获得诺贝尔化学奖，这是由于他们在DNA重组等方面的研究对现代基因工程的开创性贡献。1993年，M.Smith和K.B.Mullis又因发明寡聚核苷酸定点诱变和多聚酶链式反应(polymerase chain reaction，PCR)技术对基因工程的重大贡献而荣获诺贝尔化学奖。从这两项重大基础研究成果看，没有化学的参与，就不可能有现代基因工程。

5.5.1 DNA 重组与基因工程

DNA 重组技术是指将不同生物的 DNA 片段按照人们的需要在体外切割、拼接形成重组 DNA，然后将重组 DNA 与载体的遗传物质重新组合，再将其引入到没有该 DNA 的受体细胞中，进行复制和表达，使受体细胞获得新的遗传特征，从而生产出符合人们需要的产品或创造出生物的新性状。从某种意义上说，DNA 重组技术也可以理解为基因工程。严格地讲，基因工程的涵义更为广泛，它包括除 DNA 重组技术以外的一些其他可使生物基因组结构得到改造的技术。

1973 年，美国斯坦福大学的科恩(S.N.Cohen)研究组首次将大肠杆菌中两个不同的抗药性的质粒(一种在细菌染色体以外的遗传单元，由环型双链 DNA 构成)重组在一起，构成一个复合质粒，再引入大肠杆菌。研究结果发现，这种杂合质粒不仅能够复制，而且还可以表现出原来的两种抗药性。第二年，他又用金黄色葡萄球菌与大肠杆菌中的抗药性质粒重组，得到同样结果。接着他用高等动物非洲爪蛙的决定核糖体 RNA 结构的基因与大肠杆菌的质粒重组，引入到大肠杆菌中去，发现爪蛙的基因在细菌细胞中得到复制与表达，产生出与爪蛙核糖体 RNA 完全一样的 RNA。科恩的工作证明，人们可以根据自己的意愿和目的，通过对基因的直接操作而达到定向改造生物遗传特性，甚至创造新的生物类型。基因工程带动了生物技术产业的兴起。制药、化工、食品、农业和医疗保健业都得益于基因工程。基因工程不仅帮助人类认识和改造生命，同时也帮助人类认识自己。

5.5.2 基因工程的基本步骤

基因工程一般需要五个步骤(图 5-14)。第一步是目的基因(所需要的 DNA 片段)的分离与制备。其方法主要有：从生物基因组群体中分离、人工合成和 PCR 合成法。人工合成是指先通过化学合成方法合成出一个个小的 DNA 片段，然后再用连接酶把这些小片段连接成为一个完整的基因。PCR 技术(也被称为基因扩增技术)则是取微量目的基因样品，经过 DNA 模板高温变形解链、引物退火降温和引物扩增延伸这三步的反复循环，使目的 DNA 以指数扩增。PCR 可扩增各种材料的 DNA 且不必分离目的基因，并可在短时间内获得大量目的 DNA 片段。

基因工程的第二步是把目的基因与载体连接起来。虽然直接把目的基因引入变体细胞也不是不可能的，但多数情况下因每种生物经过漫长的进化演变，已具有抗拒异种生物侵害而保护自己的本领，所以，当外源 DNA 赤裸裸地进入细胞后，往往会被一种叫做限制性内切酶的酶类破坏分解。这就需要一种能够把目的基因安全送进受体细胞的运载工具，即载体。这些载体除了能够比较方便地进入受体细胞，还要能够在受体细胞中复制自己以便扩增。基因工程中所应用的载体往往带有一定的选择性标记和特定的酶切位点，这样可以方便地选择和装卸外源 DNA。最常用的载体有质粒（环状 DNA）和噬菌体（双链 DNA）等。外源 DNA 与载体 DNA 在体外连接，形成重组 DNA。在 DNA 重组过程中常用到两个工具：限制性核酸内切酶（能特异性切断 DNA 链）和 DNA 连接酶。

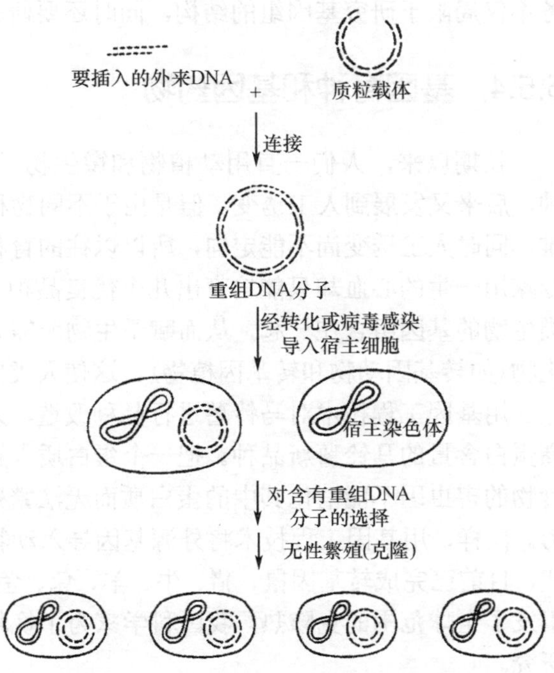

图 5-14 DNA 重组分子的合成与克隆

第三步是将重组 DNA 导入受体细胞。重组 DNA 分子建立之后，还要引入到受体细胞中去，使细胞获得新的遗传特性，此过程称为转化或感染。常用的受体细胞主要是细菌（如大肠杆菌细胞），这是因为细菌具有操作方便、容易培养、繁殖迅速等优点；此外，还有酵母、植物细胞和哺乳动物细胞。

第四步是筛选出含有重组体的克隆。由于细胞的转化率较低（一般在 10^{-6} 水平），即转化后的带有重组 DNA 的细胞只占其总数的百分之一，因此必须用一些方法检验和筛选，随后将筛选出的含有重组体 DNA 的细胞进行克隆。

第五步是目的基因在受体细胞中得到表达，生产出人类所需要的产品——蛋白质，从而基因工程宣告成功。

迄今为止，利用基因工程技术已成功地将人或动物的某些基因（如胰岛素、人生长激素、牛生长激素、干扰素、乙型肝炎病毒抗原的基因等）导入大肠杆菌中，生产出了相应的产品。

5.5.3 人类基因组计划

1985 年由美国能源部和国立卫生院发起了人类基因组研究计划（Human Genome Project. HGP），这一计划一经提出就得到了全世界的支持和参与。人类基因组计划于 1990 年 10 月正式启动，总体目标是在 15 年内（1990～2005 年）投入 30 亿美元，完成人类全部 24 条染色体的 3×10^9 核苷酸的序列分析。美国、英国、日本、中国、德国及法国六国科学家参与了这项生命科学历史上迄今最为浩大的科学工程的研究。人类基因组计划的研究取得了意想不到的成功，并提前两年在 2003 年完成了全部测序工作。

人类基因组计划的顺利完成激励了科学家们进一步规划后基因组时代的研究任务，因此提出了功能基因的研究方案。也就是不仅要了解人类基因组的语言信息（测定其序列）；还要了解其他语言信息，弄清全部编码的基因；阐明基因表达的时空调节，基因组学的任务不仅局限于研究基因组的结构，同时还要研究基因组的功能，研究基因表达的产物。

5.5.4 基因育种和基因药物

长期以来，人们一直用动植物和微生物手段(即杂交和选择)来培养植物和动物新品种，后来又发展到人工诱变。但是由于不同物种之间的生殖隔离给种间杂交带来了极大困难，同时人工诱变尚不能定向，所以以往的育种工作盲目性大，且效率非常低。许多育种专家用一生的心血却只能培育出几个优良品种。从理论上讲，基因工程可以把任何不同种类生物的基因组合在一起，从而赋予生物所需要的遗传特性。这样得到的生物称为转基因生物(如转基因动物和转基因植物)。这使人类向育种的自由王国迈进了一大步。

用基因工程技术对马铃薯进行品种改造，人类不但获得了抗病毒基因，而且也得到了高蛋白含量的马铃薯新品种。把一个蛋白质水解酶抑制剂基因引入烟草之后，使以烟叶为食物的害虫因不能消化其中的蛋白质而无法繁殖，从而使这一烟草品种获得了抗虫害的能力。同样，用基因工程技术将外源基因导入动物染色体基因组内，能稳定整合并遗传给后代，目前已完成转基因鼠、猪、牛、羊、兔、鱼等。1997 年 2 月，克隆羊“多利”的诞生，引发了全球范围的克隆热。我国科学家为了挽救珍贵的濒危动物，也开始了克隆大熊猫的研究。

基因工程不仅为动植物育种提供了一条新途径，而且转基因动植物作为一种新的“生物反应器”能够高效、廉价地生产出各种有用的蛋白质，特别是珍贵的药用蛋白质。把用基因工程克隆出的各种分解纤维素的纤维素酶基因导入酿酒酵母中，不仅能把纤维素分解成葡萄糖，还能把葡萄糖发酵成酒精。在食品工业中，已将小牛的凝乳酶基因克隆，并在酿酒酵母中表达，生产出高产量、具有天然活性的用于凝固牛奶凝乳酶。

基因工程技术在医药领域中也有着极为广泛的应用前景，除利用转基因植物或转基因动物生产药用蛋白质(称为“基因工程药物”，简称“基因药物”)外，还可用基因工程生产疫苗，这是现代生物技术的热点之一。如从中药水蛭中提取的一种抗凝血、抗血栓水蛭素药物，它是由 65 个氨基酸组成的多肽。由于医用水蛭来源有限，现在可以利用基因工程来大量生产与天然水蛭素具有基本相同的药理活性的重组水蛭素。组织血栓溶酶活化蛋白(TPA)是一种有助于溶化血栓的蛋白质，但在生物体中含量甚微，不可能通过天然来源制备这种药物，但利用基因工程可以生产这种药物，已用于预防和治疗中风。

利用转基因动物乳腺生物反应器来生产药物就好比在动物身上建“药厂”，是一种全新的生产方式。我们可以从动物的乳汁中源源不断的获得目的基因的产品。用这种方式生产的蛋白质不仅产量高、容易提纯、生物活性高、成本低(作为生物反应器的转基因动物可无限繁殖)，而且与化学制药相比，它无污染和绿色化。荷兰 GenPharm 公司用转基因牛生产的乳铁蛋白，每年从乳汁中提炼出来的营养奶粉的销售额是 50 亿美元。英国罗斯林研究所研制成功的转基因羊乳汁中含有 α_1-抗胰腺蛋白酶可治疗肺气肿(一种因缺乏 α_1-抗胰腺蛋白酶而导致的遗传病)。肺气肿病人只能原来依靠注射价格极为昂贵的人的 α_1-抗胰腺蛋白酶做替代疗法，而现在用转基因羊生产的羊奶，每升售 6000 美元。

对于不能或难以培养的病原体，如乙肝病毒等有潜在致癌性或免疫药理作用的病原体，可利用基因工程生产这些效价高和成本低的病原体的疫苗。

当然，基因工程的应用远不止这些。实际上它在分子生物学、神经生物学、脑科学、人类基因组计划、临床诊断和治疗等生命科学的各个领域都发挥着越来越重要的作用。

5.5.5　基因治疗

基因治疗是指用正常的基因整合入细胞基因组以校正和置换致病基因的一种治疗方法。近年来，采用某些基因转移的技术，发现即使目的基因和宿主细胞的基因组不发生整合，也可以短暂发挥作用，产生治疗效果。随着基因治疗技术的发展，其涵义也在逐渐扩展。目前从广义上讲，将某种遗传物质转移到患者细胞内，使其在患者体内发挥作用，从而达到治疗疾病目的的方法，都称之为基因治疗。

现代医学对遗传性疾病，心、脑血管疾病，肿瘤，某些神经系统疾病以及感染性疾病仍然缺乏有效的防治措施。而上述疾病的发生都与基因变异或表达异常密切相关，因此对于上述疾病理想的根治手段应该在基因水平上给予纠正。近年来基因治疗的兴起为上述疾病的治疗开辟了新的途径。

基因治疗作为一门新兴的学科，它的发展非常迅速，在相当短的时间内就从实验室过渡到临床。1990 年 9 月 14 日，全世界第一例用基因治疗手段尝试治疗患腺苷脱氨酶(ADA)基因缺陷和患重度免疫缺陷症(SCID)获得成功。此后不到 10 年的时间内，基因治疗在遗传性心脏病、心血管疾病、肿瘤、感染性疾病和神经系统疾病等多种病种中都取得了突破性进展，已被批准的基因治疗方案有上百例，包括肿瘤、艾滋病、遗传病和其他疾病等。在我国，血管内皮生长因子(VEAF)、血友病 IX 因子等基因治疗的临床实施方案也已获得我国有关部门的批准进入临床实验。

思考题

5-1 构成生命的基本物质是哪几类?
5-2 构成蛋白质的基本结构单位是什么?
5-3 RNA 和 DNA 在生命体中的作用是什么?
5-4 何为必需氨基酸?
5-5 何为仿生化学?
5-6 生物固氮和化学固氮的意义?
5-7 为什么说光合作用是地球最重要的化学反应?
5-8 基因工程的基本步骤?

(山西医科大学　卞　伟)

第6章　化学与环境

人类的出现距工业革命约300万年，在这300万年中人类活动对环境化学演化的影响并不明显。而自至今不过200年的工业革命以来，特别是在20世纪人类社会高速发展的100年里，自然资源和能源的开发速度及规模都是惊人的。科技进步为人类带来了巨大的物质和精神财富，同时在环境和资源方面也为人类留下了一系列巨大的难题。科学技术不仅能够将地下的矿藏大量地移至地表，把本来固定在岩石中的元素变成了可进入生态系统和人体的形态，而且将大量的工业废物排入大气、水体和土壤环境中，大大加速了化学物质在自然环境中的迁移，迅速改变了各圈层中化学物质的组成和数量。更值得注意的是人口剧增对环境造成的冲击。人类为了自身的需要，不断向大自然索取，并对环境的协调长期失去控制，从而引发了备受关注的环境问题。

人们意识到环境问题的严重性，首先是从发现环境中出现污染物质及其对生态环境造成的危害开始的。较早提出环境污染问题的是美国女作家和生物学家雷切尔-卡尔逊(Rachel -Carson)，她在作品《寂静的春天》(《Silent Spring》1962年)里列举了大量的事实，说明环境中引入化学污染物质而造成的严重后果。随后，人们逐渐发现矿物燃料燃烧的产物、汽车尾气和工业废气都能造成严重的大气污染；金属矿山开发利用中排放的废水、废渣可以造成天然水体和土壤的污染。70年代以来新的环境问题不断出现，例如，美国纽约州工业固体废弃物埋放中出现大量的有毒有害化学物质的垃芙运河事件、印度博帕尔农药工厂泄漏异甲氰酸酯事件、前苏联切尔诺贝利核电站放射性污染事件等。近年来，大面积地域酸化，森林和湖泊遭到破坏，高空臭氧减少，温室气体增加，全球变暖和雾霾日益严重等全球性的环境问题引起了国际社会的广泛关注。

过去人类过于相信自己的创造力一定能够无限地战胜自然，但是，正如恩格斯所说："对于每一次这样的胜利，自然界都报复了我们"。人类面临着既要保持自身进步与生活质量的提高，又要保证生存安全，保护环境的严峻课题。作为化学家，一方面要用化学的技术和方法研究环境中物质间的相互作用，包括物质在环境介质(大气、水体、土壤、生物)中的存在状态、化学特性、行为和效应，并在此基础上研究控制污染的化学原理和方法；另一方面，还要利用化学原理从源头上消除污染，即采用无毒、无害的原料和洁净、无污染的化学反应途径与工艺，生产出有利于环境保护与人类安全的环境友好的化学产品，如可降解的塑料、可循环使用的金属和橡胶、对臭氧层不会构成威胁的新型制冷剂、能控制害虫而不危害人类和其他生物的农药等。前者的研究领域目前已经发展成为一门交叉学科，称为环境化学；后者则是一个新兴的化学分支，称为绿色化学。

6.1　环境与生态平衡

人类赖以生存的环境由自然环境和社会环境(即人工环境)组成。自然环境为人类的生存和发展提供了必要的物质条件，自古以来，人类就在这个由大气圈、水圈、土壤-岩石圈和生物圈构成的自然环境中生活、生产、繁衍后代。人类依赖自然环境生存，同时也不断地改造自然环境寻求发展，而这个过程往往会影响或破坏长期以来形成的稳定平衡的自然环境，使环境质量发生变化，从而出现环境问题。社会环境是人类在自然环境的基础上，为不断提高物质和精神生活水平，通过长期有计划、有目的地发展，逐步创造和建立起来的一种人工环境，包括生产环境(工业、农业等)、交通环境(机场、港口、公路、铁路等)、商业环境(商业区等)、居住环境(院落、村落、城市等)、文教环境(文教区等)、卫生环境(医院、疗养区等)、旅游环境(文物古迹、风景名胜等)。社会环境是人类物质文明和精神文明发展的标志，它随着经济和科学技术的发展而不断地变化。社会环境的发展既受到自然规律也受到经济规律和社会发展的支配和制约。显然，社会环境的质量对人类的生活和工作以及社会的进步都有极大的影响。

在构成自然环境的四个圈层中，以生物圈最为活跃且最有生命力。生物圈经过上百万年的长期演化，逐渐形成了现在这样的多种物质流、能量流和信息流的流动和循环，保持地球上生命不息、物质循环不止，形成了一个协调发展的生态系统。例如，一片森林、一带沙漠、一片海洋、一个村落、一座城市都可以视为一个生态系统。其主要功能是不断地进行物质循环和能量交换。生态系统的群落可以分为：生产者、消费者和分解者。生产者是吸收、利用太阳能后通过光合作用合成有机物的绿色植物。由生产者吸收的太阳能和合成的有机物是生态系统能量流动和物质循环的基础，它们也称为自养生物。消费者指依赖于生产者(绿色植物)而生存的异养生物。按营养方式的不同可分为两类：初级消费者——直接以植物为食的食草动物；次级消费者——以草食动物为食的食肉动物。还可以有三级消费者等，后者均以前者为食。依此类推，就使来源于植物中的食物能量通过一系列有机体进行传递和转移。生物与生物之间通过吃与被吃的食物关系形成一条一环扣一环的链条，称为食物链。如在草原生态系统中，昆虫吃牧草，蛙吃昆虫，蛇吃蛙，鹰吃蛇……食物链上的每一环节都叫做“营养级”。分解者也属于异养生物，又称为消费者。如存在于生物圈中的微生物(细菌、真菌等)，它们能分解复杂的动植物尸体，并释放生产者所能重新利用的简单化合物，其作用正好和生产者相反。分解者在生态系统的循环机制中也不可缺少。若没有分解者，地球上将会布满动植物的遗骸，而养分元素也被束缚于其中，不可能进行循环，所以分解者在生态系统的物质循环中也有非常重要的作用。包括水、大气、矿物质、阳光以及各种无机物和有机物的自然环境组成了生物赖以生存的环境。

生态系统中能量流动的渠道是以食物链为基础的食物网。生态系统内的食物链是很复杂的。因为自然界中一种动物常常以多种生物为食，所以实际上并不存在单纯的直线式的食物链，而是各种食物链纵横交错，形成复杂的、多方向的食物网。

能量在生态系统中沿着食物链、食物网，由一个机体转移到另一个机体中。食物链上每一营养级都将从前一个营养级获得能量中的一部分。用于维持自己的生存和繁殖，然后将剩余的部分传递到下一个营养级。人类处于食物链的终端。

生态系统最初的能量来自太阳，由绿色植物(生产者)的光合作用所吸收并转化为化学能而储存于物质之中。消费者以食物的形式接受了生产者传递来的糖类和其中蕴藏的能量，用以构成本身机体的物质和自身活动的能源。最后分解者又将累积于消费者体内的物质送回到环境中。生态系统中的这种物质循环是自然界中最重要的物质循环，推动这个循环的总能量就是太阳能。生态系统中能量的流动和物质的循环同时进行，物质作为能量的载体，使能量沿着食物链逐步转移，成为能量流；而能量作为动力，促使物质循环。两者相互依存不可分割，共同体现了生态系统的整体功能。

生态系统发展到一定阶段，它的生物种类的组成、各个种群的数量比率及能量和物质的输入、输出等，就都处于相对稳定的状态，这种状态称为生态平衡，这是一种动态平衡。生态平衡能自动调节并维持自身稳定的结构和正常功能，但自动调节的能力是有一定限度的，超过这个限度，生态平衡就会被破坏，社会将出现生态失调。

破坏生态平衡的因素有自然因素，也有人为因素。自然因素主要指火山爆发、地震、台风、旱涝等自然灾害，它们对生态系统的破坏很严重，但常有一定的地域局限性，且出现的频率一般不高。人为因素是指由人类生产和生活活动引起的对生态平衡的破坏，这是大量的、长期的甚至是多方面的。这种人为因素会使环境质量不断恶化，从而影响人类的正常生活，对人类健康产生直接、间接或是潜在的不利影响。造成环境污染的人为因素主要可分为物理的(噪声、振动、热、光、辐射及放射性等)、生物的(如微生物、寄生虫等)和化学的(有毒的无机物和有机物)三个方面。其中化学污染物的数量大、来源广、种类繁多，它们在环境中存在的时间和空间位置各不相同，污染物彼此之间或污染物与其他环境因素之间还有相互作用和迁移转化等。造成环境污染的具体因素，既与工农业生产、能源利用和交通运输有关，又与都市的恶性膨胀、大规模开采自然资源和盲目地大面积改造自然环境等有关。人口膨胀和盲目发展已成为威胁人类生存和发展的两大问题。人类赖以生存的地球虽然环境资源很丰富，环境容量也很大，但毕竟是有限度的。盲目增加人口、盲目发展生产和消费，必将使有限资源短缺甚至枯竭，加剧环境的污染和恶化，破坏人类未来生存条件的基础，损害环境质量和生活质量，造成生态系统的恶性循环。

6.2　自然环境的结构与功能

根据放射性同位素方法推算，地球的年龄大约为 46 亿年，自然环境发展历史可划分为地球的形成、生物的形成和人类的出现三个阶段。地壳内部大量放射性元素的裂变和衰变所导致的能量积聚和迸发、陨星对地表的频繁撞击等，造成了地球火山的剧烈活动，使地球温度升高到出现局部熔融，重元素沉入地心，轻物质浮升到地表，逐渐形成地壳(岩石圈)、地幔和地核等层次。与此同时，被禁锢在地球内部的气体不断迸发出来，形成原始大气圈，其主要成分为：H_2O、CO、CO_2、CH_4和 N_2 等。当时大气中不含氧气，地表水呈酸性。显然，早期地表环境的显著特征是缺氧，也没有臭氧层，太阳辐射中的高能紫外线可直接射到地面。

地球形成后，在太阳能和地热能的作用下，简单无机化合物和甲烷等化合物形成了简单有机化合物(如氨基酸、单糖等)，并逐步演化为生物大分子(如蛋白质、多糖等)，为生命的产生创造了条件。大气中 O_2 的积累主要依赖于植物的光合作用。原始海洋中的蛋白质、氨基酸首先形成无氧呼吸的细菌(原生物)，并逐步演化为含有叶绿素的藻类，它们在水体中进行光合作用放出游离氧。在经历了 20 多亿年的进化后，终于在 6 亿年前出现了早期的海洋生物群，4 亿年前形成了水陆生物和藻类的生命系统，逐渐形成了生物圈。游离氧的出现促使了生命的进化，并使地球在 4 亿年前出现了能屏蔽太阳强烈紫外线辐射的臭氧层，保护了陆地植物的生长。而陆地植物的生长和微生物的作用产生了土壤层。土壤是岩石与植物相互作用下的产物。土壤层的形成，使易于流失的养分在地表上富集起来，从而促使陆地植物更加茂盛，保证了生物圈的发展与繁荣。

从宏观的角度着眼于那些具有地域结构意义的物质成分及其构成的物质系统，可以把自然环境物质成分概括为三大类，即气态的空气，液态的水和固态的土壤-岩石。这几类物质成分互相联系、互相渗透，普遍存在于自然环境当中，并以自己为主体构成了自然环境当中的三个基本地圈，即水圈、大气圈和土壤-岩石圈。

人类和其他生物生存的生物圈是在大气圈、水圈和土壤-岩石圈的交汇处。各圈层都有其独特的结构，从而具有其特定的功能，只有了解了环境的结构与功能，才能知道目前人类的环境是否遭到破坏，进而提出相应的保护环境的措施。

6.2.1　大气圈

大气象一个毯子一样保护着地面的生命不受外空间各种有害因素的侵袭。地球周围的大气由混合气体组成，它的厚度可从地面延伸到海拔 800～1000km 处，在赤道附近较厚，近两极处较薄，气体的总质量为 5.5×10^{12}t。大约 99.9%的气体存在于 50km 以下，而 0.0997%在 50～100km。通常大气分为四层，如图 6-1 所示。

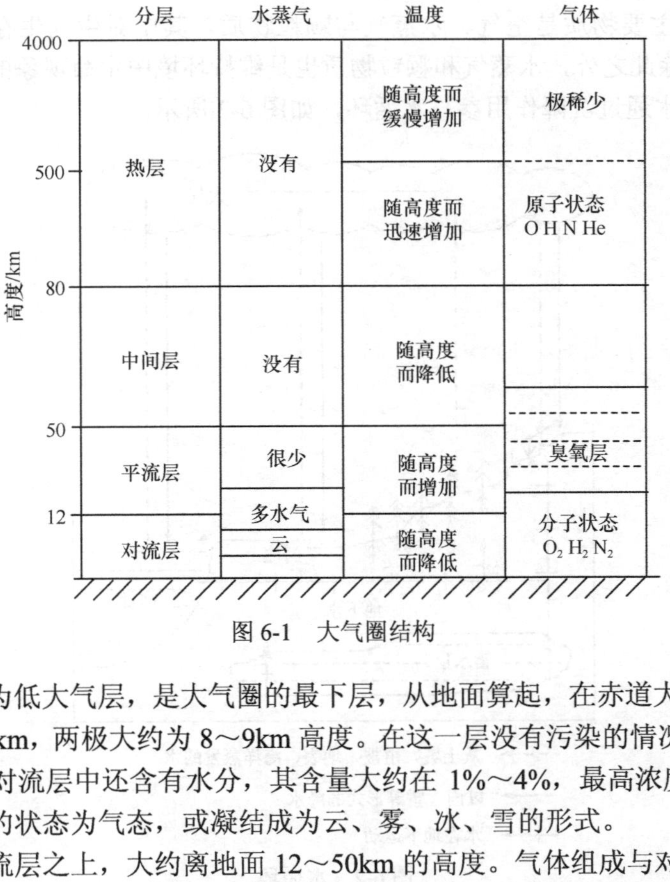

图 6-1　大气圈结构

对流层也称为低大气层，是大气圈的最下层，从地面算起，在赤道大约为 16～18km，温带大约 10～12km，两极大约为 8～9km 高度。在这一层没有污染的情况下，大气的组成如表 6-1 所示。对流层中还含有水分，其含量大约在 1%～4%，最高浓度处于 10～15km 处。它可能存在的状态为气态，或凝结成为云、雾、冰、雪的形式。

平流层在对流层之上，大约离地面 12～50km 的高度。气体组成与对流层相似，但其质量仅为总质量的 15%，与对流层明显不同的是它含有大量的臭氧，在大约 15～60km 的高度存在着一个臭氧层，其最大浓度出现在 25km 处，为 0.1～0.2ppm。

表6-1　空气的组成

组成	分子式	含量(按体积%、ppm、ppb)	组成	分子式	含量(按体积%、ppm、ppb)
氮	N_2	78.084±0.004%	氢	H_2	0.5ppm
氧	O_2	20.948±0.002%	一氧化二氮	N_2O	0.3ppm
氩	Ar	0.934±0.001%	一氧化碳	CO	0.05～0.2ppm
水蒸气	H_2O	含量不定	臭氧	O_3	0.02～1ppm
二氧化碳	CO_2	325ppm	氨	NH_3	4ppb
氖	Ne	18ppm	二氧化氮	NO_2	1ppb
氪	Kr	1ppm	三氧化硫	SO_3	1ppb
氙	Xe	0.08ppm	硫化氢	H_2S	0.05ppb
甲烷	CH_4	2ppm	氦	He	5ppm

中间层处于 50～80km，其中很少有气体，没有水蒸气，有臭氧存在。热层或称非均质层起始于 80km 处，气态均以原子状态存在；在 80～115km 处，以氧和氮含量最多；在 500km 处，则以氢和氦含量最多。超出 500km，气体就更少，大约到 4000km 处，就认为是大气层的极限了。

组成大气的主要物质是空气、水蒸气与颗粒物质，其中对生物生存起重要作用的是 CO_2、O_2、N_2，除此之外，水蒸气和颗粒物质也是维持环境中生命现象的重要成分。

对流层中的水通过沉降作用参与水循环，如图 6-2 所示。

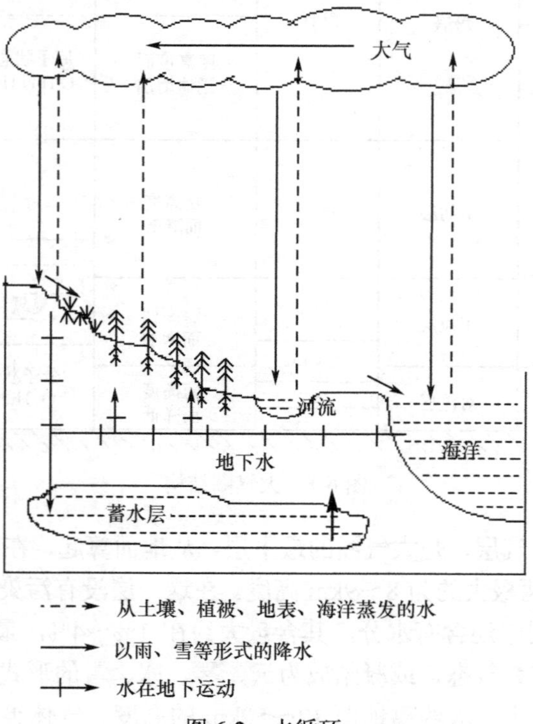

图 6-2　水循环

二氧化碳是一切绿色植物的碳源，氧是维持动物呼吸的重要气体，氮则是构成一切生物基体的重要元素。由于这些气体的存在，直接影响着大气中污染物质的运动规律，同时它们本身或其化合物也会对大气起到污染作用。

固体颗粒物质漂浮于大气中，其来源与种类也比较多，如：火山爆发喷出的岩浆微粒，岩石风化的飞尘，炉灶及工厂矿物燃烧而放出的烟尘，还有微生物、病毒及花粉等，这些颗粒的直径大小不同，化学组成也比较复杂。许多天气现象与颗粒物质有直接关系，可以说没有颗粒物质，在大气中不会形成雨滴，也就不会有降水之类的天气现象，自然界中没有水循环，生命也就不存在了。同时，由于颗粒物质的存在，它不仅直接参与大气中的一些污染物质的化学变化，许多大气中的化学反应就在这些颗粒表面进行，使得污染物质及转化过程复杂化。

6.2.2　水圈

水是构成地球的重要组成部分，也是世界上分布最广的自然资源。由地球上的各种天然水体，与其中各种有生命和无生命物质所构成的综合体，我们称之为“水圈”。所有生物体的组成中都含有水，自然界中绝大多数生物及非生物的变化都是在水中进行的。没有水参与循环，就没有生态系统的功能，生命就不能维持。水占地球表面积的 70%，它为物质间的反应提供了适宜的场所，成为物质传递的介质。水的循环给生态系统和人类生存的环境质量带来了显著的影响。

6.2.2.1　水的理化性质

水是由氢和氧两种元素所组成的化合物。自然界中的氢已知有三种同位素：氕(H)，氘(D)，氚(T)；氧同样有三种同位素，其质量数分别是 16、17、18。自然界中的水由上述 6 种同位素排列组合而成，共计 36 种。其中较稳定的有 9 种：H_2O^{16}、H_2O^{17}、H_2O^{18}、HDO^{16}、HDO^{17}、HDO^{18}、D_2O^{16}、D_2O^{17}、D_2O^{18}，其中 D_2O^{16}、D_2O^{17}、D_2O^{18} 称为重水。不同来源的水所含各种成分的水分子比例不完全一样，因而使各种纯水有着不同的密度，如表 6-2。

表 6-2　不同来源纯水的密度

水的来源	密度(4℃)	水的来源	密度(4℃)
雪水	0.999 997 7	从动物组织提取的水	1.000 001 2
雨水	0.999 999 0	从植物组织提取的水	1.000 001 7
河水	1.0	矿物结晶水	1.000 002 4
海洋水	1.000 001 5		

水是氧的氢化物，与周期表中同族元素的氢化物(如 H_2S，H_2Se，H_2Te 等)相比，水的许多物理常数均表现出“异常”。如水的生成热很高，所以其热稳定性很大，在 2000K 的高温下离解度不足百分之一；水的冰点为 0℃(273.15K)，沸点为 100℃(373.15K)，所以在常温下为液态；在所有的液体和固体物质中，水具有最大的比热，在 0℃时为 4180J/kg · K；水的介电常数ε为 80，是已知介电常数最高的一个，也是水的致电离本领很高的原因；水的电导率很小，目前所能获得的最纯水的电导率在 20℃时，$K=4.2\times10^{-6}$ 西门子/米(相当于 23.8MΩ · cm)；水的表面张力在 18℃时为 73×10^{-3}N/m，在 100℃时为 52.5×10^{-3}N/m，在一般液体物质中，除汞以外，水具有的表面张力最大，表面张力和密度决定液体在经过多孔性障碍物时，在毛细系统中的提升高度，植物就是通过水的毛细

管作用获得水分及养分，土壤也是通过毛细管作用来保持水分的；水可有效地吸收红外光，但可见光与紫外线却能很好地透过，由于这一性质才使得水中的水生生物能够利用太阳光的能量进行光合作用。

温度改变时，水的体积变化也不寻常。它在0～4℃范围内，一反“热胀冷缩”的普遍规律，在4℃时体积最小而密度最大，定为1.0000g/cm^3；高于或低于此温度时，密度都较小，因此当水结冰时，体积反而胀大而变轻，所以冰能浮在水面上。水的这一特性，对自然界水下生命的保护有着十分重要的意义，当冬季河流、湖泊冰封水面时，保护了水下生物的生存。

水作为一种溶剂，是任何其他物质都不能与之相比的。多数物质不但在水中有很大的溶解度，而且有最大的电离度。由此，水中溶解的各种物质可以进行各种化学反应，水本身不仅很容易参与化学反应，有时还是一种催化剂，既微量的水有时会对反应的进行起到重大的作用。

6.2.2.2 水循环

自然界中的水通过蒸发与沉降作用，形成一个不断的循环过程，如图6-2所示。

地球上的海洋、河流等水体不断蒸发，生成的水汽进入大气，遇冷凝结成雨、雪等返回地表，其中一部分汇集在江、湖，重新流入海洋；另一部分渗入土壤或松散岩层，有些成为地下水，有些被植物吸收。被植物吸收的部分，除少量结合在植物体内外，大部分通过表面蒸发返回大气。由此可见，水的自然循环是依靠其气、液、固三态易于转化的特性，借助于太阳辐射和重力作用所提供的转化和运动能量来实现的。

水循环系统既受到气象条件(如温度、湿度、风向、风速)和地理条件(如地形、地质、土壤)等自然因素的影响，也受到人类活动的影响。例如，构筑水库、开凿河道、开发地下水等，都会导致水的流经路线、分布和运动状况的改变；发展农业或砍伐森林会引起水的蒸发、下渗、径流等发生变化。大气中许多污染物质的迁移转化过程，也与水循环有密切关系。

6.2.3 土壤-岩石圈

固体地球主要由三部分组成，即地壳、地幔和地核，环境科学能够涉及的范围主要是地壳，特别是地表层的土壤。土壤覆盖地壳的表面，它与地球的直径相比是非常薄的一层，然而，就在这个薄层上生产出可供人类和其他生物所需要的食物。土壤是人类生活的重要环境。

地球表面的岩石由于长期的风化作用而转变成为土壤的主要成分，这些成分构成了土壤的无机组分。除此之外，土壤的成分还包括有机物质、水、空气和微生物。图6-3所示，为适于植物生长的土壤组成。

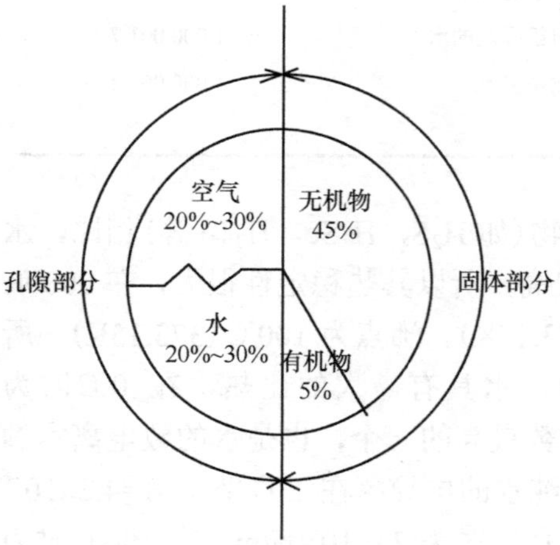

图6-3 适宜植物生长的土壤的组成

6.3　自然界的元素循环

自然界中的各种元素都以不同的形式或状态存在着，它们都分别存在于各自的贮库里。随着生态系统之内或生态系统之间的物质流动，使得各种元素从一个贮库输送到另一个贮库，形成物质在环境中的流动。生态系统中的物质流动是处于动态平衡中的，对于某一个贮库来讲，任何一种元素的贮量是不变的，这是由于输入量和输出量相等的缘故。元素在各贮库之间，各圈层之间或各生态系统之间处于动态平衡的流动过程被称为元素循环。

6.3.1　氮循环

氮是蛋白质基本的组成元素之一。所有生物体均含有蛋白质，所以氮的循环涉及生物圈的全部领域。氮是地球上极为丰富的一种元素，在大气中约占 79%。氮在空气中含量很高，但不能为多数生物体直接利用，而必须通过固氮作用。固氮作用有两条主要途径，一是通过闪电等高能固氮形成氨和硝酸盐，随降水落到地面；二是通过生物固氮形成硝酸盐，如豆科植物根部的根瘤菌可使氮气转变为硝酸盐。植物从土壤中吸收铵离子（氨肥）和硝酸盐，并经过复杂的生物转化形成各种氨基酸，然后由氨基酸合成蛋白质。动物以植物为食获得氮并转化为动物蛋白质。动植物死亡后的遗骸中的蛋白质被微生物分解成铵离子（NH_4^+）、硝酸根离子（NO_3^-）和氨（NH_3）又回到土壤和水体中，被植物再次吸收利用。

6.3.2　碳循环

碳是构成生物体的最基本元素之一，也是构成地壳岩石（石灰石、白云石等）和矿物燃料（煤、石油、天然气）的主要元素。碳的循环主要是通过 CO_2 进行的。这个过程可分为三种形式：第一种形式是植物经过光合作用将大气中的 CO_2 和 H_2O 化合生成碳水化合物（糖类），在植物呼吸中又以 CO_2 的形式返回大气中，被植物再度利用；第二种形式是植物被动物采食后，被吸收的糖类在动物体内氧化生成 CO_2，并通过动物的呼吸释放回大气中，再被植物利用；第三种形式是煤、石油和天然气等矿物燃料燃烧时生成 CO_2，CO_2 返回大气后重新进入生态系统的碳循环。

6.3.3　氧循环

由于氧在自然界中含量丰富、分布广泛，而且性质活泼，环境中处处有氧（游离态或化合态），所以氧在自然界中的循环最复杂。各圈层之间氧的循环过程如图 6-4 所示。实际上，各种物质的循环都是相互关联的，分别叙述仅仅是为了突出主导线索。

据估计，如果把地球上所有现存的水经过植物光合作用而裂解，再通过动、植物细胞的生物氧化而重新形成，需要 200 万年。在这个过程中产生的 O_2 进入大气约在 2000 年内进行再循环，CO_2 为动、植物细胞所呼出进入大气中，平均停留 300 年后再为植物细胞固定。

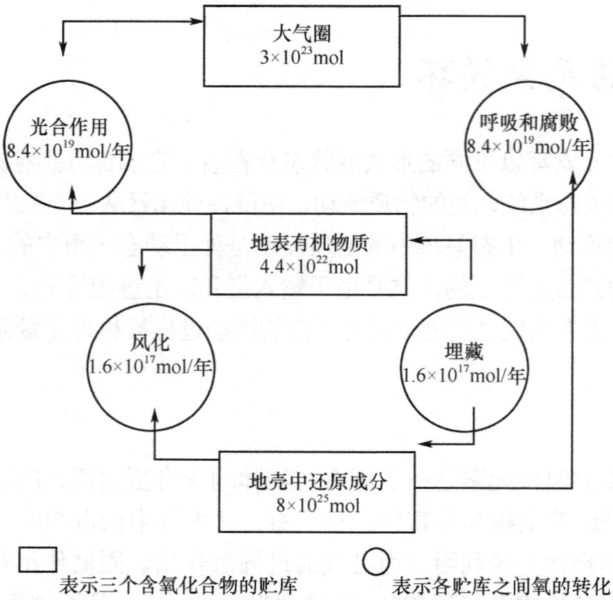

图 6-4　氧循环

总之，自然界中各种物质的循环都按一定的过程进行，并由此形成自然界中物质的平衡。生物体则参与所处环境的物质循环，成为平衡着的自然环境整体中的一个组成部分，而且是一个主导部分。

6.4　保护自然环境

6.4.1　保护大气环境

1995 年，诺贝尔奖委员会将诺贝尔化学奖授予了 M.Molina（墨西哥）、F.S.Rowland（美国）和 P.Crutzen（荷兰）三位化学家，以表彰他们在大气环境研究方面所做出的杰出贡献。这三位化学家首先提出了平流层臭氧破坏的化学机制，其中 P.Crutzen 于 1970 年提出了 NO_x 理论，F.S.Rowland 和 M.Molina 在 1974 年提出了氟利昂（CFCs）理论。这些化学基础研究的成果揭开了南极“臭氧层空洞”之谜（1985 年），从而引起全世界的震动，并促使了 1987 年《蒙特利尔协定书》的签订，为保护全球环境做出了重大贡献。

6.4.1.1　大气污染

人类生活在大气圈中，依靠空气中的氧气而生存。一般成年人每天需要呼吸大约 10～12m^3 的空气，它相当于一天进食量的 10 倍、饮水量的 3 倍。人可几天不喝水，甚至几周不进食，但断绝空气几分钟生命就难以维持，这充分表明空气对维持生命的重要性，而清洁的空气则是人类健康的重要保证。

化石燃料的燃烧是造成大气污染的主要原因之一。随着人类的生活和工业、科学技术的现代化，使得化石燃料用量大幅度上升，而造成的大气污染也日趋严重。随着交通运输业的发展，城市中汽车排放的尾气对环境造成了严重的污染。另外，大气中还有来自工业生产的其他污染物，工业生产中的石油工业和化学工业的大规模发展也增加了空气中污染物的种类和数量。在农业方面，由于大量化学农药的喷洒而造成的大气污染同样不可忽视。大气污染对建筑、树木、道路、桥梁和工业设备都有极大的危害。对人类健康的危害也日益明显，主要是通过诱发呼吸系统疾病从而损害人体健康，并进一步引起心脏及其他器官机能障碍而导致更为严重疾病甚至死亡。下面就某些公认的综合性大气污染现象，介绍其污染源和对人类的危害。

从化学的角度看，大气污染主要有八类：含硫化合物、碳的氧化物、含氮化合物、烃类化合物、卤素及其化合物、颗粒物质(煤尘、粉尘及金属微粒)、农药和放射性物质。其中又可分为一次污染物(原发性污染物)和二次污染物(继发性污染物)。直接从各类污染源排出的物质称为一次污染物。这中间又有反应性物质和非反应性物质之分。前者不稳定，在大气中常与其他污染物发生化学反应，或者作为催化剂促进其他污染物之间发生化学反应；后者不发生反应或反应速度缓慢，是较为稳定的物质。二次污染物是指不稳定的一次污染物与大气中原有成分发生反应，或者污染物之间相互反应而生成一系列新的污染物质，如 H_2S、SO_2 和 NO 等被氧化而生成新的污染物，如 NO_2 和 HNO_3 就是由 NO 被氧化而生成的。大气污染物的分类见表 6-3。

表 6-3 大气中污染物的分类

污染物	一次污染物	二次污染物
含硫化合物	SO_2、H_2S	SO_3、H_2SO_4、MSO_4
碳的化合物	CO、CO_2	无
含氮化合物	NO、NH_3	NO_2、HNO_3、MNO_3
碳氢化合物	C_1～C_3 化合物	醛、酮、酸
卤素化合物	HF、Cl_2、HCl、卤代烃	无
氧化剂	—	O_3、过氧化物
颗粒物质	煤尘、粉尘、金属微粒	—
放射性物质	铀、钍、镭等	—

注：表中 M 为金属元素

(1)悬浮颗粒物：大气中的固体、液体颗粒状物质(或称气溶胶)的总称，一般来说是指空气动力学当量直径≤100μm 的颗粒物。由于来源和形成不同，它们的形状、密度、粒径大小，光、电、磁学等物理性质及化学组成有很大差异。同类的其他常见概念有 PM10(粒径=10μm)、PM2.5(粒径=2.5μm)等，它们都是指粉尘微粒。根据来源可分为天然来源和人为来源。人为来源有化石燃料燃烧产生的煤烟；工业生产和建筑产生的工业粉尘、金属尘、水泥尘等。天然来源有土壤尘、火山灰、森林火灾灰、海盐粒等。悬浮颗粒物的危害有：①造成大气能见度降低，其中 0.1～1μm 的微粒对能见度的影响最大，特别是浓度大于 $100μg/m^3$ 的时候。②由于颗粒物本身具有活性或能吸附化学活性物质，因此它具有腐蚀性，可对物料起到直接的化学破坏作用。如腐蚀金属表面，破坏带有油漆、涂料的表面等。③当颗粒小到 10μm 以下(称可吸入颗粒物)就可以随着人们呼吸吸入人体肺部，容易引起呼吸道感染、心脏病、支气管炎、哮喘、肺炎、肺气肿等疾病，影响人体健康。因此空气质量日报选择可吸入颗粒物作为一个指标。

(2)硫化物：矿物燃料中一般都含有相当数量的硫(如煤中就有 0.5%～6.0%)，其燃烧时释放出 SO_2。SO_2 是无色有味气体，人的嗅觉器官可探测到 3μg/ml 以上的 SO_2，当浓度达到 8μg/ml 时，即可对人造成危害；达 400μg/ml 时，会立即致人死亡。SO_2常和粉尘一道进入人体内，其在空气中停留的时间大致是一周，往往随着雨雪降到地面。在高空中，SO_2被氧化为 SO_3，后者遇水后形成硫酸烟雾，可以长期停留在大气中，其毒性比 SO_2高 10 倍。硫酸烟雾浓度达到 0.8μg/ml 时，人就难以承受了。

(3)碳的氧化物：CO 是城市空气中数量最大的一种污染物，自然原因形成的 CO 本底浓度约为 1μg/ml。造成 CO 浓度大大超出本底的原因是化石燃料的不完全燃烧。其中 80%是由汽车排出的。汽车在常速行驶时排放的废气中，CO 约占 3%；而空挡行驶时则占 12%；交通繁忙地区的 CO 浓度可达 50μg/ml。CO 是无色、无嗅、无味的气体，使人不易察觉其存在。当 CO 被吸收入人体后，极易与血红蛋白结合，生成羰基血红蛋白，它们之间的亲和力比血红蛋白与 O_2的亲和力大 200～300 倍，会使血红蛋白失去携氧的能力，从而降低了血液中的氧气含量而使人中毒。当 CO 浓度为 1200μg/ml 时，会导致生命危险。

(4)氮的氧化物：大气中的含氮化合物有：N_2O、NO、NO_2、NH_3、NO_3^-等，下层大气中 N_2O 是土壤细菌活动的产物，在对流层上部被氧化。NO 和 NO_2 为含氮有机物燃烧时的释放物。NO 和 NO_2 毒性均较大(比 CO 大 5 倍)，它们能刺激呼吸系统，还能与血红素结合形成亚硝基白色素而引起中毒。NO_2 是棕色有特殊刺激臭味的气体，当浓度为 1μg/ml 时，即能觉察到。氮的氧化物还是光化学烟雾的引发剂之一。我国卫生标准规定，居民区大气中 NO_x(以 NO_2 计)最大浓度不得超过 0.15mg/m^3。

(5)氧化剂：氧化剂是指空气中氧化性能高的物质，主要为臭氧(O_3)，也包括过氧化物、过氧硝酸盐等，其中以过氧乙酰硝酸酯(PHA)为最普遍。氧化剂不是排入空气中的气体，而是通过光化学氧化作用原理产生的。严格地说，它们不是空气污染物。臭氧的本底浓度为 0.025μg/ml。当浓度接近 0.1μg/ml 时，人的眼睛就会感到刺激。这是因为大气中同时有过氧乙酰硝酸酯等的存在，它是一种催泪物质，效果为甲醛的 200 倍。

(6)放射性污染：指由放射性元素如铀、钍、镭等造成的污染。自然环境中放射性源有天然和人工两大类。

天然来源主要为自然界辐射物，如矿床中的放射性元素；人工来源主要为医用射线源、反应堆和各种放射性废料。

6.4.1.2 光化学烟雾

光化学烟雾现象是 1940 年首先在美国洛杉矶出现的。它的特征是大气呈白色烟雾状使能见度降低，对人眼有强烈刺激性，损伤植物的茎叶，并具有氧化性，能使橡胶开裂。它的形成条件是：强烈的日光，较低的湿度，同时存在有氮的氧化物(NO_x)及碳氢化合物(CH)的排放源(一般认为大气中的氮的氧化物及碳氢化合物的主要来源是汽车尾气)。这种现象多出现在夏季的晴天，污染现象的高峰也多出现在一天的中午或午后。光化学烟雾能够扩散到污染源的下风方向几十公里到几百公里。1951 年，美国科学家 Haggen-Smit 首先提出了有关光化学烟雾形成的机理。他认为洛杉矶光化学烟雾是由强烈的日光引发大气中存在的氮的氧化物及碳氢化合物之间的化学反应，生成多种二次污染物。这种由一次污染物和二次污染物的混合物(气体和颗粒物)所形成的烟雾，称为光化学烟雾。因其首次发现于美国洛杉矶，因此又叫洛杉矶烟雾，以区别于煤烟烟雾(伦敦型烟雾)。

汽车是近代重要的交通运输工具，随着汽车数量的激增，城市汽车尾气造成的环境污染日益严重。汽车尾气中的有害成分主要有 CO、NO、NO_2、烃类化合物、颗粒物和臭氧等。

CO是汽油燃烧不完全的产物，是汽车尾气的主要成分。CO浓度低时会使人慢性中毒，浓度高时则会导致死亡。

NO和NO_2的危害主要存在于呼吸系统。首先通过人体呼吸刺激鼻腔、气管和支气管黏膜，再逐步侵入肺部，与人体中水分结合成亚硝酸和硝酸后，产生强烈的刺激与腐蚀作用，可导致肺水肿。NO_2的毒性高于NO，NO_2气体呈红棕色，有特殊刺激性气味。NO和NO_2有害于人体健康，腐蚀建筑物，并能导致酸雨和光化学烟雾，因此被列为大气中的重要污染物。

汽车尾气中未经燃烧的汽油和因燃烧不完全而产生的多种烃类衍生物的成分极其复杂，其中有饱和烃、不饱和烃、芳香烃以及这些烃类的含氧衍生物(如醛、酮等)，不仅成分种类多，而且组成变化也大。烃类污染物对自然界的危害，主要是破坏了生态系统的正常循环，它是诱发产生光化学烟雾的成分之一。

汽车尾气中的颗粒物包括含铅化合物、碳颗粒和油雾等。铅是大气的重要金属污染物中毒性较大的一种，铅尘来自汽油的抗爆添加剂，这是一种含铅的有机化合物——四乙基铅[$(C_2H_5)_4Pb$]。四乙基铅是引起急性神经性疾病的剧毒物质，它可以在人体中不断积累，当血液中铅含量超过0.1mg时，可造成贫血等中毒症状。目前已普遍使用无铅汽油。碳颗粒是燃料燃烧不完全的产物，而油雾通常是由于油箱及化油器的逸漏造成的。

洛杉矶烟雾主要是由汽车尾气引起的，而日光在其中起了重要作用：

$$2NO(g) + O_2(g) \xrightarrow{hv} 2NO_2(g)$$

$$NO_2(g) \xrightarrow{hv} NO(g) + O(g)$$

$$O(g) + O_2(g) \xrightarrow{hv} O_3(g)$$

NO_2分解成NO和氧原子时，光化学烟雾的循环就开始了。原子氧会和氧分子反应生成臭氧(O_3)。O_3是一种强氧化剂，可与烃类发生一系列复杂的化学反应，其产物中的烟雾含有刺激眼睛的物质(如醛类、酮类等)。在此过程中，NO和NO_2还会形成另一类刺激性强烈的物质如PAN(硝酸过氧化乙醛)。另外，烃类中一些挥发性小的氧化物会凝结成气溶胶滴而降低能见度。

近年来，我国迅速的城市化伴随着机动车数量的快速增长，在一些大、中城市出现了严重的机动车尾气污染和不同程度的光化学烟雾污染。

6.4.1.3 酸雨

酸雨这个名词最早使用的人是英国化学家史密斯(R.A.smith)。1852年，他发现在工业化城市曼彻斯特上空的烟尘污染与雨水的酸性有一定关系，并于1872年编著的科学著作中首先采用了“酸雨”这一术语。其含义是pH低于5.6的大气降水。为了提供有关酸性降水来源与接受体的全面情况，北欧斯堪的那维亚于1947年创立了一个检测网。检测结果表明，南部地区雨水酸性较高，尤其在冬季矿物燃料燃烧量较大的季节。后来，该网又扩大到其他一些国家。许多科学工作者利用该网所提供的数据，对酸雨进行了大量的研究工作，发现酸雨是气体污染物的跨国界大范围的传输结果，并确定酸雨是区域性的，它与地理条件和气象条件密切相关。

正常的雨水偏酸性，pH为6～7，这是由于大气中的CO_2溶于雨水中，形成部分电离的碳酸：

$$CO_2(g)+H_2O \longrightarrow H_2CO_3 \longrightarrow H^+ + HCO_3^-$$

而雨水的弱酸性可使土壤的养分溶解，供生物吸收，这是有利于生态环境的。酸雨的形成是一个复杂的大气化学和大气物理过程，它主要是由废气中的 SO_x 和 NO_x 造成的。汽油和柴油都含有硫化合物，燃烧后有 SO_2 生成，金属硫化物矿在冶炼过程中也要释放出大量的 SO_2。这些 SO_2 通过气相或液相的氧化反应产生硫酸，其化学反应过程可表示为

气相反应：

$$2SO_2 + O_2 \longrightarrow 2SO_3$$

$$SO_3 + H_2O \longrightarrow H_2SO_4$$

液相反应：

$$SO_2 + H_2O \longrightarrow H_2SO_3$$

$$2H_2SO_3 + O_2 \longrightarrow 2H_2SO_4$$

大气中的烟尘、O_3 等都是反应的催化剂。

燃烧过程产生的 NO 和空气中的 O_2 化合为 NO_2，NO_2 遇水则生成硝酸和亚硝酸，其反应过程可表示为

$$2NO + O_2 \longrightarrow 2NO_2$$

$$2NO_2 + H_2O \longrightarrow HNO_3 + HNO_2$$

酸雨对环境有多方面的危害：①酸化天然水源，从而影响水环境中的生态平衡，如水中的鱼类，特别是鳟鱼和鲑鱼对 pH 非常敏感。当 pH 小于 5.5 时，会影响鱼的繁殖能力。pH 降低也会影响一些浮游生物与底栖生物的生长，从而减少鱼类的食物来源。当 pH 小于 4.8 时，鱼类就会消失。②土壤酸化，使得一些营养物质易于溶解，然后渗到土壤深层，影响植物吸收，减少植物的收成和森林的生长，还可使土壤板结；酸化土壤会使生长出来的农作物中有毒金属含量偏高，这是一种潜在的威胁。③腐蚀建筑物、工厂设备和文化古迹，并加速材料的风化过程。④含酸性物质的空气会使人的呼吸道疾病加重。此外，酸雨可随风漂移而降落到几千公里之外，导致大范围的公害。因此，酸雨已被公认为全球性的重大环境问题之一。

我国大气污染属煤烟型污染，以酸雨、二氧化硫和烟尘危害最为严重，污染程度呈逐年加重的趋势。长期以来，我国的能源结构以煤为主。大量的煤炭消费导致了严重的煤烟型大气污染，其突出表现为大气中 SO_2 和颗粒物的污染严重。北京、沈阳、西安、上海、广州等被列为世界上污染最严重的城市之一。SO_2 在大气中通过各种途径快速转化为硫酸和硫酸盐气溶胶，导致降水酸化，造成了近 1/3 的国土面积变成酸雨区。据国家环保局发布的“中国环境状况公报”，我国酸雨分布区域主要集中在长江以南——青藏高原以东地区，主要包括浙江、江西、湖南、福建、重庆的大部分地区以及长江、珠江三角洲地区。其中心区域酸雨年均 pH 低于 4.0，酸雨出现频率在 80%以上。

6.4.1.4 温室效应

燃料在燃烧过程中一定会产生 CO_2 和 H_2O，产生的 CO_2 可溶解在雨水、江河、湖泊和海洋里，也可被植物吸收进行光合作用等。所产生的和去除的 CO_2 之间达到平衡时，就使大气中 CO_2 的浓度保持在一定范围内。

地球大气层中的 CO_2 和水蒸气等允许部分太阳辐射(短波辐射)透过并到达地面，使地球表面温度升高；同时，大气又能吸收太阳和地球表面发出的长波辐射，仅让很少的一部分热辐射散失到宇宙空间。温室效应是地球上生命赖以生存的必要条件(即保护作用)，但是由于人口激增、人类活动频繁、矿物燃料的燃烧量猛增，加上森林面积因滥砍滥伐而急剧减少，导致了大气中 CO_2 和各种气体微粒含量不断增加，致使 CO_2 吸收及反射回地面的长波辐射能增多，引起地球表面气温上升，造成了温室效应加剧，气候变暖。因此，CO_2 量的增加，被认为是大气污染物对全球气候产生影响的主要原因。然而，温室气体并非只有 CO_2，还有甲烷(CH_4)、氯氟烃(CFCs，即氟利昂)、一氧化二氮(N_2O)和臭氧(O_3)等。在各类温室气体中，浓度最大的是 CO_2，其浓度年增长率为0.5%。CFCs 在温室气体中的浓度为 0.25%，年增长率高达 4.0%，CFCs 分子吸收红外辐射的能力是 CO_2 分子的几千万倍。

温室效应加剧导致的全球变暖，会对气候、生态环境及人类健康等多方面带来影响。地球表面温度升高会使更多的冰雪融化，反射回宇宙的阳光减少，极地更加变暖，海平面慢慢上升，中高纬度地区降水增加，非洲等一些地区降水减少，某些地区极端天气气候事件(厄尔尼诺、干旱、洪涝、雷暴、冰雹、风暴、高温天气和沙尘暴等)出现的频率与强度增加。降水量的变化会使草原及对水敏感的物种发生变化，很多植物将会在与以往不同的时间发芽、开花、结果；植物的生长周期会缩短，甚至打乱植物品种；变暖、变湿的气候条件会促进病菌、霉菌和有毒物质的生长，导致食物受污染或变质。因此，气候变暖将引起全球疾病的流行，严重威胁人类的健康。

化学家一方面揭示了促使温室效应加剧的原因，另一方面提出了从控制温室气体的排放出发减缓温室效应的途径和措施，如减少矿物燃料的使用量，开发新能源，禁止砍伐森林和控制人口增长等。

6.4.1.5　臭氧层空洞

在高层大气中(约距离地面 15～24km 的范围)，氧吸收太阳紫外线辐射而生成数量可观的臭氧(O_3)。这个过程是：光子首先将氧分子分解成氧原子，氧原子再与氧分子进一步反应生成臭氧，即

$$O_2 \longrightarrow 2O_2$$

$$O + O_2 \longrightarrow O_3$$

在通常的温度和压力条件下，两者都是气体。当 O_3 的浓度在大气中达到最大值时，就形成厚度约 20km 的臭氧层。臭氧在地面上肯定是有害的——产生烟雾，破坏了许多其他物质。然而，在高空中臭氧是非常重要的。它能够吸收对人体有害的短波紫外线，防止其到达地球，从而有效减少紫外线对地球上所有生物的伤害。

近年来的研究结果证实，臭氧层已经开始变薄，甚至出现空洞。臭氧层变薄和出现空洞，就意味着有更多的紫外线到达地面。紫外线对生物具有破坏性，对人的皮肤、眼睛，甚至免疫系统都会造成伤害；强烈的紫外线还会影响鱼虾类和其他水生生物的正常生存，甚至造成某些生物的灭绝，而且严重阻碍各种农作物和树木的正常生长，还会使温室效应进一步加剧。

引起臭氧层破坏的原因有多种解释，其中公认的原因之一是 CFCs 的大量使用。CFCs

被广泛应用于制冷系统、发泡剂、洗净剂、杀虫剂、除臭剂、头发喷雾剂等。虽然 CFCs 化学性质稳定，易挥发，不溶于水，但当其进入大气平流层后，就会因受紫外线辐射而分解产生 Cl 原子，后者则可引发破坏 O_3 的循环反应：

$$Cl + O_3 \longrightarrow ClO + O_2$$

$$ClO + O \longrightarrow Cl + O_2$$

可见，在第一个反应中消耗的 Cl 原子，在第二个反应中又重新产生，并可以和另外一个 O_3 起反应。因此每一个 Cl 原子都将参与大量破坏 O_3 的反应，这两个反应加起来的总反应是

$$O_3 + O \longrightarrow 2O_2$$

反应的最后结果是将 O_3 变成 O_2，而 Cl 原子本身只起了催化剂的作用，这样 O_3 被来自于 CFCs 分子所释放出的 Cl 原子引发的反应而破坏了。

当然，破坏臭氧层的化学物质并非只有氟利昂，而且影响臭氧层的也并非全是化学品。大型喷气机的尾气、火山爆发和核爆炸的烟尘均能到达平流层，其中含有各种可与 O_3 作用的污染物，如 NO 和某些自由基等。

人口的增长导致氮肥的大量生产等也可以危害到臭氧层。在氮肥的生产中向大气释放出各种氮的化合物，其中一部分可能是有害的一氧化二氮(N_2O)，它会引发下列反应：

$$N_2O + O \longrightarrow N_2 + O_2$$

$$N_2 + O_2 \xrightarrow{\text{闪电}} 2NO$$

$$NO + O_3 \longrightarrow NO_2 + O_2$$

$$NO_2 + O \longrightarrow NO + O_2$$

$$O_3 + O \longrightarrow 2O_2$$

NO 按以上反应式循环反应，使 O_3 分解。

大气化学家的研究既揭开了臭氧层空洞之谜，也提出了保护臭氧层的途径。不论是南极地区上空，还是北半球的中纬度地区上空，O_3 的含量都呈下降趋势。与此同时，关于臭氧层破坏机制的争论也很激烈。如大气的连续运动性质使人们难以确定臭氧含量的变化究竟是由动态涨落引起的，还是由化学物质引起的，这是争论的焦点之一。由于提出不同观点的科学家在各自所在的地区对大气臭氧进行的观测是局部的和有限的，因此建立起全球范围的臭氧浓度和紫外线强度的监测网络是十分必要的。

联合国环境计划署对臭氧消耗所引起的环境效应进行了估计，认为臭氧每减少 1%，具有生理破坏力的紫外线将增加 1.3%。因此，臭氧的减少对整个地球生态圈的危害是公认的事实。保护臭氧层须依靠国际大合作，并采取各种积极、有效的对策。

6.4.1.6 雾霾

雾霾天气是雾和霾的混合产物。雾和霾是两种不同的天气现象，是在不同的天气条件下形成的，两者的主要区别在于：出现雾时，空气相对湿度大、水汽充足、能见度小于 1km；而出现霾时，空气相对湿度一般小于 60%、天气较为干燥、能见度小于 10km。雾霾主要是由氮氧化合物、二氧化硫以及可吸入颗粒物组成，前两者为气态污染物，而可吸入颗粒物才是加重雾霾天气污染的罪魁祸首。

有关数据表明，2010 年，我国燃煤和重化工业造成的二氧化硫、氮氧化物排放总量均超过 2200 万吨，位居世界第一，烟尘、粉尘排放量为 1446.1 万吨，均远超出承载能力。另一方面，我国目前进入机动车快速增长期，每年机动车增加的绝对量和增长速度都位居全球第一。在北京、上海等特大城市，机动车排放的污染物已经占到空气污染物的 20%～25%。近来我国大部分地区都遭受到了雾霾天气影响，长江河谷、四川盆地、黄淮海地区和珠江三角洲是目前我国存在的 4 个雾霾天气比较严重的地区。

雾霾天气带来的危害是多方面的：①会对人的身体、心理健康造成危害。雾霾天气的主要成分是可吸入颗粒物，它能直接进入人体呼吸道和肺叶，长期沉积会引起各种病症甚至会诱发肺癌。雾霾中的污染物还会造成心肌梗死、心肌缺血或损伤。雾霾天气也会对人的心理健康带来危害，例如容易使人精神抑郁、产生悲观情绪。遇事甚至容易失控。②雾霾天气出现时，视野能见度较低，所以很容易引发交通阻塞，造成交通事故。③雾霾天气会间接影响农作物的生长，造成农作物减产。雾霾会影响太阳辐射，使农作物吸收不到足够的太阳光，导致植物光合作用的效能难以发挥，直接影响农作物的质量和产量。④雾霾天气容易形成酸雨。研究发现，雾霾的组成成分中由硫酸、二氧化氮、二氧化硫等废气污染物形成的酸雾较多，这就在一定程度上为酸雨的形成创造了条件。

雾霾天气的危害引起了世界各国的广泛关注，并都采取了相应的措施，美国出台了《清洁空气法》，欧盟委员会颁布了《环境空气质量指令》，意大利米兰市对污染最严重的汽车征税，罗马实行"绿色周日"活动。我国从完善立法，树立全民生态文明意识，尽量使用清洁无污染、可再生能源，加强雾霾天气的预测预报，治理汽车尾气和加强城市绿化等多方面着手，对雾霾现象进行了综合防治。

6.4.2　保护水资源

水是人类赖以生存的珍贵资源。人类的生产和生活用水基本上都是淡水。但地球上全部地面和地下的淡水量的总和仅占总水量的 0.63%。随着社会发展和人们生活水平的提高，生产和生活用水量在不断上升。人类年用水量已近 4 万亿立方米，全球有 60%的陆地面积淡水供应不足，近 20 亿人饮用水短缺。联合国早在 1977 年就向全世界发出警告：水源不久将成为继石油危机之后的另一个更为严重的全球性危机。实际上，现有的淡水资源已满足不了人类的需求，淡水缺乏是全球面临的主要威胁之一。为保护水资源不受污染和开发水资源，化学家已开展了大量的研究，在水污染化学以及水的纯化、软化、海水淡化等多个领域取得了重要成果。

6.4.2.1　*水资源污染*

由于人类的各种活动排放的污染物进入河流、湖泊、海洋或地下水等水体中，使水体的物理、化学性质发生变化而降低了水体的使用价值，这种现象称为水体污染。水体污染会严重危害人体健康，据世界卫生组织报道，全世界 75%左右的疾病与水有关。常见的伤寒、霍乱、胃炎、痢疾和传染性肝炎等疾病的发生与传播都和直接饮用污染水有关。

水体污染有两类：一类是自然污染，另一类是人为污染，而后者是主要的。自然污染主要是由自然因素造成的，如特殊地质条件使某些地区某种化学元素的大量富集、天然植物在腐烂过程中产生的某种毒物、降雨淋洗大气所携带的各种物质流入水体等，都会影响水质。人为污染是指人类生活和生产活动中产生的废物对水体的污染，包括生活污水、工业废水、农田排水和矿山排水等。此外，废渣和垃圾倾倒在江河中或岸边，或堆积在土地上，经降雨淋洗流入水体，也会造成污染。

酸性或碱性物质进入水体使其 pH 发生变化。酸、碱在水体中可彼此中和，也可分别和地表物质发生反应生成无机盐类，由此引起的水体中酸、碱、盐浓度超过正常量，使水质变坏的现象称为水体的酸碱盐污染。水体中的酸主要来源于冶金、金属加工的酸性工序、化工厂的废酸水以及进入水体的酸雨等；碱主要来源于印染、制药、炼油、碱法造纸等工业污水。我国渔业用水的标准对淡水域规定 pH 为 6.5～8.5；海水为 7.0～8.5；农田灌溉用水标准 pH 为 5.1～8.5。当水体长期受酸碱污染时，就会使水体不能维持正常的 pH 范围，既影响了水生生物的正常活动，造成水生生物种群发生变化，导致鱼类减少，又会破坏土壤的性质，影响农作物的生长，还会腐蚀船舶、建筑物等。

重金属化合物对人类及生态系统具有比较严重的危害性。这些化合物主要包括汞(Hg)、镉(Cd)、铅(Pb)等重金属和砷(As)的化合物以及氰根离子(CN^-)、亚硝酸根离子(NO_2^-)等。例如目前研究较多的有毒重金属元素——铅，每年全世界用铅量为 300 万吨，其中 40%用于蓄电池，20%用于汽油防爆剂，其他用于建筑、电缆、弹药和杀虫剂，当它们通过各种途径进入天然水体后，就造成了严重的环境污染。这些重金属与有机污染物不同，水中的微生物难于使其分解消除，相反却经过“虾吃浮游生物，小鱼吃虾，大鱼吃小鱼”的水中食物链被富集起来，浓度逐级加大。人处于食物链的终端，于是通过食物或饮水，就将有毒物摄入体内。若这些有毒物不易排泄，在人体内积蓄，就会引起慢性中毒。在生物体内的某些重金属还可被微生物转化为毒性更大的有机化合物(如无机汞可转化为有机汞)。例如众所周知的水俣病就是由所食鱼中含有氯化甲基汞引起的，骨痛病则是由镉污染引起的。一些震惊世界的公害事件，都是工厂排放的污水中含有这些重金属所致。重金属污染物的毒害不仅与其摄入机体内的数量有关，而且与其存在形态有密切关系，不同形态的同种重金属化合物其毒性可以有很大差异。如烷基汞的毒性明显大于二价汞离子的无机盐；砷的化合物中三氧化二砷(As_2O_3，砒霜)毒性最大；钡盐中的硫酸钡($BaSO_4$)因其溶解度小而无毒性；$BaCO_3$ 虽然难溶于水，但能溶于胃酸(HCl)，所以和氯化钡($BaCl_2$)一样有毒。无机污染物中氰化物的毒性很强，氰化物以各种形式存在于水中，人中毒后，会造成呼吸困难、全身细胞缺氧，最终窒息死亡。氰化物主要来自各种含氰化物的工业废水，如电镀废水、煤气厂废水、炼焦炼油厂和有色金属冶炼厂等的废水。

水体污染物中还有一类耗氧有机物，它们来自城市生活污水及食品、造纸、印染等工业废水中的大量碳氢化合物、蛋白质、脂肪、纤维素等有机物质，本身无毒性，但在分解时需消耗水中的溶解氧，故称为耗氧(或需氧)有机物。天然水体中溶解的氧含量一般为 5～10mg · L^{-1}。当大量耗氧有机物排入水体后，因水中溶解的氧急剧减少，导致水体出现恶臭，进而破坏水体生态系统，对渔业生产造成严重影响。这类物质对水体的污染程度，可间接地用单位体积水中耗氧有机物生化分解过程所消耗的氧量，即生物化学需氧量(BOD)来表示。一般以水温在 25℃时，5 天的生化需氧量(BOD_5)作为指标，来反映耗氧有机物质的含量与水体污染的关系。多数情况下，水体中的 BOD_5 低于 3mg · L^{-1} 时，水质较好。BOD_5 量越高，表明溶解氧消耗越多，水质越差；BOD_5 达到 7.5mg · L^{-1} 时，水质不好；大于 10mg · L^{-1} 时，水质很差，鱼类已不能存活。

生活中洗涤剂的使用对水质的影响也不可忽视。肥皂和洗涤剂是日常生活中不可缺少的洗涤用品。肥皂为脂肪酸的钠、钾或铵盐，而合成洗涤剂的主要成分是表面活性剂。用氢氧化钠水解脂肪(油脂)，发生皂化反应，生成羧酸钠盐，后者是肥皂或香皂的主要成分：

$$\begin{array}{lcll} CH_2O_2CR & & CH_2OH & RCO_2^-\ Na^+ \\ | & & | & \\ CHO_2CR' & \xrightarrow[H_2O]{NaOH} & CHOH & +\ R'CO_2^-\ Na^+ \\ | & & | & \\ CH_2O_2CR'' & & CH_2OH & R''CO_2^-\ Na^+ \\ \text{油脂} & & \text{甘油} & \text{脂肪酸钠盐} \end{array}$$

合成洗涤剂的分子中同时具有亲水基团和憎水基团，如烷基苯磺酸钠，它的结构为：

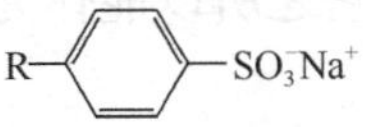

在此分子中，R 通常是一个很长的直链烃。它和硬水中的离子形成的烷基苯磺酸盐能溶于水，因而优于肥皂。但这种化合物若具有支链，就不能被微生物降解，当在水体里形成泡沫时也会造成水体污染。为消除这种现象，化学家又合成了能被微生物降解的去垢剂，如线型烷基磺酸钠，其结构为 $CH_3(CH_2)_nCH_2SO_3^-Na^+$。

这些表面活性剂就是合成洗涤剂的主要成分。日用洗涤剂中一般还加有辅助剂，有聚磷酸盐(如三聚磷酸钠 $Na_5P_3O_{10}$)、硫酸钠、碳酸钠、羧甲基纤维素钠、荧光增白剂、香料等，有时还加入蛋白质分解酶。这些辅助剂的加入能改善洗涤剂的功能：三聚磷酸盐占洗涤剂质量的 50%左右，其作用是与水中的钙、镁、铁等离子形成配合物，防止产生沉淀，使水软化，以进一步增强洗涤剂的洗涤效率，同时因能使洗涤水有适当的酸碱度而减少了对皮肤的刺激；硫酸钠(Na_2SO_4)含量约占洗涤剂的 20%，其作用是促使污垢自衣物表面脱落并不再附着；在洗涤剂组成中，占 3%～10%的碳酸钠(Na_2CO_3)的作用是使洗脱的污垢在水中溶解或悬浮及防锈；占 0.05%～0.1%的羧甲基纤维素钠能使油垢凝聚并悬浮水中，特别是能防止污垢再沉积在洗涤的衣物上；荧光增白剂含量为 0.1%，洗涤衣物时被织物吸收后有增加衣物洁白感的效果；蛋白质分解酶的作用是使蛋白质污垢分解后便于消除；香料用量一般为 0.05%～0.1%。

但应用洗涤剂在给人们带来感观上的清洁的同时，其洗涤污水也会给环境带来影响甚至危害。洗涤剂进入人体的途径主要是饮水、食物污染，是通过消化道进入人体的，其次是皮肤的接触吸收。

因为表面活性剂本身对人体皮肤就有一定的刺激作用，若排入水中会使鱼类中毒，当其在水体中含量达到 $10mg \cdot L^{-1}$ 时，就会引起鱼类死亡和水稻减产。另外，由于合成洗涤剂本身是一种有机物分子，在水中可进行生物降解，其分解的最终产物是 CO_2 和 Na_2SO_4。而在其分解过程中，不仅要消耗水中的溶解氧，使水中含氧量降低，同时由于洗涤剂覆盖水面也降低了水的富氧速度和程度，因此必然要影响到水生生物及鱼类的生存。此外，洗涤剂中含量较高的辅助剂磷酸盐随着洗涤污水汇同人类尿等生活污水中的 N、C 等一起排入水域中后，还使水中浮游生物、植物繁殖所需的 N、P 等营养元素增加，造成湖泊、海湾的水体富营养化现象，使藻类从生而淤塞水体，造成水区环境恶化。如今水体中磷的含量约有一半来自人类生活用的合成洗涤剂。所以，减少洗涤剂中的含磷量是防止水体发生富营养化、保护水质的重要措施。

6.4.2.2 水的化学净化、纯化和软化

天然水中含有较多的杂质，为了使它达到生活用水的标准就必须净化。水源中的水通过泵站被输送到交替使用的沉降池，目的是使一些固体杂质及悬浮物沉降下来。如果悬浮物较多，就要使用化学沉降剂——硫酸铝[$Al_2(SO_4)_3$]。澄清水再经过过滤由泵输送到曝气池，以除去部分挥发物。同时，曝气过程中带入的氧可消除水中的不良气味。再经过用氯气消毒后，即可送入高塔或泵进入自来水系统供人们使用。目前城市的自来水大致是以这样的程序处理的。

硫酸铝是三价金属铝的硫酸盐。它之所以能作为沉降剂，是因为[$Al_2(SO_4)_3$]在水中会发生水解反应：

$$Al_2(SO_4)_3 + 6H_2O \longrightarrow 2Al(OH)_3\downarrow + 3H_2SO_4$$

由于 $Al(OH)_3$(氢氧化铝)在水中的溶解度极小，因而一旦发生水解反应，就会以絮状的白色沉淀物弥散地布满在水中，而这种絮状沉淀物有较强的吸附力，因此可在自身沉降的过程中把水中的悬浮物吸附掉。如果将水放入缸中，加入适量的明矾也会有同样的效果。这是因为明矾的化学结构是硫酸钾铝，是硫酸钾和硫酸铝的复盐。天然矿石明矾是带有 12 个结晶水的透明晶体，其分子式为 $KAl(SO_4)_2\cdot 12H_2O$。

氯气消毒的原理是氯气在水中生成次氯酸，次氯酸又分解放出氧气：

$$H_2O + Cl_2 \longrightarrow HClO + HCl$$

$$2HClO \longrightarrow 2HCl + O_2$$

氯气和新生态氧均有极强的氧化作用，能使有机体氧化，从而杀灭细菌。

将氯气通入消石灰[$Ca(OH)_2$]中可制成所谓的漂白粉，其中含有次氯酸钙[$Ca(ClO)_2$]。由于次氯酸钙不稳定会发生分解反应而释放出新生态氧，同时起到消毒作用：

$$Ca(ClO)_2 + 2H_2O \longrightarrow Ca(OH)_2\downarrow + 2HClO$$

$$2HClO \longrightarrow 2HCl + O_2$$

天然水经过净化得到的只是干净的水，但不是纯水，因为水中还含有其他化学物质。

在需要用纯水的场合，比如药剂和注射用水、超纯物质制备中的用水，其中的化学杂质是绝对不允许存在的。为了得到化学概念上的纯水，通常采用蒸馏的方法，这是化学中常用的制备纯净物质的方法。用蒸馏的方法虽可将水中不挥发的物质如钠、钙、镁及铁的盐除去，但溶解在水中的氨、二氧化碳或其他气体和挥发性物质将随水蒸气一起进入冷凝器，溶入收集的水中。除去这类气体的一个有效的方法是使水蒸气一部分冷凝，一部分任其逸去，这样，原溶解于水内的气体和挥发性物质即随逸出的部分被除去。欲得到纯度更高的蒸馏水，可在普通蒸馏水中先加入 3%高锰酸钾($KMnO_4$)溶液，然后进行蒸馏以除去其中的有机物和挥发性的酸性气体(如二氧化碳)，再在所得的蒸馏水内加入非挥发性的酸(如硫酸或磷酸)，进行再次蒸馏除去氨等挥发性碱。这样制得的蒸馏水称为重蒸水。

水纯化的关键是把溶解在水中的盐类除去。溶解在水中的盐是以阳离子和阴离子的形式存在的。如果有一种物质可以把这些离子从水中取走，那么水也就被纯化了。这种物质就是化学家合成的高分子化合物——离子交换树脂。离子交换树脂不溶于水，具有酸性或碱性。酸性离子交换树脂称为阳离子交换树脂，可以和阳离子发生交换反应并释放出 H^+；碱性离子交换树脂称为阴离子交换树脂，可以和阴离子发生交换反应并释放出 OH^-。如果

让水分别通过足够的阳离子和阴离子交换树脂，所有溶解于水中的阳离子和阴离子就会被交换到树脂上去，流出的便是纯水了。离子交换树脂的交换作用是可逆的，当它吸够了离子之后，可以分别用相应的酸、碱溶液进行反交换，使之回复(这过程被称为树脂的再生)，这样离子交换树脂就可反复使用了。

当水中含有钙离子(Ca^{2+})、镁离子(Mg^{2+})、铁离子(Fe^{3+})或锰离子(Mn^{2+})时，称为“硬水”。硬水在某些场合中是十分有害的。水中的 Ca^{2+}、Mg^{2+}等的来源可以这样解释：当水在流经石灰石和白云石时，与溶于水中的二氧化碳发生作用而生成可溶性的酸式碳酸盐存留在水中的，其反应过程是

$$CaCO_3(\text{石灰石}) + CO_2 + H_2O \longrightarrow Ca(HCO_3)_2$$

$$CaCO_3 \cdot MgCO_3(\text{白云石}) + 2CO_2 + 2H_2O \longrightarrow Ca(HCO_3)_2 + Mg(HCO_3)_2$$

碳酸是一个二元酸，可在水中发生解离：

$$CO_2 + H_2O \rightleftharpoons H_2CO_3$$

$$H_2CO_3 \rightleftharpoons H^+ + HCO_3^-$$

$$HCO_3^- \rightleftharpoons H^+ + CO_3^{2-}$$

因此在酸性条件下会形成酸式碳酸根，所形成的盐是可溶性的。这些可溶性的酸式碳酸盐在加热时会发生沉淀反应：

$$Ca(HCO_3)_2 \xrightarrow{\Delta} CaCO_3\downarrow + CO_2\uparrow + H_2O$$

工业上锅炉用水绝不能用硬水。因为在加热过程中生成的沉淀物 $CaCO_3$ 会形成水垢，轻则使传热变差降低效率，重则因水垢产生的裂缝会造成加热不均匀甚至发生爆炸，因此，锅炉用水必须经过处理以除去钙、镁等离子。我们日常生活中的水壶底部和热水瓶底部常常见到一层白色水垢就是这种沉淀物。

硬水的另一个害处是会与普通的肥皂作用生成不溶于水的凝脂，这就是我们用肥皂洗衣时常会看见在水面上浮着的一层白花花的东西，它降低了肥皂去污的能力。此外，硬水作为饮用水的口感也欠佳。

为克服上述缺点，需要把硬水软化。制造纯水的过程如用蒸馏法、离子交换法等实际上就软化了水。除此之外，还有一种所谓石灰——纯碱软化法，是在水中加入消石灰[$Ca(OH)_2$]和纯碱(Na_2CO_3)，于是发生如下反应：

$$HCO_3^- + OH^- \longrightarrow CO_3^{2-} + H_2O$$

$$Ca^{2+} + CO_3^{2-} \longrightarrow CaCO_3\downarrow$$

$$Mg^{2+} + 2OH^- \longrightarrow Mg(OH)_2\downarrow$$

这样就可以把水中的钙、镁离子全部除去，而仅留下钠离子。至于铁和锰离子通常在水中含量不及前两种离子多，若要除去可先曝气氧化使它们成为高价氧化态，然后在碱性条件下以 $Fe(OH)_3$ 和 $MnO_2(H_2O)_x$ 沉淀的形式而过滤除去。

6.4.2.3　海水的淡化

人类的生存需要水，地球上虽然存在大量的水，但能被人类所使用的水源却少得可怜。当人类因缺乏水源而困惑时，毫无疑问会把目光移到大量海水的利用上。海水含有 3.5% 的盐类，随着淡水资源日益受到污染，其净化成本日趋增加。因此，如何通过技术进步而逐步降低海水淡化的成本，就成为化学家们孜孜以求的目标。尤其是在特殊的环境中，如

生活在无淡水源的小岛上、长期在海船上航行等，海水淡化更有重要的意义。除此之外，在干旱沙漠地区钻井取得的地下水中，也往往含有大量的盐分，要饮用这种水也必须经过类似海水淡化的技术。

目前，化学家已发明了两类比较实用的技术来淡化海水。一是用蒸发或凝固来使水和盐分分离，二是用电或化学的手段以及选择性渗透膜技术等使水中的离子除去。第一类方法是昂贵的，因为蒸发 1g 水就要吸收 2.3kJ 的热量，而凝固 1g 水又要设法从水中取走 0.3kJ 的热量，两者都要消耗大量的能源动力；而第二类方法的速度较慢。

为克服用蒸馏法淡化海水能源的消耗较大的困难，在蒸馏法中常考虑能源的再利用，所以常把蒸汽冷凝过程所释放的热量用来进行海水的预热。太阳能和原子能的利用使海水淡化的规模生产有了新的能源支持。目前蒸馏法仍是海水淡化的主要方法。

当我们把冷的海水喷入一个真空室时，部分海水的蒸发会使其余海水冷却(蒸发需要吸收热量)，并形成冰晶。任何固体从溶液中析出时，都倾向于排除别的杂质进入到该固体的晶格中，因此，虽说不是百分之百地不带入别的杂质，但固体冰晶中的杂质要比原溶液中少得多。将这种方法得到的冰晶用适量淡水淋洗一下后再融化即成为淡水了。若一次过程尚不足以达到淡化目的，可反复进行几次。这种使某种物质从溶液中凝固或结晶出来从而达到纯化目的的技术被称为重结晶。

另一种海水淡化技术被称为电渗析。如果在一个含有离子的溶液中插入两个电极并通入电流，溶液中的阳离子就会朝负极迁移，阴离子则朝正极迁移，这就是电解过程。在电解池内放入两片半透膜把电解池一分为三：靠近负极的半透膜只能使阳离子通过而拒绝使阴离子通过，靠近正极的半透膜只能使阴离子通过而拒绝阳离子通过。当在电极间通入电流之后，离子就会向两边迁移。时间足够长之后，中间部分的离子就会全部迁移到两边。若把海水放入电解池，经过电渗析之后，中间部分放出的水即为淡水。我国西沙永兴岛上的海水淡化站即采用这种技术，日产淡水 20 吨。这种技术的成本仅为蒸馏法的 1/4，但因速度较慢不适宜大规模生产。

若把溶有盐类杂质的海水视为一种稀溶液，那么就存在着一种渗透压。如果某些动物膜或人工制成的多孔膜把纯水和海水隔开，则由于渗透压的关系，纯水中的水分子可自由通过隔膜渗入海水中。这是因为海水上方的水蒸气压力比纯水的水蒸气压力要小(这是由稀溶液的特性所决定的)。如果我们在海水上方人为地增压，就可阻止这种单向渗透，当压力足够大还可使渗透逆向进行。这种过程我们称之为反渗透。利用反渗透技术，就可以把海水中的水压出来变为淡水。这种技术有可能成为一种有前途的海水淡化方法。它可以快速而大量地生产淡水，而成本仅为目前城市自来水成本的三倍左右。

这种方法所用的渗透膜多为醋酸纤维素，目前科学家正在深入研究以寻求更理想的渗透膜。试验已证明，这种渗透法对于除去水中的多氯联苯、酚类化合物、铬和银的化合物极为有效，因此，对解决水污染也不失为一个好方法。美国麻省理工学院研究人员日前利用纳米技术开发出可以手持的海水淡化装置：与传统的海水淡化方法相比，这一新型装置具有两大优点。一是淡化过程简洁，脱盐效果好。二是设备轻便，可以随身携带，使用电池就可以工作。专家认为这种新型装置为海水淡化在沿海干旱地区的普及铺平了道路。未来，利用太阳能、纳米技术等新技术是海水淡化降低成本走向大型化的趋势。

6.4.3 保护土壤资源

大气中绝大多数的污染物质经过迁移转化之后最终都会降落在地面上，或者进入地表水中，或者进入土壤中，因此大气中的污染物是土壤中污染物质的重要来源。矿物燃烧会释放出大量的二氧化硫、氮氧化合物和重金属化合物等。二氧化硫在大气中经过氧化形成硫酸随降水落在地面，或形成硫酸盐被吸附在颗粒物质上降落下来；氮氧化合物转变为硝酸盐最后沉降在地面上，土壤吸收 NO 和 NO_2 并很快被氧化成为硝酸盐；汽车尾气中含有一定量的铅，也将落到公路两旁的土壤中。

土壤污染物的另一个来源是为了获得农作物的丰收而向田地施用的化肥，以及为了控制病虫害和杂草生长而施用的农药。固体废物的堆放也是污染土壤的一个原因，特别是生活垃圾，其中包含有各种污染物质，会严重污染堆放附近的土壤地表水，甚至地下水。

6.4.3.1　农药的污染

向田地施用农药后，经过一段时间，农药的残留量和存在的状态主要取决于农药本身的性质和结构以及环境条件。对于新型农药的使用，通常考虑以下几个因素：土壤对农药的吸附作用，农药被淋洗到天然水中后对水体的危害，农药对土壤中微生物及其他动物的毒害作用和是否在环境中产生毒性更多的降解产物等。当然，由于土壤本身的物理化学性质决定了它具有一定的处理污染物的能力。它可以有效地吸附农药而减少农药对土壤中微生物的危害，同时，对于污染物的微生物降解和化学降解，土壤也是一个很好的场所。

目前农药污染物主要有以下两种：

(1) 二噁英：二噁英是生产 2, 4-D 和 2, 4, 5-T 过程中所产生的杂质，2, 4-D 和 2, 4, 5-T 是除草剂，可以杀死宽叶植物，对于牧草几乎没有伤害，因此可以用它们来除杂草，其结构为

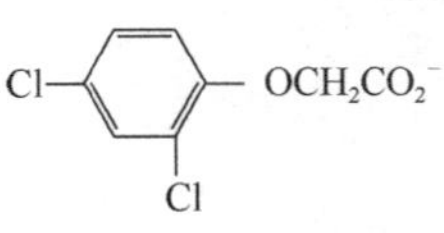

2,4-D

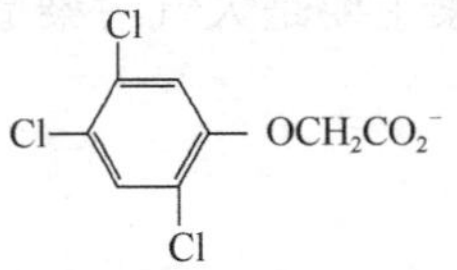

2,4,5-T

此类化合物类似植物生长激素吲哚基醋酸，若大量使用也会引起植物变态生长。纯的 2, 4-D 和 2, 4, 5-T 在环境中很快被降解，对环境的远期影响较小。但是由于生产工艺的差异，所产生的杂质二噁英对动物是有毒害的。二噁英的结构为

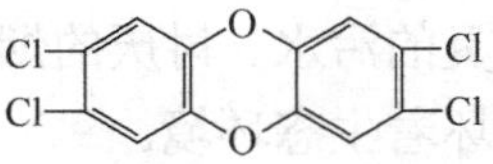

有实验表明，二噁英具有一定的致畸作用，如每克土壤中含有 32μg 二噁英，将会使鸟类、猫、狗、马等动物致死。但人对二噁英不十分敏感。

(2) 有机氯化物：有机氯化物，如 DDT，六六六，氯丹，七氯，艾试剂，狄试剂等作为农药被广泛使用。这类农药在环境中非常稳定，它们的远期影响已成为当今世界环境保护中一个严重问题。在观察食物链端点鸟类，如雕、鹰、猎鹰、鹈鹕等数目时，发现了这类化合物的毒效应。实验证明，它可使鸟类交配期推迟，并且生下壳很薄的卵，对于鸟类

和它们的卵分析证实，其中含有大量的有机氯化物。目前，有机氯化物已存在于全球各地，在从来没有使用过农药的地方，如两极地区的动物体内，海洋上空的空气中，也发现了有机氯化物的存在，这是污染物全球循环过程中形成的。

鉴于有机氯农药的毒性较大，环境中停留的时间较长，难于降解，目前很多国家已经停止生产和使用，但是由于长时间使用，环境中已经积累了相当多的量，在今后的若干年内仍然是一个严重的问题。

6.4.3.2 多环芳烃和杂环烃的污染

多环芳烃(PAH)作为大规模的工业产品来生产的品种很少，如蒽、芘和咔唑等大都是用来生产染料、除草剂、杀虫剂及其他化学药物的原料。由于具有毒性和致癌作用，此类物质一般不直接使用。沥青是生成PAH的主要原料。含碳和氢的有机化合物在超过700°C的高温下热解或不完全燃烧时均可产生PAH。由于在我们的环境中热解和不完全燃烧现象随处可见，因此这类污染物在环境中的存在比较普遍，目前世界各地总的PAH排放量尚不十分清楚。

大量研究表明，多环芳烃是分布最广的致癌物质之一。苯并(a)芘(BaP)是其中致癌作用最强者，其结构为

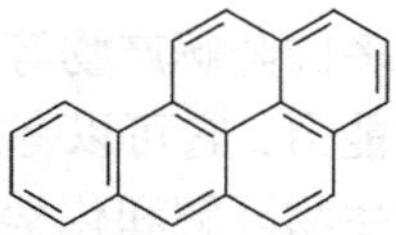

从致癌角度说，BaP属于间接致癌物质。即当BaP进入人体后，经过酶的作用，形成代谢产物，成为最终致癌物质(二氢二醇环氧化合物)，才引起癌变。据估计全世界BaP的排放量约为5000吨/年。各国科学工作者们一直关注有关土壤-植物系统BaP的研究。Grimmer等通过对城市工业污染区域与其他非工业污染区谷物样品的分析对比，得出结论：植物和土壤中BaP的积累主要是大气污染造成的。

6.5 绿色化学

化学在保证和提高人类生活质量、保护自然环境以及增强化学工业的竞争力等方面起着关键作用。化学科学的研究成果和化学知识的应用，创造了无数的新产品进入每一个普通家庭的生活，使得我们在衣食住行各个方面的生活质量都有所提高，且化学药物的使用为人们防病祛疾起到了关键作用。但是另一方面，随着化学品的大量生产和广泛应用，给人类原本和谐的生态环境带来了黑臭的污水、讨厌的烟尘、难以处置的废弃物和各种各样的毒物……威胁着人类的健康，破坏着生态环境。

这种情况引起了越来越多的人的关注。1990年，美国国会通过《污染预防法案》，明确提出了“污染预防”这一概念，要求杜绝污染源，指出最好的防止有毒化学物质危害的办法就是从一开始就不生产有毒物质和形成废弃物。这个法案推动了化学界为预防污染、保护环境作进一步的努力。此后，不同学者赋予这一概念不同的名称：环境无害化学(Environmental Benign Chemistry)、清洁化学(Clean Chemistry)、原子经济学(Atomic Economy)和绿色化学(Green Chemistry)等。美国环保局率先在官方文件中正式采用“绿色

化学”这个名称，以突出化学对环境的友好；1995 年 3 月 16 日，美国总统克林顿宣布设立“绿色化学挑战奖计划”，以推动社会各界进行化学污染预防和工业生态学研究，鼓励支持重大的创造性的科学技术突破，从根本上减少乃至杜绝化学污染源；随后美国科学基金会和美国国家环保局提供专门基金资助绿色化学的研究，并于同年 10 月 30 日设立“总统绿色化学挑战奖”这项在化学化工领域内唯一的总统奖，以表彰在该领域中有重大突破和成就的个人与单位。基于以上原因，使得“绿色化学”这个名称广为传播。目前全世界比较发达的国家的许多行业都以浓厚的兴趣大力研究绿色化学课题。

6.5.1　绿色化学概述

什么是绿色化学？绿色化学是指设计没有或者只有尽可能小的环境负作用并且在技术上和经济上可行的化学品和化学过程。它是实现污染预防的基本的和重要的科学手段，包括许多化学领域，如合成、催化、工艺、分离和分析监测等。

绿色化学不同于环境化学。环境化学是一门研究污染物的分布、存在形式、运行、迁移及其对环境影响的科学。绿色化学的最大特点在于它是在始端就采用实现污染预防的科学手段，因而过程和终端均为零排放或零污染。它研究污染的根源——污染的本质在哪里，它不是去对终端或过程污染进行控制或进行处理。绿色化学关注在现今科技手段和条件下能降低对人类健康和环境有负面影响的各个方面和各种类型的化学过程。绿色化学主张在通过化学转换获取新物质的过程中充分利用每个原子，具有“原子经济性”，因此它既能够充分利用资源，又能够防止污染。

很明显，绿色化学要求负作用尽可能小，它是一种理念，是人们应该倾力追求的目标。

6.5.2　绿色化学的原则和研究内容

绿色化学有其应用的原则。概括起来，它们主要有以下 12 项：①防止环境污染；②提高原子经济性；③尽量减少化学合成中的有毒原料和有毒产物；④设计安全的化学品；⑤使用安全的溶剂和助剂；⑥提高能源经济性；⑦原料的再利用；⑧减少官能团的引入；⑨新型催化剂的开发；⑩产物的易降解性；⑪以降低环境污染为宗旨的现场实际分析；⑫防止生产事故的安全生产工艺。这些原则主要体现了对环境的友好和安全、能源的节约、生产的安全性等，它们对绿色化学而言是非常重要的。在实施化学生产的过程中，应该充分考虑这些原则。

绿色化学研究什么？一般说来，一个化学反应主要受四个方面的影响：①原料或起始物的性质；②试剂或合成路线的特点；③反应条件；④产物或目标分子的性质。众所周知，这四个因素相互紧密联系，而且在一定条件下息息相关。因此，这四个方面也是绿色化学主要研究的方面。

目前，绿色化学的研究重点是：①设计或重新设计对人类健康和环境更安全的化合物，这是绿色化学的关键部分；②探求新的、更安全的、对环境更友好的化学合成路线和生产工艺，这可从研究、变换基本原料和起始化合物以及引入新试剂入手；③改善化学反应条件、降低对人类健康和环境的危害，减少废弃物的生产和排放。综上所述，可以看出绿色化学着重于“更安全”这个概念，不仅针对人类的健康，还包括整个生命周期中对生态环境、动物、水生生物和植物的影响；而且除了直接影响之外，还要考虑间接影响，如转化产物或代谢物的毒性等。

纵观国际绿色化学的发展史，英国创刊了《绿色化学》杂志，日本实施了“新阳光计划”，美国组建了多种级别的绿色化学研究所，我国“绿色化学”的发展也取得了相应的成就。1995 年，中国科学院化学部确定了“绿色化学与技术”的院士咨询课题。1996 年，召开了“工业生产中绿色化学与技术”研讨会，并出版了《绿色化学与技术研讨会学术报告汇编》。1997 年，国家自然科学基金委员会与中国石油化工集团公司联合立项资助了九五重大基础研究项目“环境友好石油化工催化化学与化学反应工程”。1998 年，在合肥举办了第一届国际绿色化学高级研讨会。此外，我国在高原子经济性特别是过渡金属催化的有机合成方法等方面开展了一些高水平的工作，如过渡金属催化的炔烃异构化反应，烯烃的分子内成环反应等原子利用率都为 100%，这方面的工作已被各国科学家广泛应用于目标分子的合成中，在国际上占有一席之地。

6.5.3 绿色化学另外的一个重大突破——纳米技术

随着纳米技术的悄然崛起，人类利用资源和保护环境的能力也得到拓展。过去，人们往往把环境保护的重点放在污染源的治理上，而对绿色技术、绿色设计、绿色制造等关注和应用得不够。纳米技术为彻底改善环境和从源头上根本控制新的污染源产生，创造了条件。

所谓纳米技术，是指在 0.1～100nm 尺度范围内，研究电子、原子和分子内在规律和特征，并用于制造各种物质的一门综合性科学技术。当物质被“粉碎”到纳米级细小并制成的“纳米材料”，不仅光、电、热、磁性发生变化，而且具有辐射、吸收、吸附等许多新特性，可彻底改变目前的产业结构。不难设想，纳米技术在未来的绿色革命中将大显身手，给环境保护带来突破性变化。

6.5.3.1 资源利用持续化

据预测，进入纳米时代后，世界上将会出现 1μm 以下的机器设备。有关资料介绍，日本已用极微小的部件组装成一辆只有米粒大小、能够运转的汽车。还制成了直径只有 1～2mm 的静电发电机，其体积只有常规机器的万分之一。在我国也已有微直升机、微马达、微泵、微喷器、微传感器等一系列纳米微机电系统元器件问世。由此可见，纳米技术可使产品微型化，使所需资源减少，不仅可达到“低消耗、高效益”的可持续发展目的，而且其成本极为低廉。可以预料，未来那些资源浪费、造价昂贵的大型机械设备和车辆将会逐步被淘汰，以实现资源消耗率的“零增长”。就拿纳米灯泡来说，不但不影响透光，而且还可以提高发光效率，节省 15%以上的电，并在照射时不会有像摄影棚里强光下温度骤升的“耀目光源”感觉。

6.5.3.2 尾气排放无害化

有资料表明，纳米技术还可以用于制备性能良好的催化剂，其催化效率极高。经它催化的石油中硫的含量小于 0.01%。因而，在燃煤中可加入纳米级助烧催化剂，以帮助燃煤充分燃烧，提高能源的利用率，防止有害气体的产生。又如纳米技术用于汽车尾气催化，有极强的氧化还原性能，是其他任何汽车尾气净化催化剂所不能比拟的，它在发动机汽车缸里发挥催化作用，使汽车燃烧时不再产生氮氧化物等，这样就无需再进行尾气净化处理，即可达到防治尾气污染的效果。我们知道，氢能是储量巨大的清洁能源。但储存方面的问题制约着氢能的开发利用，已有的稀土由于储氢量少，应用受到限制。有一种合成的高质量碳纳米材料，能储存和凝聚大量的氢气。据介绍，其储存能力达到4%以上，是稀土的两倍以上，并可以做成燃料电池驱动汽车，可有效避免因机动车尾气排放所造成的大气污染。

6.5.3.3　污水处理纯净化

新型的纳米级净水剂具有很强的吸附能力，它的吸附能力是普通净水剂的 10～20 倍。和传统的污水处理相比较，纳米级净水剂不但可以将污水中的悬浮物、铁锈、异味等污染物去除，通过纳米孔径的过滤装置，还能把水中的细菌、病毒去除。因细菌、病毒的直径比纳米级大而被过滤掉，可水分子以及比水分子还要小的矿物质、元素却被保留下来，经过纳米净化后的水体清澈，没有异味，成为高质量的纯净水，可直接饮用。

6.5.3.4　噪声控制有效化

经检测，飞机、车辆、船舶等主机工作时的噪声可达到上百分贝，对人类的身体健康有着一定程度的影响。当机器设备等被纳米技术微型化以后，其互相撞击、摩擦产生的交变机械作用力将大为减小，噪声污染会得到有效控制。运用纳米技术开发的润滑剂，既能在物体表面形成半永久性的固态膜，产生极好的润滑作用，以大大降低机器设备运转时的噪声，又能延长它的使用寿命。另外，纳米技术还可以帮助我们有效减少电磁场对人体健康的影响。若在强烈辐射区工作并需要电磁屏蔽时，可以在墙内加入纳米材料层，或者涂上纳米涂料，能大大提高其遮挡电磁波辐射的性能。

6.5.3.5　绿色产品多样化

纳米技术可渗透到环保的各个领域，将创造出更高科技含量的绿色产品。如：化纤布料制成的衣服虽然艳丽，但因摩擦容易产生静电损伤皮肤，而在生产时只要加入少量的金属纳米微粒，就可以摆脱烦人的静电现象。化纤地毯放电，容易吸附灰尘，如在生产时放进一些金属纳米微粒，同样可以解决这一问题。把银纳米微粒加入到袜子中能够清除脚臭味。冰箱、洗衣机等电器设备使用时间长了也容易产生细菌污染，而采取了纳米材料新设计的冰箱、洗衣机既可以抗菌，又可以除味，增强其防污性能。纳米材料还可以降解有机磷农药、城市垃圾等。可以预见，具有科技含量的绿色产品将成为未来世界商品市场的主导产品。

因此，纳米技术对绿色化学的发展有着深远的影响，它有广泛的应用前景，甚至会改变人们传统环保观念。利用纳米技术解决污染问题将成为未来环境保护发展的必然趋势。

6.5.4　化学教育的新课题

1972 年 6 月，在瑞典首都斯德哥尔摩召开了联合国人类环境会议，这是 113 个国家代表出席的盛会，这次会议的最大功绩是唤起了人们的环境意识，提出了响彻世界的环境保护口号——只有一个地球，公布了《人类环境宣言》等一系列世界性文件，并将每年的 6 月 15 日定为世界环境日。

20 世纪 80 年代，联合国针对当时人类面临的三大挑战：南北问题、裁军与安全、环境与发展，成立了由西德总理勃兰特、瑞典首相帕而梅和挪威首相布伦特兰为首的三个高级专家委员会，分别发表了“共同的危机”“共同的安全”“共同的未来”三个著名的文件。这三个文件不约而同地都得出世界各国必须组织实施新的可持续发展战略的结论，一致强调可持续发展是整个人类求得生存与发展的唯一可供选择的途径。

1992 年 6 月，在巴西首都里约热内卢召开的联合国环境与发展大会，178 个联合国成员国派出了高级政府代表团。大会把环境与经济社会发展结合起来研究，对“协调发展”取得了共识，找到了在发展中解决环境问题的正确道路，即被普遍接受的“可持续发展战略”。这是人类文明进步的历史性的重大转折，是人类诀别传统发展和开拓现代文明的一个重要的里程碑。

把绿色化学融合于大学课程教材改革和课堂教学改革之中，使绿色化学成为化学教育的一个重要组成部分，这是化学教育的新课题。

要把绿色化学的理念贯穿到整个化学教育之中。首先，化学教育工作者要树立可持续发展的观念。绿色化学有利于保护人类赖以生存的环境、实现人类社会的可持续发展，化学教育必须体现绿色化学的新内容，要在课程教材中体现绿色化学的理念，使绿色化学的思想和内容贯穿于从基础教育到高等教育的始终。教师在课堂教学、实验等方面，要始终贯彻绿色化学的思想；要让学生了解绿色化学，树立起绿色意识，培养学生从事绿色化学研究与开发的能力。从绿色化学的角度来看，化学中许多物质的制取反应、化学工艺等等都是值得讨论和重新考虑的。这给改革课堂教学、培养学生的创新精神和创新能力提供了良好的契机。

绿色化学不但有重大的社会、环境和经济效益，而且说明化学所带来的环境污染是可以避免的，也充分显示出了人类的主观能动性。绿色化学体现了化学科学、技术与社会的相互联系和相互作用，是化学科学高度发展以及社会对化学科学发展的作用的产物，对化学本身而言是一个新阶段的到来。年轻的一代，不但要有能力去发展新的、对环境更友好的化学，以防止化学污染；而且要了解绿色化学、接受绿色化学、为绿色化学作出应有的贡献。

思 考 题

6-1 什么是光化学烟雾：光化学烟雾的特征和反应机制是什么？

6-2 什么是酸雨？简述酸雨的危害性，如何防止酸雨？

6-3 目前世界上哪些地方出现了臭氧空洞？

6-4 全球气候为什么变暖？

6-5 简述自然环境中碳、氮循环。

6-6 简述雾霾天气带来的危害。

6-7 简述水资源保护对我国国民经济建设的重要性。

6-8 何为绿色化学？

6-9 简述纳米技术在人类利用资源和保护环境中的应用。

6-10 为什么说可持续发展是整个人类求得生存与发展的唯一可供选择的途径？

（西安交通大学　高瑞霞）

第 7 章　化学与材料

材料是人类生存和发展的最根本物质基础，是人类社会文明的重要支柱。翻开人类文明的史册，不难发现，每一次材料科学的重大突破都曾引起生产技术的革命，给社会和人类生活带来巨大的变化。在 20 世纪，化学带动了整个材料科学的发展。如高分子化学的发展导致了塑料、合成橡胶、合成纤维、涂料和胶黏剂的发明。从利用天然材料到创造新材料是人类历史一大关键性的进步，也是化学发展史的一个里程碑。20 世纪早期的材料研究大部分针对结构材料，后来，随着航空、航天、通讯、电子、能源、生物等领域对诸如超硬材料、高纯半导体、光导纤维、信息储存材料、能量转化材料、敏感材料等功能材料需求的日益增加，材料研究涉及范围越来越广泛。化学家以结构－功能关系为主线，设计、合成了许多具有各种功能的分子，如今它们已成为制备新材料的基本原料。世界上传统材料已有几十万种，而化学家合成的新材料正以每年 5%的速度增长，化学元素周期表中已有 90 多个元素应用在材料制备之中。

7.1　金属材料

金属材料是人类发现和应用的最古老的传统材料之一。早在公元前 5000 年，人类已经开始使用青铜器；18 世纪工业革命期间，迅猛发展的钢铁工业成为产业革命的主要物质基础，而这些金属材料直到 20 世纪中叶仍在材料工业中占有主导地位。之后，随着社会对功能材料需求的增加，许多新兴的金属材料应运而生，如高比强和高比模的铝锂合金、形状记忆合金、钕铁硼永磁合金、贮氢合金等，它们在航空、航天、能源、机电等各个领域应用广泛，产生了巨大的社会和经济效益。

7.1.1　铝合金和铝锂合金

铝是自然界中含量最多的金属元素，主要的矿石有铝土矿（$Al_2O_3 \cdot nH_2O$）、黏土[$H_2Al_2(SiO_4)_3H_2O$]、长石（$KAlSi_3O_8$）、云母[$H_2KAl_3(SiO_4)_3$]、冰晶石（Na_3AlF_6）等。铝也是人们日常生活中最常见的一种金属。它的密度为 $2.702\ g \cdot cm^{-3}$，属于轻金属。铝的导电、导热性均较好，有优良的延展性，可制成导线。铝是一种活泼金属，但由于金属铝表面在空气中易形成一层致密的氧化膜，所以有很好的抗蚀性。金属铝的强度和弹性模量较低，硬度和耐磨性较差，为了提高铝的强度，常加入如镁、铜、锌、锰、硅等元素制铝成合金。常见的铝、铜、镁合金称为硬铝；铝、锌、镁、铜合金称为超硬铝。由于铝合金强度较高，相对密度小，易成型，故广泛应用于航空、汽车和建筑业。

锂是自然界中最轻的金属，它的密度仅为 $0.534\ g \cdot cm^{-3}$，约为铝的 1/5、钢的 1/15，比水还轻。在铝合金中增加少量锂，可以使它的密度显著降低。如每增加合金重量 1%的锂，可以使合金密度降低 3%，而同时使其弹性模量增加 6%。铝锂合金主要有三个系列，即铝-铜-锂系(Al-Cu-Li)、铝-镁-锂系(Al-Mg-Li)和铝-锂-铜-镁系(Al-Li-Cu-Mg)合金。铝锂合金虽然降低了合金的密度，增加了强度，但延伸率却减小了。脆性是这种合金的最大缺点，为了改善合金的韧塑性，一般是加入少量金属锆(Zr)或者微量稀土元素(如钆、铈、钪等)。

铝锂合金具有高比强度、高比刚度和相对密度小(2.5)的特点，因而是航空航天工业的理想结构材料。如果采用铝锂合金制造波音飞机蒙皮材料，重量可以减轻14.6%，燃料节省5.4%，飞机成本将下降2.1%，每架飞机每年的飞行费用将降低2.2%。为了提高战斗机的性能，苏制米格27和米格29战斗机的机身壳体、纵梁、肋板和静力承载部件都采用了铝锂合金材料。

铝锂合金还具有良好的抗辐射特性和低温特性，经中子辐照后残留的放射性低，因而可用作核聚变装置中的真空容器。铝锂合金还具有较高的电阻率，一些铝锂合金在低温77K(液氮温度)下仍具有良好的综合性能，因此可作低温容器材料使用。

7.1.2 新型金属玻璃材料

金属或合金在熔融状态下缓慢冷却得到的是晶态金属或晶态合金。如果在熔融状态下以极高的速度骤冷(冷却速度约为 $10^6\ K \cdot s^{-1}$)，因原子来不及有序化排列，形成的是非晶态金属或合金。这种结构与玻璃的结构极为相似，所以称为金属玻璃。普通玻璃是硅酸盐或硅的氧化物，它们的显著特点是脆而透明；而金属玻璃与普通玻璃特性相反，它们是韧而不透明的。

金属玻璃与晶态金属相比，虽然化学成分相似甚至相同，但由于结构不同，无论在力学、电学、磁学及化学性质等方面都有一定的独特之处。

如金属玻璃的强度和硬度都比现有的一般晶态金属高，在具有高强度的同时还具有高韧性。如 $Fe_{20}B_{20}$ 的硬度高达10 790MPa，强度高达3630MPa，与最好的冷拉钢丝相当。金属玻璃的电阻率温度系数比晶态合金要小，而且可以为零或负值，这使它在一些仪表测量中具有广阔的应用前景。金属玻璃磁性材料具有高磁导率、高磁感、低铁损等特性，可以应用于功率变压器、磁芯材料、磁分离、磁屏蔽、磁头中。美国的金属玻璃专家卢博尔斯基曾估算过，如果将目前美国使用的电力变压器和马达的硅钢片换成金属玻璃，由于能量损耗降低，能耗费用可由每年的18亿美元降为8亿美元。金属玻璃具有非常强的防腐蚀性能，尤其是非晶态合金中有一定含量的Cr和P时具有极高的抗腐蚀能力，这是由它在结构和化学上高度均匀的单相特点决定的。因为非晶态合金没有晶态合金的晶粒、晶界、位错、杂质偏析等缺陷，而这些缺陷密集处往往具有高活性，容易引起局部腐蚀。因此，非晶态合金将不会发生局部腐蚀，而是形成“均匀”的钝化膜。

金属玻璃作为一种新型的金属材料，具有许多优良的特异性能，而且大部分金属玻璃态是直接由液态急冷而成的，工艺简单，生产成本低，原料便宜，成本低廉，因此金属玻璃是一种有广阔应用前景的新型材料。

7.1.3 超高温合金与高温金属陶瓷

高温合金的工作温度随所受压力、环境介质和寿命要求的不同而有所不同。通常把使用温度范围在 500～700℃的合金称为高温合金；把在 700℃以上仍能承受 150～200 兆帕应力、在燃烧气氛中寿命≥100h 的合金称作超高温合金。镍钴合金能耐 1200℃的高温，这使它可用作喷气式飞机和燃气轮机发动机的部件(如涡轮叶片)。镍钴铁合金在 1200℃仍具有高强度、韧性好的特点，因而可用作航天飞机的部件和原子反应堆的控制棒等。

难熔金属钼(熔点 2610℃)、铌(熔点 2468℃)、钽(熔点 2996℃)、钨(熔点 3390℃)等合金，在 1200℃以上具有优良的抗蠕变能力，可在 1500～1650℃下工作；而以烧结和挤压成型的钨坯或电子轰击熔炼和压力加工的(85%) W-(15%) Mo 合金能承受 3 000℃的气流冲刷。

高温金属陶瓷是将熔点较高的金属或合金与一种或几种难熔化合物(如 W、Mo、Ti、Zr、V、Nb、Ta、Hf 等的碳化物、硼化物、硅化物等)粉末混合压制烧结而成的。其中熔点较高的金属(如 Mo、Cr、Co 等)或合金用作黏结剂，而难熔化合物作为基体。金属陶瓷既有金属的高抗拉强度、高塑性、高冲击韧性、高导热性等优点，又有陶瓷的高硬度、高熔点、高抗氧化性等特性。如以硼化物为基体、以金属为黏结剂的金属陶瓷，在 1100℃时的持久强度比好的钴基超高温合金的持久强度还要高 1～2 倍。TiB_2-Mo、ZrB_2-Mo、CrB_2-Mo、TiB_2-Cr 金属陶瓷的共晶熔点在 1500～1900℃以上，是制取高温工作零件很有前途的材料，超高温金属陶瓷及陶瓷材料是宇航工业中一类极为重要的材料，可用来制造火箭发动机的各种超高温工作零件。

7.1.4　形状记忆合金

茫茫太空中，一颗同步通讯卫星进入预定的轨道。只见卫星上的一团天线在阳光下迅速张开成半球面的形状，像一把倒张开着的伞指向太空。是什么神奇的力量使这团天线张开的呢？原来这团天线是一种新型的功能材料－形状记忆合金制成的。

这种合金材料具有在一定的条件下变形后，又能恢复到变形前原始形状的能力，即所谓形状记忆能力。目前对其的解释是这类合金中局部发生了马氏体相变。具有马氏体相变的合金在受热达到相变温度时，能从马氏体结构转变为奥氏体结构，完全恢复到原来的形状。马氏体和奥氏体是两种不同的金属显微组织名称，马氏体是碳溶于 α-Fe 中的过饱和间隙固溶体，体心四方结构，即铁原子按体心四方分布，碳原子填入变形的八面体空隙中，如图 7-1(a)所示；奥氏体是少量碳固溶在γ-Fe 中形成的间隙固溶体，呈面心立方结构，碳原子占据八面体空隙，如图 7-1(b)所示。

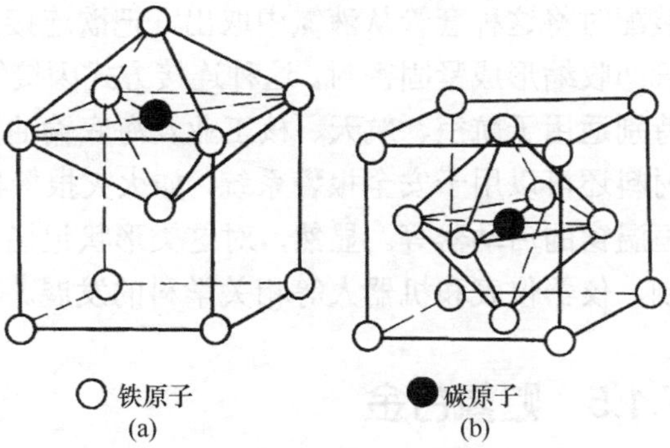

图 7-1　奥氏体和马氏体结构

相变温度，可以根据工作要求通过改变合金成分来控制。相变温度的范围很大，如 Cu 基记忆合金的相变点可以从–100℃变到 100℃以上。形状记忆合金可分为单向记忆合金和双向记忆合金。双向记忆合金是指合金不但记得母相奥氏体状态的形状，而且还能记住马氏体状态的形状。图 7-2 是双向记忆合金随温度冷热的变化，其形状反复发生变化的示意图。

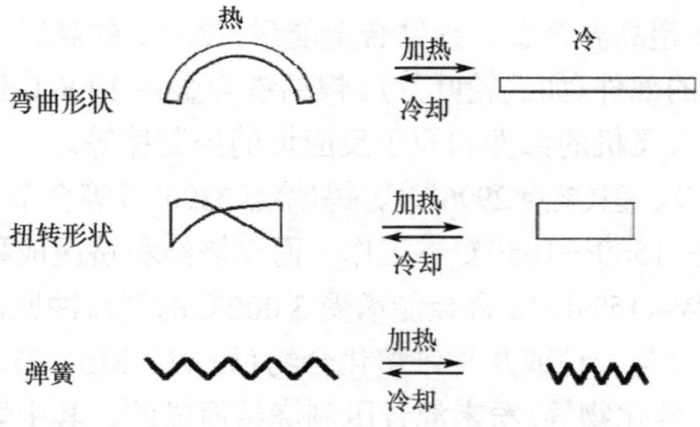

图 7-2 双向形状记忆合金工作原理示意图

早在20世纪50年代初化学家就发现了 Au-Cd、In-Ti 合金有形状记忆效应，但直到 1963 年发现镍-钛合金(Ni-Ti)具有形状记忆效应后，形状记忆合金材料才开始实用化。

镍-钛合金迄今仍然是用量最多的形状记忆合金。在这种合金中 Ni 和 Ti 差不多各占 50%。后来化学家又陆续发展了一系列的改良镍-钛合金，如钛-镍-铜、钛-镍-铌、钛-镍-钯、钛-镍-铁合金等。

铜系形状记忆合金目前主要是铜-锌-铝合金和铜-镍-铝合金，铜系合金的价格是镍-钛合金的 1/10，并且具有导热性好、电阻小、转变温度范围宽、热滞后小、加工性能好等优点，但功能要差一些。

铁系形状记忆合金有铁-铂、铁-钯、铁-镍-钴-钛等系列合金，它们的价格只有铜系合金的 1/2 左右。但其回复原形的温度比镍钛合金要高，必须加热到 200℃左右才能实现。如果能更好地控制回复应变和使用温度，则铁系合金将具有更大的价格优势。

形状记忆合金的另一个特性是具有超弹性。一般的金属或合金在外力作用下具有一定的弹性形变，即遵循虎克定律；但如果外力的作用超过它的弹性形变的最大作用力时，就会出现塑性形变，即不能恢复到原来的形状。而形状记忆合金则不然，它在一般金属的弹性形变之外再增加外力，还可以出现数倍于一般弹性形变的形变，而且当外力去掉后仍可以恢复原来的形状，这就是形状记忆合金的超弹性表现。因此，这类材料可用作调节装置的弹性元件(如离合器、节流阀、温控元件等)、热引擎材料、医疗材料(如牙齿矫正材料)等。

形状记忆合金的应用最早是从管接头和紧固件开始的。用单向性形状记忆合金加工成内径比欲连接管的外径小 4%的套管，然后在液氮温度下于马氏体状态将套管扩径约 8%，装配时将这种套管从液氮中取出，把欲连接的管子从两端插入。当温度升高到常温时，套管即收缩形成紧固密封。这种连接方式因接触紧密而能防渗漏，装配时间短，远胜于焊接，特别适用于航空、航天、核工业及海底输油管道等危险场合和检修工事等领域。形状记忆材料还可以用于安全报警系统，如火灾报警器、液化气泄漏探测器，脑动脉瘤夹、解骨板、恒温窗的启动器等。显然，对这类形状记忆材料的研究和开发将促进机械、电子、自动控制、仪器仪表和机器人等相关学科的发展。

7.1.5 贮氢合金

1968 年，美国化学家首先发现 Mg-Ni 合金具有吸氢的特性，从而提出了用金属贮氢的思路。但氢气储存在这种“贮氢合金”中，需要加热到 250℃才能释放出氢。之后又相继发现了 Ti-Fe、Ti-Mn、La-Ni 等合金也有储氢功能，其中 La-Ni 储氢合金在常温、0.152 兆帕下就可以放出氢，可用于汽车、燃烧电池等。

由于金属原子大都是密堆积的，在结构中存在许多四面体和八面体空隙，可以容纳半径较小的氢原子，因此金属或合金可以与氢形成氢化物，把氢贮存在金属原子的空隙中而不增加整块金属的体积或改变金属的结构。在贮氢合金中，一个金属原子可以与 2～3 个甚至更多的氢原子结合，生成金属氢化物。

金属与氢的反应是一个可逆过程，典型的反应方程式为

$$M+\frac{x}{2}H_2 \longrightarrow MH_x \qquad \Delta H_m^{\theta}<0$$

式中，M 表示金属或合金，MH_x 是金属氢化物，ΔH_m^{θ} 是生成热。金属吸氢生成金属氢化物还是金属氢化物分解释放出氢，均受到温度、压力与合金成分的控制。

由于氢是以固态金属氢化物的形式存在的，氢原子的密度要比同样温度压力条件下的气态氢大 1000 倍，也就是说相当于贮存 1000 大气压的高压氢气。用贮氢合金贮氢，既不需要体积庞大的钢制容器，也不需要贮存液态氢那样的极低温设备和绝热措施，安全可靠，是一种很理想的贮氢手段。虽然有许多金属都能与氢作用生成金属氢化物，但并不是所有这些金属都适于作贮氢材料。理想的贮氢合金应具有吸氢能力大、金属氢化物的生成热适当、平衡氢气压不太高(最好是在室温附近只有几个大气压)、吸氢与放氢过程容易进行且速度快、传热性好、重量轻、性能稳定、安全、价廉等特点。目前正在开发的贮氢合金主要有三大系列：

(1) 镁系合金：其 MgH_2 含氢量只占总重的 7.6%，吸氢速度大，但放出氢的温度高达 287℃以上。

(2) 稀土系合金：如 $LaNi_5$ 各项性能优良，但价格高。为降低成本，人们用未经分离的混合稀土 M_m 来代替 La，开发了 M_mNiM_n、M_mNiAl 等。

(3) 钛系合金：这类贮氢合金以钛－铁合金研究的最早，价格便宜，氢化物分解压在室温附近只几个大气压，很符合实用要求，但需要在高温高压下进行活化处理，不过放入少量的锰或铌后，初期活化比较容易，吸收氢寿命也得到改善。

贮氢合金用于氢动力汽车已试制成功。贮氢合金还可将工业氢气提纯至 99.9999%，这种超纯氢是电子工业的重要原料。贮氢合金也应用于氢同位素的吸收和分离。根据贮氢合金吸氢时放热，放氢时又要吸收同样的热的性质，现已研制成功利用贮氢合金的空调器并已商品化。利用贮氢合金还可以制成超低温制冷设备。用贮氢合金制造镍氢电池是贮氢合金的又一个重要应用领域。

7.2 无机非金属材料

无机非金属材料又称为陶瓷材料。人类从新石器时代开始使用陶瓷至今，已有七八千年的历史。传统的陶瓷包括陶器、瓷器、耐火材料、珐琅、玻璃、水泥和磨料等，它们都是将天然矿物原料经高温烧结而制得的产品，它们的化学组成中都含有 SiO_2，所以它们又被称为硅酸盐材料。与金属材料和有机高分子材料相比，陶瓷抗腐蚀能力更强，能抗氧化、抗酸、碱、盐的侵蚀；但传统陶瓷也有致命的弱点，就是抗拉、抗弯及抗冲击的强度较低。为了克服这些弱点，化学家进行了大量的研究，研制出性能各异的新型陶瓷材料。

7.2.1 传统陶瓷材料

陶瓷在我国又悠久的历史，是中华民族古老文明的象征。从西安临潼秦始皇陵中出土

的大批陶兵马俑，气势宏伟，形象逼真，被认为是世界文化奇迹；我国唐代的唐三彩，明清的景德镇瓷器等均久负盛名。

传统陶瓷是以长石、石英和黏土为主要原料，经混合、粉碎、成型及烧结等工艺制得的。其中含有三种主要化学成分：一种是低熔点的碱金属氧化物，如氧化钾和氧化钠；另一种是构成硅酸盐的主要成分，即二氧化硅(SiO_2)；还有一种是氧化铝(Al_2O_3)。为了满足生产和生活需要，人们生产了大量的人造硅酸盐制品，主要有玻璃、水泥、各种陶瓷、砖瓦以及某些分子筛等。

7.2.2 透明陶瓷

在长期的陶瓷生产实践中，人们发现磁胚中 Al_2O_3 含量越高，磁胚的烧结温度越高，性能会越好。如果用纯的 Al_2O_3，烧结温度可达 2000℃，能制成洁白如玉、坚硬非凡的氧化铝陶瓷，因此也叫刚玉。加入烧结助剂可降低氧化铝陶瓷的烧结温度，如加入氧化镁(MgO)，不仅可使烧结温度降到 1400℃以下，而且可以获得几乎完全致密的透明刚玉瓷。

传统的陶瓷不透明，主要是由于存在杂质和陶瓷中的气孔。一般烧结的刚玉是多晶体，其组织结构是许许多多的微小晶体，所以透光率也不高。但如果用纯净的氧化铝在特殊的熔炉中生长出单晶，这种单晶就会变得无色而透明，这就是最先制得的透明陶瓷。这种纯氧化铝单晶也称为人造白宝石。当根据需要加入不同的着色剂时，即可制得各种颜色的人造宝石。如加入 2%～3%的氧化铬，可制得红宝石；加入 0.5%的氧化钛及 1.5%的氧化铁，可制得蓝宝石；加入 0.5%～1.0%的氧化镍，可制得黄宝石。人造宝石不仅是珍贵的装饰品，而且可用来制造钟表轴承、电气仪表、铁道信号继电器、精密计具轴承、唱机和录音器宝石针等。此外，在激光器、红外探测器中，在半导体硅的制造以及真空管的制造中，也都有特殊的用途。

透明陶瓷除了氧化铝陶瓷外，还有氧化镁、氧化铍、氧化钇、氧化钇-二氧化锆等多种氧化物系列透明陶瓷，砷化镓、硫化锌、硒化锌、氟化镁、氟化钙等非氧化物透明陶瓷等。由于透明陶瓷具有优良的光学性能，因此可用来制作汽车的防弹窗、坦克的观察窗等。透明陶瓷还具有耐高温的特点，一般熔点都在 2000℃以上，如氧化钍-氧化钆透明陶瓷的熔点高达 3100℃。因此，透明陶瓷可以被用来制作高温用具，如选用氧化铝透明陶瓷制造的高压钠灯，发光率比高压汞灯高一倍，使用寿命达 2 万小时，是使用寿命最长的高效电光源。

7.2.3 高温结构陶瓷

高温结构陶瓷有氮化硅(Si_3N_4)、碳化硅(SiC)和二氧化锆(ZrO_2)、氧化铝(Al_2O_3)等。

氮化硅可用多种方式合成，工业上普遍采用纯硅粉做原料，做成所需的形状。其方法是在氮气中及 1200℃的高温下进行初步氮化，使其中一部分硅粉与氮反应生成氮化硅。这个初步氮化了的毛坯可以如金属零件一样进行机械加工，修制出精确的尺寸。然后再在 1350～1450℃的高温炉中进行第二次氮化，使所有的硅粉都反应生成氮化硅。其反应式如下：

$$3Si + 2N_2 \xrightarrow{\text{高温}} Si_3N_4$$

这种方法称为烧结法。由于硅粉与氮气反应增长的体积几乎可以抵消硅原子的空隙体积，所以尺寸变化率很小，而其他陶瓷烧结时的尺寸变化率往往很大，因此可将其制作成形状很复杂的部件。如燃气轮机的燃烧室及晶体管的模具等。由于氮化硅耐磨和耐蚀性能好，所以可以用来制作耐酸泵中的密封环；而由于铝液对氮化硅不润湿，故还可以做成接触铝液的管道、阀门、铸模等；又由于氮化硅有透过微波的性能，密度小，所以可用做飞行器的雷达天线罩。

当用热压烧结法制取氮化硅时，其密度可达到理论密度的 99%，性能更为优良，可以用来制作转子发动机的缸体。这种发动机由于不需要用冷水冷却，发动机工作温度可稳定在 1300℃左右，这使燃料能充分燃烧，热效率大幅度提高；并且可以减轻汽车的质量。此外，还用来制作燃气轮机的涡轮叶片，它比用耐高温合金制作的叶片的温度提高 300～500℃，从而节省燃料 20%～30%。

碳化硅是另一种常见的高温结构陶瓷。由于天然含量甚少，碳化硅主要为人造。常见的方法是将石英砂与焦炭混合，并加入食盐和木屑，置入电炉中，加热到 2000℃左右高温制得。由于制造方法的不同，可分为高温碳化硅（α-SiC）、低温碳化硅（β-SiC）以及高致密碳化硅。碳化硅具有耐腐蚀、耐高温、强度大、导热性能良好、抗冲击等特性，可用于各种冶炼炉衬、支撑件、匣钵、精馏炉塔盘、铝电解槽、铜熔化炉内衬、热电偶保护管等。高致密碳化的高温高强度性能最好，又有良好的抗氧化性能，在高温下不易形变，因此，它是很好的高温结构材料，可制作成高温燃气轮机的涡轮叶片、高温热交换器、耐磨的密封材料、火箭尾喷管的喷嘴等。

7.2.4　生物陶瓷

陶瓷最早在医学中的应用是用来做成假牙，它们主要是用氧化铝陶瓷制作的。现在，生物陶瓷的品种越来越多。能植入体内的生物陶瓷，根据与生物组织的作用机理，大致可分为三类：

(1) 生物惰性陶瓷：包括多晶氧化铝陶瓷、单晶氧化铝陶瓷、高密度羟基磷灰石陶瓷、碳素陶瓷、氧化锆陶瓷、氮化硅陶瓷等。这些生物陶瓷与生物体组织的结合为一种物理结合，通过在植入体上钻孔或在其表面制成螺纹或沟状进行连接，常用作人造骨、人造关节等，具有较长期的稳定性；

(2) 生物活性陶瓷：包括生物玻璃、低密度羟基磷灰石类陶瓷、磷酸钙玻璃陶瓷等。由于生物体硬组织（牙齿、骨）的主要成分是羟基磷灰石，人造的这类生物陶瓷植入生物体内有很好的生物相容性，但其缺点是能逐渐被生物体所吸收，在新陈代谢过程中会有磷、钙、水、二氧化碳等元素和化合物的置换，而使得材料的强度严重下降。故在设计及应用时要认真考虑机械因素，使机体组织和再吸收陶瓷结构在愈合进程中不致断裂。

(3) 生物吸收性陶瓷。如磷酸三钙、可溶性钙铝系低结晶度羟基磷灰石、生物玻璃等。此类陶瓷表面通常富含羟基，还可做成多孔性，生物组织可长入并同其表面发生牢固的键合；生物吸收性陶瓷的特点是能部分吸收或者全部吸收，在生物体内能诱发新生骨的生长。

以前临床上常用不锈钢人工关节，植入体内几年后人工关节会出现腐蚀斑，并且还会有微量重金属离子析出；而用高分子材料做成的关节或人工骨时间长了会老化和释放出微量单体，影响人体健康。相对而言，生物陶瓷的生物相容性好，对肌体无免疫排异反应；

无溶血、凝血反应；对人体无毒、不会致癌。因此，生物陶瓷更适合植入体内。

7.2.5 压电陶瓷

压电陶瓷是一种可以使电能和机械能相互转化的特殊陶瓷材料。它在受到机械应力时，会发生陶瓷的晶体极化现象，极化值与应力成正比；而在电场作用下，它会产生与电场强度成正比的应变。

压电效应是结构上不具有对称中心的极性晶体中具有的一种机电耦合效应。例如，石英晶体(SiO_2)在应力作用下，能够在晶体中诱发电极化，如果在其上加上电极，并用导线连接起来，就可以观察到由外界应力诱发的电流流动。反之，如果这种晶体施加外电场，就可以观察到这种晶体在形状上的微小变化。

压电陶瓷是一种烧结致密的、不具有对称中心的多晶材料。当未加极化处理时，陶瓷中的晶粒是混乱排列的，虽然单个晶粒具有压电效应，但相互间抵消掉了，所以还需要对陶瓷加以很强的外电场，进行极化处理，使陶瓷中晶体的极化方向一致，这样才能显出压电性。具有代表性的压电陶瓷有钛酸钡($BaTiO_3$)和锆钛酸铅($Pb(Ti、Zr)O_3$)系陶瓷。

压电陶瓷的应用相当广泛，涉及许多高新技术和军工技术领域，并与人类的日常生活密切相关。例如，可用压电陶瓷做成换能器，如耳机、扬声器、拾音器、传声器及电视遥控器等；还可以用它把大功率的电能高效地转换成很强的超声振动，用以探寻水下鱼群、金属的无损探伤、超声清洗、超声乳化、超声切割加工等。如压电点火器与压电打火机是采用黄豆大小的二粒锆钛酸铅压电陶瓷制成的，它们依靠人手指按压的力量产生出数千伏以上的高电压，从而达到引燃目的；压电驱动器是利用压电陶瓷在外电场作用下晶体形状的微小变化可以产生微米量级的非常精确的位移来控制这一特性，被广泛用于精密仪器与精密机械、光学仪器、微电子技术、光纤技术以及生物工程等方面。

压电陶瓷的另一个用途是作为压电振子，其工作原理是压电陶瓷在电场作用下会变形而振动。如果电场的频率与压电陶瓷的固有频率相近，就会发生共振。共振时，压电陶瓷的振幅要比一般频率下的振幅大数百倍。按照工作情况和使用场合，压电陶瓷振子常被作为滤波器、振荡器、变形器及延迟换能器，这些电子元件已经在电视、通讯设备及计算机中广泛应用。

7.2.6 光学纤维

普通玻璃或石英玻璃拉成 5～100μm 的细丝就成为光学纤维，它们也是精细陶瓷中的一种。光学纤维按其应用目的的不同可以分为两类：一类称为光通讯纤维，主要是利用它能承载大量信息的功能传输信息，也称为光导纤维；另一类主要是利用它的能量功能传输光能，相当于输电导线，也称为导光纤维。导光纤维在医学上应用较早，如成功用于胃镜、膀胱镜中的传像束，之后又在照明、计量、加工等领域得到广泛应用。

20 世纪光纤通讯的出现导致了信息产业的革命。光波所能携带的信息容量是惊人的。有人做过计算，用波长为 3μm 的激光作载波传送信息，一束激光就能同时传送 100 亿路电话或 1000 万套电视节目。此外，光纤还具有重量轻、占用空间小、抗电磁干扰，无串话和保密性强的优点；其原料便宜易得。当用光纤代替通讯电缆时，每公里可节省铜 1.1 吨、铅 2～3 吨，即可以节省大量有色金属。1977 年光纤通讯正式投入商用，80 年代上千公里的长距离通讯干线开始铺设。由于光纤材料的不断提高和改进，在造价迅速下降的同时，损耗也降低到十几分之一。如果光导纤维的光损耗为 0.15 dB · km^{-1}，传输距离可达 500km；如果降低到 1×10^{-4}dB · km^{-1} 时，则可传输 2500km。用最新的氟玻璃(如 ZrF_4-LaF_3-BaF_2 三元氟玻璃)制成的光纤，可以把光信号传输到太平洋彼岸而不需要任何中继站。

根据光的全反射原理，光导纤维由高折射率(n_1)的芯子和低折射率(n_2)的包层所组成。当入射光射入芯子时，如果光与光纤轴线的交角小于一定值，则光线在界面上发生全反射，光将在光纤的芯子中沿锯齿状路径曲折前进，而不会穿出包层，从而避免了光在传输过程中的损耗，如图 7-3 所示。

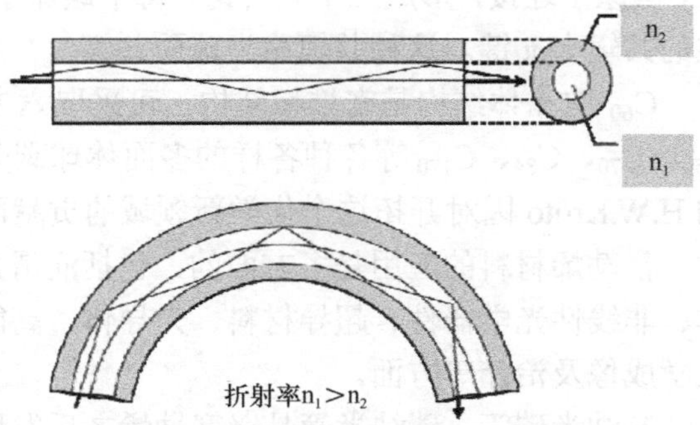

图 7-3　光在光学纤维中的传输路径

实际上，光在纤维中按全反射方式传输，并不意味着光在传输过程中一点也没损耗，因而可传输至无限远。这是因为光波在光纤介质中传播时，一方面由于介质的原子或离子中的电子跃迁可引起紫外吸收，由介质分子的振动可引起红外吸收，它们均会导致一定的光能损耗；另一方面，纤维介质中存在杂质，而这些杂质带来的损耗往往很大。如当光导纤维中含有 10^{-6} 量级的氢氧根时，在 1.38μm 处的最大损耗将高达 100dB · km^{-1}。所以光导纤维在制造时氢氧根的含量要控制在 10^{-8} 量级一下。此外，光纤材料中的条纹、气泡、析晶等亦能引起光的散射损耗，因此在制造光导纤维中必须避免。

目前，我国已铺设了大量光纤光缆，大大增加了通信容量。我国还先后参与完成了两条国际海底光缆的铺设工作。一条是亚欧国际海底光缆工程，西起英国，东至日本，途径 33 个国家和地区，全长 3.8×10^4km。另一条是中、美国际海底光缆工程，全长 2.6×10^4km。这两条光缆都在我国的广东汕头登陆，总容量相当于 140 多万条电话线路。

7.2.7　新型碳材料

碳材料是一种古老而又年轻的材料。说它古老，是因为人们对碳最初的认识和应用可以追溯到石器时代；说它年轻，是因为 21 世纪的科学家从崭新的角度带我们认识了富勒烯、石墨烯、纳米碳管等碳的一系列新型结构，赋予了这类材料更加优异的性能和更加诱人的应用前景。下面仅介绍几种最受关注的新型碳材料(图 7-4)。

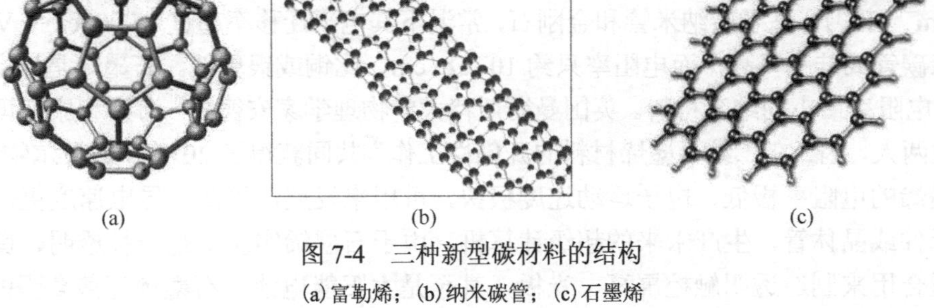

图 7-4　三种新型碳材料的结构

(a) 富勒烯；(b) 纳米碳管；(c) 石墨烯

1) 富勒烯：富勒烯是碳的笼状原子簇，是碳的一种同素异形体，而 C_{60} 是其中最常见的一种。C_{60} 是 60 个 C 原子按 20 个六元环和 12 个五元环围成的一个封闭的球形分子。这种结构的初始设想因受到美国建筑学家 Fuller 用五边形和六边形构成球形薄壳建筑结构的启发，因此称为“富勒烯”，又因为其结构形同足球，因此也叫足球烯。

C_{60} 分子中有 60 个顶点，90 条棱边。球形分子的直径约为 10^{-9}m，内有一个空腔，直径约为 3.6×10^{-10}m，可以容纳一个其他原子。球面上 60 个碳原子采用 $sp^{2.28}$ 杂化方式，即介于平面三角形的 sp^2 和正四面体的 sp^3 杂化之间的一种轨道杂化方式，每个碳原子和周围 3 个碳原子连接，形成三个共价键，每个碳原子余下一个 p 轨道，可组成由 60 个 p 轨道形成的共轭大 π 键。这种共轭称为球面共轭。

C_{60} 的晶体结构是密堆积结构，可采取六方和立方两种最密堆积型式。后来还发现了 C_{50}、C_{70}、C_{84}、C_{120} 等各种各样的多面体球碳分子。美国的 R.E.Smalley、R.F.Curl 和英国的 H.W.Kroto 因对开拓这个化学新领域的贡献而获得 1996 年诺贝尔化学奖。

富勒烯材料的应用是多方面的，包括润滑剂、催化剂、研磨剂、高强度碳纤维、半导体、非线性光学器件、超导材料、光导体、高能电池、燃料、传感器、分子器件以及用于医学成像及治疗等方面。

2) 纳米碳管：碳纳米管是继富勒烯之后发现的又一种具有特殊结构的碳材料，它是由呈六边形排列的碳原子构成的数层到数十层的同轴圆管，径向尺寸为纳米量级，轴向尺寸为微米量级。每层的 C 是 sp^2 杂化，层与层之间保持固定的距离，约 0.34nm，直径一般为 2～20nm。并且根据碳六边形沿轴向的不同取向可以将其分成锯齿形、扶手椅形和螺旋形三种。其中螺旋形的碳纳米管具有手性，而锯齿形和扶手椅形碳纳米管没有手性。

碳纳米管具有极高的强度，理论计算值为钢的 100 倍；同时碳纳米管具有极高的韧性，十分柔软，被认为是未来的超级纤维。如可作为复合材料中的纤维增强体原料。碳纳米管的弹性非常好，如果对其施加压力并把它压扁，则一旦压力卸去，它会像弹簧一样令人吃惊地恢复到原来的形状，因此是汽车减震装置的期望材料。碳纳米管具有独特的导电性、很高的热稳定性和本征迁移率，比表面积大，微孔集中在一定范围内，满足理想的超级电容器电极材料的要求。纳米碳管还具有优良的场发射性能，可制作成阴极显示管、室温工作的场效应晶体管等。碳纳米管高比表面积、特殊的管道结构以及多壁碳纳米管之间的类石墨层隙，使其成为最有潜力的储氢材料，在燃料电池方面有着重要的作用。目前，我国自制的碳管储氢能力已达到 4%，居世界领先水平。用碳纳米管来制作纳米秤，能够称 10^{-9}g 的物体称量，这相当于一个病毒的质量。纳米秤将是人类向微观世界探索的有力工具。

3) 石墨烯：石墨烯是一种由碳原子以 sp^2 杂化轨道组成的六边形蜂巢状晶格的平面薄膜，理想状态下是一个碳原子厚度的二维薄膜。它几乎是完全透明的；导热系数高达 $5300W\cdot m^{-1}\cdot K^{-1}$)，高于碳纳米管和金刚石，常温下其电子迁移率超过 $15\,000cm^2\cdot V^{-1}\cdot s^{-1}$，又比纳米碳管或硅晶体高，而电阻率只约 $10^{-6}\Omega\cdot cm$，比铜或银更低。石墨烯是世上最薄、最坚硬、电阻率最小的纳米材料。英国曼彻斯特大学物理学家安德烈·海姆和康斯坦丁·诺沃肖洛夫两人，因“在二维石墨烯材料的开创性工作”共同获得了 2010 年诺贝尔物理学奖。

石墨烯的电阻率极低，电子运动速度极快，可用来发展出更薄、导电速度更快的新一代电子元件或晶体管，生产未来的超级计算机。由于石墨烯实质上是一种透明、良好的导体，也适合用来制造透明触控屏幕、光板，甚至是太阳能电池。石墨烯超薄高强的特性，使之可应用于制作超轻防弹衣、超轻型飞机材料等。另外，由于其高传导性、高比表面积等特点，可适用于作为电极材料应用在新能源领域如超级电容器、锂离子电池等方面。它的出现有望在现代电子科技领域引发一轮革命。

7.3　高分子材料

高分子材料是由相对分子质量较高的化合物构成的材料，包括橡胶、塑料、纤维、涂料、胶粘剂等等。广泛应用于国民经济各个领域的高分子材料，直接关系到人类的衣、食、住、行，特别是高科技蓬勃发展的今天，人造卫星、航天飞机、巨型喷气客机、电子计算机、大规模集成电路、光纤通信、激光光盘等都离不开高分子材料。因此，没有高分子材料，现代的物质文明是无法想象的。

7.3.1　高分子化合物

高分子化合物(简称高分子)是高分子材料的重要组成部分。高分子不仅分子质量大(一般都在 10^4～10^6)，而且同一种高分子的分子质量大小不均一，这就是高分子的多分散性。如分子质量为 50 000 的聚乙烯，实际上是由分子质量在 50 000 左右大大小小的聚乙烯分子所组成的，50 000 只不过是一个统计平均值。高分子也叫聚合物，因为它是由简单的结构单元重复组成的。如聚乙烯虽然分子质量可以为几万，但它的结构单元—CH_2CH_2—很简单，$\text{[}CH_2—CH_2\text{]}_n$表示聚乙烯是由乙烯聚合而成的。这里乙烯被称为单体，n 表示聚合度。

高分子是由共价键连接的，由于它是长链大分子，分子间的范德华力很大，常常超过共价键的键能，所以它具有一定的强度。有的高分子的比强度甚至超过钢铁，故可作为结构材料使用。淀粉、纤维素、丝、毛、天然橡胶以及人体中的蛋白质、核酸的分子质量亦很大，是天然高分子。用化学方法合成的高分子则称为合成高分子。

在所有合成高分子中，聚乙烯应该是最著名的。它的世界年产量已有几千万吨，是合成高分子材料的第一大品种，我们日常生活中所见到的食品袋和乳白色的塑料瓶都是聚乙烯制品，但它们所用的聚乙烯原料是不同的，前者采用的是高压聚乙烯，是乙烯单体在200℃、1000～2000 大气压和微量 O_2 存在下聚合而成的。这样产生的聚乙烯由于在分子链中有较多的支链，聚合产品密度较低、较柔软、软化点也较低。而制成塑料瓶的聚乙烯，以[$Al(C_2H_5)_3$-$TiCl_4$]作为催化剂，在常压下聚合成无支链的高结晶度聚乙烯。这种聚合产品密度较高，刚性、硬度和软化点均优于高压聚乙烯。

有些单体通过化学反应形成线性的高分子链或带少量支链，分子间无交联，仅借助范德华力或氢键互相吸引。这类聚合物在常温下为高分子质量固体，可反复加热软化、冷却固化，称为热塑性树脂，如低密聚乙烯；而另一些聚合物的分子链通过化学反应形成化学键交联起来，构成体型网状高分子。体型高分子加热后不会熔化、流动，这种性质称为热固性。热固性树脂一旦固化成型后，不能再通过加热改变其形状，也不能用溶剂溶解。如酚醛树脂和环氧树脂就是热固性树脂。图 7-5 显示出高分子的三种结构。

人类已经合成了成千上万种自然界从未有过的物质，高分子合成材料的发展已经超过钢铁、水泥和木材这传统的三大基本材料。塑料、橡胶、合成纤维三种主要高分子材料的世界年产量已达 1.3 亿吨，在整个材料工业重占据重要地位。因此，高分子材料是人类社会文明的标志之一。

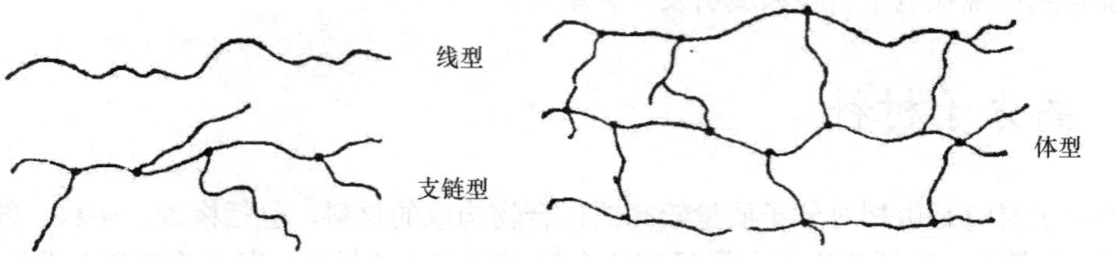

图 7-5　高分子的三种结构

7.3.2　塑料、合成橡胶和合成纤维

20 世纪由于高分子化学的成就，以酚醛树脂、尼龙-66 和氯丁橡胶为代表的三大合成材料发展形成了三大合成材料工业——塑料、合成纤维和合成橡胶。如今，人们的衣食住行和日常生活已离不开这些合成材料。全世界的塑料年生产能力已超过 6000 万吨，合成纤维为 1500 万吨，而合成橡胶为 1200 万吨。以塑料为主体的三大合成材料的世界总产量已超过全部金属的产量，所以 20 世纪也被称为聚合物的时代。

1. 塑料　塑料是在一定的温度和压力下合成的高分子材料，可分为热塑型塑料和热固型塑料。塑料作为工程材料或金属的替代物，具有优良的机械性能及耐热性及尺寸稳定性。其主要代表物是聚酰胺、ABS、聚碳酸酯等。以 ABS 工程塑料为例，它广泛用于机械、电气、纺织、汽车和造船等工业，许多家电的外壳就是用 ABS 塑料做成的。ABS 是丙烯腈(A)、丁二烯(B)和苯乙烯(S)三种单体的共聚物，其结构式为：

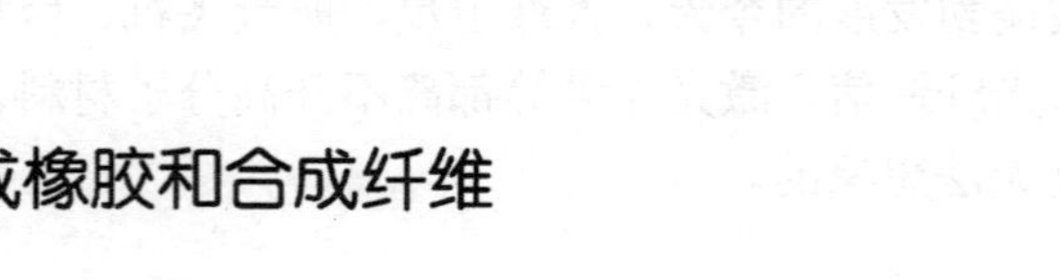

它既保持了聚苯乙烯的优良电性能、刚性及易加工成型性，又增加了聚丁二烯的弹性和韧性及聚丙烯腈的耐热和耐油及耐腐蚀性，因此强度大，综合性能优良。

2. 橡胶　橡胶具有高弹性、绝缘性、不透气、不透水、抗冲击、吸震及阻尼性，有些特种橡胶还具有耐化学腐蚀、耐高温、耐低温、耐油等特点，因而橡胶制品在工业、农业、国防和科技现代化中起着重要的作用。

如今橡胶品种多达数万种，作为战略物资，广泛地用于各种武器装备、汽车、坦克、大炮、飞机、导弹、火箭等方面。据统计，一辆解放牌货车使用 89 种橡胶制品，重 378kg。一个国家的橡胶消耗量被认为是衡量国民经济，特别是工业技术水平的重要指标之一。

全世界的天然橡胶产量在 300 万吨左右。橡胶树只能种植在南方，树苗种下去后要过 7～8 年才能正常产胶。每生产 1000 吨天然橡胶要种树 300 万株，每年约需 5500 个工人。第二次世界大战期间，由于战争的迫切需要，人工合成橡胶业应运而生。1000 吨橡胶只需 15 人，不仅成本只是天然橡胶的一半，而且节省了大量耕地。目前全世界年产合成橡胶已达 4400 万吨左右。

天然橡胶的主要成分是异戊二烯：

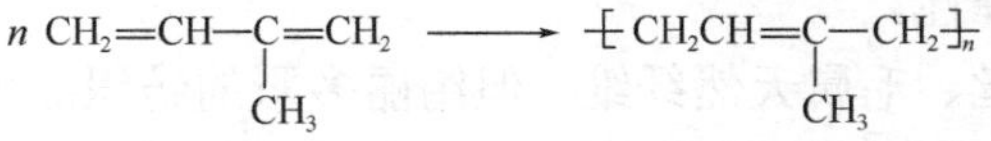

用异戊二烯单体合成的异戊橡胶的结构和性能基本与天然橡胶相同。由于异戊二烯的原料来源受到限制，而丁二烯来源丰富，因此开发了一系列以丁二烯为基础的合成橡胶，如顺丁橡胶、丁苯橡胶、丁腈橡胶和氯丁橡胶等。丁苯橡胶是由于丁二烯(70%)和苯乙烯(30%)通过乳液聚合制得的，其反应式如下：

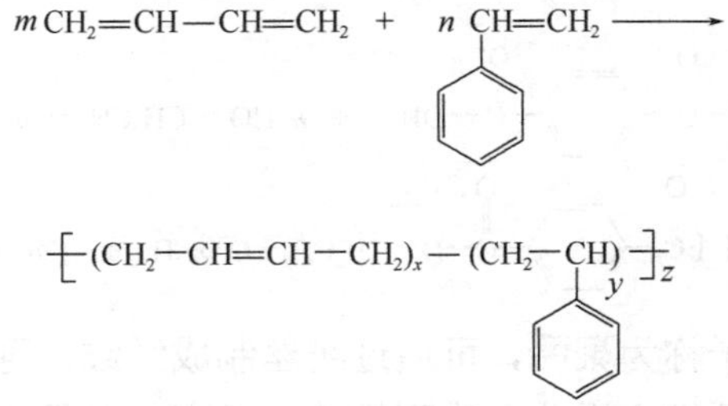

丁苯橡胶是应用最广、产量最多的合成橡胶，其性能与天然橡胶接近，而耐热、耐磨、耐老化性能优于天然橡胶，可用来制造轮胎、皮带、密封材料和电绝缘材料等，缺点是不耐油和有机溶剂。

由丁二烯和丙烯腈共聚可制得丁腈橡胶，由于分子中引入了极性基团—CN，这种橡胶的最大优点是耐油，其拉伸强度比丁苯橡胶要好，但电绝缘性和耐寒性差，且塑性低，加工困难，主要用作耐油制品，如机械上的垫圈以及飞机和汽车上需要耐油的零件等。

硅橡胶的结构式如下：

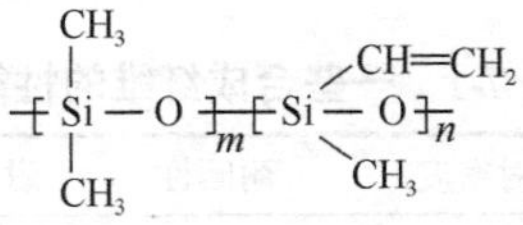

硅橡胶的分子特别，主链上没有碳原子，因此叫做元素有机聚合物。由于 Si-O 键能($453\ kJ\cdot mol^{-1}$)高，并且 Si-O 键旋转的自由度大，因此它既耐低温又耐高温，能在−65～250℃保持弹性，耐油、防水、电绝缘性能也很好。因此，可用来制作高温、高压设备的衬垫、油管衬里、密封件和各种高温电线、电缆的绝缘层等。由于硅橡胶无毒、无味、柔软、光滑、生理惰性及血液相溶性均很优良，因此常用作医用高分子材料，如人工器官、人工关节、整形修复材料、药液载体等。

天然橡胶和合成橡胶在未硫化前均称为生橡胶。生橡胶具有可塑性、强度低、回弹力差、容易产生永久形变的特点，这是因为生橡胶分子是线型结构。生橡胶只有硫化后才具有高弹性，才有应用价值，橡胶的硫化反应如图 7-6 所示：

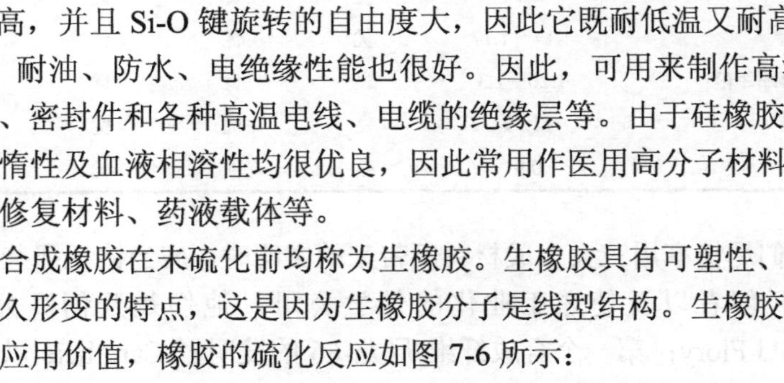

图 7-6　橡胶的硫化反应式

生橡胶分子都具有双键，可供硫化用，硫化后的橡胶由线型分子变为体型网状结构，增加了橡胶的强度和高弹性。

3. 纤维 棉、麻、丝、毛属天然纤维，但绚丽多彩的纺织品大部分是由化学纤维制成的。如宛似丝绸的人造棉(粘胶纤维)、质地柔软的人造毛、轻柔滑爽的人造丝(醋酸纤维)，都是由天然纤维或蛋白质的原料经过化学改性制成的，属于人造纤维。平常我们见到的五彩缤纷而又厚实的缎子被面，大部分是人造纤维制成的，而抗皱免烫的涤纶、坚固耐磨的尼龙、胜似羊毛的腈纶、结实耐穿的维纶等则是合成纤维。如聚对苯二甲酸乙二醇酯，商品名叫涤纶(或的确良)，就是由对苯二甲酸与乙二醇聚合而成的合成纤维：

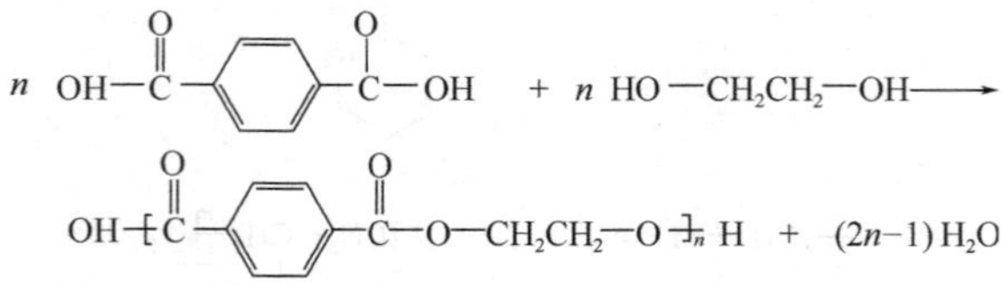

这种含有酯基的高分子称为聚酯，可通过纺丝制成纤维，再制成纺织品，亦可作为塑料和涂料等的原料。涤纶纤维由于分子排列规整、紧密、结晶度较高、不易变形，因此抗皱性能好。涤纶织物牢固、易洗、易干，做成衣服外形挺括，主要用于衣料，也可做运输带、轮胎帘子线、缆绳、渔网等。

聚酰胺是另一类性能优良的高聚物，它可以用作工程塑料，纺丝则可制成纤维，商品名叫做尼龙，也叫锦纶。最常见的这类物质是尼龙-6 和尼龙-66，主要用于丝袜及针织内衣、渔网、降落伞、宇航服。尼龙织物的特点是强度大、弹性好、耐磨性好，这是由于其分子链中含有酰胺基，这使长链分子中不仅有较大的范德华力，还有氢键的作用，因此强度特别大。表 7-1 列出了一些合成纤维的性能。

表 7-1 一些合成纤维的性能

名称	化学组成	相对密度	耐晒性	耐酸性	耐碱性	耐蛀性	耐霉性
涤纶	聚对苯二甲酸二乙酯	1.38	优	优	优	优	优
尼龙	聚酰胺	1.14	差	良	优	优	优
腈纶	聚丙烯腈	1.14～1.17	优	优	优	优	优
维纶	聚乙烯醇缩甲醛	1.26～1.3	良	良	优	良	良
氯纶	聚氯乙烯	1.39	良	优	优	优	优
丙纶	聚丙烯	0.91	差	优	优	优	优

今天，在人们尽情享用三大合成材料所带来的文明时，应当铭记那些发明三大合成材料的化学家和开创者以及使之工业化的化学公司，他们是开创高分子化学领域的 H.Staudinger 和 P.J.Flory；第一个合成纤维-尼龙-66 的发明者 Carothers 以及使之工业化的美国杜邦公司；涤纶纤维是 1940 年英国 T.R.Winfield 和 J.T.Dickson 首先合成的，由英国卜内门公司工业化的；第一种合成橡胶——氯丁橡胶是由美国的 J.A.Nieuwland 和 R.T.Collins 发明，并在 1931 年由杜邦公司工业化的；塑料中的最大品种聚乙烯和聚丙烯则是在 Zeigler-Natta 催化剂诞生后才获得高产率、高结晶度、耐高温的新品种，并在 1957 年由意大利 Montecatini 公司工业化的。

7.3.3 高分子生物医学材料

由生物分子构成生物材料，再由生物材料构成生物部件，是高分子生物医学材料的主要用途。

生物体内的各种材料和部件都有各自的生物功能。它们是“活”的，也是被整体生物控制的。生物材料中有的是结构材料，包括骨、牙等硬组织材料和肌肉、腱、皮肤等软组织材料，还有许多功能材料所构成的功能部件，例如眼球晶状体是由晶状蛋白包在上皮细胞组成的薄膜内形成的无散射、无吸收、可连续变焦的广角透镜。因此，可以说生物体内生长着不同功能的材料和部件。材料科学的一个重要研究领域是模拟这些生物材料来制造人工材料，它们可以做生物部件的人工代替物(如人工瓣膜、人工关节等)，也可以在非生物医学领域应用(如模拟生物膜等)。植入体内的生物部件替代物首先必须具有生物相容性。现代合成化学可以做到一定的生物相容性。例如，用聚乳酸作为可生物降解的类骨骼材料；用含氟人造血浆作为输血材料；用有机硅材料作为亲水性的隐形眼镜材料；用聚氨酯做成人造皮肤、人工血管等。目前，高分子材料作为人工脏器、人工关节等医用材料正在逐步得到应用，表 7-2 是一些用于人工脏器的高分子材料。

表 7-2　用于人工脏器等的高分子材料

人工脏器	高分子材料
心脏	嵌段聚醚氨酯(SPEU)弹性体，Avcothane，Biomer，硅橡胶
肾脏	铜氨法等再生纤维素，醋酸纤维素，聚甲基丙烯酯立体复合物，聚丙烯腈，聚砜，乙烯-乙烯醇共聚物(EVA)，聚氨酯，聚丙烯(血液导出口)，聚甲基丙烯酸-β-羟乙酯(PHEMA)(活性炭包裹)，聚碳酸酯(容器)
肝脏	赛璐酚(cellophane)，PHEMA
胰脏	Amicon XM-50 丙烯酸酯共聚物(中空纤维)
肺	硅橡胶，聚丙烯空心纤维，聚烷砜
关节、骨	超高分子质量聚乙烯(UHMWPE，分子质量 300 万)，高密度聚乙烯，聚甲基丙烯酸甲酯(PMMA)，尼龙，硅橡胶
皮肤	火棉胶，涂有聚硅酮的尼龙织物，聚氨酯
角膜	PMMA，PHEMA，硅橡胶
玻璃体	硅油
乳房	聚硅酮(Silicone)
鼻	硅橡胶，聚乙烯
瓣	硅橡胶，聚四氟乙烯，聚氨酯橡胶，聚酯(Dacron)
血管	聚酯纤维，聚四氟乙烯，SPEU
人工红细胞	全氟烃
人工血浆	羟乙基淀粉，聚乙烯吡咯酮
胆管	硅橡胶
鼓膜	硅橡胶
食道	聚硅酮
喉头	聚四氟乙烯，聚硅酮，聚乙烯，
气管	聚乙烯，聚四氟乙烯，聚硅酮，聚酯纤维
腹膜	聚硅酮，聚乙烯，聚酯纤维
尿道	硅橡胶，聚酯纤维 、

高分子生物医学材料的另外一个重要应用领域是药物制剂材料，即将药物包埋在材料中，制成缓释或控制释放制剂。例如，生物可降解的聚氨基酸已用作计划生育药物、抗肿瘤药物等的控制释放材料。20 世纪在这一方面的研究十分活跃，它是化学、生物学、医学和材料科学相互交叉的一个研究领域。

7.3.4 导电高分子

有机化合物由于是以共价键结合的，所以一般认为是电绝缘体。但是如果在高分子中加入各种导电物质，如银粉、铜粉、石磨粉等，就可制成导电塑料、导电橡胶、导电胶粘剂等。这种导电材料通电时因产生热量，而使体积膨胀，因此有可能使加入的导电微粒相互分离而断电。根据这一特性，可将其做成恒温、保温材料，如用于石油管、机场跑道的保温，农业温室土壤的加热，恒温地毯，恒温床垫等。它的热效率达 90%以上，具有节能、安全等特点，经济效益十分显著。据估计，我国市场每年需要大约超过 1 亿平方米的这类材料。

另一类导电高分子与前者有着本质的不同，它的分子链上具有很大的 π 键，因 π 电子的流动可导电。如 20 世纪 70 年代化学家合成的聚乙炔就具有导电性，其分子结构如图 7-7。但聚乙炔的电导率并不高，顺式和反式聚乙炔的电导率分别为 10^{-7} 和 10^{-3} $S \cdot m^{-1}$，如果在聚乙炔中掺入 I_2 或 AsF_5，则顺式聚乙炔的电导率可以增加到 3.60×10^4 和 $5.6\times10^4 S \cdot m^{-1}$，猛增了 11 个数量级。无缺陷的聚乙炔的电导率已达到或超过金属铜。各种不同结构的导电高分子，如表 7-3 所示。

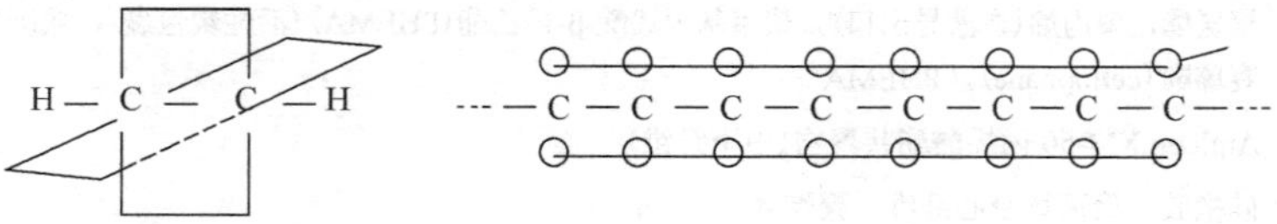

图 7-7 乙炔和聚乙炔分子的结构

表 7-3 几种典型导电高分子的结构和室温电导率

名称	结构式	室温电导率/($S \cdot cm^{-1}$)
聚乙炔		10^{-10}～10^5
聚吡咯	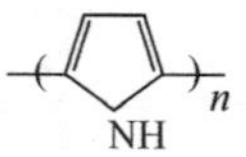	10^{-8}～10^2
聚噻吩	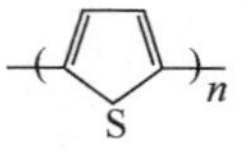	10^{-8}～10^2
聚苯硫醚	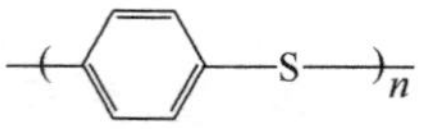	10^{-16}～10
聚-1,4-亚苯	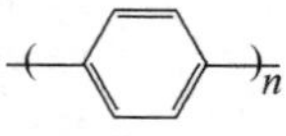	10^{-15}～10^2
聚对-1,4-亚苯基乙烯	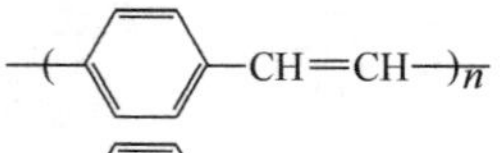	10^{-8}～10^2
聚苯胺	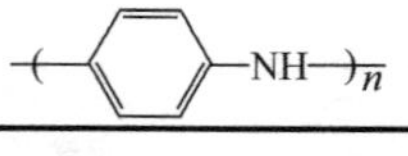	10^{-10}～10^2

2000 年，A.J.Heeger、G.MacDiarmid 和 H.Shirakawa 三位化学家因在发现和开发导电高分子方面的杰出贡献而荣获了诺贝尔化学奖。

导电高分子可用在电池、电致变色显示器、传感器和电化学晶体管等方面。若用导电高分子代替电池中的电解质溶液，不仅可解决电池的漏液问题，还可起到电极间隔膜的作用。若做成厚度为微米级的薄膜，则可使电池的重量减轻，提高电池的能量密度，而通过电池的叠层化还可获得较大的电压。如硬币大小的电池中，一个电极是金属锂，另一个电极是聚苯胺导电塑料，可多次重复充电使用，工作寿命很长。目前这种电池已进入市场。此外，聚苯胺与聚氯乙烯 、尼龙等共混物可用作电屏蔽材料，聚吡咯导电纤维用于飞机的蒙皮材料，可躲避雷达的跟踪。随着高科技的发展，导电高分子的应用范围将会越来越广。

7.4　超导材料

7.4.1　超导体

1911 年，当荷兰物理学家 Onnes 在观察低温下水银电阻变化的时候，突然发现在 4.2 K 附近水银的电阻消失了(图 7-8)。这意味着一个重要的现象——超导电现象被发现了。

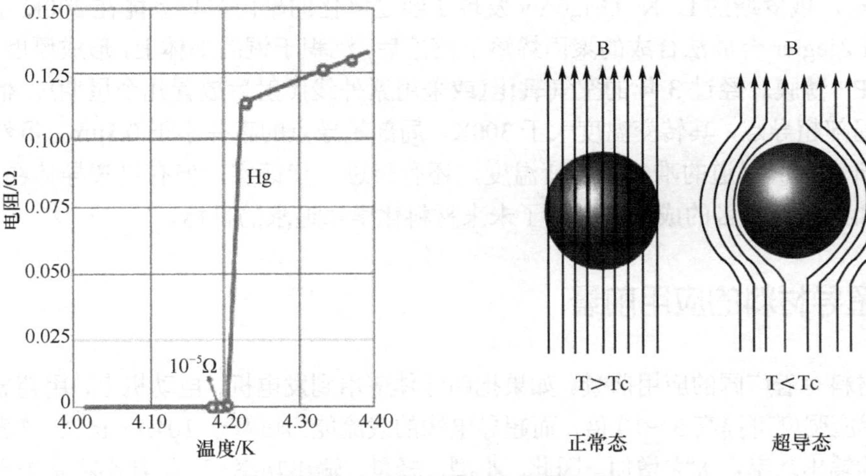

图 7-8　汞的电阻与温度的关系

这种物质在低温下进入电阻为零的状态称为超导态，这种性质称为超导电性。凡是具有超导电性的金属、合金和化合物都称为超导体。

经研究发现，在元素周期表中共有 26 种金属具有超导电性，但它们的临界转变温度(Tc)都比较低，最高转变温度也仅仅 10K 左右，没有实用价值。进一步的研究还发现，合金的临界转变温度比单个金属高，如铌三锡(Nb_3Sn)的临界转变温度为 18.3K、钒三镓(V_3Ga)为 16.5K、铌钛合金(NbTi)为 9.5K。直到 1986 年初保持最高临界温度记录的超导材料是铌三锗(Nb_3Ge)，临界转变温度为 23.3K。目前，这些材料已发展成为实用的超导体。

多年来，人们一直在努力创造各种新的超导体以提高超临界转变温度。1986 年，美国国际商用机器公司设在瑞士苏黎世的实验室发现 Ca-Ba-CuO 混合金属氢化物具有超导电性，Tc 为 30K，这是超导材料上的重大突破。接着，中、美科学家发现 Y-Ba-CuO 混合金属氢化物在 90K 具有超导性，这类超导氢化物的转变温度已高于液氮温度(77K)，如 Bi-Sr-Ba-CuO、Ti-Ba-Ca-CuO 等的转变温度都超过了 120K。以液氮代替液氦作超导冷却剂，成本可大为降低，效益可提高 20 倍，从而使过去只在极少数尖端产品上应用的低温超导技术可以走向大规模的开发应用。

7.4.2 掺杂富勒烯的超导性

贝尔实验室的科研人员在 1991 年发现，球状结构的 A_xC_{60} 具有超导性，其中 A 为碱金属，如钾(K)、铷(Rb)、铯(Cs)等。K_3C_{60} 的超导转变温度为 18K，这个温度比以往已知的有机超导体的转变温度都要高。Rb_3C_{60} 的转变温度为 30K，Rb_2CsC_{60} 为 31.3K，$Rb_{2.7}Tl_{2.2}C_{60}$ 为 45K，$RbTl_2C_{60}$ 为 48K。2004 年，贝尔实验室的研究人员又通过在富勒烯的分子间插入三氯甲烷(Chloroform)和三溴甲烷(Bromoform)的方法使相邻富勒烯间的电子和分子的引力减小，并以此为基础制作出了非常精细的电子元器件(电场效应晶体管)，使富勒烯结晶在 117K 下就成了超导体，使富勒烯成为了一种极具应用前景的高温超导材料。

7.4.3 有机超导体

1993 年，俄罗斯的 L. N. Grigorov 发现了经过氧化的聚丙烯体系能在 300K 呈现超导性。他将用 Ziegler 合成法合成的聚丙烯溶于溶液后，沉积于铜的基体上，形成厚度为 0.3～100μm 的 PP 薄膜。经过 3 年的空气氧化(或采用紫外线照射后放置几个星期)，他发现产生了一些局部超导点，其转变温度大于 300K，局部超导点的直径小于 0.1μm。虽然这是有机超导体研究中所报道的唯一的转变温度，还有待进一步证实，但有机超导体在短短 26 年中出现如此举世瞩目的成果，提示了未来材料化学家追求的目标。

7.4.4 超导材料的应用前景

超导材料有着广阔的应用前景。如果把超导体应用到发电机、电动机上，用超导材料作线圈，磁感应强度可提高 5～10 倍，而超导电线的载流能力可高于 $104A\cdot m^{-1}$，这表明超导电机单机的输出功率可大大增加。因此，小型、轻量、输出功率高、损耗小将是未来超导发电机、电动机的主要特征。磁流体发电效率高、重量轻、体积小、启动快，采用超导磁体以后，可使整个发电系统的重量由几万吨减小到几吨，而且可在 1～20min 内发出 1000～2000kW 的电力。大型超导磁体可应用在高能物理试验装置中，如加速器来加速粒子，从而产生人工核反应。磁悬浮高速列车具有高速、安全和环保三大技术优势，远非轮轨高速列车所能比拟。从经济上看，磁悬浮列车无轮轨接触，线路及列车维修费用低，列车使用寿命长，运营成本低。1999 年，在日本山梨试验线上运行的磁悬浮高速列车最高时速达 548km；德国研制的 TR08 高速磁悬浮列车在同一年投入试运行；我国也已试制成超导电磁悬浮试验车。

核磁共振仪通过检测有机化合物中的氢和碳等元素来推测有机化合物的结构，利用超导技术可使核磁共振仪的磁场强度大大提高，从而提高检测的灵敏度和分辨率。“核磁共振成像”利用强磁场穿透人体软组织时，组成人体的各组织器官对磁场的反应通过计算机处理并在成像仪器上显示出来，利用此方法可以判断有无癌细胞。当使用超导磁体后，可以大大提高仪器的分辨率，如可分辨 1.3mm 大小的肿瘤。在电子工业领域，用超导材料制成的一系列能够精密测量磁、电、功率、辐射、重力等参量的高级仪表，具有高灵敏度、反应速度快、功耗小、噪音低等优点。

总之，一旦解决了超导材料的实用化问题，其应用前景之广阔是不可限量的。

7.5 电子信息材料

化学曾对电子学革命特别是对电子计算机的发展作出了巨大贡献。早期的真空管电子计算机不仅速度慢而且能耗高，占据的空间大，难以推广应用。20 世纪 50 年代的一台计算机要占一间很大的房子，而它的计算能力与今天学生用的计算器差不多。后来，晶体管取代了真空管来放大电流，成为诸多电路中的关键元件。

7.5.1 晶体管与现代电子计算机

晶体管是利用硅(Si)的特殊性能制成的。硅是典型的半导体材料，高纯硅的导电能力不强，但加入一些微量元素后，其电学性能就会发生变化。例如，将磷(P)掺入硅，体系就有了富余的电子，形成以电子为多数载流子的 N 型半导体；而将硼(B)掺入，则有了缺电子的空穴，形成以空穴为多数载流子的 P 型半导体，掺杂的硅在不同程度上都变成了较好的导电体。将硅片一侧掺杂成 P 型半导体，另一侧掺杂成 N 型半导体，中间二者相连的接触面称为 PN 结。PN 结具有单向导电性，若外加电压使电流从 P 区流到 N 区，PN 结呈低阻性，所以电流大；反之是高阻性，电流小。PN 结还具有一定的电容效应。PN 结是构成双极型晶体管和场效应晶体管的核心，是现代电子技术的基础。很多晶体管与其他电子元件(如电阻、电容等)组合在一个很小的硅芯片上成为集成电路。在复杂电路里，这些元件非常紧密地排布着，彼此间的信号传递非常迅速。与真空管相比，晶体管的能耗低得多。以硅为基础制成的晶体管是现代计算机的心脏，因此，现代电子工业和计算机发展的基地常被称为硅谷。

7.5.2 光致抗蚀材料

光致抗蚀材料可用于半导体元件、印刷电路板、金属板、玻璃和陶瓷的精细刻蚀以及印刷工业，但最重要的应用是制造大规模集成电路。光致抗蚀材料也称光刻胶，其中主要成分是光敏树脂。如图 7-9 所示，在光的作用下，光敏树脂发生化学反应使光刻胶的溶解度降低或提高，从而可以起到成像的作用。光照后溶解度降低的称为负性光刻胶，反之为正性光刻胶。负性光刻胶在曝光之后产生交联而变得不溶，洗去可溶部分后，不溶部分可抗受下一道工艺的刻蚀。

光刻胶所能达到的分辨率是集成电路达到要求集成度的关键，目前光刻工艺水平的最小线宽(分辨率)已达到 1～2μm，研究水平为 0.1μm。为了进一步提高集成电路的集成度，发展亚微米级(0.1μm)和纳米级(0.01μm)的超微光刻工艺是 21 世纪科学家追求的目标之一。

7.5.3 液晶和有机电致发光材料

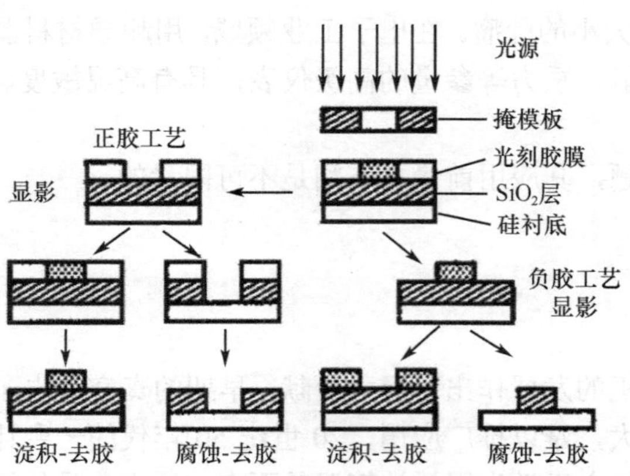

图 7-9 在制造大规模集成电路中的光刻工艺示意图

电子显示是电子工业在20世纪末，继微电子和计算机之后的又一次大的发展机会。在1994～2000年的短短几年中，全球显示器的销售额已从194亿美元增加到了337亿美元。

在目前的平板显示技术中，应用最广泛并已形成生产体系的是液晶显示(LCD)。液晶是由化学家设计、合成的一类具有特定几何结构的有机小分子或高分子化合物。大多数液晶是刚性棒状结构，其基本结构可以表示为图 7-10。它的中心是刚性的核，核中间有—X“桥”，例如—CH═N—，—N═N—或—N═N(O)—等。两侧由苯环、脂环或杂环组成，形成共轭体系。分子尾端的R基团可以是酯基(—$CO_2C_2H_5$)、硝基(—NO_2)、氨基(—NH_2)或卤素(如Cl、Br等)。其分子的长度为200～400nm，宽度为40～50nm。

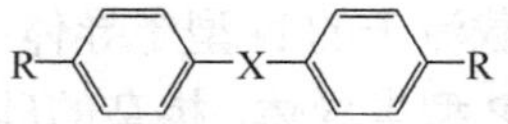

图 7-10 液晶分子的基本结构式

此外，还有一类具有广阔发展前景的平板显示技术——有机电致发光显示(OEL)。其使用的材料具有高亮度、高效率、易实现全色大面积显示，以及结构简单、制造工序少、成本低等优点，可以克服液晶显示的某些不足。电致发光器件是通过电子、空穴载流子的注入和复合而发光的(图 7-11)，它由阴极、发光层和阳极组成。为了提高载流子的注入效率和发光效率，在阴极和发光层之间加入电子传输层，在发光层和阳极之间加入空穴传输层，从而获得较高的发光亮度1000cd·m^{-2}。

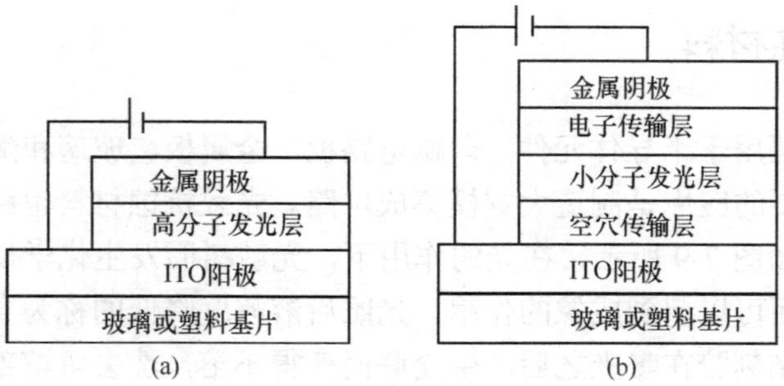

图 7-11 有机电致发光器件结构

(a)高分子器材；(b)小分子器件

除了现有的有机电致发光材料聚乙烯咔唑、聚对-1,4-亚苯基乙烯、8-羟基喹啉-金属螯合物等之外，新型的电致发光化合物仍在不断产生。1998年，英国剑桥显示技术公司和日本Epson公司联合推出了一个厚度仅为2mm的聚合物电致发光电视显示器；2004年，Epson

公司发布了 40 英寸 OLED 显示器样机，我国 TCL 集团子公司华星光电在 2013 年宣布投资建立新一代 TFT-LCD(含氧化物半导体及 AMOLED)生产建设项目。OLED 作为下一代的电视技术，可以让电视机屏幕变得更薄，甚至可以做成曲面，被誉为未来的主流显示器。

7.6 复合材料

由两个或两个以上独立的物理相，包括黏结材料(基体)和粒料、纤维或片状材料组成的一种固体产物，称为复合材料。复合材料的组成分为两大部分：基体(构成复合材料连续相)和增强材料(不构成连续相)，复合材料所用的原料见表 7-4。复合材料按其基体材料的不同可分为三大类：聚合物基复合材料、金属基复合材料、无机非金属基复合材料(如陶瓷基复合材料)。

表 7-4 复合材料所用的原材料系统表

基体材料	增强材料	
	材料种类	形态
橡胶		
热固性树脂	玻璃纤维	粉体
环氧树脂、酚醛树脂	碳纤维	短纤维
聚酯树脂、有机硅树脂	硼纤维	短切纤维
聚酰亚胺树脂等	有机纤维	毡
热塑性塑料	(芳纶)	晶须
聚乙烯、聚丙稀、尼龙	碳化硅纤维	长纤维
聚氧乙烯、聚苯乙烯、ABS…	晶须	粗纱
金属材料	金属丝	连续纤维
铝、铜、钛、镍…		丝状物
陶瓷材料		织物
		布带

复合材料的最大特点是复合后的材料特性优于组成该复合材料的各单一材料之特性。如树脂基复合材料的特性是：①质轻而高强度。如玻璃钢的比强度可达到钢材的 4 倍；碳纤维增强环氧树脂复合材料的比强度可达钛的 4.9 倍，比模量可达铝的 5.7 倍多。②抗疲劳性能好。如大多数金属材料的疲劳极限是其拉伸强度的 40%～50%，而碳纤维增强材料则可达到 70%～80%，且破坏前有明显的征兆。此外，还有减振性好、破损安全性好、耐化学腐蚀性好、电性能好、热导率低、成型工艺性优越等特点。

复合材料广泛应用于国民经济、国防、民用等各个领域。在航空、航天领域，复合材料不仅为设计师们“减轻克重量”作出重大贡献，而且解决了长期难以或无法解决的技术难题。据估算，对于宇宙飞船、人造卫星、洲际导弹弹头等宇宙飞行器，若结构重量能减轻 1kg，就可以使发送它的火箭重量减少 500kg。如一个洲际导弹，若把它的级间段由金属材料改用碳纤维复合材料，可以减少结构重量达 300kg，这可以使导弹射程增加 1000 多公里。洲际弹道导弹的弹头在进入大气层击中目标前，弹头的鼻锥部要经受8000～10 000℃的高温，采用复合材料烧蚀或放热结构，不仅减轻了头部重量，还有效地解决了放热问题。

复合材料在信息技术中的广泛应用见表 7-5。

表 7-5　复合材料在信息技术中地应用情况

功能	部件	复合材料
检测	各种不同的换能敏感元件	各种具有换能功能的复合材料
传输	光纤光缆的缆芯和管	碳纤维或芳纶增强树脂基复合材料
存储	磁记录和磁光记录盘片	导磁功能复合材料
	大规模集成电路基片	碳/铜复合材料
处理与计算	计算机及终端用屏蔽罩	半导体导电性复合材料
	高频覆铜电路板	柔性导电复合材料
	键盘触点	
执行	打印机各种机械零件	碳纤维/树脂复合材料
	机械手与机器人	碳纤维/树脂基或金属基复合材料

7.6.1　玻璃纤维增强塑料

玻璃纤维的强度比天然纤维或化学纤维高出 5～30 倍，可达到某些合金钢的水平，而其密度只有钢铁的 1/5 左右，比强度很高；此外，它还具有耐热性、耐湿性、耐腐蚀性和电性能好、价格低、原料来源丰富等优点。用玻璃纤维既可以制成直径 5～10μm 的纤维或织成织物，也可以制成短纤维或粉体。用热固性树脂复合制成的玻璃纤维增强塑料(即玻璃钢)具有优良的性能。从 20 世纪 40 年代开始，玻璃钢一直占据着复合材料销售的最大市场，广泛用于飞机、汽车、船舶、建筑和家具等行业。

7.6.2　碳纤维增强塑料

碳纤维可以用天然纤维、人造纤维、合成纤维以及沥青等制造，但目前的主要原材料是聚丙烯腈(PAN)纤维。碳纤维是由 1000～3000 根直径 7～10μm 的单丝组成的集合束，与其他材料相比，其耐热性特别好，如在 2000℃高温下强度几乎没有变化。碳纤维增强复合材料的比强度与比模量要比高强钢及铝合金高得多，也高于玻璃钢，因此不会因疲劳而破坏；由于它的耐热性好，甚至可以做发动机的喷管。

碳纤维增强复合材料用于航空、宇航的结构材料起到了革命性的作用。新一代的运动器材，如羽毛球拍、网球拍、高尔夫球杆、撑竿、弓箭等都是采用碳纤维增强塑料制造的。碳纤维增强水泥在建材上也有广阔的应用前景，它可以使水泥制品抗拉强度和抗弯强度提高 5～10 倍，韧性和断裂伸长率提高 20～30 倍，结构重量减轻 1/2。如东京兴建的 37 层大楼在 4 层以上即全部采用沥青基碳纤维混凝土复合材料，既减少了 60%的外墙重量，降低地震载荷 12%，又节约了 17%的加强钢筋约 4000 吨。此外，由于碳纤维具有优良的生物组织相容性和血液相容性，所以还可作为生物医学材料。

根据不同的用途可选择聚酰亚胺、酚醛树脂、环氧树脂等热固性树脂作为碳纤维增强塑料的基体。树脂基复合材料的耐热性低，一般不超过 300℃，且不导电，导热性也较差。碳纤维是金属基复合材料中应用广泛的增强材料。基体金属用得较多的是铝、镁、钛及某些合金。碳纤维增强铝具有耐高温、耐热疲劳、耐紫外线和耐潮湿等性能，适合于在航空、航天领域做结构材料。

随着对高温高强材料的要求愈来愈高，人们开发了陶瓷基复合材料。碳纤维也可增强陶瓷。纤维增强陶瓷可以增加陶瓷的韧性，这是解决陶瓷脆性的途径之一。航天飞机机身上的陶瓷瓦片就是用纤维增强陶瓷做的。

7.6.3　尼龙纤维增强复合材料

轮胎是一种增强复合材料制品，用尼龙或涤纶纤维作帘子线增强的橡胶轮胎，其强度比天然纤维要大得多。尼龙纤维增强塑料常用的聚芳酰胺(芳纶 1414)是一种强度高、密度小的特种纤维，具有高达 280kg · mm^{-2} 的抗张强度和 13 000kg · mm^{-2} 的高模量。这种纤维韧性好、断裂延伸率较大，不像碳纤维那样脆；它还有良好的热稳定性，在150℃的高温下强度不变，在−196℃的低温下也不变脆，而且耐腐蚀、耐焰性好和价格较便宜，可与所有树脂进行复合。芳纶增强塑料可用作火箭发动机壳体、耐高压容器、航天器、飞机机翼和机身等。

7.7　纳米化学与纳米材料

“如果有一天可以按人的意志安排一个个原子，将会产生怎样的奇迹？”这是诺贝尔物理奖获得者费曼在 1959 年发出的疑问。今天，昔日的想象已一个个成为现实：1989 年，美国商用机器公司(IBM)的科学家利用扫描隧道显微镜(STM)上的探针移动氙原子，成功地在(镍)板上按自己的意志安排原子，组合成了“IBM”字样；日本科学家已成功地将硅原子堆成了一个底面积为 1728nm^2、由 30 层原子组成的金字塔；1991 年，IBM 的科学家制造了速度为二百亿分之一秒的氙原子开关……专家们预计，这种具有突破性的纳米级范围的新技术研究工作将可能使美国国会图书馆的全部藏书存储在一个直径仅为 0.3m 的硅片上。

原子的半径(范德华半径)一般为零点几纳米(10^{-9}m)，如氧(O)的原子半径为 0.14nm，锑(Sb)的原子半径为 0.22nm，而纳米微粒的尺度一般定义为 1～100nm。这是一般显微镜看不见的微粒。血液中的红细胞大小为 200～300nm，一般细菌(例如大肠杆菌)长度为 200～600nm，引起人体发病的病毒尺寸一般为几十纳米，因此纳米微粒的尺寸比红细胞和细菌还小，与病毒大小相当或略小些，如此小的粒子只能用高倍的电子显微镜观察。

纳米颗粒是超细微的。由于单位质量的粉粒体中所含的纳米颗粒很多，所以表面积大，而且出于颗粒界面上的原子比例较高，一般估计可达原子总数的 50%左右。表面原子的热运动比内部原子激烈，其能量一般为内部能量值的 1.5～2 倍。因此，纳米材料具有不寻常的小尺寸效应、表面效应和量子效应等，这导致了纳米材料独特的光、电、热、磁、力学和化学性质等。

纳米微粒的尺度小于可见光波长，因此，对光的反射率低于 1%，即可吸收 99%以上的光，于是失去了原有的光彩而呈黑色。利用这种性质，可用纳米材料制作红外线检测元件、红外吸收材料以及现代隐形战斗机上的雷达吸收材料。当纳米尺度的强磁性颗粒(Fe-Co 合金、氧化铁等)尺寸为单磁畴的临界尺寸时，可制成磁性信用卡、磁性钥匙、磁性车票等。超顺磁性的纳米微粒还可以制成磁性液体，广泛地用于电声器件，旋转密封等。纳米微粒的熔点可以远低于块状金属。例如 2nm 的金颗粒熔点为 600K，块状金为 1337K；纳米银粉的熔点低于 373K，而常规银的熔点则高于 1173K。此种特性为粉末冶金工业提供了新的工艺。上面的这些特性都是由小尺寸效应引起的。

把边长为 1m 的立方体材料切成边长为 1mm 的小立方体，它的表面积由 $6m^2$ 增加到 $6000m^2$，比原来增加了 1000 倍。颗粒直径越小，则同样的材料表面积就越大，在表面的原子也就越多，活性就越大，这些因素就构成表面效应。因此，纳米粉末很容易燃烧和爆炸，纳米级催化剂活性就高。例如乙烯在铂催化下加氢生成乙烷要在 600℃反应温度下进行，如果改用纳米铂黑做催化剂，则这个反应在室温下就可进行。

不论是传统陶瓷还是精细陶瓷，致命的弱点就是脆性问题，但如果用纳米级的陶瓷粉体来加工陶瓷可得到新一代的纳米陶瓷。纳米陶瓷具有很强的延伸性，有时甚至出现超塑性。如用纳米级材料室温下合成 TiO_2 陶瓷可以弯曲，其塑性形高达 100%，韧性极好。

纳米材料在我国的生产和应用古已有之。如文房四宝中的墨就包含了碳的纳米微粒。只是那时对纳米颗粒完全没有科学的认识，也无法人为控制，实现纳米粒子大规模的生产和分离。通常，要获得纳米材料大致有两个途径：一是先获得纳米级的小颗粒，然后经压制和烧结纳米粉体获得大块纳米材料，即所“由小变大”。制造纳米微粒可采用蒸发法、溅射法、真空蒸镀法、沉淀法、喷雾法等。二是将大块固体经特殊粉碎处理，如高能磨球，非晶化等获得纳米固体，这种方式叫“由大变小”。我国是继美、德、英、日之后第 5 个能批量生产纳米材料的国家，目前已能生产纳米二氧化硅(SiO_2)、纳米氧化铝、纳米二氧化钛和纳米二氧化锆等。

材料与粮食一样，永远是人类赖以生存和发展的物质基础。化学是新材料的“源泉”，任何功能材料都是以功能分子为基础的，发现具有某种功能的新型结构会引起材料科学的重大突破(如富勒烯)。未来化学不仅要设计和合成分子，而且要把这些分子组装、构筑成具有特定功能的材料。从超导体、半导体到催化剂、药物控释载体、纳米材料等都需要从分子和分子以上层次研究材料的结构。

20 世纪化学模拟酶的活性中心的研究已取得进展，未来将会在可用于生产、生活和医疗的模拟酶的研究方面有所突破，而这种突破是基于构筑既有活性中心又有保证活性中心功能的高级结构的化合物。

21 世纪电子信息技术将向更快、更小、功能更强的方向发展，目前大家正在致力于量子计算机、生物计算机、分子器件、生物芯片等新技术的研制，这标志着“分子电子学”和“分子信息技术”的到来，而化学家们必须为此作出更大的努力，以设计、合成所需要的各种物质和材料。

思 考 题

7-1 举例说明什么是天然材料，什么是合成材料？

7-2 试解释合成高分子化合物为什么没有确定的分子质量？

7-3 何为形状记忆合金？何为高温金属陶瓷？

7-4 何为贮氢合金，有何用途？

7-5 何为有机超导体，超导材料的应用前景如何？

7-6 简述生物陶瓷的应用前景？

7-7 光导纤维与导光纤维的区别是什么？

7-8 高分子一般为绝缘材料，什么样的高分子才能导电？

(西安交通大学 张 雯)

第8章 化学与文物保护

文物是指考古学上的历史遗存。文物作为历史文化的载体，是历史、文化艺术和科学史研究中极为重要的实物资料，也是科学发明和技术创新的借鉴与源泉。

随着考古技术的发展和完善，愈来愈多的文物不断地被发现和出土，而文物濒临损毁的难题也日益增多，有相当数量的国宝级文物残损严重甚至形存实亡。如何阻止文物的损坏，以及如何使已经风化的文物能够长久保存，是一个十分重要的研究领域。有关阻止文物损坏的研究可概括为两个方面：一方面为了克服各种人为不利因素所建立的各种文物保护措施；另一方面为了克服自然力对文物产生破坏作用的各种保护措施，即运用各种先进科学技术手段，对各类文物进行防护、保养、修缮。

由于构成各类文物的材质及结构特性不同，并没有一种万全的方法来保护处理不同的文物，而是要针对不同质地、不同种类、不同风化状况及不同用途的文物，采取相应的切实可行的保护措施。

不同文物的保护过程中都涉及化学材料及相关的化学知识，因此，文物保护是与化学密切相关的学科。本章针对文物保护学中的内容，从文物保护概念、文物保护与分析化学、文物保护与高分子化学及化学知识在不同质地文物的保护中的应用作一介绍。

8.1 概述

8.1.1 文物及其分类

文物定义及特征 文物是一个很宽泛的概念。目前，各国对文物的称谓并不一致，其所指含义和范围也不同。因而迄今尚未形成一个对文物共同确认的统一定义。按照目前国际惯例，文物是指100年以前制作的具有历史、艺术、科学价值的实物。

文物是一定历史时期人类社会活动的产物，因而无不具有时代的特点。文物是指具体的物质遗存，它的基本特征：第一，必须是由人类创造的或与人类活动有关的；第二，必须是已成为历史的遗物，不可能再生产。第三，文物是具有生命的物体。文物具有二重属性，即自然属性(或物质属性)和社会属性。文物的社会价值是附加在材料物体本身上的特种价值，是文物的基础。文物的价值主要是指文物的历史价值、艺术价值和科学价值。

文物分类 由于文物的时代不同，质地不一，功能各异，因而需要对其从不同的角度采取不同的分类方法。一般常见的分类为古代文物(在我国一般是以明末为下限)，近代、现代文物(近现代文物有革命文物和民俗文物。革命文物以“五四”运动以来的新民主主义革命为中心。民俗文物也是近代现代文物的组成部分)；民族文物(有近代现代的，也有大量古代的各种遗存)。

若按照文物质地可以分为：有机质地文物、无机质地文物和复合质地文物。有机质地文物如皮制品、纺织物、纸制品、漆品、木制品、竹器；无机质地文物常见的有各类金属文物、石雕、陶器、瓷器、各种玉器等；复合材料类文物如壁画、泥塑等。这种分类方法很大程度上反映了它们的化学结构及理化特性。

8.1.2 文物保护基本概念

文物保护(Conservation of Cultural Relics)科学技术是自然科学中一门研究人类文化遗产在内外因素影响下的质变规律，并用现代科学技术有效地防止和减缓其在自然环境因素作用下损毁的一门综合性应用科学技术。文物保护涵盖了两个方面的内容：一是防止社会因素直接或间接对文物的损毁，即通过科学的管理、法律的约束、全民道德素质的提高、保护文物意识的增强来缩小人为的破坏；二是防止自然因素对文物的损毁。

文物腐蚀及损坏与其内部结构(化学组成、内部与表面结构)和外部因素(指直接或间接影响文物寿命的各种自然因素的总和)有关。在自然力因素旷日持久的侵蚀作用下，构成文物的材料会发生物理的、化学的、或生物的缓慢轻微反应，致使文物整体由表及里，从外观形态逐渐变异到构成文物材质的日趋劣化，最后导致文物损毁，直至其社会属性随着本身自然属性的消失而消失。对于这类自然因素造成文物渐变性的侵蚀损毁，应采取传统工艺技术与现代科学技术相结合的一切手段，防止和减缓其对文物的损毁，从而达到科学保护文物的目的。

文物保护科学有它鲜明的特点：

· 通过文物保护，使自然科学与人文科学交叉渗透，相融共存于一体，在学术上具有综合性；

· 文物保护不以推进某一学科或技术本身的发展为自己的功能，而是把自然科学中诸多学科的科学技术转化为文物保护科学技术，即通过文物保护本身原有的自然属性，从而保护文物本身原有的社会属性，在研究方法上具有移植性；

· 文物保护的科研目的不在于发明创造一种新型材质或产品，而完全是为了使文物本身原有的二重属性(自然属性和社会属性)得到完好无损的长久存在，在学术宗旨上具有守旧性；

· 由于文物保护是在反复实验、多次实践中不断更新的应用科学，而且融合了其他学科的新发现、新成就，因此在应用技术上具有技术更新性。

文物保护技术(Conservation)又与文物修复(Restoration)和文物保养(Maintains)不可分割。文物修复是对已损文物进行技术处理，使其病害消除，劣化现象受到控制，毁损得以修复的工艺过程，目前文物修复采用传统与现代技术相结合。文物保养是阻止或延缓文物劣化质变而采取的防护性技术措施。文物保养工作以预防为主，维护文物质量，最大限度地减少文物受损，主要与预防保护和环境治理有关。文物修复是被动行为，而文物保养是主动措施。保养和修复是文物保护科学技术的核心。

8.1.3 文物保护的基本原则

保护文物的实质是利用现代科学技术和方法保持文物的历史价值、艺术价值和科学价值。只有保存文物的本来面貌，才能保持文物的价值。因此，在文物保护研究中，必须遵守以下的基本原则。

整旧如旧、保持原状原则 “整旧如旧”是我国古建筑学家梁思成先生的名言，是针对古建筑的整修提出的基本要求。它适合于一切可移动和不可移动文物的保护。“旧”一般是指文物原有的基本状况，是文物的原质、原状、原貌。原状包含未经改变的制作时的原状(始状)和历史千百年沧桑后的状态。所以，保持什么样的原状必须具备现实的必要性以及可靠的历史考证和充分的技术论证。文物的原状包括造型、纹饰、铭文、色彩、质地和质感等。“旧”和“原”主要是指文物处于能够保持其自身的质和形的状态，赋予其上的历史文化信息仍完好存在。

消除隐患原则 对那些濒临危险的文物中的有害因素，应采取措施予以消除。消除隐患与保持原貌之间要相互统一，在消除文物有害因素的前提下，应尽力不改变文物的原有状态。值得注意的是，保护文物不是使文物返老还童，而是对文物经常保健、消除隐患、延年益寿。

保护材料可逆性原则 一切保护材料及实施措施应该是可逆的(Reversibility)。所谓可逆，是指使用上去的材料，在必要时能去除掉而不影响文物本身。随着科技的发展，现代的新型保护材料也许会遭到将来的否定。而高分子材料科学的飞速发展，提供了强度大、固化快、性能优、易操作、造价低、品种多的新材料源，也给文物保护提供了许多新材料的选择机会。但高分子材料在老化后，优良性能也随之消失，需要进一步的保护处理。所以，保护材料要求具有可逆性。

新技术新材料运用原则 在保护文物的过程中，需要不断地引进当代的新技术、新工艺和新材料。如用于连接、加固、充填、补配、封护、缓蚀、除锈、去污、脱水、脱酸、杀虫、灭菌等工艺中的高分子材料。而使用新材料与保持文物原材料相冲突，只有在文物原材料已严重劣化变质，需用新材料的充填、加固和连接方能保存文物的情况下，才使用新材料来保护文物的原材料。使用新材料是为保护原材料，而并非取代原材料。使用新材料时，应遵循使用的范围尽量缩小、具有能够实际操作的可逆性、不给文物带来不利影响等条件。

与传统的保护技术相结合的原则 许多传统工艺为现代文物保护技术提供了良好的借鉴方法。如湖北随州曾侯乙墓出土的战国青铜器、湖北江陵马山一号楚墓出土的汉代丝织品、湖南长沙马王堆一号汉墓出土的漆器等，它们在下葬时，由于采取了严格的墓室密封措施，使之与外界完全隔绝，造成墓室内缺氧、抑菌、恒温、避光的环境，从而防止或延缓了文物的质变过程。这些传统的保护方法为现代文物保护技术提供了很好的借鉴，所以在利用现代技术保护文物时，应注意与传统方法的相互结合。

8.2 分析化学在文物保护中的作用

在保护文物之前，不但要了解文物的风化程度或状态，而且还要清楚哪些因素危害文物，哪些因素使后续的保护处理受到限制。所以，需要对文物的构成材料、文物的风化产物及损坏程度进行分析检测研究。

8.2.1 文物的检测分析

文物构成材料的科学分析对文物修复师及文物保护学者是相当重要的。修复师在清洗及修复艺术品前，只有对其修复对象所用材料有充分的认识，并完全了解这些材料的性能以及在经历了长时间后可能发生的物理化学变化，才能避免有损的修复工作，也才能有助于他们合理地选择修复材料。通过构成文物材料的分析研究，可探索文物质变的内因及规律，从而采取合理的技术手段进行保护。同时，文物构成材料的分析资料，也是深入研究古代科技史和艺术史的基础或关键。文物构成材料的分析能使艺术家、历史学者和考古工作者对未知作品的风格、绘画技艺及器物出处等有较深层的了解，有助于进一步揭示文物的内涵。

文物保护技术研究中的分析方法包括三个方面，一是文物原组成材料的分析，二是现代保护材料分析，三是新材料性能及应用分析。分析化学中常用的分析方法都可以用来进行文物保护方面的分析检测，如图 8-1 所示。

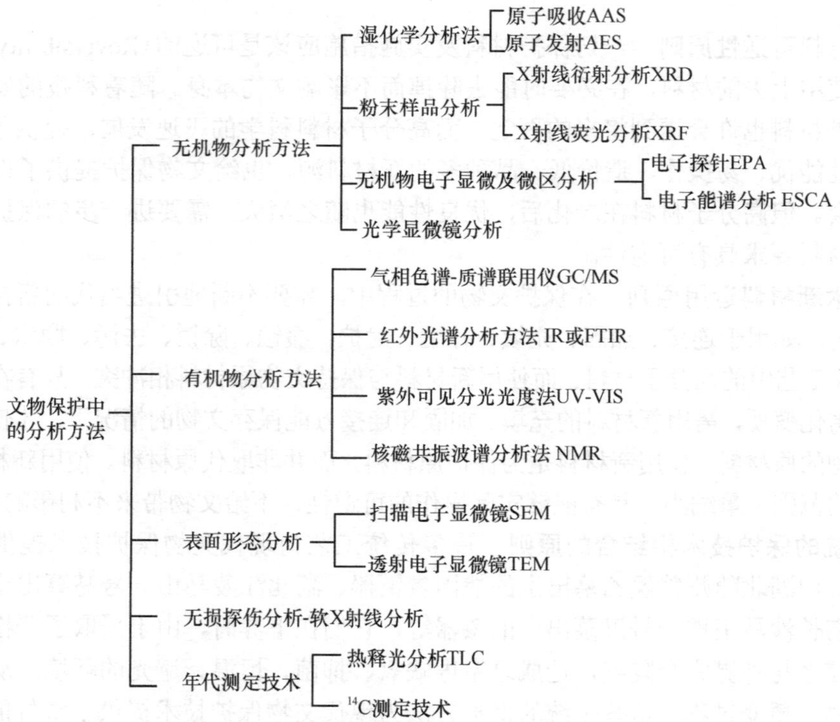

图 8-1　文物保护中涉及的现代分析技术

就文物中涉及的材料来看，可分为无机材料(如青铜、石质、土遗址)、有机材料(纺织品、绘画胶结质、木质器、漆木器)及无机有机混合材料(壁画)等。就材料的分子结构来说，有小分子组成的材料如岩石中的矿物，也有大分子材料如胶结质中的多糖、动物胶等。有单一物质或相对简单的混合物如矿物颜料，也有复杂的混合物如大漆等。有天然材料，也有人工合成材料。

8.2.2 分析化学在文物保护中的应用

原子吸收光谱法的应用　原子吸收光谱法(Atomic absorption spectrometry，简称 AAS)是基于从光源辐射出具有待测元素特征谱线(即同种元素灯光源发出的辐射线)的光，通过试样蒸汽时被其中待测元素的基态原子所吸收，从而使光强减弱，由特征谱线的光强减弱程度来测定试样中待测元素的方法。一般来说，这种分析方法主要用于对无机金属元素进行定量分析。由于原子吸收光谱法具有灵敏、准确、快速、简单等特点，因而已经在文物保护分析中得到广泛应用。例如，应用原子吸收谱对钱币成分进行分析。中国铸造金属货币始于商代，含 Pb 量较高(约 39.2%)。春秋战国时期的铜铸币 Cu 含量大于 60%，Pb 含量约为 20%，Sn 含量小于 10%，钱币的形制有刀、布、圆钱、蚁鼻钱等。秦代以后，中国铜铸币的形制统一为方孔圆钱。秦汉到隋唐的铜钱，Cu 含量一般在 80%以上，Pb 含量 4%～12%，Sn 含量在 10%以下，是典型的锡铅青铜。汉代五铢钱币为方孔圆钱，即外形轮廓呈圆形，中间有一方形小孔(也称钱穿)，从右至左有“五铢”二字，如图 8-2 所示。五铢钱币出自于西安以西 25km 的户县与长安县交界处的兆伦村汉代钟官铸币遗址，距今已 2000 多年，是目前我国发现的最大铸币遗址。因其标志着中央集中管理货币的开始，所以在中国钱币历史上具有划时代的地位。明代铸币用料发生重大变化，由青铜改用铜、铅、锡、锌四元合金，最后完全以铜锌合金的黄铜铸造。原子吸收光谱法对钱币进行分析显示，五铢钱币的主要组成元素是 Cu、Sn、Pb 三种元素，Cu 含量均约为 86%。Pb 含量变化最大，在 4%～32%。Sn 含量在不同的铸币中也有较大的起伏，多数在 2%～4%。除此之外，在个别五铢铜币中还检测出含有 Zn 元素。通过原子吸收法分析得出，从大中通宝至弘治通宝主要为铜铅锡合金，而嘉靖通宝其含锌量在 10%以上，多在 15～20%，万历通宝的含锌量在 30%左右。故可得出，嘉靖及其以后的铜币为铜锌合金的黄铜。

图 8-2　汉代五铢钱币(左)及铜镜(右)

X 射线衍射分析法的应用　X 射线衍射(X-ray diffraction，简称 XRD)分析法的基本原理是当一束单色 X 射线入射到晶体时，由于晶体是由原子有规则排列成的晶胞无隙并置所组成，而这些有规则排列的原子间距离与入射 X 射线波长具有相同数量级，故由不同原子散射的 X 射线相互干涉叠加，可在某些特殊方向上，产生强的 X 射线衍射。衍射方向与晶胞的形状及大小有关。衍射强度则与原子在晶胞中的排列方式有关。在文物保护中 X 射线衍射分析主要用于无机矿物的鉴定。由于物质晶体结构不同，产生不同的衍射谱线，借此可分析检测物质的结构及组成。陕西钟山石窟寺岩石风化物的 XRD 分析，其中主要的矿物为：伊蒙石 5%，绿泥石 4%，高岭石 3%，沸石 2%，石英 44%，微斜长石 3%，钠长石 32%，菱铁矿 5%。而对敦煌莫高窟壁画采集的白、蓝、绿、红、黑等颜料，用 XRD 分析进行物质结构测定。莫高窟壁画所用颜料成分如下：

白色颜料有高岭土[$Al_2Si_2O_3(OH)_4$]、方解石($CaCO_3$)、云母[$KAl_2Si_3AlO_{10}(OH)_2$]、滑

石[$Mg_3Si_4O_{10}(OH)_2$]、石膏($CaSO_4 \cdot 2H_2O$)、碳酸钙镁石[$Mg_3Ca(CO_3)_4$]、氯铅矿($PbCl_2$)、硫酸铅矿($PbSO_4$)、角铅矿($PbCl_2 \cdot PbCO_3$)、白铅矿($PbCO_3$)；

蓝色颜色有石青[$2CuCO_3 \cdot Cu(OH)_2$]；

绿色颜料有石绿[$CuCO_3 \cdot Cu(OH)_2$]、氯铜矿[$Cu_2(OH)_3Cl$]；

红色颜料有朱砂(HgS)、铅丹(Pb_3O_4)、红土(Fe_2O_3)、雄黄(A_2S_2)；

黑色颜料有炭黑、铁黑(Fe_3O_4)。

古代画师使用无机天然矿物颜料，除铅丹在空气长期氧化作用下成为棕黑色二氧化铅外，其他颜料如石绿、石青、朱砂、红土等都非常稳定，使壁画色泽至今仍光彩夺目。

扫描电镜-能谱分析的应用　电子束显微分析仪如透射电镜(TBM)、扫描电镜(SEM)和电子探针分析(EPA)等都是人们观察、认识和研究材料微观世界的一种有效的“眼睛视力借助器”。采用电子束作为产生被测信息的激发源，借以分析材料的微观形貌、微观结构和微区化学成分。

扫描电镜是研究固体材料表面三维结构形态的有效工具。对粗糙的样品表面也可以构成细致的图像，分辨率高，富有立体感，放大倍数连续可变，可放置大块样品直接进行观察。例如：青铜器锈层分析。中国历史博物馆对安徽寿县春秋蔡侯墓出土编钟的锈蚀物，发现锈层断面从铜基体向外呈灰绿、蓝绿、深赭、紫红、鲜绿、深绿等色彩斑斓的多孔腐蚀层。显微观察可形象地了解青铜腐蚀的原因。配合 X 射线衍射结构分析，可得知不同彩色的矿化物分别为；氧化亚铜、氧化铜、碱式氯化铜、碱式碳酸铜和二氧化硅。

8.3 高分子化合物在文物保护中的作用

文物保护中涉及的高分子化合物包括最初的文物制作过程中包含的许多天然的高分子化合物和文物的现代保护修复中使用到的许多现代高分子合成材料。

8.3.1 文物保护与天然高分子化合物

文物最初制作中涉及的天然高分子化合物种类繁多、性质各异，按有机化学分类法将文物中涉及的天然高分子化合物可归纳为五类：

- 油和脂肪类：如干性油类(亚麻油、桐油、核桃油及罂粟油)。
- 蜡类：矿物蜡、植物蜡、动物蜡。
- 碳水化合物(糖类)：如多糖胶类(胶、树胶)，植物胶及纤维衍生物。
- 蛋白质类：如植物胶、动物胶、蛋白、蛋黄等。
- 天然树脂类(来自动物、植物和矿物)：如达玛树脂、松香类。

油和脂肪类材料　油和脂肪没有明显的区别。油和脂肪统称为油脂。多数油脂都含有不同分子链长度的直链有机酸，称为脂肪酸，脂肪酸主要分为饱和脂肪酸、不饱和脂肪酸及羟基酸三大类。

饱和脂肪酸　通式为 $CH_3—(CH_2)_{2n}—COOH$，n 代表分子中的碳原子数目。这类酸比较稳定，活性相对较低，如软脂酸($C_{16}H_{32}O_2$)，硬脂酸($C_{18}H_{36}O_2$)，蜡酸($C_{26}H_{52}O_2$)。

不饱和脂肪酸　这类酸至少含有 1 个不饱和的碳－碳双键 C═C。其中的 C═C 双键能与空气中的氧发生氧化反应。如：

油酸：$CH_3—(CH_2)_7—CH═CH—(CH_2)_7—COOH$

亚油酸：$CH_3—(CH_2)_4—CH═CH—CH_2—CH═CH—(CH_2)_7—COOH$

亚麻酸：$CH_3—CH_2—CH_2—CH═CH—CH_2—CH═CH—CH_2—CH═CH—(CH_2)_7—COOH$

羟基酸 这类酸中含有羟基—OH 基团。绝大多数是以脂的形式(通过与醇结合)存在于类脂体中。如蓖麻油酸：$CH_3—(CH_2)_5—CH_2OH—CH_2—CH═CH—(CH_2)_7—COOH$。类脂化合物涉及较多的是干性油。所谓干性油是指能发生聚合反应并在理想的时间内形成固态膜的一类油。油干化是指油从液态变成固态的过程。干性油常作为绘画的胶结质材料使用。实验表明，仅植物油具有干化的性质。

在欧洲艺术品中，经常使用的干性油是亚麻油、核桃油和罂粟油。据记载，亚麻油及核桃油在十四世纪就开始使用，核桃油大约使用到 1500 年，罂粟油大约在十七世纪后期才开始使用。在东方，尤其是在中国，主要使用的是桐油。油是复杂的混合物，油在“干化”的过程中，饱和脂肪酸并未发生变化，而不饱和脂肪酸发生氧化和聚合反应。表 8-1 是几种常用干性油的各种酸(饱和酸及不饱和酸)的含量。

表 8-1　油中脂肪酸的组成

干性油	软脂酸 (16∶0)*	硬脂酸 (18∶0)	油酸 (18∶1)	亚油酸 (18∶2)	亚麻酸 (18∶3)	P/S 比值
亚麻油	6～7	3～6	14～24	14～19	48～60	1.4～1.9
核桃油	3～7	0.5～3	9～30	57～76	2～16	2.7～3.0
罂粟油	10	2	11	72	5	4.2～5.0
桐油	3	2	11	15	3(桐酸 75%～80%)	1.5

* 表示链长：双键数目

蜡类化合物　蜡类化合物在古代艺术品中的用途非常广泛，但主要集中在胶结质、表面保护剂及模型(或铸造)等几个方面，如希腊人和罗马人主要将蜡用于防水材料及壁画的表面处理剂，罗马时期用于胶结质，18～19 世纪，蜡用于密封材料，也作为绘画胶结质的添加成分。蜡是由含有长链的有机酸和醇形成的酯，呈固态，易熔化。天然蜡主要来自动物、植物及矿物。

糖类化合物　木质、纸质、植物纤维及用于黏合剂和胶结质的水溶性植物胶都属于碳水化合物类材料。碳水化合物也称为糖类。文物中常见的多糖胶材料有以下几种。

· **阿拉伯胶**　阿拉伯胶是有机酸(阿拉伯酸)的钙镁钾盐。阿拉伯酸由 30.3%的 *L*-阿拉伯酸、36.8%的 *D*-半乳糖、11.4%的 *L*-鼠李糖及 13.8%的 *D*-葡萄糖组成。

阿拉伯胶大分子的相对分子质量分布在 250 000～300 000 范围。分子结构多呈球体，直径约 10nm。胶在两倍于它重量的水中缓慢且充分溶解。阿拉伯胶水溶液的黏度在中性(pH=7)时达到最大。阿拉伯胶是极好的保护性胶体，因此，胶的水溶液常用于水彩画及树胶水彩画的胶结质，也用于纸及纸板的黏合剂，同时也是信封及邮票的黏合剂。有时也用于象牙微雕的黏合剂，表 8-2 是天然蜡的主要性能。

表 8-2 天然蜡的主要性能

蜡	熔点/℃	韧性	酸指数*	碘指数*	反射系数
			矿物蜡		
纯地蜡	54～77		0	7～9	1.4415～1.4464(60℃)
褐煤蜡	76～92	硬 脆	25	10～16	
地蜡	58～100	可变	0	7～8	1.4415～1.4464(60℃)
			植物蜡		
小烛树蜡	65～69	硬	16	14～37	1.4555(71.5℃)
巴西蜡棕	83～91	非常硬，脆	4～8	13.5	1.463(60℃)
			动物蜡		
蜂蜡	62～70	不太硬	17～21	8.5～11	1.4398(75℃)
中国蜡	65～80	硬	13	1.4～2	1.4566(40℃)
鲸蜡	41～49	粉状	0.5～2.8	2.6～3.8	1.440(60℃)
羊毛脂	38～42	软			1.4781～1.4822(40℃)

* 酸指数是指自由酸的量，用中和 1g 脂中的酸所需的 KOH 的毫克数来表示。碘指数是指所含 C═C 双键的量。用与 1g 脂材料反应所需要的碘的毫克数来表示。

· **黄蓍胶** 黄蓍胶由各种紫云英(Astragalus)组成(其中已有 1600 多种)，在希腊、伊朗、叙利亚及亚细亚整个地区的豆科植物中含有这种胶。紫云英的平均寿命为六年，每两年产一次胶。黄蓍胶由 *L*-阿拉伯糖、*D*-木糖、*L*-半乳糖及 *D*-半乳糖酸的聚合物组成。黄蓍胶能形成非常黏的溶液。黄蓍胶仅在冷水中部分溶解，形成浓度大于 0.5%的胶。黄蓍胶是良好的保护性胶体，也常常作为增厚剂用于绘画中稳定乳浊液或悬浮液。

· **果树胶** 果树胶常用于古代壁画的制作中。果树胶多数来自梅树、桃树、李树等，产品有味，偏棕色，其重均分子质量可达 10^8。果胶在植物本体部分含量很少，一般是大量存在于软组织中，如桔的外皮含量为约 30%，苹果含量约 15%。果胶中含有糖醛酸，可用热水、EDTA 或稀酸从植物中萃取出来。从果胶的组分来看，其基本结构是 *α*-(1，4)键合的 *D*-半乳糖醛酸。从果胶的水解产物中曾分析出半乳糖、*L*-鼠李糖、*L*-阿拉伯糖、*D*-木糖、*D*-葡萄糖等组分。

蛋白质类材料 蛋白质材料如蛋、动物胶、奶、酪类等，在绘画及其他艺术品中使用较多。蛋白质是氨基酸的多聚体。一个个氨基酸通过脱水缩合形成肽键，进而连接形成肽链，肽链折叠盘旋形成具有空间结构的物质就是蛋白质。氨基酸的基本结构如下：

$$\mathrm{R{-}\underset{\displaystyle NH_2}{\underset{|}{C}H}{-}COOH}$$

蛋白质同时含有酸性基团(—COOH)及碱性基团(—NH_2)，称之为两性物质。蛋白质能形成不同的空间构象，自然界中每种蛋白质都有其特殊的构象。这种天然构象容易受光、热、表面吸收及强酸碱等各种因素的影响而发生变化。把这种天然构象的变化称之为变性。变性之后的蛋白质溶解度降低，并且可导致其凝结。老化过程中溶解性的降低保证了蛋白质作为胶结质绘画时的粗糙度。文物中常见的蛋白质材料有以下几种：

· **明胶和动物胶** 明胶及动物胶来源于哺乳动物的皮、骨及腱中的胶原蛋白。明胶含有较高比例的甘氨酸、脯氨酸和羟基脯氨酸。明胶的分子长且柔韧，在溶液中呈螺旋状。

这种分子构型使它仅靠冷却就可以使其从黏性溶液变成固态(胶)。明胶在冷水中收缩，30℃以上形成溶液。制备溶液时，可先将固态明胶在冷水中收缩(粉末时约 15～30min，颗粒时 2h 左右)，然后再加热，最后小心加热使温度不超过 60℃。凡水能浸湿表面的艺术品都可用明胶粘接。明胶溶液的黏度在固定浓度下随 pH 而变，pH＝4.5～5，黏度最低。在固定已经剥落的壁画时常用到这一优势，这时胶容易渗入到剥落壁画的内层。常用乙酸来调节 pH 的大小。文物中常见的动物胶如牛皮胶、驴皮胶、鹿胶等。

· **鱼胶**　鱼胶是用微酸的热水从鱼皮及鱼骨萃取而来的。一些著名的鱼胶是由鲟鱼的鱼鳔制成。鱼胶的分子质量低，柔韧性及渗透性比动物胶好，但膜硬度不够，且膜对湿度非常敏感。

· **卵蛋白**　卵蛋白是一种混合物，含有卵清蛋白(65%)、黏蛋白(2%)、球蛋白(6%)、溶酶体(3%)、伴清蛋白(9%～17%)，以及卵类黏蛋白(9%～14%)。卵蛋白中含有所有的氨基酸，形成的膜较脆，通常用加入增塑剂(如适量的甘油)来提高膜的韧性。尽管卵蛋白在艺术品保护方面有许多缺点，也尽管老化后的膜易变脆，但仍用于胶结质及漆光面。

· **卵蛋黄**　卵蛋黄是一种乳浊液，其中含有 51%的水，17%～38%的类脂，15%蛋白及磷脂、2.2%磷，及具有明显表面活性剂性质的卵磷脂。黄颜色是由于胡萝卜素的存在(叶黄素和玉米黄汁)。蛋黄中氨基酸的组成与蛋白相似。蛋黄中的类脂不会变干，因此常用作增塑剂，但由于其对油的固化有相反效应，使用时应谨慎。表面活性剂卵磷脂的存在增加了乳浊液的稳定性。卵蛋黄是一种很古老的绘画用胶结质，至今仍受到人们的高度重视。蛋黄能快速固化，且具有理想的柔韧性，但长时间内较软，不能抵抗机械摩擦。

天然树脂类　天然树脂主要用于文物的表面保护及绘画中的胶结质。通常与油或蜡混合以提高粘接性能。由于大多数的树和植物都会产生天然树脂，古代将树脂大量地用于胶结质和保护涂层，所以，在艺术品中常发现这些物质。树脂都是由萜类组成。在泰国及西班牙的沉船上发现，自 15～17 世纪就有树脂类材料，其中多个储存罐中都发现了达玛树脂。达玛树脂是一种重要的药性树脂，很可能是用于密封储藏罐的盖子及堵塞船木之间的缝隙。在埃及 12 世纪的墓中发现的没药树脂及玛蹄脂。常见的天然树脂如下：

· **松香与山达脂**　松香(Colophony 或 Rosin)一般来自松树。依萃取的方式不同，分为松饼型松香、木头松香和高油松香。松饼型松香用来填补木头缝隙，由 68%～72%的松香、22%～24%的松节油、5%～12%的水组成。滤去矿物质及一些植物杂质成分，进行蒸馏，将松节油与松香分离。山达脂(Sandarac)是山达树上流出的汁液，颜色偏淡黄色。山达脂中不含松香酸。蓖麻酸老化后产生大量的山达酸。山达脂的性质与松香类似，但变黑的程度要小一些。经常与威尼斯松节油混合使用，来防止画面起翘。山达脂形成的膜非常硬而光亮，早先用于涂抹金属器物的表面。

· **达玛树脂与玛蹄脂**　达玛树脂(Dama)也是一种树胶，颜色淡黄。生产达玛树胶的树一般要生长 50 年之久。在所有的三萜类中，达玛树脂的罩漆效果最好。它不仅在有机溶剂中有良好溶解性，而且受外界因素影响较小，因此大量用于绘画的罩漆处理。达玛树脂溶于酒精、芳香烃及松节油中，形成著名的晶体漆。

达玛树脂由于良好的黏合性而备受艺术家喜爱，常将其加入蜡中来增加蜡的粘接性。与其他的天然树脂相比，达玛树脂具有偏酸性的优点。这样，当它与其他的颜料混合或与绘画底层接触时，就不会有变形的危险。这也是古代艺术家们常使用蜡-树脂混合胶结质的原因。

达玛树脂形成的膜比较软，耐老化性能比其他树脂差，并且老化后膜会变黄。向达玛树脂的溶液中加入1%的抗氧化剂就可解决这个问题。

玛蹄脂(Mastic)在芳香族碳水化合物中有良好的溶解性。玛蹄脂形成的膜光亮、柔韧性好，但硬度不足。用其绘成的画面随老化而变晦暗。18世纪，一些艺术家为了克服这一缺点，向玛蹄脂中加入其他成分进行改性，但后人认为加入的新成分会加速画面的降解。

· **大漆** 大漆又名生漆、天然漆、国漆(或中国漆，Chinese lacquer)，是我国著名的特产之一，也是一种优良的天然涂料。至今还没有一种合成涂料能在坚牢度、耐久性等主要性能方面超过它。新鲜的漆汁叫生漆，在工期中容易氧化成赭色，变干后成为黑色。中国人在石器时代已经直到使用红色和黑色漆，是全世界研制和利用生漆最早的国家。将大漆用于颜料及防护材料的主要方法是将漆涂到木质或陶质的器皿上。我国最早系统介绍生漆科学的专著为《漆经》。

漆树原产中国，之后陆续传入日本、朝鲜与印度支那等地。漆树主要分布在中国喜马拉雅山中部到日本。直到18世纪，东方漆树才为世人所知。全世界约有25种，中国有15种之多。大漆的主要成分是漆酚，其含量越高，漆的质量越好。其余的成分是水分、树胶质、含氮物质和其他杂质。

生漆具有良好的固化成膜性能，常温下会自然干燥成膜。成膜过程是一个复杂的氧化一聚合过程。此过程要不断与空气接触吸氧，而且必须依赖于酶的催化作用，因而需要特定的环境条件(温度20～30℃，相对湿度为80%～90%)。生漆在成膜过程中的化学、生化、物理变化是相当复杂的，其结构也是极其复杂。

生漆膜的硬度大、耐磨性好，光泽明亮，耐热性高，耐久性好。膜能耐化学腐蚀，耐有机溶剂。漆膜密封性好，与木质的附着力强，缺点是黏度大、施工性较差，必须在适当的温湿度下才能干化。由于色泽深，不易配制浅色漆，具有明显的过敏毒性。

8.3.2 文物保护与现代合成高分子化合物

常用的保护材料分为表面防风化保护材料、加固保护材料、粘接保护材料及修补材料。

表面封护保护是靠在文物表面形成致密的、不受影响的表面膜来防止湿气的侵入。古代的文物封护材料是一些天然产品，如蜡、亚麻油、动物血等。现代使用的文物表面封护剂主要是有机硅、脲类及丙烯酸类。

文物中使用的加固材料最初是无机加固剂。如石灰水、水玻璃、氟硅酸盐、重晶石水(氢氧化钡)等。无机材料耐老化性能优良，与无机质文物之间有良好的相容性，但弹性差、脆性大。另外，无机材料加固过程中，伴随必要的保护材料与文物构成材料间的化学反应，达不到理想的渗透深度。因为一旦反应开始，反应物会阻塞表面孔隙，从而抑制加固剂进一步渗透。随着合成聚合物的发展，有机化合物特别是高分子化合物在文物保护中得到广泛应用。其中，最具代表性的有机加固剂是有机硅类、环氧树脂类、丙烯酸类材料及含氟聚合物类保护材料。

文物保护中的黏接保护材料分为热固性、热塑性两类。热塑性树脂黏合剂主要有醋酸乙烯酯、聚乙烯醇、聚丙烯酸、聚氨酯等。热固性树脂黏合剂主要有环氧树脂类、酚醛类、聚胺酯类及芳香烃类等。黏接剂的主要组分除了黏接主体组分和固化剂外，还有一些填料、偶联剂或其他添加剂。实际上，黏结剂与加固保护非常类似，不同点仅是加固剂要求浓度低，一般是黏度很低的液体，而粘合剂要求黏度大、流动性小。

文物的修补材料性能要求也比较严格。要求修补材料与原材料匹配。主要有环氧树脂、聚甲基丙烯酸甲酯、聚醋酸乙烯酯等。不同聚合物，强度不同，可根据文物本身强度选择适宜的聚合物。对于较大的修补对象，经常用到的是胶泥状修补材料。修补裂缝时，修复砂浆比较好。

用于文物保护的高分子聚合物 文物保护中涉及的合成聚合物，主要是对已经风化的文物进行保护性研究时使用的聚合物材料。尽管在化学工业中合成聚合物的种类繁多，但并非所有的聚合物都能用于文物保护中。以下是常见的用于文物保护中的聚合物。

·环氧树脂 环氧树脂的分子比较大(没有固定分子质量，仅有一定大小的变化范围)，外观上多为黏稠的液态或固态。环氧树脂能形成一种比较理想的具有一定柔性、黏性及耐化学腐蚀性的长链网状结构。环氧树脂最早用于艺术品的保护是以溶液系统的形式，用在多孔质文物的保护上，六十年代后期才开始广泛使用。环氧树脂由双组分构成，有时还需要加入稀释剂或其他辅料。

1)环氧组分(双酚A型环氧树脂)：双酚A型环氧树脂是一种最普通、最常用、使用范围最广的环氧树脂。通常所说的环氧树脂就是指该类型环氧树脂，它由环氧氯丙烷与双酚A在碱作用下缩聚而成。其结构式如下：

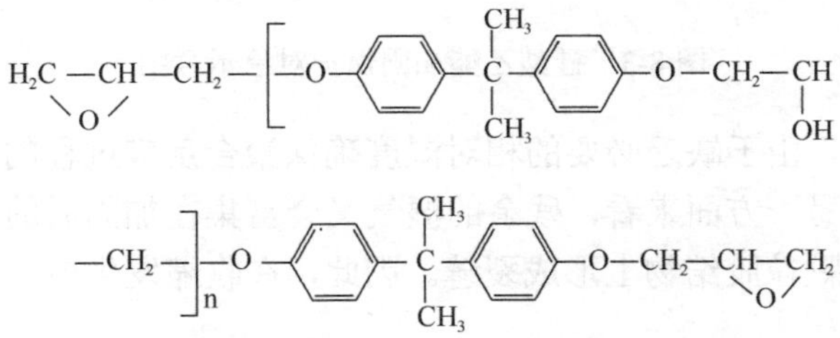

2)胺固化剂：环氧树脂本身是热塑性的线型结构，在催化剂的作用下会发生聚合，聚合产物非常脆，必须再向树脂中加入第二组分，在一定温度条件下进行交联固化反应，生成体型网状结构的固化物。第二组分叫做固化剂。树脂固化后就改变了原来可溶可熔的性质而变成不溶不熔的状态。树脂一经固化后就不容易从黏合件上除去。固化剂的种类很多，如脂肪胺类、芳香胺类及各种胺改性物。最常用的是脂肪胺固化剂。其特征是可在常温下固化环氧树脂，反应时放热，放出的热量能进一步促使环氧树脂与固化剂的反应。固化产物的耐热性能不高，加热固化可提高其耐热性。

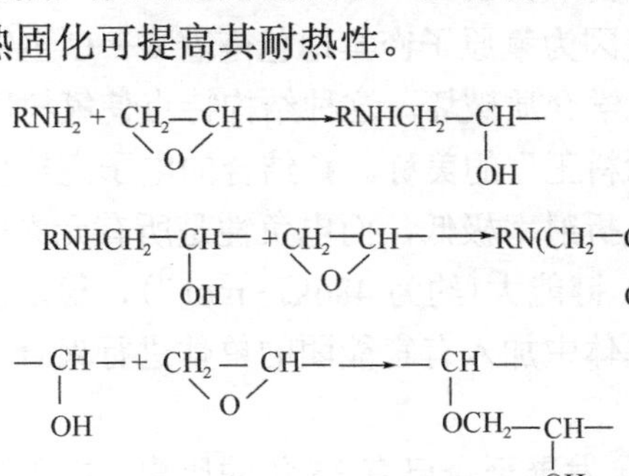

· 丙烯酸树脂类 丙烯酸类树脂广泛应用于文物保护方面，尤其是壁画的保护。其中包括丙烯酸乳液、聚丙烯酸、聚甲基丙烯酸、丙烯酸与甲基丙烯酸共聚物等。丙烯酸(CH_2═CH—COOH)具有聚合活性，易发生聚合。聚合后形成聚丙烯酸。完全聚合的聚丙烯酸为澄清、透明、脆质固体，其膜硬度非常高，比有机玻璃的硬度高。

· **有机硅类** 有机硅类保护剂主要有硅酸乙酯、烷基硅酸盐、硅烷、硅氧烷、硅酸盐等。有机硅材料具有一般高聚物的抗水性，又具有透气和透水性，不仅与文物有物理结合，而且会形成新的化学键，最终形成稳定的硅化物，起到明显的加固作用。硅酸乙酯是目前研究较多的一种有机保护材料。

$$Si(OC_2H_5)_4+H_2O=SiO_2+4C_2H_5OH$$

由上述方程式可以看出，用硅酸乙酯实施保护时需要一定的水分，硅酸乙酯首先与空气中的水或岩石孔隙的水反应，逐步发生水解、聚合、玻璃态，然后发生凝聚反应生成最终的网状硅胶结构。图 8-3 是硅胶与岩石结合示意图。

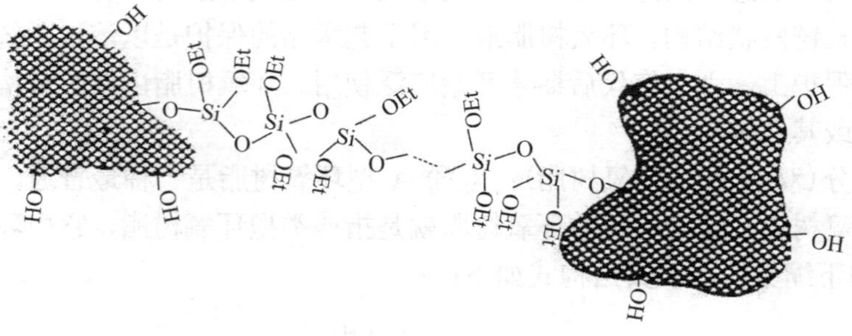

图 8-3 硅酸乙酯加固保护对象示意图

在沙漠缺水地区，由于缺乏必要的相对湿度确保聚合反应过程的毛细湿气，硅酸乙酯的使用受到限制。从另一方面来看，残余的湿气又会富集在加固后的次表面区域，硅胶的逐渐失水(脱水)会在颗粒胶结物上形成裂缝。因此，在收缩发生前，应先让处理后表面上的湿气逸出。

· **含氟聚合物** 含氟聚合物是由氟原子与碳原子和(或)氧、氮等原子组成的合成高分子材料，有时也称为氟碳材料。含氟聚合物由于具有较低的表面自由能、优良的耐候性、耐化学腐蚀性、抗氧化性及良好的机械性能，已成为卓越的高性能材料。将有机氟基团引入聚合物主链是为了改善聚合物的表面性能，主要体现在提高聚合物的溶解性能、介电常数及耐化学腐蚀性方面，同时引入有机氟基团也会引起聚合物颜色降低、结晶度降低(利于溶解)、对湿气的吸收能力降低等变化。

氟树脂涂料的优异性能是因为氟原子密集地包围着 C—C 主键，形成一个螺旋结构，保护了碳键不被冲击，不被化学介质破坏。这种结构特点使氟树脂具有良好的附着力和卓越的耐候性，因而也具有“涂料王”的美称。氟结合的电子离核更近，电子与核的相互作用力也大，所以极化率极小，折射率极低，而电负性是所有元素中最高的(4.0)。故 F—C 的结合能大、键距短(1.36Å)、键能大(约为 $486kJ\cdot mol^{-1}$)，稳定性高。由于全氟聚合物难溶于溶剂中，所以常在含氟单体中加入有官能团的单体进行聚合，降低聚合物的结晶度，提高溶解性，如图 8-4 所示。

含氟聚合物涂料自 1965 年发展至今已有 35 年的历史。在美国佛罗里达暴晒场，最早的氟涂料喷涂模板经历了 35 年风吹日晒后，依然与新产品相仿，充分体现了氟涂料超凡的耐候性能。氟树脂在一些世界著名建筑如美国白宫、联合国大厦及一些具有艺术风格的建筑上得到应用。氟涂料已被列入二十一世纪重点发展的涂料。因此含氟聚合物，尤其是仅有碳和氟组成的全氟聚合物，其耐热性、耐氧化性、耐化学侵袭性能特别良好。

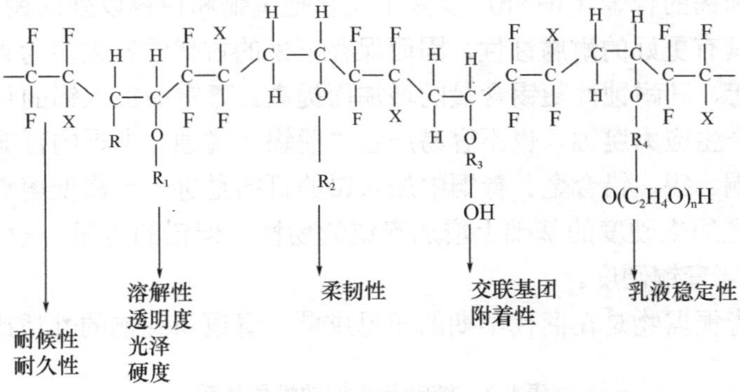

图 8-4　水分散体氟乙烯－烷基乙烯基醚共聚物(FEVE)

8.4　化学与青铜文物的保护

8.4.1　青铜腐蚀概念

我国青铜文物非常多，主要来自地下出土器物和地面上建筑内的陈列品。青铜文物是一类金属文物。金属受外界环境影响发生损毁的典型特征是腐蚀。通常，把金属腐蚀定义为：金属与周围环境之间发生化学或电化学作用而引起的破坏或质变。

金属腐蚀主要可分为：化学腐蚀、电化学腐蚀两种。化学腐蚀是指金属表面与非电解质直接发生化学作用而引起的破坏。电化学腐蚀是指金属表面与电解质发生电化学反应而引起的破坏。电化学腐蚀是最常见、最普遍的腐蚀。当金属周围的环境中存在微生物时，由微生物引起的腐蚀或受微生物影响所引起的腐蚀也称为微生物腐蚀。微生物腐蚀也属于一种电化学腐蚀，所不同的是介质中因腐蚀微生物的繁衍和新陈代谢而改变以了与之相接触的界面的某些理化性质。微生物细胞新陈代谢的中间产物和/或最终产物的分泌物以及外酵素都能够引起材料失效。

青铜文物腐蚀后，随着矿物质结壳的形成而失去铜质，严重者还会导致器物穿孔。腐蚀主要受周围环境的影响。地下器物的腐蚀程度随着土壤酸度、土壤的多孔性以及土壤中可溶性盐的增加而逐渐增加。地面器物腐蚀则主要受地面环境的影响。

8.4.2　青铜的化学组成

铜属于贵金属。中国早在新石器时代就开始使用纯铜(Cu)，即“红铜”或“紫铜”。但由于纯铜柔软、硬度小，在其中加入其他金属制成合金。

黄铜是铜锌合金(Cu+Zn)。Zn 含量在 39%～50%。黄铜具有良好的塑性，锈蚀比纯铜快，其特有的腐蚀形式是“脱锌”。在有 CO_2、SO_2、O_2、NH_3、Cl^-的存在下，容易形成配离子而加快铜的腐蚀。黄铜中锌的含量越高，越容易引起应力腐蚀。

白铜是铜与镍的合金(Cu+Ni)。通常镍的含量为 30%～55%。其耐酸和耐碱的腐蚀能力随镍含量的提高而增强。

青铜是指铜和锡的合金(Cu+Sn)。实际上现在把黄铜和白铜以外的铜合金统称为青铜。青铜合金较纯铜具有更好的耐腐蚀性，因而保存下来的古代铜器大多为青铜所铸。青铜中加入锡的含量不等，其耐蚀性随锡含量的增加而提高。青铜中加入锡的目的是提高其耐磨性，锡青铜不易产生应力腐蚀，也不容易产生“脱锡”腐蚀。中国的青铜器中有不少还含有铅(Pb)，即为铜、锡、铅合金。青铜中加入铅的目的是进一步降低熔点，增加青铜熔体的流动性，而且在原来硬度的基础上增加青铜的韧性。但铅的含量一般不宜过高(不超过10%)，否则会破坏青铜硬度。

我国最早的青铜器物是在商代早期的司母戊鼎。青铜与纯铜的性质比较见表 8-3。

表 8-3 纯铜与青铜的性质比较

名称	熔点/℃	布氏硬度	化学性质	铸造工艺
纯铜	1083	35	比青铜差	比青铜差
青铜	960(15%Sn) 800(25%Sn)	提高 50%～60%(含 5%～7%Sn 时) 提高 70%～80%(含 7%～9%Sn 时)	稳定，抗腐蚀性良好	流动性良好，铸造性能优良

古青铜的化学成分大体为：铜 75%，锡 15%，铅 8%。另外含有地方特征的其他元素如铁、锌、钙、镁、锰等，总含量小于 3%。

在当时的冶炼条件下，因为在生产不同器物时，采用不同铜锡铅比例的配方，因此，不可能生产批量的铜锡铅含量固定的青铜器。不仅不同器物中元素含量不同，而且不同地区出土的青铜器都多少含有其他杂质元素。

8.4.3 铜锈成分分析

青铜器的普遍腐蚀破坏是形成各种类型的腐蚀产物，也就是通常见到的古铜器上的“铜斑绿锈”。有的铜锈在铜器表面形成棕色、绿色的复合物，往往被当做青铜器年代久远的象征予以保留。但也有一些“铜斑绿锈”覆盖在器物表面，掩盖了青铜器原有的美丽纹饰、镶嵌，有的还掩盖了具有重要历史科学价值的铭文。更值得注意的是那些被人们称为“青铜病”的绿色粉状锈斑，它会导致青铜器腐蚀的不断地扩展、深入、甚至穿孔。人们习惯上把这类锈斑称为“有害锈”。

因为每个青铜器的成分、耐腐蚀能力不同，经历不同，腐蚀环境不同，所以它们的腐蚀状况及腐蚀程度也各不相同。有些青铜耐腐蚀能力比较强，在外界环境的作用下，仅仅器物的表面形成一层各种颜色的腐蚀膜，而金属个体并未受到腐蚀破坏。有的青铜器从器物的表面来看，是一层色泽和谐的湖绿色光洁表面，器物的造型纹饰都没有发生变化，但是表面掩盖下的铜质已经完全矿化，失去了金属特征，极其脆弱，一旦敲击就会溃散。

利用 X 射线衍射分析、扫描电镜分析等方法进行分析检测，发现青铜器上所形成的锈的情况非常复杂，常见的锈大致如表 8-4 所示。

这些锈是青铜器在空气中或在地下接触盐类后，发生化学反应而逐渐形成的。如铜器和氧接触，可以形成红色氧化亚铜进而生成黑色氧化铜。有些生活用青铜器在当时被加热使用过，就很容易在器物表面形成一层黑色的氧化铜；有些青铜器与溶解有二氧化碳的空气中水分或地下水相接触，从而形成蓝色、绿色的碱式碳酸铜、蓝铜矿、孔雀石等。青铜器的表面往往出现一层极为致密、光滑的灰绿色锈，这是由于青铜中含锡量较高，锡与铜以共熔体存在，其中的铜被碳酸溶出形成溶液或形成沉积的碱式碳酸铜，而锡则直接转化为类似于矿物锡石的氧化锡。

表 8-4　常见青铜器锈蚀结构和成分

青铜锈名称	化学分子式	矿物名称	颜色	特征
氧化铜	CuO	黑铜矿	黑色	无害锈
氧化亚铜	Cu_2O	赤铜矿	红色	无害锈
硫化铜	CuS	靛铜矿，方蓝铜矿	靛蓝色	无害锈
硫化亚铜	Cu_2S	辉铜矿	黑色	无害锈
碱式碳酸铜	$CuCO_3 \cdot Cu(OH)_2$	孔雀石，石绿	暗绿色	无害锈
	$2CuCO_3 \cdot Cu(OH)_2$	蓝铜矿，石青	蓝色	无害锈
	$2CuCO_3 \cdot 3Cu(OH)_2$		蓝色	
碱式氯化铜	$CuCl_2 \cdot 3Cu(OH)_2$	氯铜矿	绿至黑绿	有害锈
	$CuCl_2 \cdot Cu(OH)_2$	双绿铜矿	淡绿色	
硫酸铜	$CuSO_4 \cdot 3H_2O$	胆矾	蓝色	无害锈
碱式硫酸铜	$CuSO_4 \cdot 3Cu(OH)_2$	水硫酸铜矿	绿色	无害锈
氯化亚铜	Cu_2Cl_2 或 $CuCl$	氯化铜矿	白色	有害锈
氧化锡	SnO	锡石	白色	无害锈

8.4.4　青铜器的化学除锈法

清除青铜器表面上锈层的目的，一是恢复已变形器物的原貌，二是中止转化锈蚀现象。采用的清除方法主要分为机械方法和化学方法。这里仅介绍与化学相关的化学除锈法。

化学除锈法是利用化学试剂与青铜器表面的锈蚀物发生化学反应而达到除锈的一种方法。但经化学除锈后，必须及时将残液清洗干净。如果污物随清洗液渗入青铜器表层气孔，会造成器物膨胀或加重锈蚀等。

· **去离子水法**　用 40～60℃的去离子水或蒸馏水反复多次漂洗腐蚀的青铜器，可以洗去氯离子而不会改变青铜器表面的绿锈。

· **倍半碳酸钠浸泡法**　一般采用倍半碳酸钠（$Na_2CO_3 \cdot NaHCO_3 \cdot 2H_2O$）水溶液浸泡腐蚀青铜器，使铜的氯化物逐渐转换为稳定的碳酸铜盐，青铜器中的氯离子被置换出来转入浸液中。但这种方法在实际应用中所需时间太长，甚至使用 1～2 年的时间都无法完全将器物内所有的氯离子置换出来，而且也很难有精确的方法来定量地鉴定器物中氯化物的含量，所以还有待深入的研究。

另外，氯化物被置换清除后，器物表面新生成孔雀石腐蚀层，虽然碱式碳酸铜本身就是青铜器腐蚀层的一部分，但其色彩鲜艳均匀，给人以改变原状的感觉。

尽管如此，它仍是一种有效清除有害锈的方法，特别是对有害锈严重濒临毁坏的青铜器，采用此法可使之得以挽救。

· **氧化还原法去除氯离子**　这是国外推行的一种方法，定期用过硫酸钠将青铜锈氧化置换出来。将过硫酸钠渗入胶泥中，贴在需要的部位，几天后揭取即可。

$$2CuCl+Na_2S_2O_8 \longrightarrow CuCl_2+Na_2SO_4+CuSO_4$$

· 局部电蚀法 利用电化学腐蚀的逆反应，通过电极反应使粉状锈中的氯离子转化为氯气，同时，粉状锈中的阳离子铜转化为金属铜，达到除锈与封闭两重功效。

$$Cu^{2+}+2e \longrightarrow Cu, \quad 2Cl^{-}-2e \longrightarrow Cl_2$$

这种方法一般适合粉状锈的去除。现代已经有电蚀笔的应用，方便了这个程序的操作。还可用局部电解还原的方法局部去锈。将拟除锈的器物作为阴极，阳极通过溶液与器物的去锈部位接触，在外加电源的作用下，使局部区域的锈蚀电解还原剥落。但此法去除氯离子的能力有限。

· 过氧化氢法 用 5%～10%过氧化氢(H_2O_2)作为氧化剂将氯化物除去，所用的浓度视锈蚀情况而定，剩余的过氧化氢稍微加热即可全部分解，对器物不会产生任何影响。本法与倍半碳酸钠浸泡法比较，处理的时间短，除去氯离子比较彻底。与局部电蚀法、氧化银封闭法比较，过氧化氢法对面积大小不同的粉状锈，对深浅不同的粉状锈都可清除，使用面宽而且处理比较简便。

8.4.5 化学与青铜器缓蚀及封护技术

缓蚀、封护处理主要是根据青铜病的病理机制，断绝其发病的外部因素，从而达到控制粉状锈的继续腐蚀和扩散的目的，起到保护青铜器的作用。

缓蚀剂也叫腐蚀抑制剂，是一些少量加入腐蚀介质中就能显著减缓或阻止金属腐蚀的物质。缓蚀剂防护金属的优点在于用量少、见效快、成本较低、使用方便。缓蚀剂的保护有强烈的选择性。缓蚀剂分为无机缓蚀剂和有机缓蚀剂两大类。按照缓蚀剂形成的保护膜分为：氧化型缓蚀剂、沉积型缓蚀剂、吸附型缓蚀剂等。

氧化银(Ag_2O)封闭保护法 以往的办法是先将表面绿色粉状锈以及其下层的一切锈层全部用机械方法剔除，特别要将产生“青铜病”的根源－CuCl 这个灰白色蜡状物清除干净，直到清出新鲜的铜质为止。而后用漆片酒精填充空穴。也有用树脂封闭 CuCl，阻止它接触空气而继续腐蚀金属。事实表明，底层的 CuCl 极难剔除干净，同时也很难用树脂封闭彻底。

R.M.Organ 提出的氧化银法对这一技术进行了改进。它是利用氧化银与氯化亚铜接触后，在空气中水蒸气的作用下，形成角银膜的办法封闭氯化亚铜的暴露面，以达到控制青铜器腐蚀的目的，对有粉状锈的青铜更合适。首先用机械方法将氯化亚铜剔除，直至看到新鲜铜质为止，用丙酮将蚀坑擦干净。然后再用乙醇将氧化银调成糊状填充，使未剔净的氯化亚铜与氧化银接触进行反应，形成角银膜而阻止氯离子的作用。此法适用于斑点状局部腐蚀的器物。但此法经填充后的凹坑表面形成深褐色斑点，还要作补色处理。

例如，闻名于世的商代司母戊鼎，1939 年 3 月出土于河南安阳侯家庄武官村，1946 年 6 月重新掘出送至南京，1959 年调至中国历史博物馆收藏展出。司母戊鼎的重量为商周青铜器物之冠，是我国商代青铜器艺术发展到高峰时期的产物，它以造型雄壮浑厚、纹饰庄重精美、铸造工艺独特而著称。近年来对其进行养护技术处理，及采用选择性清除有害斑点状局部锈蚀物的方法，氧化银法和苯骈三氮唑法兼用，并用超声波清洁技术清除覆盖纹饰的泥垢，获得满意结果。

苯骈三氮唑(BTA)保护法 苯骈三氮唑($C_6H_4N_2 \cdot NH$)是杂环化合物，含有三个氮原子，每个 N 有孤对电子，可以形成五元环，能与铜及其盐类形成稳定的 Cu-BTA 配合物，在铜合金表面生成不溶性且相当牢固的透明保护膜，膜的厚度为 50Å。保护膜的结构为 $Cu/Cu_2O/Cu(I)$-BTA。膜使青铜器有害锈被抑制并稳定，防止水蒸气和空气污染物的侵蚀。膜非常牢固，很难用简单的脱脂溶剂洗掉。青铜器的表面质感不会发生明显变化，只是颜色较未处理前有变深的可能。

$$Cu+\frac{1}{2}O_2+2C_6H_4N_2\cdot NH\longrightarrow(C_6H_4N_2\cdot N)_2Cu+H_2O$$

实验证明苯骈三氮唑对腐蚀青铜器有良好的保护作用。一般腐蚀的样品，可以用 3%的酒精溶液处理。对于腐蚀严重而又不除去表面腐蚀产物的样品，应该以较高浓度(如 15%)的酒精溶液来处理，才能取得较满意的效果。

缓蚀剂(BTA)的配制：苯骈三氮唑 1g，聚乙烯醇缩丁醛 3g，无水乙醇 95ml，蒸馏水 5g。配制苯骈三氨唑药液缓蚀剂时，考古工地条件差，千万不要将粉末吸入体腔，器物涂刷时，不要使其溅在手上和皮肤上，因为多方面资料证实，苯骈三氮唑属于致癌物质。

苯骈三氮唑受热容易升华，会逐渐地从被处理的青铜器表面挥发出去，所以它对青铜器的保护是暂时的。为了防止它的挥发，可以在表面再涂上一层高分子化学材料的封护膜，使苯骈三氮唑留存在金属表面更长时间，以便更长期地保护腐蚀青铜器。

封护材料有：3%三甲树脂甲苯溶液、5%的聚乙烯缩丁醛乙醇溶液、乙基纤维素乙醇溶液、有机硅树脂乙醇溶液、丙烯酸乳液等。

锌粉转化法　利用锌粉的还原性，与铜锈作用后锌粉封闭置换法。反应生成一层黏附牢固、稳定、难溶的氧化锌或氢氧化锌、碱式碳酸锌膜，起到使空气中水分子难渗透的屏蔽作用。$Zn(OH)_2$是胶状物，对铜器有稳定封闭作用。

$$2CuCl_2+2Zn+2H_2O\longrightarrow Cu_2O+Zn(OH)_2\cdot ZnCl_2+2HCl$$

在高倍放大镜下，用挟针小心地将器物上的浅绿色的粉状锈从它影响的部位彻底除掉。用 90%的酒精溶液将锌粉变潮，再用小毛笔尖将潮湿的锌粉涂在上述清理出的部位边缘充分接触，在锌粉尚处潮湿时，用修刀尖将其压实，然后用 90%乙醇溶液再将其变潮。用不连续的水滴注锌粉 8h，以后连续三天，每小时加一次水，经过处理部位就生成灰色的较密实的锌的化合物。需要作色，用 10%的聚乙酸乙烯酯、甲苯溶液调拌碱式碳酸铜或氧化铁红、铁黑等色，做出与该器物相似的锈色。

8.5　化学与陶瓷及石质文物的保护

陶、瓷类文物是以黏土、高岭土为原料，经过选料、淘洗、沉淀、捣揉后制胎、成型、干燥、焙烧等工艺制成器物或艺术品。黏土、高岭土主要是天然硅酸盐原料，以石英、长石为主。

陶器一般的烧制温度在 700～960℃，结构不致密，孔隙较大(15%～35%)，容易吸水，造成陶器的损坏。瓷器与陶器类似，仅是用料配比及烧制温度有差异。但瓷器的胎体多以瓷土为原料，瓷土与黏土相比，钠、钾、钙、铁的含量减少。而且在高温烧制过程中，石英、氧化铝能形成聚合网状，形成坚硬致密的胎体。带釉彩的瓷器表面含有一层釉质，为玻璃体，与胎体牢固结合(经过烧制后)，增强了瓷器的硬度和憎水性。

石材文物有花岗岩、灰岩、辉石、大理石、砂岩、玄武岩等。其中所含的矿物质种类也非常多，如石英、长石、云母、蒙脱石、伊利石、白云石等。

陶瓷及石质文物因结构孔隙较大，容易受水的侵袭而风化。

8.5.1 化学与陶器的清洁及脱盐处理

出土后的陶器的风化或损坏现象是由于其多孔造成。主要表现在：①因陶器多孔易吸水，由水引起风化、酥脆、碎裂。②因多孔而使表面上积聚了大量污垢和覆盖的硬结物，这些硬结物主要是碳酸钙或石膏、黏土，以及硫酸盐、硅酸盐等类物质。③因多孔造成发掘出土的陶器，往往含湿量很大，如现场保护不及时，导致其后期风化现象突出，如彩陶表面脱落等。

陶器在清洗前，首先检查陶器反映的信息，然后分析器物是否经得起清洗处理。

陶器物出土后不要急于用水冲洗，稍晾干后，可先掏出陶内湿土，不然风干后硬结，很难取出。

陶器表面清洗前还要简单判断一下胎质烧制的火候，是否坚硬或糠酥。用指甲掐，表面有印痕或掉粉，说明胎质差或酥粉，不宜用水洗，还可以将其支起来轻敲，听声音的清脆或沉闷断定胎质好坏程度；如果陶器较干燥，用乙醇洁擦一小片面积，待乙醇挥发后，用舌尖舔，有吸附感说明质地好，无吸附感则烧的火候差。

表面黏附的污垢可用蒸馏水冲洗。

覆盖在陶器表面的不溶性硬结物主要是碳酸盐、硫酸盐(石膏类 $CaSO_4 \cdot 2H_2O$)或硅酸盐。碳酸盐可用盐酸稀溶液(2%)溶解驱除；硫酸盐需用浓硝酸滴在硬结物上，待硬结物软化后，用机械法剔除；硅酸盐用 1%氢氟酸(有毒性，注意安全)施于硬结物上去除，然后将残余酸液洗净。也可用硫酸铵的热饱和溶液清洗，之后用清水洗。目前多使用螯合剂如EDTA、二乙烯三胺、五乙酸五钠盐、正一羟乙二胺三乙酸三钠盐等形成螯合物浸入溶液。

如果胎质酥粉的陶器，孔隙内会填满碳酸钙与白垩土混杂物，这类器物切不可用酸类溶液洁除，否则会蚀毁陶胎。可用中性的 5%六偏磷酸钠溶解去除。

陶器中吸附的可溶性盐类，可用蒸馏水浸泡的方法除去。如果是素陶，可用流水清洗1～2 天后，通过测定离子电导率考察是否除干净盐分。如果是彩陶或脆质陶，应先用高分子材料加固后再作清洗处理。

对带釉的陶器，用盐酸清除但不可用硝酸或醋酸，以免腐蚀釉料。

黑色污垢可用 3%过氧化氢溶液去除。表面黄黑部位可用 5%Na_2CO_3+0.5%表面活性剂(十二烷基磺酸钠)的热溶液擦除。如水(900ml)＋NaOH(80g)+三乙醇胺三钠盐(100g)+洗涤剂(数滴)，75～80℃时将陶器放入，煮沸 30min 即可。

其他附着的污垢可用 3%过氧化氢溶液去除。

8.5.2 化学与陶器的加固保护及粘接成器

酥脆陶器常用减压渗透加固法加固保护。渗透剂的种类很多，如 4%聚醋酸乙烯酯的丙酮溶液、2%的硝基纤维素的丙酮溶液、2%的稀释的聚醋酸乙烯酯乳液。釉陶器釉面酥粉时，用 5%可溶性尼龙的乙醇溶液或 10%聚醋酸乙烯酯的丙酮溶液加固。

对于内部松散脆弱的器物，可采用 5%～15%的聚醋酸乙烯酯的丙酮溶液渗注加固，若器物比较潮湿，可用 5%～10%的聚醋酸乙烯酯乳液渗注加固。加固后再用溶剂擦去表面多余的高分子材料。

关于黏结材料，目前主要使用的有：3%的乙基纤维素、3%～5%的聚乙烯醇缩丁醛的乙醇溶液、聚苯乙烯丙酮甲苯溶液(将聚苯乙烯泡沫塑料片溶于丙酮甲苯的混合溶液中)、硝基纤维素、聚甲基丙烯酸甲酯丙酮溶液、聚乙烯醇缩丁醛、聚醋酸乙烯酯乳液、虫胶、环氧树脂(不适合于脆弱陶器、适合于硬质陶的黏接)。

深受欢迎的是三甲树脂(甲基丙烯酸甲酯、甲基丙烯酸、甲基丙烯酸丁酯的共聚物)，三甲树脂易溶解，透明，有弹性，形状易于纠正，粘接强度好。

对于表面彩绘起翘、脱落的彩绘陶质文物，多采用如聚醋酸乙烯酯、有机硅树脂、三甲树脂、聚乙二醇、聚乙二醇缩丁醛等。在气候干燥的情况下，可用 1.5%的聚乙烯醇水溶液、2.5%的聚乙烯醇缩丁醛水溶液、3%乙基纤维素酒精溶液等材料修复加固。

8.5.3　化学与瓷器的修复保护

瓷器比陶器质地致密、坚硬、光滑、不易吸水，盐类很难浸入内部。但早期的商周原始瓷器由于胎质差，釉质不匀，或一些瓷器釉质内所含成分之一种或几种发生了结晶作用或沉积作用，硅土沉积到一定程度，釉会变成乳白色，或以不透明薄膜的形式掩盖了陶体上的色彩与饰纹，遇到这种情况，可用 1%的氢氟酸作局部的去除。釉面硬结石灰物质可用 5%盐酸或硝酸清除。

瓷器主要是粘接及釉面补色。瓷器的粘接剂，要选择无色透明、粘接强度高、耐老化力强、凝结速度快的材料。粘接时要按事前设计的方案，照顾到相邻的关系，一般可先从底部开始粘，有的可从口沿开始粘，但要做到每粘一块不能有丝毫的差错，一块错位，会影响 全器。粘合后一定要挤压，用胶带捆绑固定。

釉面缺损补残，可用树脂与石英粉调成膏状，用油泥或石膏做局部模具，以树脂膏填补后，水砂纸打磨光洁。难度最大的是做釉色。瓷器的釉色很丰富，主要以丙烯酸快干色涂料运用喷笔、手绘相结合的工艺，各种色泽、绘纹分别对待。釉面光泽可选择“玻璃白”涂料或无色透明的双组分聚氨酯清漆、丙烯酸清漆，喷罩上后用布蹭或玛瑙碾子压光。

对于瓷器的加固和封护，通常使用的是聚醋酸乙烯或丙烯酸酯乳液。

8.5.4　化学与石质文物的保护

石质文物在中外都分布很广，品种极多，构成了历史文化遗产的重要组成部分。中国大多数名胜古迹都与石质文物有关，如敦煌莫高窟、龙门石窟、云冈石窟、乐山大佛、乾陵石刻等。

就不同岩石来说，导致其风化的因素不外乎两个方面：一是岩石本身的物理化学性质(孔隙度、膨胀系数、吸水率、化学稳定性等)以及组成岩石的矿物种类、岩石的结构及构造，即内在因素，二是岩石所处的自然环境(气温变迁、降雨及地下水活动、大气污染及生物侵蚀等)为岩石风化的外界因素。

20 世纪的气候条件对户外建筑表面影响非常突出，大大加快了风化过程(大约是原来的几倍)，不仅仅是岩石表面的风化，有些装饰性的岩石表面(雕刻)已经改变原有风貌。图 8-5 是一个典型的石质文物在 60 年内的风化状况图。石质文物保护主要有渗透力加固保护，锚杆加固与灌浆加固保护等。

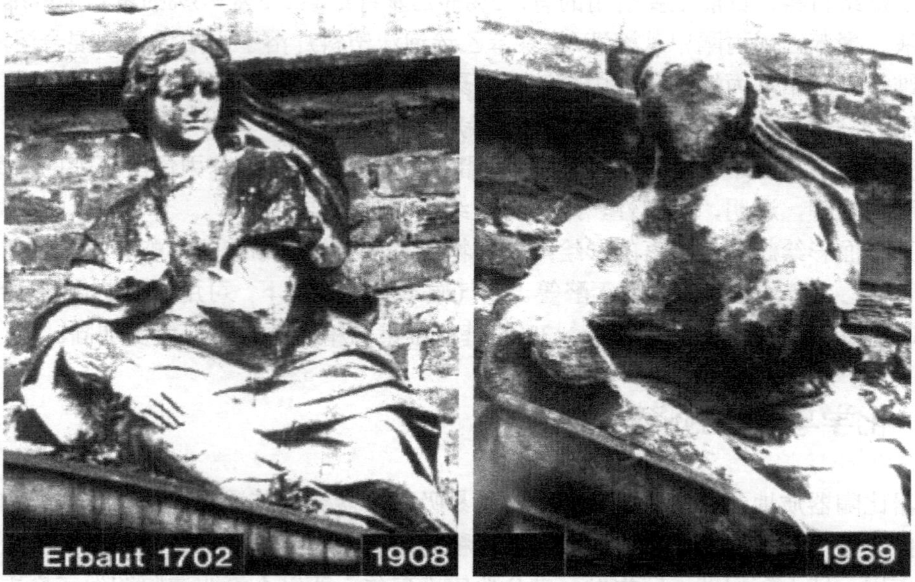

图 8-5　60 年间多孔砂岩风化现状对比图(德国)

·渗透加固保护　要使保护获得长期有效的结果的最大一个问题是，如何获得合适的加固树脂。如何获得较深的渗透深度是众多加固剂面对的问题，渗透深度受石头基体特性如孔隙度、孔径、表面极性、加固液的性质及使用方法的影响。就许多石质风化问题来说，用喷或刷的方法是不够的，而需要一些能提供与石头长时间接触的方法。在实验室里，可将样品全部浸入加固剂溶液中或者把样品放在被溶液饱和的环境中直到树脂固化。

也可用溶液与石头较长时间接触的方法来提高渗透，见图 8-6。将一个 5cm×15cm×30cm 的砂石板用溶液反复刷涂，直至溶液完全渗入石板内部，在连续的流动试验中将一个纤维素灯芯浸在溶液中，另一端与石板相连。溶液在较低位容器富集，然后倒入高位容器，反

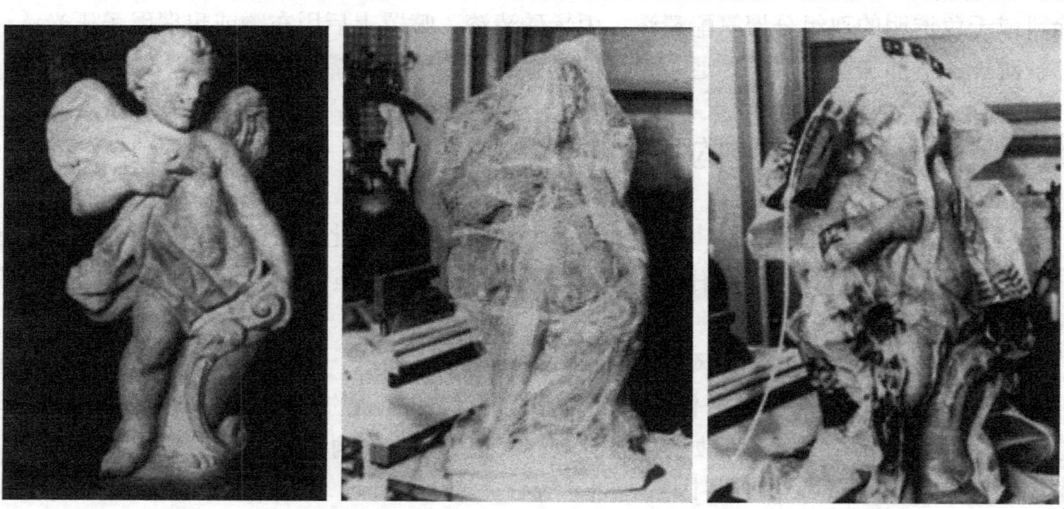

图 8-6　石雕像完全渗透保护处理

复循环使流体始终与石头表面接触，不用包裹可使溶液持续保留，见图 8-7。

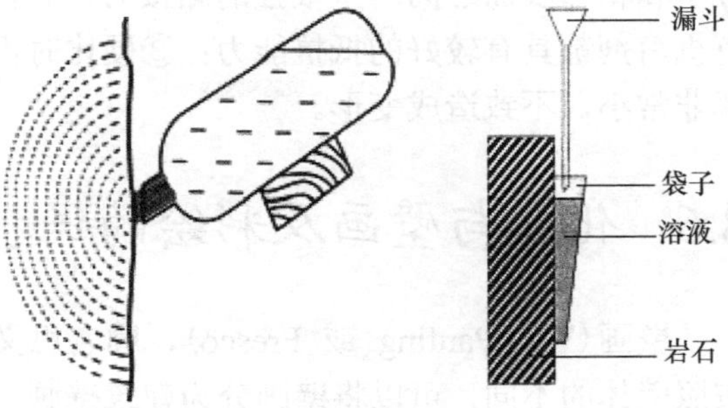

图 8-7　连续喷涂或持续接触的延长加固方法

环氧树脂作为石质、砂浆、砖材建筑裂缝的修复材料的一个主要原因是，尽管它们有一定的黏性，但却能有效地渗入多孔材料内部并能形成网状结构。许多实践已经表明，环氧树脂与同黏度的甲基丙烯酸甲酯预聚物的混合物处理风化混凝土时，环氧系统在填充孔隙方面非常有效，然而随着时间的推移导致的孔隙变大及酥脆类岩石的加固和保护则是另外一个问题。

保护学家们用称之为原位加固的方法将化学药品用于石质艺术品的加固并防止其进一步风化。将聚合物以有机溶剂的相对稀溶液用特殊的方式引入酥脆多孔的岩石内部。使用溶剂的目的是为了获得能渗入内部的低黏度配方。

· **锚杆加固与灌浆加固保护**　在石窟寺艺术品的主要部位，则仅使用化学灌浆法。但在石窟寺的危岩(没有雕刻及装饰的部位)加固中，采用建筑上经常使用的撑托等方法，结合化学灌浆，增加整体稳定性；这类方法已成功地加固和修复了洛阳龙门石窟、大同云冈石窟及广元千佛岩石窟岩群。如陕西彬县大佛寺的砂岩窟体加固中，用锚杆加固和化学灌浆相结合的技术对大佛寺窟顶危岩进行加固。锚杆材料使用直径为 3D 的普通元钢，见图 8-8。化学灌浆液采用呋喃-环氧树脂灌浆材料。用此法加固了 $10m^2$、重 26 吨的危岩体。

图 8-8　锚杆加固与化学灌浆加固技术

环氧树脂作为灌浆修补石质裂隙的主要材料具有很多突出的优点：①环氧树脂分子结构是线状的，通常为液体状态，黏度也比较小(可用有机溶剂调节黏度)，可灌到 0.1mm 的微裂隙中，加入乙二胺类化合物作固化剂，使环氧树脂分子起交联作用，成为立体网状结构，变成坚硬的固体状态；②环氧树脂分子中含有环氧基和羟基等极性基闭，使环氧树脂分子和相邻表面之间产生很强的黏接力，且由于分子中含有稳定的苯环，因而对酸、碱、有机溶剂都具有较好的抵抗能力；③硬化时没有副产物，也不会产生气泡，因而体积收缩率非常小、不致造成变形。

8.6 化学与壁画及彩绘的保护

壁画(Wall Panting 或 Fresco)，顾名思义，是指画在建筑物墙壁和洞窟壁上的绘画。按照壁体的不同，可以将壁画分为建筑壁画、墓道壁画、石窟寺壁画三种基本形式。主要分布在宫殿、住宅、庙宇、祠堂、石窟寺及墓道内。我国现存的古代壁画、多数是画在寺庙和石窟的墙壁上。

壁画艺术是我国绘画遗产的重要组成部分，著名的壁画代表是敦煌莫高窟内的壁画，绘有从魏晋、南北朝、隋唐到宋和西夏各个年代的精美壁画 4 万多平方米。如果将壁画展开，在壁画高度为 5m 的情况下，长度可达到 25km。

彩绘是指绘画面上所施的彩。彩绘包括的内容比壁画广泛，如绘制在陶器表面的彩绘、漆木器上的彩绘、装饰对象上的彩绘等。彩绘泥塑，也是我国优秀的民族艺术。泥塑在我国起源很早，据有关文献记载我国在两千年前已有了完整的泥塑创造。现敦煌石窟内，就存有彩塑二千四百多尊。

壁画及彩绘一般包括了无机颜料和有机黏合剂的混合材料。由于漫长历史兴衰和大自然的沧桑变化，许多绚丽多彩的壁画和彩绘泥塑部遭到不同程度的损伤和毁坏，出现脱落、起翘、空鼓、粉化等现象，因而必须采取各种保护和修复措施。

8.6.1 化学材料与壁画的制作

国际上将壁画分为两种，一种是叫做“Fresco”的壁画，它是指做好墙体(或其他绘画底面)后，在墙体是潮湿的情况下就开始绘彩，因此也叫“湿壁画”。此方法使画面具有湿润感，但湿度不易保持。另一种是叫做“Wall Panting”的壁画，是指墙体干化后再施彩的壁画，叫做“干壁画”。我国的壁画属于后一种。

我国古代壁画所用的颜料，大多采用天然矿物颜料，少数使用天然植物颜料。天然植物颜料易褪色变色，而矿物颜料较耐久不变色。常见的颜料见表 8-5 所示。

表 8-5 壁画常用颜料及一些艺术品中常用的颜料及胶结质的量

颜色	矿物名称	颜料名称	颜料用量	胶结质用量
天然矿物颜料		象牙黑	110	60
白色	高岭土、白垩、石膏、滑石	原煅黄土	175	82
红色	朱砂、赭石、铁丹	富铁煅黄土	175	45
绿色	石绿(孔雀石)、氯铜矿	氰蓝	75	50
蓝色	石青、青金石(天然群青)	原棕土	100	48
黑色	烟苔、铁黑(四氧化三铁)	富铁棕土	90	47
天然植物颜料	胭脂、藤黄、花青	黄赭色	75	28
人造颜料	铅白、铅丹	群青 / 佛青	37	28
其他	黄金、白银、珠粉	铬橙色	32	20
		朱红色	20	14
		碳酸铅白	15	10

上述颜料与胶结质适当调配，就可得到所需的不同色调的画料。胶结质不仅是颜料间相互结合的介质，还是颜料层与地杖层相互结合的介质。常见的胶结质有：干性油类(亚麻油、桐油、核桃油及罂粟油)；蜡类：矿物蜡、植物蜡、动物蜡；胶类(动物胶、植物胶)，植物胶如明胶，动物胶如蛋白、蛋黄等；天然树脂类如达玛树脂、松香类等。画料绘在墙体上后，经过一段时间，液态成膜变干成最终的画面。

8.6.2 化学与壁画的画面清洁及加固保护

· **壁画病变**　从壁画的构成材料可知，其质地是较脆弱的。如果年代久远，保存环境条件不适，使壁画出现酥碱、起甲、空鼓、龟裂、脱胶、剥落、变色、发霉、烟熏等劣化变质现象。其原因与壁画构成材料的质地有关，但外界自然环境因素对壁画的毁损起重要作用。

现以敦煌石窟壁画(沙漠干燥地区)为例进行分析。敦煌石窟壁画由三个部分组成：①墙体壁画的支撑结构(崖壁)，它是由小烁石、细沙等通过钙质胶结的地质活动而成，石质比别的岩石松软；②地仗层又称灰泥层或泥层，它是绘制壁画的壁，它附着于烁岩层的表面，大部分均由草泥、麻刀泥或棉花泥组成；③画面层，包括白粉层和颜料层；绘画时，颜料仅仅被吸附在很薄的白粉层上。

由于千百年来的历史变迁，壁画经大自然的风吹沙侵、水浸雨淋、阳光暴晒等灾害以及人为的破坏，留下了程度不同的病害，主要有以下几种：

1)壁画地仗层大面积脱落或崩塌。

2)壁画发生空膨、剥落、酥碱：空膨是指在壁画的泥灰层和崖体之间因黏结不牢而剥离。剥落是指空膨区域不断扩大，或者许多小空膨区连成一片时，由于灰泥层的重力作用导致壁画大块脱落，甚至整幅壁画脱落。酥碱是指由于建筑材料的质量问题和环境潮湿的原因，使建筑材料中的碱和盐类溶出，聚集在墙体的表层和表面，在化学和物理的双重作用下，墙体逐层酥软脱落的一种现象。

3)壁画起甲、起泡、变色、褪色：这是画面层材料的不稳定性而引起的病变。

起甲也称龟形起甲，主要表现为画面碎裂，形状似鳞甲，多呈卷翘状，稍有振动就会成片地脱落。这一般是由于胶料的用量不当所致，是壁画中常见的一种病变。

起泡是指画层底子(介于画层和灰泥层之间)形成的含有微量粉末的凸起小泡，它可使底子剥离和脱层。这是由于底子中约黏合胶介质容易变质，使它与灰泥层的结合力减弱所致。

变色或褪色是指壁画颜料由于光照和化学作用所引起的现象。

4)其他因素造成的画面污染：如烟熏变黑、壁画产生霉菌等。

· **画面清洗**　一般来说。清除画面有机械方法和化学方法，或两者兼用。这里介绍化学法。

1)泥污：清除泥污可用水或二甲苯、丙酮、石油醚等有机溶剂，泥污软化，再用竹片等小工具剔除。

2)油污、烟熏痕迹：可用溶剂清除。用纱布棉花包沾 10%～20%的氨水缓慢涂擦。使用 10%～20%的丁胺的水溶液或 80%～90%的环己胺水溶液都可达到同样结果。当画面非常硬时，仅用溶剂不能清除污物时，可在溶剂中加入滑石粉或硅藻土进行缓和磨蚀。此外，甲苯、丁醇、乳酸丁酯的混合溶剂(1∶2∶2)，也可用来清除污垢。

3)壁画面上的蜡、漆片、油污等的清除：可用四氯化碳、三氯乙烯、丙酮、苯、二甲基甲酰胺等有机溶剂清除。

4)壁画表面的苔藓，可用硅氟酸钠、氯化镁、氯化锌等试剂进行毒杀处理。在潮湿的建筑物或岩洞内，生长的藻类，可用甲醛、五氯酚钠进行杀虫处理。可将 2%的五氯酚钠水溶液涂刷于画面。在霉菌繁殖较严重的地方。可喷防霉杀虫剂，如 1%的二羟基苯基二氯甲烷的醇溶液等。

5)画面上的虫便污斑，可用等量的过氧化氢和酒精混合溶剂，点在污斑上，效果明显。

6)颜料中的铅白、铅丹易受空气中硫化氢影响而变为黑色的硫化物。可用过氧化氢使变黑在硫化物再变为白色硫酸铅，恢复铅白的颜色。铅丹变为硫化物也仅在颜料的表层，当在过氧化氢作用下形成薄层白色硫酸铅后；底层的红色铅丹可显出，恢复了它的固有颜色。若用等量的过氧化氢和乙醚溶液处理变黑的铅颜料，效果会更佳。图 8-9 是西安鼓楼彩绘清洗前后对比效果。

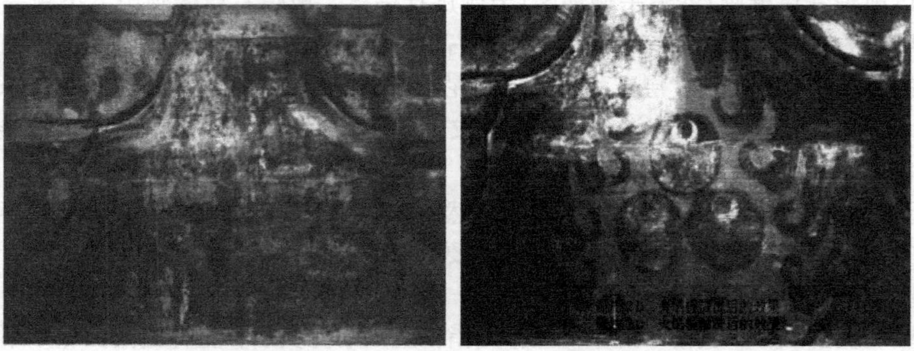

图 8-9　西安鼓楼彩绘清洗前后对比

·壁画加固保护中的化学　如果壁画的地杖层和绘画层出现酥粉、起甲、剥落等劣化现象，均需进行加固处理，以增加壁画的机械强度，利于长久保存。常用加固剂材料有：聚甲基丙烯酸丁酯、聚乙烯醇缩丁醛、聚醋酸乙烯酯、硅酸乙酯、含氟聚合物等都可用于壁画的加固处理。它们都是无色透明的合成材料，能溶于苯、乙醇、丙酮等有机溶剂中。加固剂溶液的浓度一般在 2%～5%，如 2%聚甲基丙烯酸丁酯二甲苯和丙酮溶液，2%聚醋酸乙烯酯乙醇溶液；5%聚乙烯醇缩丁醛乙醇溶液。另外还有丙烯酸乳液、丙烯酸和丙烯酰胺的共聚物、丙烯酸和甲基丙烯酸的共聚物等。

欧洲使用较多的是丙烯酸树脂如 B72。但这种材料比较脆，不能赋予画面一定的柔韧性，会导致画面进一步破损。

可以采用涂刷或喷涂的方法实施加固保护，视壁画颜料层而定。经不起涂刷可考虑喷涂。画面上过剩的加固剂溶液可用棉花蘸有机溶剂擦除。使用聚乙烯醇缩丁醛时，要注意壁画表面保持干燥状态，否则会出现泛白现象。可用红外线灯加热干燥。泛白现象可用乙醇棉球擦除。若地杖层有一定强度但它与墙体脱开，形成空鼓时，可用加固剂注射填充。

8.7　化学与漆木器的保护

在已经发现的资料和出土的文物中，漆的应用非常广泛，漆木器也相当多。如世界八大奇迹之一的“秦始皇兵马俑”在制作时应用了中国漆打底技术(图 8-10)；浙江省余姚县河姆渡村出土的距今七千年之久的漆碗，是目前发现最早的漆器；湖南省长沙马王堆汉墓出土的漆器，已距今两千多年，漆器多达 500 余件，而且漆器至今仍光亮如新，保存完好，其造型精致，纹饰华丽，品种繁多，为研究中国漆器工艺提供了重要的实物依据；这些珍贵的古代漆制品是我们中华民族的宝贵遗产。

图 8-10　秦俑彩绘采用大漆打底

右上：陶俑大拇指残片，右中：拇指残片上大漆脱落，右下：漆面膜起翘脱离陶体

漆器的来源主要是地下出土物和地面保存物。漆器分为木胎漆器、竹胎漆器、陶胎漆器、石胎漆器等多种，现在所指的一般是木胎漆器。漆器的制作有直接应用生漆，也有将漆处理后再应用。漆器的制备主要是利用了漆的成膜性能。

8.7.1　生漆的化学成分

大漆(生漆，中国漆，Chinese Lacquer)　是一种混合物。其中主要的成分是漆酚，漆酚的含量越高，漆的质量越好。其余的成分是水分、树胶质、含氮物质和其他杂质。

漆酚　漆酚是生漆的主要成分，约占 65%～78%，能溶解在有机溶剂和植物油中，不溶于水，是生漆的成膜物质。漆酚系无色黏稠状液体，其中饱和漆酚是白色固体，熔点 58～59℃，呈弱酸性。漆酚的基本结构及侧链的相对位置如下：

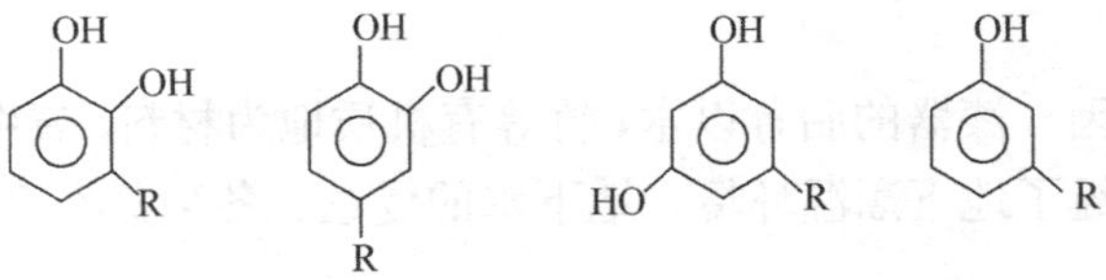

根据实验和分析结果，漆酚组成结构具有以下几个特点：

漆酚的主要组分是长链邻苯二酚，也有少量的长链间苯二酚和长链单酚。

侧链与酚羟基的相对位置有邻位和间位。侧链主要是十五碳烷(烯)基，也有少量的十七碳烷(烯)基和极少数末端带苯环的十二碳烷基和十碳烷基。侧链有饱和烃基和单烯、双烯、叁烯基，有的双键共轭。

单烯和二烯均有不同异构体。中国生漆漆酚中的三烯漆酚含量高。

生漆中还含有少量的漆酚二聚体：

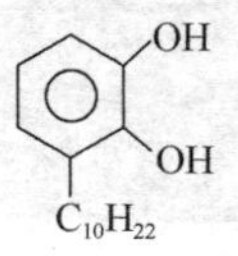

(Ⅰ)

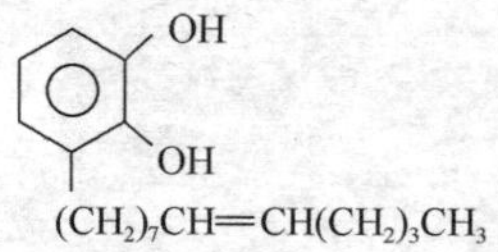

(Ⅱ)

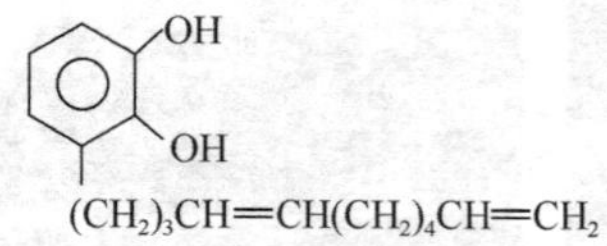

(Ⅲ)

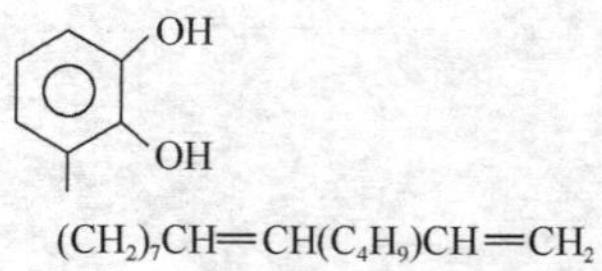

(Ⅳ)

水分 生漆中含水量为 20%～40%，有少数生漆含水量低于 10%，也有少数高达 50%左右。水分越少，漆的质量越好。水分的含量不但与树种、环境、割漆时期有关，也与割漆技术有关。割口过深，切入木质部时流出漆液的含水量就多一些。

漆酶 漆酶存在于生漆的含氮物质内。它不溶于有机溶剂和水，但溶于漆酚中。漆酶是一种含铜的糖蛋白氧化酶，也是一种不稳定的高分子质量的蛋白质。

含氮物质(糖蛋白等) 是一种不溶于乙醇及水的褐色粉末的含氮化合物。实际上是一类糖蛋白质。生漆中含量占 10% 以下(3%～7%)。

多糖(树胶质) 生漆中不溶于有机溶剂而溶于水的部分主要是多糖，过去习惯上叫树胶质。其中还含有钙、钾、铝、镁、钠、硅元素。经水解后，可从水解液中分离出 *D*-半乳糖、*L*-阿拉伯糖、*D*-木质糖、*L*-鼠李糖、*D*-半乳醛酸、*D*-葡萄糖醛酸。多糖在生漆中含量达 3.5%。

其他物质：①甘露醇，针状白色结晶，有甜味。②氨基酸，共鉴定出色氨酸、亮氨酸、组氨酸。③有机酸，从生漆中可分离出少量的醋酸。④油分，生漆中含有约 1%的油分。⑤二黄烷酮。⑥烃类化合物，生漆中除了漆酚、漆酶和树胶质外，还含有约 3%的脂溶性成分，这些成分非酚类化合物，而是烃类成分。⑦其他含氧化合物。⑧无机物，含少量的氧化钙、氧化钾、氧化镁、五氧化二磷、二氧化硅、氧化钠、氧化铜，还有锰、钴、铝、锌等氧化物。除了铜在漆酶的生物化学机理上起一定作用外，其余的无机化合物为植物体的正常组分。

8.7.2 饱水漆器的脱水定型加固

漆木器损坏的原因 漆器的胎骨以木、竹等有机质地为材料，属细胞结构的纤维组织，千百年埋于地下，历经了地下潮湿环境、地下水的侵蚀、各种盐类腐蚀和菌类的作用，使木质纤维组织遭到破坏。木材组织中能溶解于水的成分消失，使多糖类水解，水解的纤维素产生链的分离。一般木材含纤维素约占绝干木材的 50%～60%，而古代饱水木材的大量纤维素已被分解。所以，古代漆器在出土时多已吸饱水分，古代漆器的含水率一般为 100%～400%，甚至高达 700%，地下发掘出土的古代漆器，其生漆膜层多是完好的，并未失去它的灿烂光辉。生漆膜是优异的涂膜，它具有良好的成膜性，耐久性，抗腐蚀性。但漆器的胎体多已腐朽，主要是胎骨中的纤维组织，在地下潮湿环境和水的侵蚀作用下，使木质纤维溶解于水的成分消失，而古代饱水木材的大量纤维素已被分解。因而造成胎骨的糟朽腐烂，乃至胎骨完全消失，只留下生漆膜。漆器出土后，若任其所含水分蒸发干燥，将会发生收缩、干裂、变形、漆皮剥落等劣化现象，改变了文物的原貌，导致漆器的破坏。

饱水漆器的脱水定形加固 鉴于上述出土的饱水漆器因胎骨腐烂甚至胎骨完全消失，只留下生漆膜的问题，文物保护中古代漆器的脱水定形研究，成为科学工作者重点研究的课题。

对饱水漆器脱水定形的方法主要包括两方面的内容：其一，设法使漆器木竹胎体的过量水分除掉，同时要不改变器物原有的形状。其二，要选择适当的材料，充填加固器物，以提高漆器的强度，易于保存和供陈列、研究使用。

· 溶剂联浸置换法-醇醚法 先用醇代替木材细胞中的水分，然后再用乙醚替换醇，再使乙醚挥发，木质纤维组织的水分即被脱去，即水—醇—醚—挥发的程序。其中利用了醇与水互溶，且醚的表面张力较低的特点。

木材细胞是一种半透膜，漆皮也是一种半透膜，当漆器浸泡在某种与水互溶的有机溶剂中时，由于渗透作用，有机溶剂能渗透到漆器内，漆器中的水迁移到有机溶剂中。如此反复联浸置换，有机溶剂就可将漆器中的水分代替出来。此法脱水速度快，特别适用于小件的、薄而均匀的器物。

既能与水互溶、又能与醚互溶的有机溶剂，以其对漆皮的影响为选择的重要依据。其中以甲醇、异丙醇对漆皮的影响最小，效果较好，其次为乙醇、叔丁醇、正丙醇、二丙酮醇、乙二醇、丙二醇和丙酮、二甲基醇。上述有机溶剂中，二甲基醇对漆皮影响严重，丙酮对漆皮影响也较大，不宜使用。乙二醇、丙三醇的比重比水大，二丙醇的比重略小于水，它们与水置换困难，也不宜用。甲醇的毒性大，对工作人员有害。可采用异丙醇、叔丁醇、正丙醇。由于乙醇的来源较广、价格便宜，故应用最多。

脱水程序：①将器物顺次放入浓度由小到大、逐级递增的乙醇溶液中。一般经 30%，45%，50%，70%，85%，95%，无水乙醇溶液，至完全脱去水分。脱水时间一般以器物大小而异。②在醇水交替置换后，将器物投入 50%，80%，100%的醇醚溶液中，进行醇醚替换，直至乙醚完全置换乙醇为止。如在室温为 20℃时，检查其比重为 0.175～0.178 即可。在置换水时，必须将漆器中的水分置换彻底。③将饱含乙醚的漆器，置于真空干燥器中，减压快速干燥。亦可在常温下自然挥发。乙醚沸点很低，挥发极快。故在乙醚挥发时，应将漆器固定住，防止变形。

· 高分子材料渗透加固法 ——聚乙二醇法 用有机高分子材料渗透至木材内，填充木材的孔隙和细胞，当新材料固化后，对细胞起着支撑的作用，防止了纤维的收缩，聚乙二醇渗透加固法是对饱水漆器定形加固的一个重要途径。

聚乙二醇(PEG)，分子式为 $HOCH_2〔CH_2OCH_2〕_nCH_2OH$，由乙二醇聚合而得。纯净的聚乙二醇无色无臭，蒸汽压低，热稳定性好，不易起化学变化，为一种较稳定的水溶性高分子材料。聚乙二醇的分子质量高低不等，由 200～6000 甚至 12000。低分子质量的聚乙二醇为可流动的液体，随着分子质量的增加，变为黏稠状或石蜡状。通常 PEG 分子质量在 600 以下为可流动液体，分子质量在 1000 时呈石蜡状，平均分子质量为 4000 时呈固体。

当聚乙二醇溶液与木质接触时，PEG 即向木材纤维的腹腔渗透，木材中的水分子沿着纤维边缘向木材表面膜层穿透，并进入 PEG 溶液，然后 PEG 与木材内渗出的水分子相溶，PEG 溶液再沿膜层孔隙再渗入木材细胞，如此反复进行。木材纤维腹腔中的水分被 PEG 置换，维持纤维的结构，使细胞腔壁得到高分子材料的支撑而不致收缩变形。

使用 PEG 渗透法时应注意聚乙二醇分子质量的选择问题。分子质量太小时，对木材的浸渗速度加快，有利于脱水定形，但易吸水返潮。分子质量太大时，向木材内的浸渗速度降低，不易渗入木材内部，但机械强度增加，且不易返潮。故最初选用的 PEG 分子质量在 600～1000，溶液浓度为 PEG 含量的 20%～55%。

思 考 题

8-1 简述文物保护定义和特点。为什么说文物保护是一门综合型的研究学科？
8-2 文物保护应遵守哪些基本原则？如何理解保持原状原则的含义？
8-3 文物保护技术研究中的分析方法包括哪三个方面？
8-4 在文物最初的制作中涉及哪些有机材料？
8-5 简述环氧树脂的组成及特点。胺固化剂在环氧树脂配方中的用途是什么？
8-6 简述青铜器的化学组成及腐蚀机理。
8-7 青铜器常见的锈蚀物有哪些？哪些成分是有害锈，为什么？
8-8 青铜器化学去锈有哪些方法？简述其除锈原理。
8-9 应用金属器物的缓蚀技术的目的是什么？青铜器缓蚀技术有哪些？
8-10 为什么瓷器一般比陶器风化程度低？
8-11 简述古代壁画制作方法。我国古代壁画所用的颜料主要有哪些？
8-12 生漆的化学组成成分主要有哪些？生漆为什么具有成膜性能？

（西安交通大学 张 雯）

第 9 章　化学与司法侦查

夏洛克·福尔摩斯和李昌钰都是闻名于世的大侦探，无论他们是作家笔下的文学形象或是现实生活中的著名警探，他们的探案过程总是包含了丰富的化学知识和法庭化学思想。无论罪犯多狡猾，作案手段多么高超，总会在现场留下蛛丝马迹。大侦探们就是通过发现和鉴定犯罪嫌疑人留下的各种痕迹，使案件得以侦破。所以，司法侦查的目的就是为了寻找物证，再通过物证鉴定把犯罪嫌疑人、现场、作案工具、被害人、被侵害物体等联系起来，将物证组成一个证据链，揭露和证实犯罪行为。

司法侦查离不开化学原理和方法的支撑。化学是研究物质组成、结构及变化规律的科学。世界是由物质组成的，同样，犯罪现场必然是由形形色色的物质组成的。司法侦查离不开犯罪现场，现场上得到的物质、痕迹及各种证据，都要需要用化学方法(包括仪器分析方法)来鉴定。所以，司法侦查需要化学理论、实验技术和分析方法。

化学是司法侦查的基础。化学原理是物证鉴定研究的理论基础，化学分析(含仪器分析)方法是法庭科学实验室进行研究的重要手段。法国的埃德蒙·洛卡德认识到物证鉴定在案件侦破中的重要作用，于 1910 年建立了第一个法庭实验室，揭开了化学应用于司法侦查的序幕。现在，随着科技发展进步，越来越多的化学知识被应用于司法侦查。从指纹、毛发的鉴定到血痕、唾液等生物样品的分析，从爆炸碎片到枪击残留物的分析，从笔墨、纸张到书写时间的鉴定，从毒物到毒品的分析都离不开化学的原理和分析手段。可以说，用化学手段对犯罪现场和侦查过程中获取的犯罪物证成分进行检验，是化学对刑侦工作的重要贡献。如果没有化学学科的新发展，就没有物证鉴定的新手段，司法侦查就难以取得进展。

本章将给大家介绍一些化学原理在案件侦查中的应用。

9.1　指纹显现

指纹在物证中是“证据之王”，是人身同一认定的可靠工具。

手是人体最容易留痕迹的一种器官。手指、手掌皮肤能不间断地分泌汗液，也不断的代谢出少许的氨基酸。手与头部以及身体其他部位接触能沾上微量油脂。所以看起来很干净的手，当它和一定的物体表面接触时，也能留下汗垢手印。因此，手印是犯罪现场上遇到的一种形象痕迹，在现场是常见的、大量的。

指纹是人的手指前端一节正面皮肤上的花纹，司法侦查工作中常说的“指纹”是指手指触及物体时在物体上留下的印痕，称为指印。每个人的指纹的形态特征、花纹结构都有自己独有的特点。就目前世界几十亿人口有名字相同、相貌相似，但至今还没有发现指纹相同的人。指纹的稳定性很强，人从生至死，直到躯体彻底腐败变质之前，其指纹原来的形态结构、细节特征的总体布局，乳突线的分布范围等是终生稳定保持不变的。

由于指纹具有人各不同，终生不变和触物留痕的特点。所以，在案件侦破中指纹是揭露罪犯、证实犯罪的重要证据之一。科学正确地发现、提取、显现鉴定指纹对于开展侦查工作、惩治犯罪具有重要的意义。

利用犯罪现场留下的指纹使案件得以破获的例子比比皆是。例如，某地一村民杀死一幼女后一直未暴露。多年后，他因盗窃摩托车被警方抓获。民警在审查他时，根据指纹鉴定比对，将他锁定为当年那起命案的犯罪嫌疑人。利用指纹信息破获的盗窃案更是举不胜举。

犯罪现场留下的指纹中有显指纹和潜指纹。用肉眼可以分辨的称为显指纹；用肉眼难以辨识的称潜指纹。指纹侦检的主要工作就是要将潜指纹通过一定的方法(指纹显现技术)显现出来。即利用化学原理将一些可以和指纹残留物发生反应而显色的试剂用于指纹的显现，将潜在指纹变成肉眼可辨或者特定仪器技术可检测的显指纹。那些能使指纹显现的化学试剂称为指纹显现剂。

通常，犯罪现场留下的大多是汗液指纹，有的是血指纹，有的是灰尘指纹、油脂指纹等。指纹类型不同，所用的显现技术也不同，现将主要几种指纹的显现方法介绍如下。

9.1.1 汗液指纹的显现

汗液指纹是案发现场中最常见的潜指纹，虽然肉眼无法看到，但是经过特别的方法及使用一些特别的化学试剂加以处理，就能显现出这些潜指纹的形貌。通常，如果指纹是留在金属、塑胶、玻璃、瓷砖等非吸水性物品的表面，可以用粉末法，选择颜色对比大的粉末或磁粉撒在物品表面提取出完整的指纹。如果指纹留在纸张、卡片、皮革、木头等吸水性物品的表面，则必须经过化学处理才能在显现。常用的化学显现技术有以下几种：

碘熏法 利用汗液指纹中的油脂与碘的反应使指纹显现。具体做法是：取蒸发皿一个，滴入少量碘酒，再用酒精灯加热蒸发皿，将带有指纹的白纸放在蒸发皿上，用碘酒蒸气小心熏蒸，升华后的碘蒸气附着在潜指纹上，把指纹染成紫黑色。碘熏法显现指纹的原理是，汗液指纹中含有油脂，碘易溶于油脂，当碘蒸气与带有指纹的纸张接触时，指纹油脂中不饱和脂肪酸的碳碳不饱和键吸收了碘，被吸收的碘凝结成紫黑色，指纹得以显现。利用碘熏法显现的指纹若露置于空气中或用氨气熏，则又会消退，如此可使指纹反复显现，对指纹无损害。但是，由于碘熏指纹易消失，会给证据保存带来不便，所以需要用一些方法来固定，常用的有底片固定法、淀粉固定法、银板复印固定法、α-萘酚黄碱素固定法等，这些方法均是化学方法。这种碘熏法特别适用于白色纸张或墙上潜指纹的显现。该方法可以检测出数月之前的指纹。溴熏法、氯熏法同样也可以使汗液指纹显现，原理与碘熏法相似。

硝酸银法 汗液中有盐分，所以汗液指纹中含有 Cl^-，可以利用硝酸银与 Cl^- 的反应显现指纹。当硝酸银溶液喷洒到指纹上时，指纹中的 Cl^- 可与硝酸银反应，反应式为：

$$AgNO_3 + Cl^- = AgCl\downarrow + NO_3^-$$

AgCl 是白色沉淀，对光不稳定，容易分解出金属银而呈黑色，指纹得以显现。单独使用硝酸银显现指纹效果不好时，应改用复合硝酸银显现剂。复合硝酸银显现剂是以硝酸银为主要显色剂，加上其他显色试剂、还原剂、渗透剂等配成的混合溶液，可提高显现效果。常用的有 $AgNO_3$-氨基比林、$AgNO_3$-渗透液、$AgNO_3$-茚三酮等。由于指纹中的 Cl^- 较油脂更稳定，所以此法可以检出较碘熏法更长时间的指纹。

茚三酮法 汗液指纹中也会含有氨基酸，而氨基酸可与茚三酮反应生成蓝紫色化合物罗曼紫(图 9-1)。茚三酮法就是利用指纹中的氨基酸与茚三酮反应显现指纹的。其反应式为：

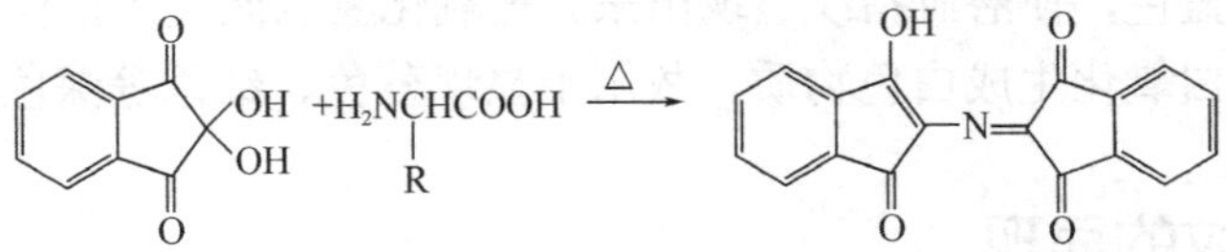

该方法简单易行，只要将茚三酮用丙酮或乙醚等有机溶剂配成溶液，装入喷雾瓶，在案发现场直接喷洒在疑有指纹的物体表面上，即可使潜在汗液指纹显现。为了提高显现效果，也可采用复合茚三酮溶液，如茚三酮-氯化锰、茚三酮-氯化镉等。有时也采用酶加强法，即先在留有指纹的物体表面洒上胰蛋白酶的水溶液，让小蛋白和多肽水解为氨基酸，然后再喷茚三酮溶液，这样显现指纹的效果较好。茚三酮显现指纹的方法可显现多年陈旧的指纹，同时也能显现纸张、本色木、浅色绸缎及棉织品等表面上的潜指纹。该方法可以检出一两年前的指纹。

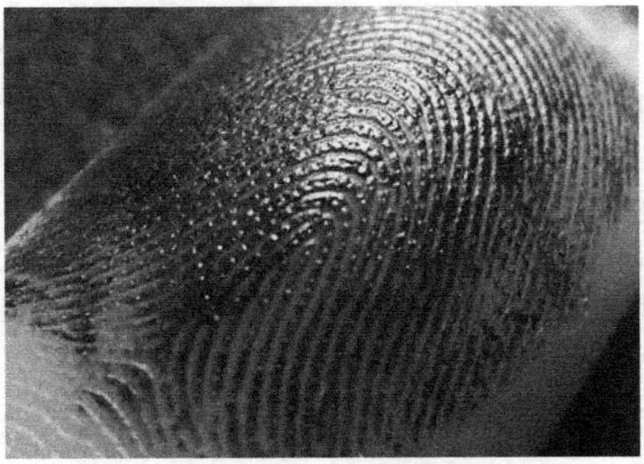

图 9-1　茚三酮与手指氨基酸显色

荧光显现技术　荧光显现指纹技术是利用仪器检测指纹的方法。为了能使汗液指纹便于观察，通常采用荧光指纹显现剂作用于指纹后，再观察荧光图像，进行指纹解析。例如，荧光胺试剂与指纹中的氨基酸反应，生成的产物能发出荧光，可得到灵敏的指纹图像。常用的荧光指纹显现剂包括三类，即荧光粉末、荧光染料和能与指纹中某些组分发生化学反应而形成荧光产物的化学试剂。蒽、邻氨基苯甲酸、8-羟基喹啉、萘酚红 B 等是荧光粉末；豆香素类、罗丹明 6G、罗丹明 B 等是荧光染料；哌咯宁、荧光胺、邻苯二甲醛等则是与指纹成分产生荧光的化学试剂。荧光显现技术适用于彩色画面上的潜指纹显现(图 9-2)。

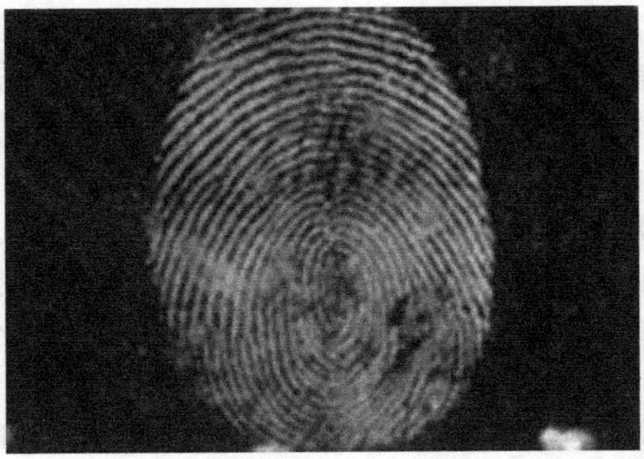

图 9-2　荧光指纹

9.1.2　血指纹的显现

有时，犯罪现场留下的血指纹颜色很浅或者无色，肉眼无法辨识，需用一些指纹显现技术加以显现，主要有化学发光法和四甲基联苯显色法。

化学发光法　即利用化学试剂与血液中物质发生反应，产生荧光，使指纹显现。例如，当鲁米诺试剂(化学名称叫氨基苯二酰肼)与血红素共存时，在碱性条件下，用过氧化氢氧化，血痕可发出很强的荧光。鲁米诺法对血液检测灵敏度很高，稀释上百倍的血液干涸后仍能发出荧光。浓硫酸也能使血液发出荧光，紫外光下呈红色，所以浓硫酸也可用于血指纹的显现。

四甲基联苯显现法 甲基联苯显现法的显现原理是血液中的过氧化物酶或血红蛋白分子内卟啉环中的铁离子遇到过氧化氢时使过氧化氢放出新生态氧，新生态氧将无色的四甲基联苯胺氧化成蓝色，使潜血指纹显现出来。过氧化氢也能使血指纹显现，因为过氧化氢可将人体血红蛋白氧化生成白色物质，故用于显现蓝色、红色等深色物体上的血指纹。

9.1.3 其他指纹的显现

油脂指纹可用荧光检验法或荧光试剂气雾化显现法、化学试剂(如碘熏法)显现法。常用的荧光试剂与汗液指纹显现法所用一致，化学试剂常用锇酸水溶液及一些粉末剂。

灰尘指纹显现较常用的有痕迹固定法、DT 胶纸提取法、硫氰酸钾显现法。痕迹固定剂的主要成分是醋酸乙烯酯和丁烯酸，两者形成共聚物溶于无水乙醇中成为带阴离子的胶体溶液，形成固定剂的皮膜。DT 胶纸(是英文 Dust Trace‘灰尘痕迹’的缩写)的主要成分是骨胶、甘油及一些染料，该方法对提取粉尘指纹有其独特的效果。

还有一些特殊潜在指纹，如留在皮肤上、胶带黏性面上、涂蜡表面上的指纹都可采用不同的方法显现出来。

9.2 血痕的检验

血液和血痕检验是法医物证检验中最重要的内容，通常占 80%以上。血痕检验的首要目的就是为了确定是否为血痕，其次还要解决该血痕是人血还是动物血以及血型等与案情有关的其他问题。若谋杀案发生在鲜肉店，就需要从沾满牛、猪以及羊血的许多把刀上挑出人血。曾经在一起案件中，衣服上满是血污的犯罪嫌疑人坚持自己是无辜的，但是由于其身上有血痕，所以必须进行检验。后经法医鉴定，该血痕并非人血而是鸡血。于是，该疑犯获释。通常对血痕的检验包括筛选试验和确证试验两个阶段。

9.2.1 筛选试验

在案件侦查的过程中，犯罪现场可能会有很多可疑的斑点，当看到一个红色的斑点时，我们首先要问，“是血吗？”。如果是血，则该斑点中一定含有大量血红蛋白。因为血红蛋白是使血液呈现红色的物质。新鲜的血液，可以通过显微镜观察红细胞得以确认。然而，血液凝固很快，现场的血斑通常是干燥的血液，无法用显微镜辨认出其中的红细胞。所以，在犯罪现场，首先需要对血痕进行筛选，确定血液是否存在，即通过筛选试验从大量检材中筛选出需要进一步检验的血液斑痕。筛选试验的常用方法有联苯胺试验、酚酞试验、化学发光试验和紫外线浓硫酸试验等。

联苯胺试验 因为血液中的血红蛋白或正铁血红素具有过氧化酶活性，使过氧化氢释放出新生态氧，将无色的联苯胺氧化成联苯胺蓝。试验时，剪取或刮取检材少许，置滤纸片上或白瓷板上，加联苯胺无水酒精饱和液、冰醋酸、过氧化氢各一滴，如果不出现蓝色，则表明该样品不是血。斑痕难以取下时，可用蒸馏水浸湿滤纸擦拭斑痕，使斑痕上的物质移行到滤纸上，然后以同样的方法进行试验。该方法灵敏度很高，血液稀释到 20 万～30

万倍，仍呈阳性反应。但需要注意的是联苯胺反应不是血液特异性反应，自然界中其他具有过氧化酶活性的物质也能引起阳性反应，所以经该法筛选后，还需进一步的确证试验。

孔雀绿试验、氨基比林试验以及邻联甲苯胺试验也可以用于筛选血痕检材，其反应原理与联苯胺试验一样。

酚酞试验　利用血红蛋白或正铁血红素的过氧化酶活性，使过氧化氢分解出新生态氧，将还原酚酞氧化成酚酞，在碱性溶液中呈粉红色。本法的灵敏度极高，可达 10～50 万倍，但非特异性，氧化剂(如铜、铁、镍)及脓液、精液、尿液、新鲜植物汁等均呈阳性反应。

试验时，将可疑血痕的生理盐水浸液 1～2ml 置试管中煮沸半分钟，破坏可能存在的生物氧化酶；冷后，加 5 滴还原酚酞液，半分钟后，如不变红色，再加数滴 3%过氧化氢，则立即出现程度不同的粉红色至红色为阳性反应。

血卟啉试验　卟啉是血红蛋白的分解产物，遇到硫酸会生成酸性血卟啉，在紫外线下呈现紫红色荧光；若遇到碱，则生成碱性血卟啉，在紫外线下呈现深红色荧光。所以，可用此试验对可疑斑痕进行筛选。

鲁米诺发光试验　血痕中的血红蛋白催化过氧化钠，释放新生态氧使鲁米诺氧化而产生化学发光现象。将新鲜配制的鲁米诺试剂在暗室中喷洒在可疑斑痕上，若有白色发光现象，则可能为血痕。该方法适用于夜间或黑暗地方寻找血迹。本法灵敏度很高，对黏液、唾液、尿液、粪便等都不起发光反应。试验时，需用已知血痕作对照。

操作方法是：将新配制的试剂(鲁米诺 0.1g，过氧化钠 0.5g，蒸馏水 100ml)，置于喷雾器内，在暗室内对可疑斑痕进行喷洒，如系血痕，则立即呈现青白色的发光现象。

紫外线浓硫酸试验　取可疑斑痕少许，放白瓷板上，加浓硫酸一滴，置于紫外线下观察，如系血痕则呈橙黄色荧光。

9.2.2　确证试验

筛选试验只能排除一些可疑斑迹，但不能确证。为了进一步证实检材为血痕，需要进行更多的试验。常用的检验方法有氯化血红素结晶试验和血色原结晶试验以及光谱检测三种。

氯化血红素结晶试验　酸性条件下，血红蛋白形成正铁血红素，冰醋酸和氯化钠作用生成氯离子，正铁血红素与氯离子反应生成氯化血红素结晶。如果检材中含有血，就会出现褐色菱形结晶，可用显微镜观察到。

血色原结晶试验　碱性溶液中血红蛋白分解成正铁血红素和变性珠蛋白，再与还原剂作用，正铁血红素还原成血红素，血红素与变性珠蛋白和其他含氮化合物结合，生成血色原结晶。检材若有血痕，加入试剂后会呈现橙色，并逐渐转变为樱红色，再生成结晶，在显微镜下，可观察到桃红色星状、菊花状或针状结晶。

确证试验灵敏度一般都不太高，检材有真菌生长、细菌污染、或经过洗涤、雨淋、日晒后，确证试验往往呈阴性反应。因此确证试验阴性结果时，可继续作种属试验，因为常规的抗人血红蛋白血清沉淀反应的灵敏度比确证试验高。防止因确证实验的灵敏度低而漏检了血痕。

9.3 爆炸物证的检验

爆炸物证是指爆炸准备阶段动用的一切物品、物质和实施引爆后形成的爆炸残留物、遗留物及爆炸痕迹的总称。

通过对爆炸残留物的分析可以确定爆炸的性质。如果是炸药爆炸，爆炸现场上的残留炸药分布存在一定的规律，且多掺杂在大量的尘土中，有的吸附在嫌疑人、被害人的衣物或爆炸残片及各种包装物上。可通过分析鉴别炸药残留物中的无机离子来认定炸药的种类和炸药用量；通过分析爆炸装置残片以判断爆炸装置结构、引爆方法及包装物等，进而揭露爆炸真相。曾有这样一起案例，某地王某家院门外发生爆炸，致使王某当场死亡，经提取炸点附近尘土分析，炸药为硝铵炸药。经现场勘查后分析认为，犯罪分子将自制的拉发式电引爆爆炸装置安放在受害人的大门上，王某开门时引爆炸药。经过侦查人员排查，找到十余名嫌疑人，技术人员用化学试剂擦拭其双手，在其中一名嫌疑人手上检出硝铵成分。在证据面前，该犯罪嫌疑人终于交待了犯罪事实。可见，对炸药的成分进行分析，对案件的侦破有着重要的意义。

通常，按照炸药的成分可将炸药分为无机炸药和有机炸药，两种炸药的检验原理和方法有比较大的差别。

9.3.1 无机炸药的检验

炸药残留物中的无机离子来源于炸药原体和爆炸反应产物。离子种类有：NH_4^+、NO_3^-、K^+、Na^+、Cl^-、S^{2-}、NO_2^-、ClO_3^-。对这些离子的检验主要用沉淀反应、颜色反应等化学方法。

钾离子检验 钾离子是黑火药及氯酸盐炸药的组成成分，常用的检验方法是亚硝酸钴钠法。钾离子与亚硝酸钴钠的反应可生成黄色立方体或八面体结晶，可在显微镜下观察到。

钠离子检验 钠离子是煤矿硝铵炸药的成分，常用的检验方法是醋酸铀酰锌法。钠离子与醋酸铀酰锌反应生成正四面体或八面体的结晶，微显淡黄色。

氯离子检验 氯离子是煤矿硝铵炸药、抗水岩石硝铵炸药等炸药的成分，常用的检测方法是硝酸银法，氯离子遇到硝酸银试剂时，生成白色沉淀。

硫离子检验 硫离子是黑火药的爆炸产物，常用的检测方法是亚硝酰铁氰化钠法。在碱性溶液中，硫离子遇亚硝酰铁氰化钠试剂会生成紫红色化合物，该化合物遇酸分解。

硝酸根检验 几乎所有炸药爆炸后的残留物中都有硝酸根，常用的检验方法是马钱子碱法。硝酸根能将新鲜的马钱子浓硫酸溶液氧化成一种硝基酮式化合物而显红色，放置于空气中则逐渐变为橙色。

亚硝酸根离子检验 常用的检验方法是对氨基苯磺酸和α-萘胺法。在稀醋酸溶液中，亚硝酸根与对氨基苯磺酸作用生成重氮盐，再与α-萘胺作用生成紫红色偶氮化合物。

铵离子的检验 铵离子是硝铵炸药的成分，常用的检验方法是气室法。铵离子在强碱条件下加热放出氨气，遇水生成氨水，可以使 pH 试纸变蓝，或者使湿润的酚酞纸变红。

由于自然界也会存在这些无机离子，所以要分析炸药残留物中的化学成分，首先必须对检材进行提取和净化，然后再进行化学检验。同时还要做空白对照实验，以确定这些成分是爆炸成分还是原来固有的。

9.3.2　有机炸药的检验

爆炸现场残留的有机炸药成分一般较少，主要是没有发生爆炸的原体炸药，如 TNT(三硝基甲苯)、黑索金、泰安、雷汞等。通常用薄层色谱、红外光谱、气相色谱及高效液相色谱等仪器分析法进行检验。

薄层色谱法　用丙酮作为提取溶剂，将炸药成分从爆炸尘土中提取出来，浓缩后点在用硅胶 G 制成薄层板上，以丙酮和苯等有机溶剂作为展开剂进行展开。在紫外灯下照射 5～10min，黑索金为紫灰色、泰安和硝化甘油为绿色；如果喷洒二苯胺浓硫酸，黑索金为蓝绿色、硝化甘油为蓝色、TNT 为黄色。

红外光谱法　将炸药残留物的丙酮提取液浓缩，涂于溴化钾片上，待丙酮挥发后进行检测，将得到的谱图与标准红外谱图进行对照，从而可以认定炸药的种类。若检材量较多，提取浓缩后会有固态物形成，这时要将固态物与溴化钾混合后压片，再行检测。

9.4　文书物质材料检验

司法实践中经常需要对添加、涂改或伪造的各种文件物证材料进行检验鉴定。主要是鉴别这些文书物质材料的种类、性质、成分、产地，确定墨水和圆珠笔油字迹色痕相对形成时间，以便为办理案件提供线索和证据。

9.4.1　纸张的检验

在案件侦查中，经常会遇到以纸张为载体的物证。如犯罪分子书写的标语、传单、匿名信件，伪造的钞票。各种票据、车票、遗嘱、证件、重要档案文件、盗版书籍以及大量民事纠纷中涉及的借条、收据等。在新中国建国初期，中国人民银行总行曾发生过一起假冒周恩来总理批示诈骗 20 万元现金的特大案件。经公安部对作案人写的白条收据用纸进行检验，发现对外贸易部文具库有此种纸张。后经文检专家 “会诊”，几天后，在对外贸易部找到了嫌疑犯王某，此案告破。可见，对纸张的检验在侦查破案中有重要意义。

纸张的组成　纸的主要组成成分是纸浆，还有少量的胶料、色料和填料等，即“一浆三料”。纸浆(又称纸粕)是将植物纤维原料用机械或化学方法制成的纤维悬浮液，是造纸的中间产物。根据制浆方法的不同可将纸浆分为机械浆、化学浆和化学-机械浆三类。胶料是为了防止书写时引起墨水洇散，增加纸面的光泽，调节纸张的硬度等而加入的胶体物质，如松香、淀粉、动物胶、植物胶和合成树脂等。加入胶料的施工过程叫施胶，施胶的方法有内部施胶和表面施胶两种。色料是为了使纸张具有一定的颜色或增加其白度而加入的着色剂。色料分为两大类：一类是溶于水的染料，一类是不溶于水的颜料。填料是为了改善纸张的性能或降低成本而加入的颗粒细小的无机矿物质，如滑石粉、碳酸钙等。

纸张的检验 纸张检验主要是对纸张成分进行检验。纸张检材的化学分析方法是利用化学试剂与纸张中的某些成分发生特效的化学反应，来鉴别纸张的种类、制浆方法、胶料、色料或填料等。

纸浆种类检验是根据不同纸浆对染色剂的着色能力不同，对纸浆种类加以区别。常见的染色剂是碘-氯化锌试剂，它对各种纸浆可呈现不同的颜色反应：机械浆呈亮黄色，化学浆呈蓝紫色，化学-机械浆呈黄绿色。在显微镜下观察所呈现颜色，同时观察植物纤维的形态，从而区分纸浆的种类。

胶料是纸张的重要成分之一，鉴于对案件纸张检验一般不允许或只能少量破坏检材的限制，胶料检验一般只能直接在检纸上进行反应，很少将胶料分离提取出来。常用的检验方法有蔗糖-浓硫酸法(检验松香胶)，碘染色法(检验淀粉)，茚三酮法(检验蛋白质)。

鉴别色料的目的是为了增加比对两种纸张是否相同的信息，不是具体认定染料、颜料的成分或名称。用微量化学法检验纸张中的色料，主要是利用纸张的耐酸性、染料的溶解性以及染料遇酸碱试剂产生的颜色变化等情况，大体确定染料的类别。

碳酸钙和硫酸钡是两种常见的纸张填料。检验碳酸钙时，可将纸样置于载玻片上，在纸样的表面滴加盐酸，再置显微镜下观察，如有气泡产生，证明是碳酸钙。因为碳酸钙与盐酸反应会放出二氧化碳气体。检验硫酸钡时，可在纸样上滴加硫酸，再置显微镜下观察，如出现交叉形羽毛状的美丽结晶，则证明有硫酸钡存在。

有时候，同一厂家生产的不同批号的同一种纸张，由于其化学成分基本相同，用常规的化学分析法难以区分，需要用薄层色谱法、气相色谱法、高效液相色谱法及原子发射光谱法等仪器分析方法进行检测。

9.4.2 墨水与圆珠笔油的检验

对墨水和圆珠笔油鉴定的主要目的是为了确定其牌号、生产厂家和生产批号。由于检测对象具有量少的特点，因此，对墨水和圆珠笔油的检验通常用仪器分析方法。

检验时，首先要对检测对象进行提取。常用36%乙酸提取墨水字迹，用无水乙醇提取圆珠笔字迹。然后进行仪器分析。常用的仪器分析方法有以下几种：

紫外-可见分光光度法 测定墨水或圆珠笔油的紫外-可见光光谱，可鉴别国内外生产的此类产品。国内各厂家生产的墨水和圆珠笔油，配方大致相同，故紫外-可见光谱基本相同，但它们的导数光谱有一定差别，通过测定导数光谱的极值比，一般能区分不同厂家生产的圆珠笔油。

薄层色谱法 该方法有一定的局限性，只能鉴别部分不同牌号的墨水和圆珠笔油。在多数情况下，国内产品用薄层色谱法不能鉴别出其生产厂家和牌号。但用薄层色谱光密度扫描法，直接测试纸上钢笔或圆珠笔字迹的反射吸收光谱，通过计算相邻吸收峰的相对强度，能在不破坏原件的条件下，达到鉴别的目的。

高效液相色谱法 用此方法对圆珠笔和钢笔字迹成分进行定性和相对定量分析，基本上能鉴别不同厂家，不同牌号的圆珠笔油和墨水，有时能鉴别同一牌号的不同批号，鉴定薄层色谱法不能区分的样品，应用较为广泛。

9.4.3 书写时间的鉴定

笔墨书写时间的刑事科学鉴定也称字迹形成时间鉴定，它是文件形成时间鉴定的内容，也是文件检验技术中的一个难题。在一些涉及经济纠纷的案件中，作案人常常事后通过伪造此前某一时期的文件，篡改事实以达到个人目的。此种情况下，可疑文件上字迹形成时间与标称时间是否一致，常常成为鉴别文件真伪的一个重要依据。处理此类案件时需要对收据、借条、合同、契约、批件等可疑文件上字迹的相对形成时间进行鉴定。有这样一个案例，吴某利用职务便利，非法收受他人贿物计 4 万余元人民币。法庭上，对于其中一笔 2 万元受贿事实，吴某辩称是借款，自己有借据，行贿人也到庭推翻自己原来行贿的证词。后经检察院复核了全部案件事实证据，对 2 万元借条进行笔墨书写时间鉴定，鉴定结果表明借条上字迹形成时间与借条上所标称的时间不符，即借条不是在被告人和行贿人所说的时间段书写，而是案发前补写的。在证据面前，吴某不得不承认受贿事实。

鉴定字迹书写时间是利用化学试剂与字迹墨水起反应或者利用仪器分析法对墨水成分随时间的变化进行分析，来判断字迹形成时间。常用的方法有压印法、溶剂提取法、硫酸根扩散程度测试法、薄层色谱法、高效液相色谱法、毛细管电泳法、气相色谱法和气质联用技术、傅立叶红外光谱法、拉曼光谱法、显微分光光度法、场解析质谱法、X 射线电子能谱法、人工老化法等。这些检验方法依据不同的原理，各有优势和缺陷，在不破坏检材的情况下还可以结合使用。比如，利用溶剂提取法可以得出三年内圆珠笔油书写字迹的变化规律；利用高效液相色谱法通过比较蓝色圆珠笔油墨中染料的变化情况能够得出字迹五年内的变化规律；利用气相色谱法和气质联用技术可以得到字迹在几个月内的变化规律；压印法能鉴别四年之内，时间间隔为半年的钢笔、圆珠笔和部分签字笔的相对书写时间，且不破坏检材；硫酸根扩散程度测试法能够鉴定书写时间一年以上，时间间隔为半年的蓝黑和纯蓝墨水字迹的相对书写时间；X 射线电子能谱法可以鉴定 20 天内蓝黑墨水字迹的相对书写时间。除此之外，文件上印章色痕形成时间的鉴定也是文件字迹形成时间鉴定的一部分，可以运用高效液相色谱法对红色原子印章色痕的形成时间进行研究。

蓝黑墨水的形成时间可以用化学方法进行分析。蓝黑墨水的成分主要有：鞣酸、没食子酸以及七水硫酸亚铁。鞣酸呈弱酸性，可以与硫酸亚铁生成无色的水溶性物质鞣酸亚铁，鞣酸亚铁在空气中逐渐被氧化成鞣酸铁，鞣酸铁是一种不溶于水的蓝黑色沉淀，是蓝黑墨水的主要成分。没食子酸与亚铁盐不会产生沉淀，氧化后生成不溶于水的没食子酸高铁，加深墨水的色彩，所以也是主要的成分。可以通过检测二价铁的含量或者硫酸盐的扩散程度判断其形成的相对时间。

二价铁离子的检验。用棉签蘸取 α-α'-联吡啶乙酸溶液涂在被测字迹上，待乙酸挥发后，观察笔画是否变红以及红色的深浅。因为二价铁离子可以与 α-α'-联吡啶反应生成红色。笔画中的二价铁离子与鞣酸和没食子酸反应后，由于空气中的氧化作用铁离子由二价转为三价。随时间的推移，纸上的墨水笔画中二价铁离子越来越少。所以书写的时间不同，与 α-α'-联吡啶反应后红色的深浅各异，颜色越深书写时间越短。但是由于二价铁离子被氧化成三价铁的过程很快，经过一段时间，二价铁离子就无法测出，所以这种检验只能对近期书写字迹与远期字迹的差别作出判断，适合于揭露在几天内对早期完成的文件进行涂改伪造的事实。

硫酸盐扩散程度测定。由于蓝黑墨水的成分中含有硫酸盐，墨水写到纸上后由于自发的化学反应，硫酸盐中的硫酸根会部分转化成硫酸。随时间推移，硫酸成分越过有色笔画的界限向外扩散，书写时间越长，扩散越多。如果显现出扩散后的硫酸图像，即可根据其超出原笔画的扩散宽度来判断字迹书写时间的长短。利用把无色硫酸图像转化成有色图像的沉淀反应和沉淀转移反应可达到目的。反应原理如下：

$$Pb(NO_3)_2 + H_2SO_4 = 2HNO_3 + PbSO_4\downarrow (白色)$$

$$Na_2S + PbSO_4 = Na_2SO_4 + PbS\downarrow (褐色)$$

硝酸铅和硫化钠可以把看不见的硫酸扩散图像转化为可见的褐色硫化铅图像，从而可以测定硫酸扩散程度的大小。但是，由于笔画中含有的硫酸非常少，生成的硫酸铅在操作过程中极易损失，所以在检验时要选择与检材条件相似的样本作对照，同时要多选笔画测定，取平均值，即可判断检材的书写时间。

色谱方法也可以鉴定蓝色圆珠笔油墨形成时间。蓝色圆珠笔油墨主要有三芳基甲烷类、铜钛菁染料和苯甲醇、苯氧基乙醇溶剂以及树脂填料三部分组成。苯甲醇等溶剂都是挥发性物质，如果字迹形成时间较短，可用 GC 法测定溶剂苯甲醇随时间的变化图，将检材的含量与图对照，可确定相对时间。三芳基甲烷染料在字迹形成后发生光反应，含量随之发生变化。故可用 HPLC 法测定三芳基甲烷含量，得到其含量随时间的变化图。将检材的含量与图谱对照，即可得到相对形成时间。

9.5 毒物、毒品分析

毒物、毒品分析是法庭化学主要内容之一。

某些物质进入人体或动物体后，能侵害机体的组织和器官，并在组织和器官内产生化学或物理化学作用，破坏机体正常的生理功能、引起功能障碍、组织损伤，甚至危及生命造成死亡，这种现象称为中毒。少量进入人体即能引起中毒的物质称为毒物。毒物的范围很广，种类繁多，一般可分为挥发性毒物、金属毒物、难挥发性有机毒物、水溶性毒物、气体毒物和农药等。毒品是一类进入人体后能引起精神兴奋或抑制，产生欣快感或幻觉使人成瘾的物质，有成瘾性、危害性和非法性。

毒物分析是对与案件相关的生态环境和对侵入生物体内的毒物及其代谢物进行定性定量的分析，以确定是否中毒、中毒原因及致死量为目的。研究对象主要为挥发性及难挥发性有机毒物、农药、金属，水溶性毒物及其代谢物等。毒品分析主要分析鉴定制毒、种毒、贩毒和吸毒等毒品案件中涉及的有毒植物、贩卖及吸食的毒品、制毒设备工具、制毒化学品、吸毒工具等。

法庭化学对毒物的分析与一般的毒物分析不同。其检验的对象不仅有毒物原体，同时还有大量生物检材，如体液(血液、尿液)中的代谢物、胃内容物和脏器组织等。根据案情可选择对毒物进行定性或定量分析。检验的具体任务是，检验并测定中毒或死亡者的体液、排泄物或内脏组织含有毒物的种类及其在体液和内脏组织中的含量。

9.5.1 挥发性毒物检验

氰化物检验 氰化钾、氰化钠、氢氰酸等即为通常所指的无机氰化物。氰化物类毒物为剧毒物质，其毒作用是氰离子能迅速和氧化型细胞色素氧化酶结合，阻止氧化酶的作用，使生物氧化过程中断而迅速死亡。一般可通过病理变化做出初步判断，同时通过化学分析以确证。

常见的检验方法有普鲁士蓝法和吡啶-巴比妥酸法。普鲁士蓝试验是氰离子在碱性条件下与硫酸亚铁作用生成亚铁氰络合物，在酸性条件下再与三氯化铁反应生成普鲁士蓝。若检材与试剂反应后生成普鲁士蓝，则可证明致毒物为氰化物。吡啶-巴比妥酸试验是在弱酸性条件下氰离子与溴作用生成溴化氰，再与吡啶、巴比妥酸作用生成紫红色化合物。此方法也可作定性判断。

乙醇检验 乙醇俗称酒精，是芳香、易燃的无色透明液体，是酒的主要成分，白酒中一般含量为38%～65%，啤酒中含量为2%～6%。

乙醇中毒主要是抑制中枢神经系统，中毒程度与血中的浓度相关，一般血醇达到0.5～1.0mg · ml^{-1}时为轻度中毒，表现为喜怒无常；血醇达1.5～3.0mg · ml^{-1}时为中度中毒，表现为呕吐、眩晕，呈麻醉状态；血醇达3.5～4.0mg · ml^{-1}时为严重中毒，表现为知觉丧失，不省人事；血醇达4.0～5.0mg · ml^{-1}可致死。

乙醇中毒可以用黄原酸盐试验和碘仿试验来检验。黄原酸盐试验是在碱性条件下，醇与二硫化碳作用生成黄原酸盐，再在酸性条件下与钼酸铵作用生成紫色化合物。所以如果被检样品中加入试剂后生成紫色化合物，则说明检品中有醇。碘仿试验是碘与碱作用生成次碘酸盐，将乙醇氧化成乙醛，随之与碘作用生成三碘乙醛，再与碘作用生成黄色碘仿，在显微镜下呈现出雪花状六角形。若检验发现生成碘仿，则检品中可能有乙醇。

酒驾是一种常见的交通违法行为，交警在检查司机有没有酒后驾驶时，都会拿着一个仪器，然后让司机往里呼气，交警把仪器振荡一下后，即可知道结果。这一检测方法的原理为：硫酸酸化的 CrO_3 氧化乙醇，其颜色会从红色变为蓝绿色。交警就是利用这一颜色变化检测汽车司机是否为酒后开车。反应化学方程式如下：

$$2CrO_3 + C_2H_5OH + H_2SO_4 = Cr_2(SO_4)_3 + 3CH_3CHO + 6H_2O$$

金属毒物检验 金属毒物是指含有毒金属元素或含有毒类金属元素的毒物。在案件侦查中常见的是砷、汞化合物中毒。

砷化物检验的方法。无机砷化物有三氧化二砷、五氧化二砷、砷酸钙、亚砷酸钙及硫化钙等。有机砷化物有福美砷和甲基硫砷等。三氧化二砷俗称砒霜，其纯品为白色粉末，无味，混入食物不易被发觉，且毒性极强。砒霜进入人体后分解产生亚砷酸离子，与体内酶蛋白巯基结合使酶失去活性，影响细胞的正常代谢甚至使细胞死亡。其致死量为0.1～0.2g。

含砷化合物中毒可用雷因希氏法、升华法和古蔡氏法检验。雷因希氏检验是在盐酸溶液中，金属铜与砷一起加热会生成金属砷及砷化铜而沉积在铜的表面，使铜变黑。当检品发生此现象，则可能为砷化物中毒。升华法是砷经加热氧化生成易升华的三氧化二砷，显微镜下可以见到四面体或八面体结晶。古蔡氏法是在酸性溶液中，砷化物被锌与酸产生的氢还原为砷化氢，与溴化汞试纸生成黄褐色斑点。微量砷用原子吸收光谱法检测。

汞化物检验方法。汞及汞化物有金属汞、二氯化汞、硝酸汞及醋酸苯汞等。易造成汞中毒的主要是金属汞和二氯化汞。金属汞俗称水银，常温下为液态，易挥发，其蒸汽为剧毒。汞被人体吸收后，与蛋白质中的巯基、氨基及羧基结合，从而抑制酶的活性，使自组织细胞损害。汞化物的检验方法与砷化物类似，主要有雷因希氏法、升华法、碘化亚铜法及原子吸收光谱法。

9.5.2 气体毒物检验

气体毒物最常见的是一氧化碳。一氧化碳是无色无味的可燃性气体，微溶于水，比空气轻。含碳的物质在缺氧条件下可产生一氧化碳。一氧化碳经呼吸道进入人体后，与血液中的血红蛋白结合生成碳氧血红蛋白(HbCO)，其结合力比氧与血红蛋白的结合力大得多，而其解离速度又比氧与血红蛋白的结合慢得多，因而妨碍了血红蛋白的携氧功能而出现中毒。因为一氧化碳与血红蛋白的结合为可逆反应，充分给氧可以使碳氧血红蛋白重新分解为一氧化碳与血红蛋白，对红细胞本身无损害，所以对于中毒者可用充分给氧的方法进行抢救。

加热试验、氢氧化钠试验和钯镜试验可以检验是否为一氧化碳中毒。加热试验是由于碳氧血红蛋白结合力强，化学性质稳定，中毒血加热2～3min后，仍呈现血红蛋白的鲜红色。氢氧化钠试验也是由于碳氧血红蛋白化学性质稳定，稀释的中毒血液遇氢氧化钠溶液后，鲜红的颜色不会立即改变。钯镜试验是将检血和醋酸放置于扩散盒外池，氯化钯溶液置内池，加盖。外池中的碳氧血红蛋白与醋酸作用释放出一氧化碳，一氧化碳与内池中的氯化钯反应生成金属钯，使氯化钯溶液表面出现黑色反光薄膜，即钯镜。煤气中毒也可用此法鉴别。

9.5.3 催眠安定药检验

毒物和药物之间没有明显的界线，有些药物使用适当的剂量可以治病，但如果超剂量使用则会变成毒物，不但不能治病反而会造成中毒甚至危及生命。催眠安定药就是这样一类药物，如果大剂量服用就会中毒。

巴比妥类催眠药 巴比妥类催眠药品种繁多，主要有巴比妥、苯巴比妥、戊巴比妥、异戊巴比妥、司可巴比妥和硫喷妥等。它们均为巴比妥酸的衍生物，化学结构类似。

巴比妥类药物的检验主要用汞盐-二苯偶氮碳酰肼试验和硝酸钴试验。汞盐-二苯偶氮碳酰肼试验是巴比妥类药物和汞盐作用生成白色巴比妥汞盐，再与二苯偶氮碳酰肼作用生成蓝色络合物。硝酸钴试验是巴比妥酸类药物分子中有环酰脲基团，在碱性条件下与硝酸钴反应生成蓝紫色络合物。

吩噻嗪类安定药物 吩噻嗪类药物是常用的安定镇静剂，主要有盐酸氯丙嗪、盐酸异丙嗪、羟哌氯丙嗪及泰尔登等。此类药物对光敏感，易氧化成红色醌式化合物，在体内氧化分解。对人的致死量为2～10g。

由于吩噻嗪类药物分子结构中的苯并噻嗪环易被硫酸、硝酸、三氯化铁等氧化剂氧化，生成红色或黄色氧化产物，所以可以用此颜色反应来检验检品中是否含有吩噻嗪类安定药物。

9.5.4 农药

农药一般包括杀虫剂和杀鼠剂，是最常见的一类毒物，在中毒发案中居首位。我国使用的杀虫剂主要是有机磷类，杀鼠剂最常见的是磷化锌及氟乙酰胺等。

有机磷类杀虫剂 有机磷类杀虫剂是有机磷酸酯类化合物，主要品种有敌敌畏、敌百虫、对硫磷，久效磷、甲基对硫磷及乐果等。此类农药口服、呼吸道吸入均可发生中毒，其毒性作用主要是抑制体内胆碱酯酶的活性，构成神经系统紊乱而出现一系列症状。

有机膦类杀虫剂中毒可以用间苯二酚-氢氧化钠试验或氢氧化钠-亚硝酰铁氰化钠试验进行检验。间苯二酚-氢氧化钠试验是不含硫的有机膦杀虫剂在碱性条件下水解，生成二氯乙醛，与间苯二酚作用生成红色物质。氢氧化钠-亚硝酰铁氰化钠试验是在碱性条件下，硫代磷酸酯类杀虫剂水解生成硫化物，再与亚硝酰铁氰化钠作用生成紫红色络合物。

磷化锌　磷化锌在胃酸的作用下分解可生成磷化氢，磷化氢是一种剧毒的气体，对人的致死量为 2g。通常情况下，因磷化锌中毒者，其胃内有黑色黏液状物质并且有类似电石气的臭味。

对磷化锌中毒检材可直接取出黑色物质，再行溴化汞试验或磷钼酸铵试验或者硫氰汞锌结晶试验分析。溴化汞试验是磷化锌遇酸分解所产生的磷化氢气体，与溴化汞作用可生成鲜黄色化合物。磷钼酸铵试验是磷化锌的分解产物磷化氢与硝酸银生成黑色磷化银，被硝酸氧化成磷酸，再与钼酸铵作用生成黄色磷钼酸铵，显微镜下为八角形结晶。硫氰汞锌结晶试验是锌离子在弱酸溶液中与硫氰汞铵作用，生成十字形锯齿状硫氰汞锌结晶。

氟乙酰胺　氟乙酰胺进入人体后脱胺形成氟乙酸，氟乙酸破坏机体的正常三羧酸循环，引起糖代谢过程紊乱而出现中毒。人食用氟乙酰胺中毒死亡的家禽、牲畜可引起第二次中毒。氟乙酰胺对人的致死量为 0.2～0.5g。

氟乙酰胺中毒可用异羟肟酸铁试验或硫靛试验检验。异羟肟酸铁试验是在碱性条件下，氟乙酰胺与羟胺生成异羟肟酸，再与高铁离子作用生成紫色异羟肟酸铁络合物。硫靛试验是在碱性条件下，氟乙酰胺及其代谢产物氟乙酸与硫代水杨酸作用，再经高铁氰化钾氧化，生成红色硫靛。

9.5.5　毒品

毒品主要有鸦片类、大麻类、可卡因类和安非他明类。服用或注射过量毒品，能引起正常生理功能障碍造成中毒甚至死亡。吸毒成瘾实际上是慢性中毒的表现。

鸦片类毒品　鸦片类毒品包括生鸦片、精制鸦片和由鸦片中提炼的吗啡及制备的海洛因和杜冷丁等。吗啡对中枢神经系统既有兴奋作用又有麻醉作用，多次服用可产生依赖性、耐药性和慢性中毒。大剂量服用可引起昏迷、血压下降、瞳孔缩小、呼吸中枢麻痹而死亡。海洛因的毒理作用与吗啡相似，但其成瘾性比吗啡强，毒性比吗啡大。杜冷丁小剂量有镇痛作用，大剂量可造成严重的呼吸中枢功能障碍而死亡，成瘾性比吗啡小。

鸦片、吗啡、海洛因的检验通常可用马改氏试验或浓硫酸试验。吗啡与铁氰化钾作用被氧化成氧化吗啡，同时生成亚铁氰化钾，与三氯化铁反应生成普鲁士蓝；海洛因为乙酰化的吗啡，所以必须经过水解才能发生该反应。浓硫酸也可以用来检验此类毒品。吗啡与浓硫酸作用依次呈现红色-红黄色，放置后颜色褪去；海洛因与浓硫酸作用呈现黄色，放置后变为绿色。

大麻类毒品　大麻类毒品主要有大麻叶、大麻烟、大麻树脂和大麻油等。其中毒症状为结膜发红、行动不稳、心率加快、恶心呕吐，可导致中毒性精神病。

大麻类毒品的检验通常用牢固蓝盐 B 试验和甘氏试验。牢固蓝盐 B 与大麻在碱性条件下，加入氯仿溶剂会呈现红色。甘氏试验是将大麻石油醚提取液与对二甲氨苯甲醛加热，待呈现红褐色，且冷却后呈现红紫色，加水变成青色。

可卡类毒品　可卡植物叶子经提炼可得到白色粉末，即可卡因。可卡类毒品主要包括可卡叶、可卡膏及克拉克等。可卡因具有麻醉作用，医疗上用作麻醉剂。用量过大时，可引起急性中毒，抑制大脑皮质，引起呼吸中枢抑制，心跳停止。

可卡类毒品的检验常用硫氰酸钴法和苯甲酸甲酯法。若有可卡因存在，则可以样品遇硫氰酸钴试剂会出现蓝色细颗粒；遇苯甲酸甲酯则会出现鱼腥味。

安非他明类毒品 安非他明类毒品是苯并胺类化合物，是人工合成的中枢神经兴奋剂，主要品种有安非他明及苯丙胺的衍生物。此类毒品主要作用于中枢神经系统，使大脑皮层及皮下中枢兴奋，大剂量会引起中毒。

安非他明类毒品常用甲醛-硫酸试验检验。给可疑检材中加入甲醛-硫酸试剂，安非他明和甲基安非他明立即呈现橙色并转为褐色，安非他明的其他衍生物呈现黄色或黄绿色。

9.6 微量物证的检验

9.6.1 什么是微量物证

微量物证(trace evidence)是犯罪分子在实施犯罪行为过程中遗留、附着在现场或从现场带走的能够用于揭露和证实犯罪行为或者能为案件侦破提供线索的物质，具有体积小质量微的特点。

随着科技的发展，犯罪分子的作案手段也日趋复杂化和智能化。传统的手印、足迹等痕迹物证越来越少，给案件的侦破带来困难。但是无论犯罪分子的反侦查能力有多强，犯罪手段有多隐蔽、狡猾，他们可以在作案现场不留下脚印和手印，但不可能不留下微量物证，这就是法庭科学中所谓‘触物留痕’的体现。某县发生了一起无头碎尸案，犯罪分子作案后毁尸灭迹，割下死者的头颅并埋藏，搜走了死者身上一切可能提供线索的物品，破坏了现场的其他痕迹，案发数月后仍无法认定死者的身份。对于这样的悬案，侦查人员想到从微量物证入手，经过对死者仅存的一件内衣的检查，发现了几粒稻谷，经过检验，这些稻谷是生长于山区的品种，从而初步认为死者为山区农民，为案件的侦查找到了突破口。利用微量物证破案的例子还有很多，这充分说明微量物证的发现、提取和检验在案件侦破中起到越来越大的作用。

微量物证的种类繁多范围很广，可以说任何一种物质都可能会成为物证。就物质的种类而言，微量物证可以是金属或非金属，可以是无机物也可以是有机物，可以是纯净物或混合物也可以是生物体。常见的有涂料、纤维、染料、玻璃、金属、泥土、塑料、油脂、纸张、油墨、浆糊、化妆品等。例如，某地发生一起凶杀案，案犯在杀人后将尸体装入塑料编织袋，抛于一个公厕内。现场留下的唯一物证就是编织袋。可是同样的袋子有很多，很难提供有用的信息。怎样才能找到有价值的线索呢？侦查人员决定对编织袋进行仔细的检验。终于，在放大镜的帮助下，发现袋子底部有淡淡的粉红色物质，用棉花擦取，经检验确定为铅丹颜料。后来依此为线索，很快就找到了案犯。

微量物证一般都散落在现场周围或者附着在其他物体上(如案犯的身上、受害人的身上以及作案工具上等)，这就是微量物证的依附性。例如，灰尘或者被害人身上的化妆品、毛发以及衣物纤维都有可能粘到案犯的身上、作案工具或手套上，利用钳子、螺丝刀撬保险柜时，不可避免会有金属或是油漆等成分黏附在案犯的衣物、手套和作案工具上。例如，某地公安局在侦破一起特大盗窃案时，在嫌疑人的一把旅行刀上发现了芝麻大小的木屑，将刀上附着的木屑与被撬门框木质一同送检。经检验，两木质种类结构相同，并结合其他证据认定了作案工具。

微量物证检验的任务是对检材的种类认定和检材与样本的比对分析，通常采用现代仪器分析方法和手段进行检材的形态分析、成分分析、结构分析和性能分析。例如在交通肇事逃逸案件的侦破中，可以根据交通事故现场提取的油漆、纤维、橡胶、玻璃等微量物证与嫌疑车辆相关部位提取的相同物质进行分析比对，从而认定肇事司机的罪行。

由于微量物证量小体微，常借助分析仪器进行鉴定。

9.6.2　微量物证检验常用仪器分析方法

在犯罪现场经常会遇到种类繁多的微量物证，所需检验的对象也非常复杂。以往普遍使用的检测方法只能确定可疑物品与已知的证据物品是否类似，确定两者是否属于同一来源。近年来，新的仪器和分析方法在案件侦查中得到广泛的应用。这使法庭科学家能更准确地把物证材料与某种特定的来源联系起来。下面介绍在案件侦查中常用的几种仪器分析方法。

X射线法　X射线衍射光谱法是检验物质晶体结构的有效方法。在物证鉴定中X射线衍射光谱法多用来确定不同场合发现的物质是否相同。除了利用X射线照相检查物证外，还可以利用X射线衍射光谱和X射线荧光检验物证。例如，现场提取的灰尘和人身上黏附的尘土是否相同。有时也可利用该法确定某一特殊的化合物的种类。

X射线荧光法可对检材中含有的元素进行定性分析。物证鉴定中，常将扫描电子显微镜(SEM)与X射线荧光仪联用。这样，当扫描电镜中的电子枪轰击检材时不仅能获得清晰的放大三维图像，而且能根据X射线的能量，对检材进行定性及定量分析。

扫描电镜法(SEM)　扫描电子显微镜具有高度放大和高度分辨的特点，可以提供物证的形态和表面结构特点的放大图像。因此，在物证检验中有着广泛的用途。它对工具痕迹、弹头、弹壳的检验非常有用，对毛发、射击残余物和其他微细物证的鉴定也极为有用。SEM和X射线微量分析仪(EDX)联用可用来鉴定样品中存在的化学元素。例如枪击案中，手枪射击后，排出种种残余物，包括起爆剂、发射剂填料及弹头、弹壳、润滑剂等。这些残余物会沉积于射击者的手上、衣服上和被射击的客体上。利用SEM检测是否有这些特殊微粒的存在。从而判断嫌疑人是否开过枪，以及与涉嫌枪支是否有关。凶杀案中，用SEM观察伤口肌肉可判断是生前伤或死后伤，用SEM/EDX还可以从伤口和衣服破口处检验出凶器的金属成分以判断死因和凶器。在电流凶杀案中，电流斑上会沉淀一定量的导体金属成分，通过SEM/EDX联用分析可成功地判定是否为电谋杀及所用导体种类。

显微分光光度法　显微分光光度仪是无损检验微量物证的有效仪器。它包括显微镜、分光光度仪、计算机控制系统和输出系统四部分，集分光光度仪与显微镜的功能于一身。显微镜部分为分光光度仪提供了放大的样品图像，使得被分析的样品尺寸可以非常小，而分光光度仪部分是可以测量光强度变化的光学仪器，当从光源来的光经过由样品的化学结构决定的选择吸收和反射、散射之后，分光光度仪的光栅将这部分分光按照波长分开，再经过相应的吸收光探测器，就可以得到该样品所具有的选择吸收与波长的依赖关系图，这就是吸收光谱图。因此通过比对两个样品的吸收光谱图，可以了解两个样品的化学结构是否存在差异。

显微分光光度测量技术可以分辨“同色异谱”的物质。例如当一件衣物由于某种原因破损了，在洗染店可以请师傅织补，补好的衣服几乎看不出补过的痕迹。但是新布和原布的质地可能完全不同，如果原布料是棉布，织补的可能是棉布，也可能是涤纶、涤棉混纺布、腈棉混纺等。由于肉眼看不出布料的质地，所以用显微分光光度仪去测量两种布的光谱，可以立刻发现它们根本不是同种纤维。

利用显微分光光度仪可以无损地、定量地测量色差。因此世界各国都陆续报道了使用显微分光光度仪测量微量染色纤维的颜色以及测量纸张、墨水、塑料、血痕、毛发等等微量物证颜色的方法。另外，通过测量可疑文件上公章的印文、印泥(印油)成分，然后与标准样本上相同印文的印泥成分进行比对，从而可以判断待检文件上公章的盖印时阀。这样就解决了检验文件制成时间这一令人棘手的问题。

紫外-可见光谱法 物质分子吸收一定波长的紫外-可见光时，电子发生跃迁所产生的吸收光谱称为紫外-可见吸收光谱。利用紫外-可见吸收光谱可确定物质的组成、含量，推测物质结构。该方法分析灵敏度、准确度高，特别适于微量组分的测定，无论是无机化合物还是有机化合物都能用此方法进行快速的鉴定分析。

在微量物证检验中，可以通过紫外-可见吸收光谱鉴别涂料、有色纤维、塑料及墨水等文件材料，在一定条件下，能鉴别该物质的生产厂家、牌号和批号，还可以测定字迹光谱吸收峰相对强度比值，与已知样品比对，能判断钢笔、圆珠笔的相对书写时间。

红外光谱法(IR) 红外光谱法是利用物质对红外光的吸收进行分析的方法。不同的物质都有其独特的红外吸收光谱，故红外光谱可称作是分子结构的“指纹”。若检材与标准物的光谱图中相对应的谱带完全一致，即可断定检材与标准物是同一物质。基于 IR 的这一特性，在物证鉴定中对于确定检材的种属、来源等问题，IR 法发挥了重要的作用。例如一老者在晨练途中被一卡车撞倒，当场死亡，肇事汽车司机逃逸。公安机关根据目击者提供的车牌号在外地找到了嫌疑车辆，但司机拒不承认其肇事行为，且该车已被重新喷涂过油漆。侦察人员从汽车前部钢板的连接处提取原漆与死者衣服上的油漆擦痕一同送检。经 IR 分析，二者的谱图中相应的谱带完全一致，确定死者身上的油漆是从嫌疑车辆遗留的，从而认定了该司机的交通肇事逃逸罪行。

红外光谱法在微量物证检验中有很重要的作用，它广泛应用于分析现场、从有关场所客体上提取下来的各种有机物证，包括油漆、塑料、橡胶、纤维、黏合剂、日用化妆品、油脂、可燃物、爆炸物等，也可用于一些无机毒物的分析。对于刑事现场、交通肇事现场提取到的极微量物证，用显微红外技术进行鉴定。总之，该方法在法庭化学中发挥极大的作用。

原子吸收光谱法(AAS) 原子吸收分光光度法是基于被测元素基态原子在蒸气状态对其特征谱线的吸收程度来确定物质含量的分析方法。测定时，需要待测元素灯发出特定的特征谱线，谱线通过供试品的原子蒸气时，被蒸气中元素的基态原子吸收，通过测定辐射光强度减弱的程度，求出供试品中待测元素的含量。原子吸收光谱法测定对象是呈原子状态的金属元素和部分非金属元素。该方法所需样品少、灵敏度高、选择性好、准确度高、测定快速，特别适用于物证的微量元素鉴定。

在物证技术学中，该方法是较常用的一种分析方法，如果实验室没有等离子体发射光谱仪，只有普通摄谱仪，一般采用摄谱仪进行元素定性分析，然后用原子吸收光谱仪进行元素定量分析。通过元素定量比较分析，能进一步鉴别涂料、纸张、黏合剂等的生产厂家和牌号。该法还能检测手上的射击残留物，工具痕迹，包过金、银的纸，布上的残留物等。原子吸收光谱法还可测定矿物、陶瓷、水泥、涂料、塑料等类检材样品中的金属元素含量，是测定各种检材中金属元素精确含量的首选方法。

气相色谱法(GC)　气相色谱法是以气体为流动相的色谱分析方法，具有很高的分离效能，可以同时测定多种物质，灵敏度高，样品用量少，特别适用于微量的毒物、毒品、石油成分、石蜡、脂类及炸药等检材的分析。配以裂解附件可用于分析高分子检材如涂料、纤维等。近年来，GC 常和其他仪器如质谱(MS)等联用，以提高检测的灵敏度。例如林某一家 3 口被发现死于其住所内。经现场勘查，尸体已高度腐败，从其居所内堆积的报纸日期推算，3 人可能死于 2 个月前。经过用顶空气相色谱和顶空气相色谱/质谱联用技术对送检的各种检材进行全面的定性、定量分析，结果从全部检材中均检出了液化石油气的成分丙烷、丁烷和异丁烷，与现场的液化石油气相同；并排除了其他毒物、毒品中毒的可能性。这一鉴定结论为认定林某一家人系用液化石油气自杀死亡提供了科学的依据，对正确认定案件的性质起到了重要作用。

高效液相色谱法(HPLC)　高效液相色谱分析方法是在经典液相色谱的基础上发展起来的。与气相色谱法不同，高效液相色谱法是以液体为流动相的色谱分析方法。具有高速、高效、高灵敏度及分析范围宽的特点。只要样品能制成溶液，就可以进行分析鉴定，而且该方法的检测灵敏度可达 10^{-11}g，非常适合对微量物证进行检测。

高效液相色谱法应用非常广泛，因为这种方法只要求样品制成溶液，不需汽化，不受样品挥发性的限制，所以对于高沸点、热稳定性差、分子质量大的有机物都可以用高效液相色谱进行分离和分析。在微量物证领域，高效液相色谱可用于鉴别印刷油墨、纸张、口红等的种类、产地、生产厂家和牌号；区分不同地区的土壤、射击残留物、炸药及爆炸残留物。

质谱法(MS)　MS 法可检测检材分子的结构、分子的基本类型以及所含的各种元素及丰度。在微量物证检验中，经常使用质谱法对有机检材进行分析，如炸药检测、爆炸和射击残留物的检测；火灾原因分析；未知物的结构分析。和其他鉴定手段相比，有机质谱法具有高灵敏度和高专一性的优点，因而构成有机分析的一个重要工具。有机质谱法的局限在于设备比较昂贵，尤其是一些新功能的仪器，如 HPLC/MS，不易普及。

气相色谱-质谱(GC-MS)联用分析法是常用的一种分析方法，也是国际法庭公认的一种物证鉴定分析方法。这种联用技术既可以发挥色谱法高效分离的优势，又充分利用了光谱法高分辨定性的优点，从而可以解决许多复杂的混合物检材(如汽油、煤油、毒物及其代谢物等)的分析鉴定问题。例如某癫痫病患者死因不明，家属要求检验其服用的药物，经对死者的胃内容物进行提取，用 GC-MS 做分析，结果检出多种安眠镇静药物及其代谢产物，确定患者系服用大量安眠类药物死亡。质谱法对微量物证材质组成的鉴定取决于裂解谱库中的图谱的多少，也就是说，并不是所有的物证都能被鉴定，因此，对于更多的检材都是用对比分析法进行鉴定的。

9.6.3　仪器分析方法鉴定微量物证实例

仪器分析方法的结果准确可信，但是对微量物证的分析鉴定，仅用一种仪器或分析方法很难给出鉴定结论，通常需要用多种方法对物证进行检测，综合给出结果。下面以油斑物证为例简要介绍微量物证鉴定过程。

油斑物证是交通事故或其他类型刑事案件中经常会遇到的物证之一。在案发现场，油斑物证以油污形态、油迹等依附在受害人的衣服上或身体部位以及被油性物质接触的物体表面，有时在现场地面以及现场物品表面也沾染油迹。在检验油斑类物证时，要求先检验确定检材是否为油脂类物质，再进一步确定出它是属于什么油脂类，最重要的检验内容是给出送检的油斑物证与比对检材是否相同，这在侦破交通肇事逃逸案中具有非常重要的意义。

首先，要检验油脂的类别。油脂可能是矿物油也可能是动植物油，检验时可用紫外荧光法。将待检的油斑迹用少量提取溶剂提取，用毛细管吸取后滴在蒸发皿中，置 254nm 紫外灯下观察荧光的强弱。根据有无荧光及荧光的颜色、强度，可初步区别油的种类。一般情况下，矿物油的荧光较强，大部分动、植物油无荧光，个别有荧光，但较弱。如果紫外荧光法不能进行有效辨识，可以测折光率，一般植物油在 20℃时折光率在 1.468 以上，动物油在 20℃时折光率在 1.468 以下。当然，如果检材较多时可以用三氯醋酸反应、丙烯醛反应或皂化反应等化学方法进行检验。

其次，需要对油类的有机成分进行检验。薄层色谱法、气相色谱法、荧光光谱法、紫外光谱法和红外光谱法是常用的分析方法。当这些方法不能确定油斑中具体的有机成分时，需要用对比检材作对照，以说明物证与对照检材是否同一。

9.7 DNA 分析技术

9.7.1 DNA 分析技术简介

DNA (Deoxyribonudeic acid)，即脱氧核糖核酸，是一种主要的遗传物质，是遗传信息的主要载体，控制着生物体的遗传性状。

英国遗传学家亚历克·杰弗里斯 1985 年首次用 DNA 分析技术进行了亲子鉴定，从而开始了 DNA 分析技术在案件侦查中的应用。可以说 DNA 分析技术实现了从否定到同一认定的飞跃，开创了物证检验的新纪元。随着人类对遗传物质研究的不断深入，DNA 分析技术在物证检验的各个方面得到广泛地应用，受到越来越多的关注。

DNA 具有高度的个体特异性。世界上除了同卵双生外，每个人的 DNA 长链均不相同。这是个人识别和亲权鉴定的依据。DNA 具有同一个体不同组织间的一致性。同一个体的不同组织，如血液、唾液、精液、肌肉、骨髓、脑组织等 DNA 指纹图是一致的，体细胞和生殖细胞的 DNA 指纹图相同。DNA 具有稳定性。对一个健康的人来说，DNA 终身不变；另外，子代的所有图带都可追溯至双亲 DNA 指纹图中，双亲 DNA 图带同样又可追溯至祖代，即遗传的稳定性。DNA 具有统一性。动物、植物、微生物等所有生命物质遗传信息的编码成分都是一样的，是四种碱基不同的排列组合。核苷酸数量多少和排列组合差异造成了物种的差异。例如，人与猩猩的基因有 1%不同，而人与植物、微生物基因的差别会更大。

目前，国内外应用的 DNA 分析技术主要有三类：第一类是 DNA 指纹图技术，即 DNA 限制性片段长度的多态性分析 PPLPs，（polymorphism analysis），DNA 限制性片段长度的多态性和人的指纹一样，具有高度的个体特异性，故也称为 DNA 指纹。该技术主要是根据限制性内切酶对 DNA 链特异性的切割，把 DNA 序列上不规则重复的基因序列找出来。这样就可以把已知的 DNA 样本和作为证物的 DNA 样本进行比较了。该技术主要用于亲子鉴定，鉴定分析准确率很高。第二类是聚合酶链反应法(PCR，polymerase chain reaction)，又称为“DNA 体外扩增法”。PCR 技术可以在一次检验中检验出 8～10 种不同的目的基因，可以达到个体认定的程度，检材使用量大为减少，灵敏度大幅度提高，而且检验结果可以用数学编码，即以数字的形式存贮在计算机中，从而在任何时间都可以进行检验，即使数年之后也可认定罪犯。利用 PCR 技术可以进行性别、种属、ABO 血型的 DNA 分析技术。第三类是 DNA 测序分析技术，即对人类线粒体 DNA(mt DNA)进行序列分析。线粒体 DNA 分子呈双链状，个体之间存在大量的序列差异。对生物物证进行序列分析，直接认定个体，个体识别率更为提高。对无核细胞的检材，如毛发、指甲等的检测都可以获得精确结果。此外，有些科研机构已经开始研究最为先进的芯片 DNA 检测方法和单细胞 DNA 技术，若这两项技术研究成功，则 DNA 分析可不必局限于实验室中，不仅能进行现场 DNA 测定，而且用几个细胞就可以进行技术鉴定。这也是为了满足侦查工作快速反应的需要，是未来 DNA 发展的重要目标。

9.7.2　DNA 分析技术在刑事侦查中的应用

目前，DNA 分析技术已用于实际办案，如凶杀案、强奸案、碎尸案尸源鉴定、亲子鉴定、性别鉴定、交通肇事案、移民案、拐骗儿童案、换婴等。来源于案发现场的血液、血痕、精斑、毛发、指甲、肌肉、脏器等均可以进行 DNA 分析。

DNA 分析需要检材量少、检测时间短、识别率高，更适合刑事案件的侦查。迄今已有 120 多个国家和地区应用 DNA 分析技术办案。我国在刑事侦查活动中应用 DNA 分析技术的时间并不长，但是由于 DNA 分析的结果不仅能为侦查活动提供线索，指明侦查方向，更能直接认定罪犯，成为打击和预防犯罪的有力武器。

DNA 分析技术在刑事侦查中，可以应用于许多案件，主要有以下几类：

凶杀案　凶杀现场有价值的物证常常是被害人或嫌疑人留下的血迹，通过被害人或嫌疑人血迹 DNA 检验结果比对，可得到侦查线索或直接认定罪犯。2002 年初，某区发生一起出租车司机遭抢被杀案，法医在勘验现场时发现驾驶室内破碎的顶灯上黏附着几根毛发，立即将其提取进行 DNA 检测和毛发性别检测，结果证明这几根毛发均系同一男子所留。后与犯罪嫌疑人的血做 DNA 比对检测，结果作同一认定而破案。1996 年广东发生一起抢劫杀人案，警方对嫌疑人的一把杀鱼的菜刀进行检验，鉴定出鱼血中混有人血，且血液中的 DNA 与死者相符，从而使案犯伏法。

强奸和强奸杀人案件　DNA 分析技术可以根据女性阴道分泌物和男性精子结构上的差异将二者分离，只提取纯精子 DNA，而不受阴道分泌物的影响。将现场遗留的混合斑中精子 DNA 分析结果与嫌疑人 DNA 检验分析结果比较，通过对比可以得出正确结论。1999 年，某村的玉米地里发现一具高度腐败的女尸，经查，死者为年仅 11 岁的王某，系被人强奸杀害，现场提取到的唯一物证是死者所穿的短裤，上有精斑。当地公安机关对排查的 17 名嫌疑人进行 DNA 检验，最后认定现场短裤上的精斑为嫌疑人于某所留，使案件得以破获。

碎尸案 同一认定及尸源认定根据不同碎块 DNA 检验图谱是否一致，判断是否为同一体；根据尸块 DNA 检验图谱与失踪者父母的 DNA 图谱作对比，可以确定尸源。如果尸体高度腐败或犯罪分子采取掩埋、焚烧等各种措施使软组织完全破坏，仅遗留部分硬组织和牙齿，则可综合 mt DNA 序列分析技术、STR 分析技术和基因性别鉴定技术等多种 DNA 分析技术，对其身源进行认定。

亲子鉴定 人类 DNA 上的遗传标记具有高度多态性，从理论上讲，除了单卵多胎的孪生子外，全世界人口的遗传标记各不相同，但有血缘关系的亲属却有部分相同。根据孟德尔遗传规律，子代谱带分别来自双亲，据此可确定亲缘关系。几年前，贵州警方解救多名被拐儿童。其中，有一个男孩被 15 个家庭指认为儿子。而采用 DNA 技术鉴定血亲关系让警方颇为挠头的认亲难题迎刃而解。

性别鉴定 DNA 分析技术可以对各类生物检材如血迹、毛发、肌肉、骨髓、精斑、唾液等进行性别鉴定，主要有 Y 染色体斑点杂交，PCR 扩增 Y 染色体特异性片段，以及 PCR 扩增 X、Y 两条染色体特异性片段等方法。另外，采用目前最新的荧光标记多位点 STR 复合扩增技术对陈旧骨骼进行性别检测，使一次扩增、电泳、分析就可判定骨骼性别，同时又可准确判定其个体来源。

在其他案件如移民案件的血缘鉴定、交通肇事案、拐卖儿童案、抢劫案、敲诈案等案件中也有应用。2002 年，某区发生一起室外抢劫案，被害人头部遭棍棒打击致昏迷。法医在勘验现场时，发现了一个可疑案犯潜伏作案点，提取了 4 只烟蒂，并送 DNA 实验室做唾液血型及 DNA 检测。将检验结果与嫌疑人 DNA 检测结果比对，为同一认定。在交通肇事后，司机驾车逃逸，为确定肇事车辆，对车辆血迹或组织 DNA 检验结果与被害人 DNA 检验图谱比较，可以分析该车是否为肇事车。

此外，DNA 分析的另一个重要作用就是为无罪者洗刷冤屈。1996 年美国国家卫生研究所开展了一项调查，调查因强奸、凶杀而入狱的犯人有多少是清白的，至 2000 年 4 月，已为 70 余名公民洗清了不白之冤。对更多的定罪犯人进行检验，纠正以往的错判，是 DNA 分析未来工作的重要内容。

时至今日，DNA 分析技术已成为操纵在世界许多国家和地区的刑事侦查部门手中的利剑。其神力在于无论生物学检材新鲜或腐败、量大或量少，几乎都能准确、快速地进行高效率地个体识别，对现场收集的检材与嫌疑人样品及其他物证进行同一认定，以及亲权关系认定，从而克服了以往遗传标记检测的种种缺陷以及指纹技术的一些缺陷，实现了物证检验从否定到认定的飞跃。DNA 分析技术在司法侦察领域将会起到越来越重要的作用。

9.8 人体气味分析技术

人体气味由基因决定，男女气味有别，各人气味也不一样，具有特殊性，居于此点，人体气味的检测可以用于刑事侦查领域。

9.8.1 人体气味的特殊性

在自然界中，存在着大量不同的植物、动物和矿物等有气味的物质。这些物质由于受热力蒸发和地心吸引以及本身分解等原因，不断散发出人所看不见的极为微小的气味分子。人体也是一个气味源，人体气味(即体味)是在新陈代谢过程中产生的，每时每刻都在向外散发。科学研究发现，人体的新陈代谢可产生几百种化学物质，可产生复杂的化学气味，构成人体气味。

人体的体味主要是由人体皮肤中的汗腺、皮脂腺等多种腺体产生的分泌物挥发形成。这些腺体分泌物往往是无气味的，但当在身体不同部位与不同种类和密度的微生物相互作用时则产生各种不同气味。所以，不同皮肤腺的分泌物的化学成分和数量，以及身体不同湿度和氧浓度决定了皮肤细菌群落，同时产生不同气味。如，男女之间的气味有明显的不同。男性身体散发出来的是雄酯酮的麝香气味，女性身体散发的则是含雌激素的体味。种族不同，体味也有差异。黑人的腺体最丰富，尤其是皮脂腺体数量多，全身分布区域广，其体味最浓；白人次之；黄种人腺体较少，体味相对较弱。不同职业的人都附有相应的职业气味，如汽车司机经常接触汽油，在他身上就附有较强的汽油味。

个人气味是一个人所有部位气味的总和，由身体新陈代谢所产生。由于每个人的生理状况、新陈代谢的强度、饮食嗜好、年龄差异、生活习惯、营养等不尽一致，所以，每个人的气味也就互有差异。研究发现，人体气味是由其遗传物质决定的，不论其所出的环境及饮食如何，其气味的本质特征不会改变。人体气味是具体人的一种生物信息。与指纹一样是终生不变的个人档案。世上不会有两个体味相同的人，这也是人与人区别的重要特征之一。

9.8.2　人体气味的检测

人体气味的采集　人体气味的采集主要采取固相微萃取(SPME)的方法。固相微萃取是在固相萃取基础上发展起来的崭新的萃取分离技术。SPME 装置形如一微量进样器，某些气相色谱的固定液涂渍在一根融熔石英细丝表面构成萃取头(Fiber)。平时萃取头收纳于萃取头鞘内，使用时刺入一封闭系统，旋转控制杆，探出萃取头。萃取头可浸于液体中或于液上(顶空 SPME)萃取浓缩样品中的某些化合物，而后萃取头收纳于鞘内，不经任何溶剂洗脱直接进入气相色谱仪汽化室，再探出萃取头。被萃取物在汽化室内解吸附后，靠流动相将其导入色谱柱，完成提取、分离、浓缩的全部过程。固相微萃取是一种新兴样品处理技术，具有简单快速、高选择性、需样品量少等优点。目前，采用此法对人体的手部、腋窝的气味进行采集。

人体气味的测定分析　人体的新陈代谢产物有几百种，当对皮肤分泌物收集和加热，几百种化合物可以挥发出来，再借助 GC-MS 分析仪器分离检测，获得色谱峰，把每个人的气相色谱谱图存档，就可以形成类似“指纹库”的“气纹库”。再借助数学中的分行理论来进行谱图分析，进而确定两张或更多谱图的异同点。

9.8.3　人体气味在刑事侦查中的应用

在往日的刑事案件侦查中，不乏因缺乏必要的线索和证据而使案件成为悬案的先例，一些罪犯逍遥法外。如今，人们利用气味破案法使更多的犯罪分子受到法律的惩罚。

犯罪分子可以消除留在犯罪现场的各种痕迹，包括指纹、眼纹、皮纹等等，但他却无法消除在犯罪现场空气中所留下的自己的特殊的气味。因为，体味儿能够扩散到周围空气中，遗留在衣物上，停留在我们碰过的任何物体表面，而且还会长时间地停留在这些地方。人体气味任何人也不可能伪造出来，它就像我们生命的符号 DNA（脱氧核糖核酸）一样，因人而异，各不相同。警方可以将作案地方的空气吸入瓶中，与犯罪嫌疑人身上的气味进行对比分析，从而确定两者气味是否同一。另外，还可以在瓶里放入某种灵敏的化学试剂，观察两者的化学变化是否一致。因此，专家们认为，这种破案方法比指纹、眼纹等破案法更为优越，有着广泛的应用前景。

丹麦警方最近采用了这种新的破案方法。其运用步骤是警方技术人员将从犯罪现场收集到的空气做化学处理，从中选择出罪犯留下的气味，并将其转移到一块清洁无味的布上，这样得到的罪犯气味特征——“味纹”。比利时警方继建起指纹库和 DNA 档案库之后，最近在比利时首都又建起国家气味库，以便更好地加强安全防范及侦破工作。该库目前已收集到了 300 余个体味标本。而美国国防部也在研究新型探测器，尝试透过人体散发的气味，去分辨“好人”或“坏人”。而我国在体味破案法领域的研究还处于起步阶段。

我们可以设想，今后罪犯或恐怖分子在作案过程中额头上哪怕只渗出极微量的一点汗滴也会成为出卖他们的最糟糕的敌人。因为配备有“气味探测器”的侦察人员将通过其气味儿毫不费力地跟踪到罪犯。在此，我们也相信，除臭剂将成为未来犯罪分子和恐怖分子的最佳选择。为了不暴露真实身份，犯罪分子的伪装工具将不再只局限于手套、面具和其他一些伪装物品，更重要的是要伪装自己的气味。

思 考 题

9-1 指纹具有什么特点？案发现场留下的指纹有几种类型，分别是什么？
9-2 汗液指纹显现常用那些技术？
9-3 对血痕的检验通常有哪些步骤？分别可以用什么方法进行检验？
9-4 什么是爆炸物证?炸药爆炸残留物中常有哪些无机离子？
9-5 简述如何用化学分析方法判断蓝黑墨迹形成的时间。
9-6 毒物分析与毒品分析是否相同？请说明原因。
9-7 什么是微量物证？微量物证有什么特点？微量物证检验常用的仪器分析方法有哪些？
9-8 简述 DNA 分析技术的类型。

（西安交通大学　许　昭）

第 10 章　化学与国防军事

和平与发展是当今时代的主题，发展需要和平的国际环境。然而，不论过去、现在还是将来，在世界和地区范围内都存在着不安定因素。在新的国际安全环境中，世界多数国家在注重运用政治、经济和外交等手段解决争端的同时，仍把军事手段以及加强国防力量作为维护自身安全和国家利益的重要途径。

火药和炸药生产、导弹和火箭研制、航空和航天技术的发展等诸多方面都表明化学与国防军事有着密切的关系，可以说化学反应是军事行为的物质基础。因此，化学是国防教育的必修内容，许多国家都十分重视军事领域的化学研究。

10.1　火药和“军事四弹”

10.1.1　火药与炸药

· **火药**　火药(gunpowder)最早是由中国劳动人民发明制造的，当初主要用于医药。据《本草纲目》记载，火药有去湿气，除瘟疫，治疮癣的作用，从火药二字中的“药”字即可见一斑。后来火药传至欧洲才用于军事。火药在军事上主要用作发射枪弹、炮弹和火箭的能源以及某些驱动装置和抛射装置的工作能源。通常将发射枪、炮弹丸的火药称为发射药，将推进火箭、导弹的火药称为固体推进剂。

火药在武器内的工作过程，是通过燃烧将火药的化学能转化为热能，再通过高温高压气体的膨胀，将热能转化为弹丸或火箭的动能。

· **炸药**　炸药(explosive)是能起爆炸作用的一种火药。在军事上可用来装填炮弹、航空炸弹、导弹、地雷、水雷、鱼雷、手榴弹等，起杀伤和爆破作用。炸药在弹体内爆炸时，瞬间产生的高温高压气体急速膨胀，破坏弹体或容器，产生高速飞散的碎片，从而杀伤有生目标。同时，产生的爆炸冲击波可破坏工事、建筑物等；产生的聚能效应可穿透装甲目标。

在火药和炸药的爆炸过程中，热量是发生爆炸的动力，反应时间极短是发生爆炸的必要条件，气体产物是火药或炸药的爆炸媒介。

军事上黑火药(black powder)的成分是：75%的硝酸钾，10%的硫，15%的木炭。黑火药极易剧烈燃烧，方程式为

$$2KNO_3 + S + 3C \xlongequal{点燃} K_2S + N_2\uparrow + 3CO_2\uparrow$$

可见，固体反应物产生了大量气体，燃烧产生的热又使气体剧烈膨胀，发生爆炸。

随着军事化学的发展，出现了比黑火药爆炸威力更大的烈性炸药。烈性炸药一般是含硝基的有机化合物，最早的烈性炸药是苦味酸即黄色炸药，由苯酚硝化制得，反应方程式为

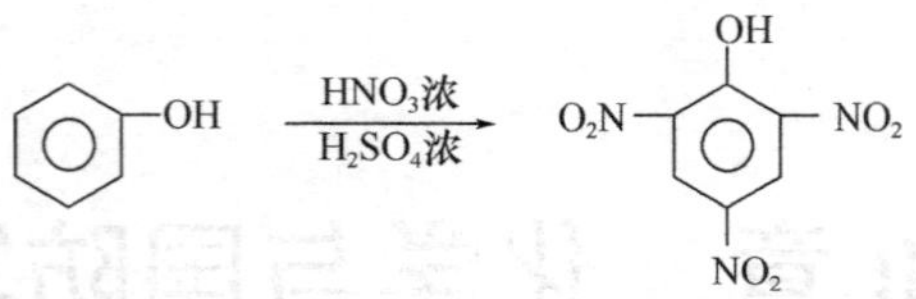

硝化甘油是年轻的意大利化学家苏雷罗(Aseanio Sobrero)在 1847 年由于一场化学实验室的偶然事故发现的一种烈性炸药的主要成分，它由甘油(丙三醇)硝化制得，反应方程式为

$$C_3H_5(OH)_3 + 3HNO_3 = C_3H_5(NO_2)_3 + 3H_2O$$

后来出现了烈性炸药 TNT，现在被广泛用作军事武器中的炸药和衡量炸药爆炸性能的基准。它是由甲苯硝化而成，反应方程式为

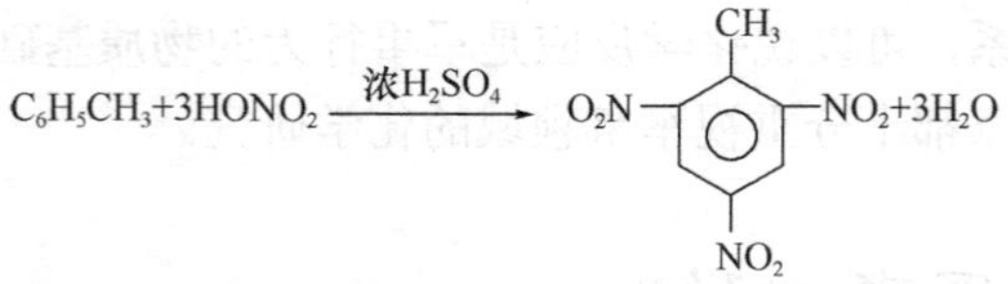

另外，硝铵既是一种很好的氮肥，同时也是一种烈性炸药，当受到突然加热至高温或猛烈撞击时，会发生爆炸性分解，反应方程式为

$$2\,NH_4NO_3 \xlongequal{} 2\,N_2\uparrow + O_2\uparrow + 4H_2O\uparrow$$

国内外都发生过化肥仓库内硝铵爆炸的事故。

10.1.2 "军事四弹"

"军事四弹"是指烟幕弹、照明弹、燃烧弹、信号弹，它们在军事上有着重要作用。

• **烟幕弹** 烟和雾是分别由固体颗料和小液滴与空气所形成的分散系统。烟幕弹的原理就是通过化学反应在空气中造成大范围的化学烟雾。烟幕弹主要用于干扰敌方观察和射击，掩护自己的军事行动，是战场上经常使用的弹种之一。例如装有白磷的烟幕弹引爆后，白磷迅速在空气中燃烧生成五氧化二磷：

$$4\,P + 5O_2 \xlongequal{\text{点燃}} 2\,P_2O_5$$

P_2O_5 会进一步与空气中的水蒸气反应生成偏磷酸和磷酸，其中偏磷酸有毒，反应方程式为

$$P_2O_5 + H_2O \xlongequal{} 2\,HPO_3$$

$$2\,P_2O_5 + 6\,H_2O \xlongequal{} 4\,H_3PO_4$$

这些酸的液滴与未反应的白色颗粒状 P_2O_5 悬浮在空气中，便构成了"恐怖的云海"。

同理，四氯化硅和四氯化锡等物质也可用作烟幕弹。因为它们都极易水解：

$$SiCl_4 + 4\,H_2O \xlongequal{} H_4SiO_4 + 4\,HCl$$

$$SnCl_4 + 4\,H_2O \xlongequal{} Sn(OH)_4 + 4\,HCl$$

水解后在空气中形成 HCl 酸雾。在第一次世界大战期间，英国海军就曾用飞机向自己的军舰投放含 $SnCl_4$ 和 $SiCl_4$ 的烟幕弹，从而巧妙地隐藏了军舰，避免了敌机轰炸。现代有些新式军用坦克所用的烟幕弹不仅可以隐蔽物理外形，而且烟雾还有躲避红外激光、微波的功能，达到真的"隐身"。

• **照明弹** 夜战是战场上经常采用的一种作战方式。利用黑夜作掩护，夺取战场主动权，历来为指挥员所推崇。然而，要想在茫茫黑夜中克敌制胜，首先要解决夜间观察和

夜间射击的问题。在早期的战争中，主要依靠照明器材来解决这些问题。

照明弹是夜战中常用的照明器材，它是利用内装照明剂燃烧时的发光效果进行照明的。现代照明弹的光非常亮，如同高悬空中的明灯，可将大片的地面照得如同白昼。通常照明弹的发光强度为 40 万～200 万坎德拉，发光时间为 30～140s，照明半径达数百米。在夜间战场上，可借助照明弹的亮光迅速查明敌方的部署，观察我方的射击效果，及时修正射击偏差，以保证进攻的准确性；在防御时，可以及时监视敌方的活动。

照明弹中通常装有铝粉、镁粉、硝酸钠和硝酸钡等物质，引爆后，金属镁、铝在空气中迅速燃烧，产生几千度的高温，并放出含有紫外线的耀眼白光：

$$2\,Mg + O_2 \xlongequal{\text{点燃}} 2\,MgO$$

$$4\,Al + 3O_2 \xlongequal{\text{点燃}} 2Al_2O_3$$

反应放出的热量使硝酸盐立即分解：

$$2\,NaNO_3 \xlongequal{\quad} 2\,NaNO_2 + O_2\uparrow$$

$$Ba(NO_3)_2 \xlongequal{\text{点燃}} Ba(NO_2)_2 + O_2\uparrow$$

产生的氧气又加速了镁、铝的燃烧反应，使照明弹更加明亮夺目。

· **燃烧弹**　燃烧弹在现代坑道战、堑壕战中起到重要作用。由于汽油密度小，发热量高，价格便宜，所以被广泛用作燃烧弹的原料。用汽油与黏合剂黏合成胶状物，可制成凝固汽油弹。为了攻击水中目标，有的凝固汽油弹里添加活泼的碱金属和碱土金属。钾、钙和钡一遇水就剧烈反应，产生易燃易爆的氢气：

$$2\,K + 2\,H_2O \xlongequal{\quad} 2\,KOH + H_2\uparrow$$

$$Ba + 2\,H_2O \xlongequal{\quad} Ba(OH)_2 + H_2\uparrow$$

从而提高了燃烧的威力。

对于有装甲的坦克，燃烧弹自有对付它的高招。由于铝粉和氧化铁能发生壮观的铝热反应：

$$2Al + Fe_2O_3 \xlongequal{\quad} Al_2O_3 + 2Fe \qquad \Delta_r H_m^\theta = -851.5\text{kJ}\cdot\text{mol}^{-1}$$

该反应放出的热量足以使钢铁熔化成液态，所以用铝热剂制成的燃烧弹可熔掉坦克厚厚的装甲，使其望而生畏。另外，铝热剂燃烧弹在没有空气助燃时也可照样燃烧，大大扩展了它的应用范围。

· **信号弹**　信号弹是利用发光、发烟产生的信号来完成识别、定位、报警、通信、指挥、联络等任务的一类特种弹药。它具有不受干扰、简便、直观和保密性强的特点，因此一直受到各国军队的普遍重视，在战争中得到了广泛应用，对战斗的胜利起到重要的作用。

根据使用时间不同，信号弹可分为白天用信号弹和夜间用信号弹两种。白天使用的称发烟信号弹，夜间使用的称发光信号弹。发烟信号弹内装有用不同颜色染料染着的硝化棉颗粒状火药。发光信号弹内装有发光剂，不同的发光剂燃烧时能发出不同颜色的光，如含有硝酸钡和镁粉的发白光，含有硝酸锶、镁粉、聚氯乙烯的发红光，含有碳酸锶、硝酸钡、镁粉的发黄光。

信号弹除应用于军事领域外，也应用于民用领域，如海上运输、渔业捕捞、民航、油田、极地考查等遇到重大、急迫危险时都离不开信号弹。信号弹不仅可以在遇险报警、呼救、求救、指示目标和联络等方面发挥作用，也可在舒缓的氛围中给人以享受，如在重大节日活动中，利用信号弹在空中绽放出的美丽礼花供人们娱乐欣赏。

10.2 化学武器

武器是战争必不可少的工具。战争在发展，武器也在不断演变。在纷繁复杂的武器家族中有一种随风而动、杀人无形的“毒魔”，这就是化学武器。

化学武器(chemical weapon)是以毒剂的毒害作用杀伤有生力量的各种武器与器材的总称。现代化学武器产生于德国，“化学武器之父”哈伯(Fritz Haber)帮助德国生产出大量氯气，并于 1915 年 4 月 22 日首次在比利时战场大规模使用，造成英法联军一万五千人中毒，其中五千人死亡。化学武器对人类的伤害比较大，国际上虽然早就签订了禁止在战争中使用化学武器的公约，但各国都十分重视化学武器在现代战争中的地位、作用及预防。目前，美国和俄罗斯是化学武器储备最多的国家。

10.2.1 化学武器的种类及其毒害作用

通常，按化学毒剂的毒害作用把化学武器分为六类：神经性毒剂、糜烂性毒剂、全身中毒性毒剂、失能性毒剂、刺激性毒剂、窒息性毒剂。

第一类：神经性毒剂 神经性毒剂是破坏人体神经的一类毒剂。在现有毒剂中它的毒性最强。主要代表物有塔崩、沙林、维埃克斯等，均为有机磷酸酯类衍生物。

神经性毒剂可通过呼吸道、眼睛、皮肤等进入人体，并迅速与胆碱酶结合使其丧失活性，引起神经系统功能紊乱。出现瞳孔缩小、恶心呕吐、流口水、呼吸困难、肌肉震颤、大小便失禁等症状，重者可迅速抽搐致死。1995 年 3 月 20 日上午，奥姆真理教成员制造的东京地铁毒气案，使用的就是沙林，造成 12 人死亡，5000 多人受伤。

第二类：糜烂性毒剂 糜烂性毒剂是一类以破坏细胞、使皮肤糜烂为主要特征的毒剂，主要代表物是芥子气。

糜烂性毒剂主要通过呼吸道、皮肤、眼睛等侵入人体，破坏肌体组织细胞，造成呼吸道黏膜坏死性炎症，皮肤糜烂，眼睛刺痛、畏光甚至失明，严重时呕吐、便血，甚至死亡。这类毒剂渗透力强，中毒后需长期治疗才能痊愈。抗日战争期间，侵华日军先后在我国 13 个省 78 个地区使用化学毒剂 2000 多次，大部分是芥子气。其中 1941 年日军在宜昌对中国军队使用芥子气，致使 1600 人中毒，600 人死亡。

第三类：失能性毒剂 失能性毒剂是一类暂时使人的思维和运动机能发生障碍从而丧失战斗力的化学毒剂，主要代表物是毕兹。

失能性毒剂主要通过呼吸道吸入中毒。中毒症状有瞳孔扩大、头痛幻觉、思维减慢、反应呆痴、四肢瘫痪等。在越南战争中，美军就对越军使用过毕兹。美国战地记者发现，大量的越军官兵是拿着子弹充足的步枪被美军用刺刀刺死的。

第四类：刺激性毒剂 刺激性毒剂是一类刺激眼睛和上呼吸道的毒剂。按毒性作用分为催泪性和喷嚏性毒剂两类。催泪性毒剂主要有氯苯乙酮、西埃斯，喷嚏性毒剂主要有亚当氏气。

刺激性毒剂作用迅速强烈。中毒后，出现眼痛流泪、咳嗽喷嚏、皮肤发痒等症状，但通常无致死的危险。刺激性毒剂曾经被大量用于战争，后来许多国家也将其用于控制暴乱、维持社会秩序等场合。

第五类：全身中毒性毒剂 全身中毒性毒剂是一类破坏人体组织细胞氧化功能，引起组织急性缺氧的毒剂，主要代表物是氢氰酸。

氢氰酸是氰化氢(HCN)的水溶液，有苦杏仁味，可与水及有机物混溶。战争使用状态为气态，主要通过呼吸道吸入中毒。其症状表现为舌尖麻木、恶心呕吐、头痛抽风、瞳孔散大、呼吸困难等，重者可迅速强烈抽搐而死。第二次世界大战期间，德国法西斯曾用氢氰酸残害了波兰集中营里的 250 万战俘和平民。

第六类：窒息性毒剂 窒息性毒剂是指损害呼吸器官，引起急性肺水肿而造成窒息的一类毒剂。其代表物有光气、氯气等。

光气($COCl_2$)，常温下为无色气体，有烂干草或烂苹果味，微溶于水，易溶于有机溶剂。其中毒症状与氯气相似，但毒性比氯气大十倍。吸入后有强烈刺激感，出现呼吸困难、胸闷、头痛、发生肺水肿等症状，在高浓度光气中，中毒者在几分钟内由于反射性呼吸、心跳停止而死亡。1951 年，美军在朝鲜南浦市投掷了光气炸弹，使 1379 人中毒，480 人死亡。1984 年 12 月 3 日，印度博帕尔市一农药厂发生光气泄漏事故，导致 32 万人中毒，2500 余人实时死亡。

随着现代科学技术的发展，化学武器也越来越现代化。其中二元化学武器的研制成功，是近年来军用毒剂使用原理和技术上的一个重大突破。它的基本原理是：将两种或两种以上的无毒或微毒的化学物质分别填装在用保护膜隔开的弹体内，发射后，隔膜受撞击破裂，两种物质混合发生化学反应，在爆炸前瞬间生成一种剧毒药剂。

二元化学武器的出现解决了大规模生产、运输、贮存和销毁(化学武器)等一系列技术问题、安全问题和经济问题。与非二元化学武器相比，它具有成本低、效率高、安全，可大规模生产等特点。因此，二元化学武器大有逐渐取代现有化学武器的趋势。

10.2.2 化学武器的特点

化学武器与常规武器比较有 6 大特点：

- **杀伤途径多，且难于防治** 染毒空气可经眼睛接触、呼吸道吸入或皮肤吸收使人中毒；毒剂液滴可直接伤害皮肤或经皮肤渗透中毒；染毒的食物和水可经消化道吸收中毒。
- **杀伤范围大** 化学炮弹比普通炮弹的杀伤面积一般大几倍到几十倍。若使用 5 吨沙林毒剂，受害面积可达 260 平方千米，约相当于 2000 万吨梯恩梯当量核武器的受害面积，而且毒剂云团随风扩散，能渗入不密闭、无滤毒设施的装甲车辆、工事和建筑物的内部，沉积在堑壕和低洼处，伤害隐蔽于其中的人员。
- **杀伤作用时间长** 化学武器的杀伤作用一般可延续几分钟、几小时，甚至几天、几十天。
- **杀伤作用选择性大** 能杀伤有生力量而不毁坏物资和设施，故可根据作用需要，选用致死性或失能性、暂时性或持久性的化学武器。
- **效费比高** 在每平方千米上造成大量杀伤的成本费，常规武器为 2000 美元，核武器为 800 美元，而装有神经性毒剂的化学武器仅为 600 美元。由于化学武器可以用少量成本造成大面积杀伤效果，所以又被称为“穷国的原子弹”。
- **受气象、地形条件的影响较大** 大风、大雨、大雪或空气对流等情况，都会严重削弱化学武器的杀伤效果，甚至限制某些化学武器的使用。地形对毒剂云团的传播、扩散和毒剂蒸发有较大影响，可使毒剂的使用效果产生很大的差别。如高地、深谷能改变毒剂云团的传播方向，丛林和居民区也能使毒剂云团不易传播和扩散。

10.2.3 化学武器的防护

化学武器虽然杀伤力大，破坏力强，但由于使用时受气候、地形、战情等的影响使其具有很大的局限性，只要应对措施及时得当，化学武器也是可以防护的。化学武器的防护措施主要有以下几点。

· **及早发现** 敌机在城市上低空飞行并布洒大量烟雾；敌机通过后或炸弹爆炸后，地面有大片均匀的油状斑点，多数人突然闻到异常气味或眼睛、呼吸道受到刺激；看到大量动物异常变化(如蜂、蝇飞行困难，抖动翅膀，或麻雀、鸡、羊等动物中毒死亡)；花草、树叶发生大面积变色或枯萎等。总之，对于大面积同时发生的异常现象，都可怀疑是化学毒区，应及时采取防护措施，报告人防部门侦察断定。

· **妥善防护** 防护是阻止毒剂通过各种途径与人员接触的措施，具体措施如下：

(1)利用器材防护：呼吸道和眼睛的防护 遭敌化学袭击时，迅速戴好防毒面具，对呼吸道和眼睛进行防护。

防毒面具分为过滤式和隔绝式两种。过滤式防毒面具主要由面罩、导气管、滤毒罐等组成。滤毒罐内装有滤烟层和活性炭。滤烟层由纸浆、棉花、毛绒、石棉等纤维物质制成，能阻挡毒烟、雾，放射性灰尘等毒剂。活性炭经氧化银、氧化铬、氧化铜等化学物质浸渍过，不仅具有强吸附毒气分子的作用，而且有催化作用，使毒气分子与空气及化合物中的氧发生化学反应，转化为无毒物质。隔绝式防毒面具中，有一种化学生氧式防毒面具。它主要由面罩、生氧罐、呼吸气管等组成。使用时，人员呼出的气体经呼气管进入生氧罐，其中的水汽被吸收，二氧化碳则与罐中的过氧化钾或过氧化钠反应，释放出的氧气沿吸气管进入面罩。其反应式为

$$2\,Na_2O_2 + 2\,CO_2 \xlongequal{} 2\,Na_2CO_3 + O_2$$
$$2\,K_2O_2 + 2\,CO_2 \xlongequal{} 2\,K_2CO_3 + O_2$$

全身防护 当毒剂呈液滴、粉末或雾状时，除防护呼吸道和眼睛外，还要对全身进行防护。这时应披上防毒斗篷或雨衣、塑料布等，同时应防止毒剂液滴溅落在随身携带的装具和武器上。利用没有染毒的位置，穿好防毒靴套或包裹腿脚，戴好防毒手套，继续执行任务。

(2)利用地形防护：利用地形防护化学武器不能像防护核武器那样就低不就高，而要根据地形和风向等条件综合考虑利用的地点，尽量避开易滞留毒剂的地点或区域。

(3)利用工事防护：有条件且情况允许时，除观察和值班人员外，其余人员应立即进入掩蔽工事，关闭密闭门或放下防毒门帘。人员在没有密闭设施的工事内，要戴面具防护。遭受持久性毒剂袭击后，离开工事前要进行下肢防护。

· **紧急救治** 待敌化学袭击停止后，应立即进行自救、互救。急救时，应先戴好防毒面具，再根据人员中毒毒剂的不同采用相应的急救药物和方法。若无法判明属何种毒剂中毒时，应按毒性大、致死速度快的毒剂中毒实施急救。通常在肌肉注射解磷针剂的同时，鼻吸亚硝酸异戊酯解磷鼻粉剂。如已判明毒剂种类，应采用相应的急救药物和方法。神经性毒剂中毒时，应立即注射解磷针剂，并进行人工呼吸；氢氰酸中毒时，应立即吸入亚硝酸异戊酯，并进行人工呼吸；刺激性毒剂中毒时，可用清水冲洗眼和皮肤。如出现胸痛和

咳嗽难忍时，可吸抗烟剂；糜烂性毒剂中毒时，主要是对染毒部位消毒处理；毕兹中毒时，轻者不用药物急救，严重时可肌肉注射氢溴酸加兰他敏。

- **尽快消毒** 人员染毒后须尽快消毒，尤其是神经性毒剂和糜烂性毒剂，消毒越早，效果越好。
- **皮肤的消毒** 在没有防护盒的情况下，应迅速用棉花、布块、纸片、干土等将毒剂液滴吸去，然后用肥皂水、洗衣粉水、草木灰水、碱水冲洗，或用汽油、煤油、酒精等擦拭染毒部位。
- **眼睛和面部的消毒** 可用 2%的小苏打水或凉开水冲洗；伤口消毒时，先用砂布将伤口处的毒剂黏吸，然后用皮肤消毒液加大倍数或大量净水反复冲洗伤口，再进行包扎。
- **呼吸道的消毒** 在离开毒剂区后，立即用 2%的小苏打水或净水漱口和洗鼻。

此外，对染毒的服装、武器装备、粮食、食品、水、地面等也需进行消毒。

10.2.4 禁止化学武器公约

化学武器的使用给人类及生态环境造成极大的灾难。因此，从它首次被使用以来就受到国际舆论的谴责，被视为一种暴行。为制止这种罪恶行径，英、法、德等国在 19 世纪中期研制出化学武器后不久，于 1874 年召开的布鲁塞尔会议上就提出了禁止化学武器的倡议。1899 年在海牙召开的和平会议上通过的《海牙海陆战法规惯例公约》中又明确规定禁止使用毒物和有毒武器。1925 年在日内瓦又签订了《关于禁用毒气或类似毒品及细菌方法作战协定书》。它是有关禁止使用化学武器的最重要、最权威的国际公约。中国早在 1929 年就加入了《日内瓦协定书》，新中国成立后，中央政府对其重新进行审查，于 1952 年宣布予以承认，并在各国对于该协定书互相遵守的原则下，予以严格执行。1989 年 1 月 7 日在巴黎召开了举世瞩目的禁止化学武器国际会议，会议通过的《最后宣言》确认了《日内瓦协定书》的有效性，并呼吁早日签订一项关于禁止发展、生产、储存及使用一切化学武器并销毁此类武器的国际公约。

1993 年 1 月 13 日，《禁止发展、生产、储存和使用化学武器及销毁此种武器的公约》(简称《禁止化学武器公约》)签约大会在巴黎联合国教科文组织总部召开。来自世界 120 多个国家的外长或政府代表出席了会议，其中大多数国家在公约上签了字，中国外长钱其琛代表中国政府在公约上签字。《禁止化学武器公约》是迄今为止世界上第一个多边裁军协议，涉及全面禁止发展、生产、储存和使用具有大规模杀伤力的化学武器。所以，签约大会的召开引起了全世界的普遍关注。至 2002 年 6 月 21 日，已有 174 个国家和地区签署了该公约，145 个国家批准了该公约。

1997 年 4 月 29 日，《禁止化学武器公约》正式生效，其履约机构——禁止化学武器组织也随之正式成立。全世界爱好和平的人们衷心希望，今后的战争将不再使用灭绝人性的化学武器。

10.3 核武器

核武器(nuclear weapon)是利用原子核瞬间放出的巨大能量，起杀伤破坏作用的武器。

原子弹、氢弹、中子弹统称为核武器。

核武器威力的大小，用 TNT 当量(简称当量)来表示。当量是指核武器爆炸时放出的能量相当于多少重量的 TNT 炸药爆炸时放出的能量。核武器的威力，按当量大小分为千吨级、万吨级、十万吨级、百万吨级和千万吨级。

核武器可制成弹头，装在火箭上射向目标，可以从陆上发射或从水面舰艇发射，也可以由潜艇在水下发射。核武器还可以制成炸弹由飞机空投，制成炮弹由火炮发射，或者制成地雷、鱼雷等。

10.3.1 核武器的主要杀伤因素和爆炸方式

· **核武器的主要杀伤因素** 核武器的主要杀伤因素为冲击波、光辐射、贯穿辐射和放射性沾染。此外，核爆炸所产生的次级效应——核电磁脉冲也会产生巨大的破坏作用。

冲击波是由于核爆炸时产生的巨大能量在百万分之几秒时间内从极为有限的弹体中释放出来，使气体等介质受到急剧压缩而产生的高速高压气浪。它从爆炸中心向四周膨胀，在极短的时间(数秒至数十秒)内对人员、物体造成挤压、抛掷作用而产生巨大的破坏。冲击波所到之处，建筑物倒塌，砖瓦、沙子、玻璃碎片四处横飞，使人体出现肺、胃、肝、脾出血破裂等严重内伤和骨折。

光辐射是在核爆炸反应区内形成的高温高压炽热气团(火球)向周围发射出的光和热。光辐射会引起可燃物质的燃烧，造成建筑物、森林的火灾；使飞机、坦克、大炮成为回过炉的废金属；并能引起人员的直接烧伤或间接烧伤，也可以使直接观看到火球的人员发生眼底烧伤。

贯穿辐射是在核爆炸后的数秒钟内辐射出的高能 γ 射线和中子流，其穿透能力极强，能引起周围介质的电离，严重干扰电子通信系统，并可使人体的细胞和器官因电离而遭到破坏。

放射性沾染是核爆炸发生 1min 左右以后剩余的核辐射。它是由大量核反应产物的散布形成的。随着这些放射性产物的衰变，释放出对生物有害的 γ、α 和 β 射线，使人体受到伤害。放射性沾染的持续时间为几小时至几十天不等。

· **核武器的爆炸方式** 根据作战目的的需要，核武器的爆炸方式分为地面(水面)爆炸、空中爆炸和地下(水下)爆炸等。爆炸方式不同，杀伤破坏作用的效果和范围也不同。

地面爆炸适用于破坏坚固的地下和地面目标。水面爆炸主要用于破坏水面舰艇、港口等目标。空中爆炸又分低空、中空、高空和超高空爆炸。低空爆炸适用于破坏较坚固的地面和浅地下目标；中空爆炸用于杀伤地面上的暴露人员和破坏不太坚固的地面目标；高空爆炸用于大面积杀伤地面上暴露人员和破坏脆弱目标。超高空爆炸用于拦截战略导弹和击毁机群。地下爆炸主要用于破坏地下重要的工程设施，或阻塞关卡、隘路。水下爆炸主要用于破坏水下、水面舰艇和水中设施。

10.3.2 原子弹

原子弹(atomic bomb)是利用核裂变释放出的巨大能量以达到杀伤破坏作用的一种爆炸性核武器。

第二次世界大战中，由于担心纳粹德国可能的原子武器的威胁，爱因斯坦致信美国总统罗斯福，建议研制原子弹。出于战争和政治的需要，美国政府从 1942 年秋天开始实施“曼哈顿工程”计划。在原子弹之父、美籍犹太人学者奥本海默(J. Robert Oppenheimer)的领导下，一个由上百名科学家和几十万工作人员组成的群体团结协作，经过三年的努力，到 1945 年制造出三颗原子弹。同年 8 月 6 日，美国在日本广岛上空投下了其中的一颗，使这个 20 余万人的城市转眼间变成废墟。三天以后，日本长崎遭到了同样的命运。据有关资料记载，广岛 24.5 万人中死伤、失踪超过 20 万人，长崎 23 万人中死伤、失踪近 15 万人，两个城市毁坏的程度达 60%～80%。

原子弹主要由引爆控制系统、炸药、中子反射体、核装料和弹壳等结构部件组成(图 10-1)。

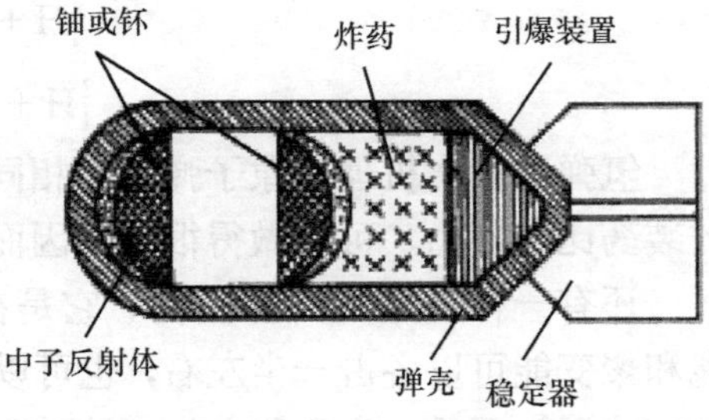

图 10-1　原子弹构造示意图

引爆控制系统用来适时引爆炸药；炸药是推动、压缩反射层和核部件的能源；中子反射体由铍或铀 238 构成，用来减少中子的漏失；核装料主要是铀 235 或钚 239。

原子弹爆炸的原理是，在爆炸前将核原料装在弹体内分成几小块，每块质量都小于临界质量。这里的所谓临界质量是指裂变物质能实行自持链式反应所需的裂变物质的最少质量。爆炸时，引爆控制系统发出引爆指令，使炸药起爆，炸药的爆轰产物推动并压缩反射体和核装料，使之达到超临界状态，核点火部件适时提供若干“点火”中子，使核装料内发生链式裂变反应，裂变反应产物的组成很复杂，如铀 235 裂变时可产生钡和氪，或氙和锶，或锑和铌等。

$$^{235}_{92}U+^{1}_{0}n \longrightarrow ^{144}_{56}Ba+^{89}_{56}Kr+3^{1}_{0}n$$

$$^{235}_{92}U+^{1}_{0}n \longrightarrow ^{144}_{54}Xe+^{94}_{38}Sr+2^{1}_{0}n$$

$$^{235}_{92}U+^{1}_{0}n \longrightarrow ^{133}_{51}Sb+^{99}_{41}Nb+4^{1}_{0}n$$

连续核裂变释放出巨大的能量，瞬间产生几千万度的高温和几百万个大气压，从而引起猛烈的爆炸。爆炸产生的高温高压以及各种核反应产生的中子、γ 射线和裂变碎片，最终形成冲击波、光辐射、贯穿辐射、放射性沾染和电磁脉冲等杀伤破坏因素。

10.3.3　氢弹

氢弹(hydrogen bomb)是利用氢的同位素氘、氚等轻原子核在高温下的核聚变反应放出巨大能量而产生杀伤破坏作用的一种爆炸性核武器。

科学家们发现，太阳这类星球是通过燃烧氢的两种同位素氘和氚来提供能量的。氘和氚在几千万至上亿度的高温下能够发生剧烈的聚变反应，释放出大量的能量并形成氦。1942 年美国科学家泰勒(E.Teller)提出，可以利用原子弹爆炸产生的高温引起核聚变，来制造一种威力比原子弹更大的超级核弹。

1949 年 8 月 29 日，苏联的原子弹爆炸实验成功，打破了美国对原子武器的垄断，使美国大为震惊。从战略考虑，1950 年美国政府决定制造氢弹。1952 年 11 月 1 日在美国马绍尔群岛的一个珊瑚岛上爆炸了世界上第一颗氢弹，爆炸当量为 1000 万吨，是在日本广

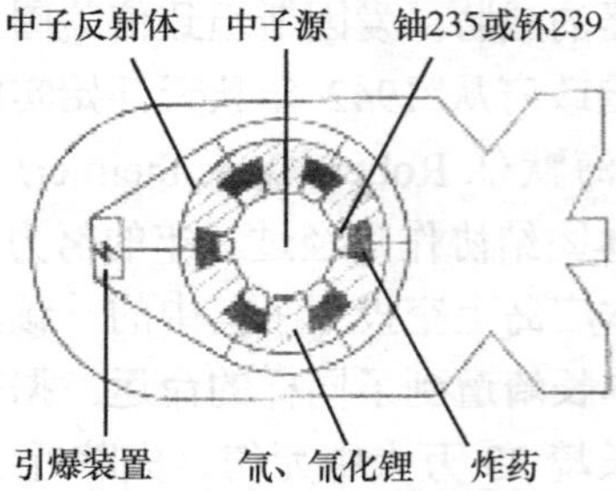

图 10-2 氢弹结构示意图

岛上空爆炸的 2 万吨级原子弹的 500 倍。

氢弹的结构如图 10-2 所示。中心部分是原子弹，周围是氘、氘化锂等热核原料，最外层是坚固的外壳。

引爆时，先使原子弹爆炸产生高温高压，同时放出大量中子，中子与氘化锂中的锂反应产生氚，氘和氚在高温高压下发生核聚变反应释放出更大的能量引起爆炸。

在氘、氚原子核之间发生的聚变反应主要是氘氘反应和氘氚反应，其核反应式为

$$^{2}_{1}H + ^{2}_{1}H \longrightarrow ^{3}_{1}H + ^{1}_{1}H$$

$$^{2}_{1}H + ^{3}_{1}H \longrightarrow ^{4}_{2}He + ^{1}_{0}n$$

氢弹的杀伤机理与原子弹基本相同，但由于其核装料氘不存在临界质量，因此，氢弹的装药比较自由，可以做得很大，因而威力比原子弹大几十甚至上千倍。

还有一种氢弹叫“氢铀弹”，它是在氢弹的外面包上一层厚厚的铀 238，爆炸时，裂变能和聚变能可以各占一半左右，也可以使裂变能达到 80%左右。这种氢铀弹爆炸后的放射性产物污染严重，人们称之为“肮脏”氢弹。如 1954 年 3 月 1 日美国在马绍尔群岛中进行的第一次氢铀弹爆炸，当时远离爆炸中心 200km 处的一艘日本渔船上有 23 人全部由于放射性尘埃的污染而得了放射病，其中一人半年后死亡。

科学家发明了核武器，但又为自己的发明忧心忡忡。爱因斯坦就曾发出警告：“普遍的屠杀灭绝正向人类招手”。因为一颗氢弹的当量几乎等于第二次世界大战所用炸药总当量的 2 倍还多，这怎能不引起人们的担忧呢？

10.3.4 中子弹

原子弹、氢弹爆炸时，不仅杀伤人员，而且对建筑物、工厂设备等的破坏也很大，同时还会造成严重的放射性污染。那么，当一个国家面对敌人高度机械化、装甲化部队的入侵时应如何对付？有什么办法既能挫败敌方集群坦克的进攻，又不殃及自己的家园，毁伤自己的同胞呢？1977 年美国专家们解决了这个问题，成功地制造出一种叫中子弹的核武器。

中子弹(neutron bomb)，又称增强辐射弹，它实际上是一种靠微型原子弹引爆的特殊的超小型氢弹。

一般氢弹由于加一层铀 238 外壳，氢核聚变时产生的中子被这层外壳大量吸收，产生了许多放射性沾染物。而中子弹去掉了外壳，核聚变产生的大量中子就可能毫无阻碍地大量辐射出去，同时，却减少了光辐射、冲击波和放射性污染等因素。

中子弹的内部构造大体分四个部分：弹体上部是一个微型原子弹、上部分的中心是一个亚临界质量的钚 239，周围是高能炸药。下部中心是核聚变的心脏部分，称为储氚器，内部装有含氘氚的混合物。储氚器外围是聚苯乙烯，弹的外层用铍反射层包着，引爆时，炸药给中心钚球以巨大压力，使钚的密度剧烈增加。这时受压缩的钚球达到超临界而起爆，产生了强 γ 射线和 X 射线及超高压，强射线以光速传播，比原子弹爆炸的裂变碎片膨胀快 100 倍。当下部的高密度聚苯乙烯吸收了强 γ 射线和 X 射线后，便很快变成高能等离子体，

使储氚器里的含氘氚混合物承受高温高压，引起氘和氚的聚变反应，放出大量高能中子。铍作为反射层，可以把瞬间发生的中子反射回去，使它充分发挥作用。同时，一个高能中子打中铍核后，会产生一个以上的中子，称为铍的中子增殖效应。这种铍反射层能使中子弹体积大为缩小，因而可使中子弹做得很小。

中子弹的核辐射是普通原子弹的 10 倍，一颗 1000 吨当量的中子弹，杀伤坦克、装甲车乘员的能力相当于一颗 5 万吨级的原子弹。与原子弹相反，中子弹的光辐射、冲击波、放射性小，只有普通原子弹的 1/10。1000 吨当量中子弹的破坏半径仅 180m，污染很小。中子弹爆炸时所释放出来的高速中子流，可以毫不费力地穿透坦克装甲、掩体和砖墙，进入人体后，能破坏人体组织细胞和神经系统，从而杀伤包括坦克乘员在内的有生力量，但又不严重破坏坦克、装备物资以及地面建筑，从而可使装备和物资成为自己的战利品，真是一举数得。

中子弹也可用于阻击来袭导弹和敌空军机群。中子弹爆炸产生的大量中子，射向来袭导弹，可使核弹头的核装料发热、变形而失效，可以杀伤飞行员而造成机毁人亡，由于中、高空大气的空气密度很小，对中子的衰减能力较弱，因此中子在中、高空的作用距离很大，所以用中子弹来对付导弹和空军机群也是非常有效的。

鉴于中子弹具有的这一特性，如果广泛使用中子武器，那么战后城市也许将不会像使用原子弹、氢弹那样成为一片废墟，但人员伤亡却会更大。难怪当年美国宣布拥有这种武器时，前苏联显得格外紧张不安。

10.4　现代高科技武器装备与化学

现代战争是以包括化学在内的各种高新技术为基础的战争。从武器的核心——炸药，到以化学物质为主的反装备武器，以及制造战机、导弹等现代高科技武器装备用的各种新材料，都离不开化学家的发明和贡献。

10.4.1　高能炸药

武器的威力与它自身携带的总能量有关。同等重量武器携带的总能量越高，武器的威力就越大。

第二次世界大战前，TNT 是已知威力最大的炸药。第二次世界大战期间，开发出威力更大的炸药黑索金(环三亚甲基三硝胺)，以黑索金为主要成分的 B 炸药的杀伤威力比 TNT 高 35%。第二次世界大战后，开发出能量更高的炸药奥克托金(环四亚甲基四硝胺)，被主要用作导弹和核武器的弹药。1987 年，美国首次合成出高能炸药 CL-20(六硝基六氮杂异孚兹烷)。以 CL-20 为主要成分，作为推进剂可使火箭助推装置的总冲量提高 17%，作为火炮发射药可使坦克炮的远程发射距离提高 1.2km，弹丸初速提高 50m/s。而采用环氧乙烷、氧化丙烯组成的液体炸药的燃料空气炸弹和炮弹能使大范围的云雾发生爆炸，产生高温和强大的冲击波，不仅能有效地对付陆地目标，而且能摧毁舰艇、导弹等。

10.4.2 以化学物质为主的反装备武器

这是一类对人员不造成杀伤，专门用于对付敌方武器装备的化学武器。目前主要包括：

超强润滑剂 这类物质类似特氟隆(聚四氟乙烯)和它的衍生物。它可用飞机、火炮施放，也可由人手工涂刷在机场、航母甲板、铁轨乃至公路，使之成为名副其实的"滑冰场"。由于这种超滑物几乎没有摩擦系数，又极难清洗，一旦在机场、航母甲板、铁轨、公路上使用，就使车辆无法运行，火车无法开动，飞机难以起降，无法施行战斗行为。还可以把超强润滑剂雾化喷入空气里，当坦克、飞机等的发动机吸入后，功率就会骤然下降，甚至熄火。

超强黏合剂 这是一类黏性极强的聚合物，如化学固化剂和纠缠剂(即胶黏剂)等。作战时可用飞机播撒，炮弹(炸弹)的投射等方法，将胶黏剂直接置于道路、飞机跑道、武器、装备、车辆或设施上。这类化学制剂的作用与超强润滑剂正好相反，具有超级黏合力，就好像黏蝇纸黏苍蝇那样，黏住车辆和装备使之寸步难行。胶黏剂一旦被吸入飞机、导弹发动机，可造成发动机停车。当车辆的激光测距仪、瞄准器等部件上粘上这种胶粘剂时，它们将失去作用。据悉，在索马里的摩加迪沙，美国军队就使用了一种叫"太妃糖弹""肥皂泡喷枪"的新武器，只要用挎在肩上的喷射器喷洒，就能够立即把人粘住，使之动弹不得。再如在公路上使用一种特殊的橡胶破坏剂，可逐步使车辆的轮胎变形、破碎乃至爆裂，被"钉"在沥青路上不能动弹。

金属脆化剂 它是一种液态喷涂战剂。这种液体喷涂剂一般是透明的，几乎没有什么明显的杂质，可作为喷洒剂，喷涂到金属和合金制造的物品上，使金属或合金的分子结构发生变异、脆化，桥梁等建筑物失去支撑而坍塌；舰体破裂、机翼折断、坦克脆不经击，从而达到严重损伤敌方武器的目的。

超级腐蚀剂 这种战剂主要包括两类：一类是比氢氟酸强几百倍的腐蚀剂，它可破坏敌方铁路、铁桥、飞机、坦克等重武器装备，还可破坏沥青路面等；另一类是专门腐蚀、溶化轮胎的战剂，它可使汽车、飞机的轮胎即刻溶化报废。它具有极强的腐蚀性，可以"吃掉"任何一种金属、橡胶和塑料，不仅能毁坏坦克和汽车，还可破坏任何一种武器。若将此剂同金属脆化剂技术结合起来使用，效果更强。将超强腐蚀剂喷洒到兵器、仪表、车辆上，或喷洒在机场跑道、公路、工事上，能快速使其遭到腐蚀破坏，或阻止人员去接触、利用它。

泡沫体 即可膨胀的泡沫材料。将这些泡沫体以各种方式播撒在敌装甲部队和运输车队通过的地区，这些泡沫体被高速吸入坦克、装甲车、汽车的发动机内后，发动机立即熄火，成为一堆废铁。此外，将泡沫剂快速喷射在敌人通过地区，可使敌人员和车辆像"把脚泡入水泥池"一样，短时间不能行动。

易爆剂和阻燃剂 易爆剂如乙炔炮弹，发射到坦克群或低空飞行的机群中爆炸开来，放出特种乙炔气体，发动机吸入后，就会发生爆炸。装填 0.5kg 乙炔气体的炮弹，就可摧毁一辆坦克。与易爆剂相反的则是阻燃剂，将这种化学药剂雾化喷放到空气中，当发动机吸入时，燃料就会变质，难以燃烧爆发，从而使发动机熄火。如果将这种阻燃剂布洒到敌军海港，就可使舰艇无法起航；正在飞行的飞机遭遇到这种袭击，无疑便会坠落。

10.4.3　军用新材料

武器装备的水平是一个国家国防实力的重要标志。高性能的新型武器的出现往往与军用新材料的开发应用密切相关。任何一种新武器装备系统，离开新材料的支撑都是无法制造出来的。因此，1991 年，海湾战争被看做是高技术武器和军用新材料的实验场。无论是精确制导武器、反辐射导弹，还是隐身飞机、复合装甲坦克，无一例外地与新材料的应用分不开。

金属基复合材料具有高的比强度、高的比模量、良好的高温性能、低的热膨胀系数、良好的尺寸稳定性、优异的导电导热性，在军事工业中得到了广泛的应用。铝、镁、钛是金属基复合材料的主要基体。金属基复合材料可用于大口径尾翼稳定脱壳穿甲弹弹托，反直升机、反坦克多用途导弹固体发动机壳体等零部件，以此来减轻战斗部重量，提高作战能力。

新型结构陶瓷具有硬度高、耐磨性好、耐高温的特点，适合做坦克及装甲车的发动机。与金属发动机相比，陶瓷发动机无需冷却系统，整机自重因陶瓷密度小可减轻 20%，节省燃料 20%～30%，提高效率 30%～50%。

以超音速歼击机、隐形飞机及航天飞机为代表的航空航天技术越来越多地应用和依靠比强度(强度与密度之比)高、比模量(模量与密度之比)、耐高温、耐低温的塑料、纤维、合成橡胶和黏合剂及涂料。B-2 隐形轰炸机就是采用了聚酰亚胺和其他高性能的合成树脂为基材、聚酰胺纤维及碳纤维增强的复合材料及特殊结构的高分子涂料等，从而实现对雷达的隐形的。在该机的尾喷管中，氯氟硫酸被喷混在尾气中，消除了发动机的目视尾迹。

防弹纤维复合材料具有优良的物理机械性能，其比强度和比模量比金属材料高，其抗声震疲劳性、减震性也大大超过金属材料。此外它具有良好的动能吸收性，且无“二次杀伤效应”，因而具有良好的防弹性能。更重要的是在抗弹性能相当的情况下，它的质量较金属装甲大大减轻，从而使武器系统具有更高的机动性。英美两国都将纤维增强树脂基复合材料作为坦克车体首选材料，其原因在于树脂基复合材料不仅具有一定的抗弹能力，还可减小雷达反射截面积，更重要的是可减轻坦克质量达 30%～35%。

碳纤维复合材料具有强度高、刚度高、耐疲劳、重量轻等优点。美国采用这种材料使 AV-8B 垂直起降飞机的重量减轻了 27%，F-18 战斗机减轻了 10%。采用碳纤维复合材料可以大大减轻火箭和导弹的重量，既减轻发射重量又可节省发射费用或携带更重的弹头或增加有效射程和落点精度。

军用新材料还广泛用于后勤装备方面。20 世纪 80 年代，美军开发了一种名叫“高尔泰克斯”的军用新材料，用这种新材料制成的冬服，不仅比原冬服重量减少 28%，保暖性提高 20%，而且还可以使雨水进不来，人体蒸发的汗却能顺利地排出去。日本陆军研制的含有 65%的芳族聚酰胺和 35%的耐热处理棉纤维的混纺织物制成的新型迷彩服，在 12s 内能承受 800℃高温，可大大减少战场烧伤的发生。

附：炸药之父-诺贝尔

1833 年 10 月 21 日，阿尔弗雷德·巴恩哈·诺贝尔出生于瑞典斯德哥尔摩一个工程师的家庭。他是家里最小的孩子，身体虚弱。他自己曾说过：“诺贝尔……这是一个虚弱不堪、奄奄一息的人，仁慈博爱的医生其实应该在他呱呱坠地之时就叫他再回到上帝那儿去”。

但正是这样一个健康状况一直不佳的人，却成了著名的发明家。

1842年，诺贝尔的父亲受俄国政府的邀请去那里办工厂，于是诺贝尔便随家迁到俄国首都彼得堡，并在那里跟随家庭教师学习。他勤奋好学，除了学好老师布置的功课外，还着重学习化学、数学和外语，先后学会了俄、英、德、法和意大利语。1850年，诺贝尔先后到法国、德国、意大利和美国游历，随法国化学家皮劳斯学习两年之久。1853年，诺贝尔回到俄国，在父亲的工厂里工作。当时他的父亲伊曼纽尔·诺贝尔在为俄国制造战舰和水雷，因工作卓有成效而获得俄国皇室授予的金质奖章。

1859年，由于工厂破产倒闭，诺贝尔随父亲回到瑞典。诺贝尔把发明的一种气量计向瑞典政府申请专利，并得到批准。这是他的第一个发明专利。

诺贝尔立志要制造出当时工业发展大量需要的开矿和炸石的炸药。他知道，为使硝酸甘油具有实际用途，必须首先能控制它的爆炸。

1862年，诺贝尔开始了引爆实验。他把黑火药装在玻璃管内，再插上导火索，然后把它放在装有硝酸甘油的锡罐内。诺贝尔邀请他的两个哥哥一起到河边去实验。当他点燃导火索将炸药罐投入水中时，“轰”的一声巨响，水花四溅，地面震动，引爆实验成功了。这是现代炸药史上实现的第一次人工控制的爆炸。诺贝尔把这种引爆装置叫做“诺贝尔火件”；他为此申请了专利。

引爆实验的成功，增强了诺贝尔寻找安全制造和应用硝酸甘油的信心。经过反复的实验，他终于找到了安全制造硝酸甘油的方法。可是，在运输和使用时，硝酸甘油的爆炸事故频起：先是澳大利亚运输硝酸甘油的轮船发生爆炸，全船沉进大海；不久，德国的克鲁米尔硝酸甘油工厂在搬运中再次发生爆炸，全厂炸毁……

诺贝尔又反复进行实验，终于找到了安全运输硝酸甘油的方法。这种方法很安全，只是增加了运输成本。诺贝尔又尝试用固体物质吸收硝酸甘油，以便运输。他先后用黑火药、锯末粉、木炭粉、水泥、砖灰等做过大量的实验，几次爆炸事故几乎把他的实验室炸成一堆废墟。1864年9月3日，在一次引爆实验中，海伦堡实验室被炸成了碎片，他的兄弟奥斯加和4个助手被炸死，诺贝尔因不在实验室得以幸免。

诺贝尔虽然很悲痛，但仍坚持爆炸实验。他把实验仪器和工具搬到斯德哥尔摩郊外的玛拉湖的小船上，驶到湖中心去做实验。“有志者事竟成”，他终于在1864年制成了一种叫“硅藻土代拿迈特”的炸药。不久这种甘油炸药很快以安全和廉价而闻名于世。

1866年，诺贝尔在斯德哥尔摩的文特维建立了世界上第一座生产代拿迈特炸药的工厂。当年美国开凿的第一条铁路大隧洞——胡萨克隧洞，就是用这种炸药爆破施工的。不久，诺贝尔又在瑞典、德国和法国等地办起了12家工厂，大量生产硝酸甘油和代拿迈特，远销欧、美、非洲和大洋洲。

1876年，诺贝尔发明了雷管。他冒着生命危险用雷管代替黑火药，装进铅制的管壳内，插上导火索，再插到黑火药包中，然后点燃导火索。“轰”地一声巨响，实验室立刻被滚滚的浓烟吞没了，他也被炸得浑身血淋淋，可他却高喊者“我们成功了!”，以后，他又反复实验调整管壳长度和其中雷管的装药量，终于获得了不同起爆能力的雷管。

雷管的发明在人类进步史上有着重要的意义。自从发明黑火药后，炸药界最大的进步就是雷管的发明。它使硝酸甘油、硝化棉等物质的爆炸力可以有控制地释放出来。如果没有雷管，这些物质就不能用做炸药，开矿、采煤和筑路等建设速度就会十分缓慢。

后来，诺贝尔又制造出了明胶炸药、巴里斯泰火药(又叫火棉炸药，是无烟火药的一种)、高爆速炸药、缓性炸药、特种炸药、兵工炸药、燃烧－爆炸型炸药等。他因此被誉为“炸药之父”。

1895 年，诺贝尔在巴黎立下遗嘱，把他价值 3150 万瑞士克郎的遗产捐赠给瑞典皇家科学院等单位，作为诺贝尔奖金的不动基金，然后用它的年利作为 5 个诺贝尔奖的奖金：物理学、化学、生物学(包括医学)、文学以及和平奖。前 4 个奖由瑞典科学院授予，而和平奖由瑞典的邻国挪威授予。今天，诺贝尔奖被认为是一项最崇高的荣誉为世人瞩目。

诺贝尔发明炸药，是希望在经济建设上造福人类，但是后来炸药被大量地用于战争，加重了战争的残酷性和灾难性。他设立和平奖，是为了表达他倡导和平反对战争的愿望。

1896 年 12 月 10 日，诺贝尔在意大利的桑·瑞莫逝世，遗体火化后骨灰被送回瑞典，安葬与斯德哥尔摩市郊。

思　考　题

一、填空

10-1 火药在武器内的工作过程，是通过火药燃烧将其______转化为______，再通过高温高压气体的______，将______转化为弹丸或火箭的__________。

10-2 军事上黑火药的成分是 75%的_______，10%的_______，15%的_______。

10-3 “军事四弹”是指______弹、_______弹、_______弹、_______弹。

10-4 通常，按化学毒剂的毒害作用把化学武器分为______性毒剂、______性毒剂、_______性毒剂、______性毒剂、______性毒剂和______性毒剂。

10-5 与常规武器比较，化学武器有 6 大特点。它们分别是_________、________、_______、________、________。

10-6 化学武器的防护措施主要有 ______、_______、_______、________。

10-7 核武器威力的大小，用_______来表示，根据其大小分为_______级、________级、__________级、_________级和_________级。

10-8 核武器的主要杀伤因素为________、_________、________、_________、_________。

10-9 原子弹是利用______释放出的巨大能量以达到杀伤破坏作用的一种爆炸性核武器。

10-10 氢弹是利用_______在高温下的_______反应放出巨大能量而产生杀伤破坏作用的一种爆炸性核武器。

10-11 以化学物质为主的反装备武器是一类对________不造成杀伤，专门用于对付敌方的化学武器。

二、问答题

10-12 写出炸药 TNT 的结构式。

10-13 简述二元化学武器的基本原理。

10-14 为什么要禁止化学武器？

10-15 冲击波是怎样造成杀伤破坏的？

10-16 核爆炸的光辐射是怎样造成杀伤破坏的？

（吉林大学　权新军）

第 11 章 化学与哲学

科学和哲学都是人类在不断地认识和改造自然的过程中逐渐形成和发展起来的。科学是在人们用理性思维对人类在认识和改造自然中所积累的经验和知识加以概括、总结和推演的过程中形成的。而哲学是对人类所有经验和知识的共性和本质进行的总结，是对人类理性认识和理性过程进行的总结。正因如此，科学与哲学并不孤立，而是相互依存、不断交融、共同发展的。历史上科学界的每一次重大突破无不带来哲学界和思想界的深刻革命，而每一次哲学思想的完备和流行反过来又引导着科学的前进。

化学科学的发展也有着非常丰富的哲学内涵。化学科学的发展过程是理论和实践的矛盾斗争过程，是一个由相对真理向绝对真理逐步演进的过程。例如物质本原与构成问题，不但是化学学科本身的一个基本理论问题，也是化学哲学以及哲学的一个基本理论问题。从古希腊哲学家提出的元素学说至 19 世纪英国化学家(J.Dalton)的近代科学原子论，化学都无不与哲学紧密联系在一起。从哲学观点对化学中的概念、规律、理论进行深入分析和研究，有助于更深刻地理解和揭示其本质。今天，我们还从社会科学的角度来观察、分析和认识化学，探讨化学理论的哲学价值、化学研究中的思维与方法，从而能更好地掌握化学，促进化学和社会科学的发展，促进唯物主义哲学观的发展，具有重要的现实意义。

11.1 物质的化学组成

关于物质本原与构成问题，不但是化学学科本身的一个基本理论问题，也是哲学的一个基本理论问题。自从有人类以来，人类就同形形色色的物质打交道，面对千姿百态、丰富多彩的物质世界，人类免不了要发出疑问：这些千变万化的物质世界有没有一个基本的组成成分？千百年来，人们对这个问题不断思索着，并提出了各种各样的假设。

物质的化学组成属于物质内化学元素的质与量的范畴，是人们认识化学结构和化学反应的出发点，其基本理论主要是元素学说和原子分子论。

11.1.1 元素学说

元素学说是人类认识物质组成过程中最早提出的学说，是化学组成理论的基础，也是哲学探讨的重要课题。

自然界复杂繁多的万物是否是由某些基本物质即元素构成的，万物是否统一于少数几种元素？古代哲学家最早提出了这一问题。人类第一位哲学家——古希腊哲学家泰勒斯(Thales)认为，水生万物，万物统一于水。阿拉克西米尼(Anaximenes)则认为气是万物之源，而赫拉克利特(Heraklitos)却认为火才是万物之源。亚里士多德(A.G.P.Aristotle)明确提出了构成万物的“四元素说”，他把元素看作是性质的载体，指出一种物质的性质皆可以归结为冷和热、干和湿四种原性，这些性质两两结合就形成了四种元素。亚里士多德还用人们最常见的自然现象和物质变化的事实来源说起理论因而在当时几乎获得了普遍的承认，并且这一影响一直延续了近两千年，并对后来的炼金术和炼丹术有重要的影响。古代中国哲学家提出类似的元素学说，早在商周之交，中国就产生了五行说，认为世界万物都是由金、木、水、火、土这“五行”构成的，五行之间存在着相生、相克、相乘、反侮等辩证关系，从而产生了万物的运动和变化。《国语·郑语》有：“故先王以土与金、木、水、火杂，以成万物。”五行说产生的同时又产生了阴阳说，它认为世界万物无不体现了两个相互对立又相互统一的方面——阴和阳。上述提出的元素思想，虽然缺乏科学依据，只是主观臆测，而且也还远远不是今天的科学的元素概念，然而毕竟是从从自然界中选取一种或几种物质元素来说明世界万物的成因，是从物质世界本身来说明物质世界和寻找统一物，从而体现了一种朴素的唯物主义思想。

17 世纪 50 年代，英国化学家波意耳(R.Boyle)继承了古代朴素思想，并依靠化学试验研究了组成物质的元素。依此他认为，元素并不是水、火、土等复杂物质或现象，更不是冷、热、干、湿等性质，或柏拉图(Platon)所强调的理念等非物质的精神，而是那些原始的、简单的或是丝毫没有混杂的物质，从而第一次提出了具有科学性质的元素概念。这也是化学科学中出现的第一个化学基本概念，并成为近代化学科学诞生的标志。R.Boyle 之所以能够提出科学的元素概念，从根本上看是在于他接受了当时刚刚兴起的微粒哲学，使他能够用物质微粒及其运动的观点对化学现象做出机械论的解释，而无需诉诸于超自然的、人格化的因素，冲破了长期居于统治地位的神秘主义哲学的束缚。此外，还在于他超出了古代哲学家的思维方式，不是依靠主观臆断，而是依靠科学实验来剖析物质，寻找和确定元素，进而建立起科学的元素观。因此，恩格斯说：“R.Boyle 把化学确立为科学”。

但是，由于当时化学实验水平的限制，R.Boyle 的元素概念还只是一种缺乏具体内容的抽象概念，还有待充实。这一工作在 18 世纪中叶的由法国化学家拉瓦锡(A.L.Lavosier)担负起来。他在化学实验分析的基础上终于确定了 Au，Ag，Cu，Fe，Sn，O，H，S，P，C 等 33 种简单物质为化学元素，并列出了化学上第一个元素系统分类表。其中虽然也把石灰、镁土、盐酸等化合物误当成了元素，然而毕竟是把 R.Boyle 的抽象元素概念具体化了，并有力地推动了化学家到具体物质中去寻找、发现化学元素的工作。到 19 世纪末，已经发现了 79 种化学元素。其间，在 1868 年，俄罗斯化学家门捷列夫(D.I.Mendeleev)又把看来似乎是互不相干的化学元素，依照原子量的变化联系起来，发现了自然界的重要基本定律——元素周期律，从而把化学元素及其相关知识纳入到一个严整的序列规律之中，既提高了人们学习、掌握化学知识的效率，又从理论上指导了化学元素的发现工作。到 20 世纪 40 年代，人们已经发现了自然界存在的全部 92 种元素。与此同时，人们又开始用粒子高能加速器来人工制造化学元素，截至 2015 年 8 月已发现的元素总数达到 118 种。

现代化学元素思想的形成和化学元素的发现，进一步证实了辩证唯物主义自然观的科学性。它表明，自然界中居于分子层次以上的物体，从宏观的天体到微观的分子，从有生命的动植物到无生命的矿物质都是由化学元素组成的。例如火星的土壤是由 Fe，Si，Ca，Al，S 等化学元素组成；生命体是由 C，H，O，N，S，P 等化学元素组成；体现了辩证唯物主义的物质统一观。此外，人们认识了化学元素，还为化学知识的化繁为简，以及促进物质的加工转化创造了有利条件。例如地球上的生物和非生物多达 400 多万种，然而从化学元素的观点看来，却超不出已知 100 多种化学元素，只是元素组成和组成方式不同而已。

由此还可以利用化学反应使物质发生转化。例如在原料和产品都具有C，H，O，N 4种化学元素的基础上，可以把煤、水、空气转化成为化肥和炸药；在共同具有C，H，O，N，P，S等6种元素的基础上，可以把H_2O，CO_2，NH_3，H_3PO_4等物质转化成蛋白质和核酸等生物体内的物质。

11.1.2 原子分子论

原子分子论是化学理论的又一基石。它是历经了千百年由化学家和哲学家共同创立的理论，现已成为化学和哲学研究的重要思想工具。

(1)原子论：元素是以何种方式组成万物的，是连续的可分方式，还是间断的不可分的方式？这既是一个化学问题，也是一个哲学问题。最早给予回答的是公元前5世纪的古希腊哲学家留基波(Leucippus)和他的学生德谟克里特(Demokritos)。他们认为，万物都是以间断的、不可分的微粒称为原子构成的，原子的结合和分离是万物变化的根本原因，而不是理念或精神。但是，他们所提出的原子是性质相同，但形状和大小多种多样。这种不确定的多样性导致了这种原子论的复杂化和隐含的唯心主义色彩。我国春秋时期墨翟提出的“端”的思想，也是一种朴素的原子论。这些原子论只是在观察自然现象的基础上臆测出的学说，缺乏科学实验依据，还未能在哲学和科学上发挥更大作用。

19世纪初，英国化学家J.Dalton在此基础上提出了近代科学原子论。他出版了《化学哲学新体系》，详尽地阐述了原子论的由来和发展。其原子论的主要内容是：化学元素由非常微小、不可再分的物质粒子——原子组成，原子在化学变化中保持自己的独特性质；同一元素的所有原子的各方面性质，尤其是重量，都完全相同。不同元素的原子的重量不同，原子的重量是每一个元素的特性；不同元素的原子以简单数目的比例相结合，形成化学中的化合现象，化合物的原子称为复杂原子，复杂原子的重量为所含组分的原子的重量之和。这样J.Dalton就把古代哲学的原子论发展成为近代科学的原子论，促进了化学和哲学的发展。

从化学上看，它把元素和原子两个基本概念联系在一起，使化学元素具有了同一类原子总称的前所未有的明确概念。它合理地解释了当时几乎所有的化学现象和经验定律，揭示了它们的内在含义。例如对于定比定律来说，由于不同原子化合时所需要的原子数目一定，而各原子又均有一定质量，所以化合物的组成也就不言而喻的是有一定的质量比了。

从哲学角度看，它把古代哲学思辨的原子论思想赋予了可检验的具体属性内容，得到了科学实验的证明，从而复活了2000年来长期遭受宗教势力压制的古希腊原子论，促进了唯物主义哲学的发展。此外，它从相对原子质量上的差异找到了元素性质差异的根源，已经是不自觉地运用了量质互变的辩证法规律。同时，化学原子论作为一种物质观，不仅是化学上研究物质组成的一种主导理论，而且也为哲学研究提供了一种新的认识论和方法论，即把复杂的宏观现象归结为微观的简单要素的认识方法。19世纪马克思对于资本主义社会商品剖析所建立的政治经济学，人们就把它看作是一种社会原子论的成果。由于J.Dalton运用了概念、判断、推理的理论思维方法确认了当时尚不能观察到的、不可见的原子的存在，即运用科学抽象的方法发现了隐藏在现象背后的原子本质，从而促进了理论思维方法的应用，充实了方法论的内容。

(2)分子论：1811年，意大利化学家阿伏伽德罗(A.Avogadro)根据气体反应体积简比关系定律，即“同温同压下参加化学反应的各气体体积互成简单整数比”的经验事实，大胆预言了原子复合体—分子存在，提出了著名的阿伏伽德罗分子假说。他认为，包含在一个单位体积内的气体物质，并不是独立的原子，而是由原子构成的复合体，即分子。然而由于当时还缺乏更直接的实验证明而未被承认，直到半个世纪后的 19 世纪中叶才被确认，从分子假说提升为分子论。

分子论的建立，阐明了原子和分子间的联系与差别，认识到原子在化学反应中基本保持不变，只是分子的拆开、破坏、变化，即化学反应的实质主要是分子的“质”的变化。这样就使人们在认识物质层次和化学反应的深度上有了新的飞跃。同时也解决了长期以来在相对原子质量测定等问题上出现的矛盾和混乱，推动了化学的迅速发展。此外，分子论的建立也表明，假说方法，即在已知一定科学事实基础上超出经验领域的认识，对未知现象做出的定性说明，是人们从经验到理论发展过程中不可缺少的重要思维形式和科学方法，应当给予足够重视。人类对自然界物质组成及其结构的认识经历了一个否定之否定的过程。人们对物质组成及其结构的认识过程也是唯物主义的一个不断辩证否定的发展过程，在这个过程中，唯物主义经由了朴素唯物主义、机械唯物主义和辩证唯物主义三个发展阶段。正如恩格斯所概述的，只要自然科学在思维着，它的发展形式就是假说。然后进一步的观察材料会使这些假说纯化，取消一些，修正一些，直到最后构成定律。

11.2　物质结构

物质的化学结构是反映物质分子内部各元素原子的秩序，即原子的连接方式和顺序的范畴，是认识和掌握物质化学性质和化学反应规律的基础。这里拟从哲学角度并结合化学家认识的结构的物质历史过程做一简单讨论。

11.2.1　局部的有机物结构

19 世纪中叶，在原子分子论建立以后，一些物质的分子式也逐步明确。这样，分子内原子间是怎样结合的问题也就成为化学家关注的焦点，从而开展了化学结构研究。这首先是从有机物结构开始的。

1861 年，俄国化学家步特列诺夫(A.M.БутΛеров)综合了当时化学家在原子价、碳四价学说、碳链学说等理论成果的基础上，形成了有机物结构学说。他指出，分子的性质不仅仅取决于其化学组成即原子的种类和数目，而且也取决于其化学结构即原子的结合顺序，从而首次强调了化学结构概念。他还指出，有机物的化学性质与化学结构存在着一定的依赖关系，因此人们可以依据分子的化学结构推测分子的化学性质。反之，也可以依据分子的化学性质推测分子的化学结构，从而肯定了化学结构的可知性和化学性质的可预见性。这一学说的提出，阐明了化学现象与本质、化学功能与结构、宏观表现与微观结构间的内在联系，促进了化学理论与合成技术的发展。

1858 年，德国化学家凯库勒(F.A.Kekule)着手研究了当时作为化学工业的重要原料的煤焦油中苯的结构。化学家感到苯的性质很难用碳链结构学说给予说明，成了困扰当时化学家的难题。为此凯库勒进行了不懈的探索。他先后提出了苯中 6 个碳原子距离更短、存在重键、香肠型结构等尝试性看法。直到 1864 年冬，他终于悟出碳链两端相连成环的道理，发现了苯结构的关键，提出了 6 个碳原子以单双键交替结合成环的结构，解决了有机物结构的一大难题。令人感兴趣的是，他的发现是在梦中意识到的：似乎看见了碳原子组成的长链像蛇一样盘绕旋转，忽然看见有一条蛇衔起了自己的尾巴，他像被电击一样猛醒过来，立即思考并写出了第一个苯环结构式。这一发现，使一系列芳香族有机物的结构问题迎刃而解，推动了有机合成和煤焦油加工业的发展。

应当看到，凯库勒之所以能够梦见苯环，并非偶然。这是他在长期科学实践，潜心研究、艰苦思索的基础上，认识上的质的飞跃。其特点是认识上的直接和迅速，不受逻辑规律的约束，且往往是对原有逻辑程序的简化、压缩乃至违反，从而表现为是一种灵感或机遇，一种偶然中的必然，一种以某种形象思维形式对未知世界进行具有创建性思索的创造性思维方法。因此人们应当积极运用这种思维方法进行创造性探索工作。这就需要加倍的勤奋努力，锲而不舍的追求，反复实践，从而创造出灵感和机遇，取得成功。

11.2.2 分子结构

步特列诺夫论述了有机物分子结构，但尚未涉及所有分子的结构。此外，它也未能说明分子中化学键的本质，这就需要建立更具有普遍性的分子结构理论。

自 1897 年发现电子，特别是发现电子波粒二象性从而建立量子力学，揭示了原子结构以后，人们逐步对化学键的本质有了比较深刻的认识。1916 年德国化学家 W.Kossel 提出了电价理论，认为分子内原子间由于发生电子转移形成了阴、阳离子，并产生了静电引力而结合成分子。这一理论很好地解释了离子型化合物的结构与性质，但无法说明氢气、氧气等相同元素原子间的结合力。同年，美国化学家 G. N.Lewis 又提出共价论进行补充。他指出，分子内原子也可以通过共享电子对结合，形成稳定分子。至此，经典价键理论的电子学说已经日臻成熟。但是其弱点是把电子看成为静态，未能反映出动态电子的化学键本质，因而很难解释共价键具有方向性等问题。这样，如何进一步深入探讨化学键的本质，建立相应的化学理论，就成为 20 世纪初期化学家面临的一个重要任务。

1927 年，英国化学家 W.Heitler 和 F. W.London 两人完成了这一任务。他们把量子力学引进化学，讨论了化学中最简单的氢分子结构，即氢分子中核-电子相互作用的体系，初步揭示了化学键的本质—— 氢分子中两个氢原子成键是由于电子密度分布集中在两个原子核之间使系统能量降低所致。或者说，由于电子密度分布集中在原子核之间并发生了重叠而形成了化学键。由此计算得到的破坏氢分子化学键所需要的能量为 $454.8\text{kJ}\cdot\text{mol}^{-1}$，核间距为 74pm，同实验数值相差无几。这样就使得运用量子力学解决化学分子结构问题取得了成功，并创立了新的化学理论——量子化学。它反映了化学家对分子结构的认识已经深入到电子波粒二象性的层次，并使价键理论的观念、研究方法发生了深刻变化，它对化学键的认识和牛顿引力、F. A.Kekule 的亲和力、W.Kossel 的静电引力、G. N.Lewis 的静态电子对的观念不同，是以电子概率波的重叠来揭示其本质的，并对各种化学键做出了统一解释，实现了一次辩证综合。量子化学的诞生，开始把化学从经验或半经验的科学阶段推进到理论性科学的发展阶段，成为一门更为严谨的学科，同时也推进了科学思维方法的发展。

化学家把量子力学引入化学，成功地探讨了分子结构并创立了量子化学。从方法论的角度看，是运用了一系列的科学思维方法。首先是化学移植法，即借助于其他学科的理论与方法研究化学对象的一种思维方法。显然，量子化学正是借助于物理学科的量子力学理论与方法研究作为重要化学研究对象的分子结构而形成和建立的，是化学移植法运用的结果。其特点是能够为化学提供一个前所未有的认识化学键的概率波、电子云的研究方法，深入地揭示了化学运动的本质和规律，导致了新的边缘学科——量子化学的的诞生，促进了化学发展。运用这一移植法的客观依据是自然界物理运动和化学运动形式之间的相互联系与统一。作为物理学研究对象的原子结构和作为化学研究对象的分子结构，尽管二者的复杂程度有所不同，然而就其本质来说都是一种核-电子系统，从而构成了量子力学移植于化学领域并取得成功的基础。一般说来，研究较低级运动形式的学科理论与方法，都可以移植于研究高级运动形式的学科领域，以建立更精密、定量化的理论。

其次是化学演绎法，即从科学的一般性认识到化学的个别性认识的一种推理形式或思维方法。既然量子力学是描述微观粒子一般性运动规律的理论，当然也就可以用来描述化学中分子内微观粒子(核与电子)的特殊性运动规律。这样 W.Heitler 和 F. W.London 两人就把量子力学的一般性理论演绎到化学领域进行逻辑推理，从而在化学史上第一次用量子力学理论阐明了两个氢原子构成氢分子的化学键本质，显示了理论演绎的解释功能，为认识分子结构开拓了道路。

再次是化学分析与化学综合方法，即先把化学事物的整体分解为部分、单元或要素，暂时割裂开来加以考察；然后再把化学分析的结果联结起来，复原为整体认识的一种方法。量子化学在处理分子中的多电子体系时就是这样，在描述一个电子时暂时把其他电子“凝固”起来，并将它们按一定方式“涂抹”成电子云，然后再把这一电子看成是在这种电子云和核所形成的势场中运动，最后再通过叠加过程，逐步把一个个电子的行为合成为一体。具体方法是先求第一个电子的波函数，然后再求第二个电子的波函数。可以看出，用量子化学方法处理分子的过程体现了分析与综合的统一，化学分析方法与化学综合方法的统一。

11.3　化学反应

化学反应是物质分子的组成或结构的变化。掌握化学反应规律是化学研究的根本任务，是研究化学组成和化学结构的最后归宿。这里仅从哲学角度对化学反应中的燃烧反应和自组织反应两个具有代表性的化学反应做一讨论。

11.3.1　燃烧反应

燃烧反应是人类最早认识的一种化学反应。燃烧反应理论是化学家最早建立的一种能够统一解释化学现象的化学理论。17 世纪中叶出现了燃素学说。它引导化学家注意对化学反应过程的研究，导致了许多化学发现。然而所谓燃素实际上是一种并不存在的臆想出来的虚假物质，因而燃素学说也是一种错误学说，以致越来越阻碍化学的发展。直到 18 世纪中叶，在燃素学说统治化学达百年之久以后，终于被新兴的氧化说所推翻，实现了一场化学革命。这一过程具有重要的科学意义和哲学意义。

1774 年英国化学家普利斯特利(J.Priestley)用凸透镜把阳光聚在三仙丹(氧化汞)上，发现有一种气体产生，能使燃烧变旺，人的呼吸畅快，从而发现了具有重要理论和实际价值的氧气。但是由于它长期受到燃素学说思想的束缚，使这个能发生化学革命的元素，在他手中非但没有引起推翻燃素学说的化学革命，反而为他所相信的燃素学说似乎找到了又一个论据。他认为氧气是由于能够脱除物质中的燃素而助燃，从而把氧气命名为脱燃素空气。结果就做了实践上和理论上的蠢事。这就说明，在科学研究中不能只注重实验事实而忽视理论思维。有时，理论思维要比许多具体实验更加重要。正如诺贝尔奖获得者汤川秀树(日本)所说，人们只在一个固定框架内思考问题，就不会有创造力。这正是 J.Priestley 所犯错误的根源。相反，一切重大的创造都从打破这种固定框架开始，或是从改变这种框架本身开始。推翻燃素学说的过程就是明证。

1777 年，法国化学家 A. L.Lavosoer(拉瓦锡)深入研究了 J.Priestley 的发现，并反复从量上加以精确测定。他发现汞煅烧后形成的汞渣(三仙丹)所增加的质量，恰与汞渣加热分解所放出的那部分“空气”的质量完全相等。他认为，燃烧是可燃物同这种“空气”的结合，而不是燃素的放出；可燃物燃烧时质量的变化是由于这种“空气”造成的，而与燃素无关。它把这种“空气”命名为氧气，从而成为真正认识氧气的第一位科学家。同时，他彻底推翻了统治化学界达百年之久的燃素学说，建立了燃烧的氧化学说，实现了一场深刻的化学革命。这是化学学科中第一个科学的化学反应理论。它不仅仅是对燃烧理论的革新，而且也是对过去整个化学学科的一次系统总结，促进了化学的迅速发展。由此，拉瓦锡还以科学实验第一次证明了化学反应前后物质总质量不变的物质质量守恒定律，为精密、定量的化学发展奠定了科学基础。实际上，也为唯物主义哲学的物质不灭原理，第一次提供了科学证明，促进了哲学的发展。

拉瓦锡实现了化学革命的一个重要原因是在于运用了正确的科学思维方法，这给后人深刻的启示。他的座右铭是：不靠猜想，而要根据事实。他认为燃素论者的根本错误是在于凭空想象，不是从观察出发，而是从推测到推测，引出那些并非直接源于事实的各种结论，并把它们当作基本真理来接受，以至在一大堆错误中把自己给弄糊涂了。因此，他强调，若非由观察和实验的直接结果，决不构造任何结论；并且总是分析整理事实，从中引出结论。他指出，在一切情况下都应当让我们的推理受到实验的检验，而除了通过实验和观察的自然之路外，探寻真理别无他途。拉瓦锡所遵循的这一认识途径是比较符合唯物主义认识论的。这正是他高于燃素论者而取得成功的根本所在。其次是由于他确信自然界规律的统一，物理规律与化学规律的统一，质与量的统一。他把建立在质量不变基础上的牛顿力学应用于化学，认识到尽管物质在化学反应中其性质与状态会发生改变，然而反应前后的物质总量却是相同的。其中既然算不出燃素的量，也就说明并不存在燃素的质。正是由于他的这一理论框架和哲学观念才促使他决心同传统的燃素理论决裂，取得成功。它的以量定质的思维方法，体现了辩证唯物主义关于物质不灭与量质统一的规律性。

11.3.2 化学反应的方向和限度

系统内各物质的微观粒子都在不停地运动和相互作用，以各种形式的能量表现出来，如分子的平动能、分子转动能、分子振动能、分子间势能、原子间键能、电子运动能、核内基本粒子间核能等。系统内部这些能量的总称称为内能。

在化学反应中，分子内各种能量存在着相互转化。热和功是能量转化的一种形式。根据能量守恒定律，内能(U)、热(Q)、功(W)应遵守如下关系：

$$\Delta U = U_2 - U_1 = Q + W$$

若在等压条件下：

$$U_2 - U_1 = Q_p - p(V_1 - V_2)$$

$$Q_p = U_2 + pV_2 - (U_1 + pV_1)$$

$$令\ H = U + pV$$

$$Q_p = \Delta H = H_2 - H_1$$

H 称为系统的焓(enthalpy)；ΔH 称为焓变。

在对大量的化学反应或物理过程的焓变进行研究时发现许多自发进行的反应或过程其焓变为负值。所谓自发进行，就是过程一旦发生，不需要外界系统做功，即可进行。如铁生锈，甲烷燃烧，水从高处流向低处，热从高温物体传向低温物体等。鉴于此，曾经有人提出，在恒温、恒压下，反应的 ΔH 若为负值，反应就能自发进行。

人们在进一步的研究中发现，有一些反应或过程的 ΔH 若为正值时(吸热)，也可自动进行。如：

$$N_2O_5(g) = 2NO_2(g) + 1/2O_2(g)$$

$$H_2O(s) = H_2O(l)$$

为什么这些能量升高的过程也能自发进行呢？研究发现上述过程都有一个共同的特点，即系统的混乱度增大。这表明系统还有一种自发趋势。就是从有序变为无序，从混乱度小变为混乱度大。用来代表系统内部质点混乱程度或无序程度的物理量称为熵(S)。任何孤立系统的过程都是自发地向着混乱度增大的方向进行。熵值大小实质上代表混乱度的大小，热力学规定：在绝对零度时，任何纯净的完整晶态物质的熵值等于零。

1876 年，美国科学家吉布斯(J.W.Gibbs)在总结焓变、熵变的基础上，提出一个新的热力学函数，称为吉布斯函数，从而把两者联系：

$$G = H - TS$$

$$\Delta G_T = \Delta H_T - T\Delta S_T$$

吉布斯函数 $\Delta G_T = \Delta H_T - T\Delta S_T$ 综合反映了反应焓效应和熵效应的因素。同时考虑系统所处的温度条件。在恒温、恒压条件下只做体积功的一般反应：

$\Delta G < 0$ 自发过程，过程能向正方向进行

$\Delta G = 0$ 平衡状态

$\Delta G > 0$ 非自发过程，过程能向逆方向进行

从而解决了反应方向和限度的问题。

11.3.3 自组织化学反应

随着对物质世界的认识不断深入，人们越来越意识到物质世界的复杂性、多样性和同一性。就化学而言，量子化学、耗散结构理论、非平衡态热力学、生物化学等等新领域的出现，又不断地引起许多人的新的哲学思考。

一个开放、远离平衡的化学体系，在一定条件下可以自发地组织成时间和空间的有序结构，呈现出类似于生命特征的自组织现象。这一发现及其耗散结构理论的建立具有重要

的科学意义和哲学意义，是当代化学发展的重要前沿领域。

(1)化学振荡现象：化学家自19世纪以后陆续发现，有一些化学反应中的某些组分或中间产物的浓度随时间发生有序的周期性变化，即所谓化学振荡现象。由于当时这些现象都是在非均相体系中发现的，因此曾误以为只有在非均相条件下才能产生，以致未能真正揭示出反应的实质。

1959年在均相系统中发现的化学振荡现象，使人们的认识发生了根本性转变。当时苏联化学家B. P.Belousov用硫酸铈盐(Ce^{3+} 和Ce^{4+})的溶液为催化剂，在25℃时，以溴酸钾氧化柠檬酸。当把反应物和生成物的浓度控制在远离平衡态的浓度时发现，溶液中四价铈离子的黄色时而出现，时而消失。在两种状态之间振荡，时间也极准确，周期为30s，呈现出具有一定节奏的“化学钟”现象。如果能够不断加入反应物和排出生成物，即保持体系的远离平衡态，则“化学钟”可长期保持，否则只能维持50min，在达到化学平衡后消失。

1964年，苏联化学家A. M.Zhabotinsky改进了这一实验。用铁盐代替铈盐为催化剂，以丙二酸代替柠檬酸用溴酸钾氧化，从而出现了时而变蓝、时而变红的更加鲜明的化学震荡现象。特别是还发现了在容器中不同部位溶液浓度不均匀的空间有序结构，展现出同心圆形或螺旋状的卷曲花纹波，且由里向外“喷涌”，呈现出一幅幅彩色壮观的动力学画面(图11-1)。

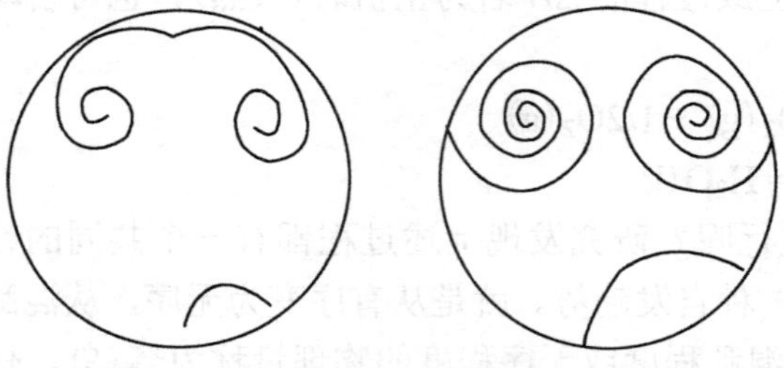

图11-1　B-Z反应：化学卷曲波示意图

当B-Z反应物被放在浅盘中时，呈现出螺旋状的化学波。该波可以自发地出现，也可用使其表面与热灯丝接触的方法启动，如上面照片中的那样。其中那个小圆圈是该反应所演化出的二氧化碳的气泡。图中照片粉白色是在反应的1.5s和3.5s时拍摄的。

B.P.Belousov和A. M.Zhabotinsky发现的化学振荡反应(简称贝-札反应或B-Z反应)表明，不仅在非均相系统中而且在均相系统中也能产生化学振荡现象，即系统的某些组分或若干组分的浓度随时间、空间而发生周期性变化的现象。传统理论认为，参加化学反应的亿万分子只能以混沌无序的形式随机地相互碰撞，进行无规则的热运动；反应后各种生成物的分子也只能是无序均匀混杂着，混沌一片。此外，依照过去对热力学第二定律的理解，一个开放系统就意味着存在一个不断破坏平衡的不可逆过程，应该朝着无序度增大方向不断发展，不可能出现时空有序结构。因此，在化学震荡反应发现的初期，人们感到难以理解。他们认为，这种魔术一般的“古怪行为”是在跟热力学第二定律开玩笑，是由于实验条件的错误安排或某种干扰所致，从而认为所谓的发现是不可能的。这样，B.P.Belousov的发现长期未被承认，其论文也未能及时发表，被搁置达6年之久。在此以前，美国加利福尼亚州大学伯克利分校的W.Bray于1921年在过氧化氢转化为水的过程当中也发现了化学震荡反应，然而也被认为是由于实验操作低劣而产生的人为现象而未被接受。直到60年代以后，由于发现的事实越来越多，化学震荡的存在已不容置疑才逐渐被承认，并日益引起广大化学家的注目。

(2)体系的自组织过程：化学震荡反应表现的宏观有序现象，实质上是微观分子运动有序本质的反映，是亿万分子从无序自发的“组织”起来协同一致动作的结果。正像一个大城市的千百万居民都能在同一时间做同一个体操动作一样，令人不可思议。这表明，好像亿万分子都得到了“指令”或“暗示”一般，进行着“信息交流”，具有了统一的“时间感”，从而能够“齐步运行”，协同动作，使一些组分的浓度能够在特定时空领域内一致地增多或减少，形成宏观有序的结构。这种自组织性，可以说是一种新的相干性，一种分子之间的“通信”机制产生的结果。过去认为这种形式的通信似乎是生物世界的惯例，然而现在却在非生命物质的化学体系中也实现了，不能不使人感到极大惊异和兴趣，以致认为很可能是一种生命的前驱或是一种“前生物”的适应机制。因此，超循环的创始人 M.Eigen 认为：在生命起源发展中的化学进展阶段和生物学进化阶段之间有一个分子自组织过程或分子自组织进化阶段。

实际上，物质世界的一切系统，从基本粒子、原子、分子到微生物、动物、植物、人类和人类社会，不论是生命系统还是非生命系统，在由低级到高级的进化和发展过程中都存在着这种自组织地共同特征，这是世界物质统一的又一佐证。

无序怎么会自发地走向有序？自 20 世纪 60 年代以来人们提出了自催化振荡、产物活化、环境温度起伏和反应序列存在反馈等理论模型试图解释，然而均未能全面和深入地揭示出自组织过程的本质，直到耗散结构理论的提出，才得以圆满解决。

(3) 化学耗散结构体系：1968 年，比利时化学家 I. R.Prigogine 在经历了近 20 年的探索后，提出了耗散结构理论。他指出：一个开放系统在达到远离平衡的非线性区域时，一旦系统的某一个参量达到一定阈值后，通过涨落就可以使体系发生突变，从无序走向有序，产生化学振荡一类的自组织现象。这里，实质上是提出了产生有序结构的以下四个必要条件：

· **开放系统**　这样才可能同外界交换物质与能量形成有序结构。具体说来，这样才可能从外界向系统输入反应物等来使系统的自由能或有效能量不断增加，即有序不断增加；同时，才可能从系统向外界向外输出生成物等来使系统无效能不断减少，即无序度或熵量不断减少。前者是向系统输入负熵，后者是从系统输出正熵，从而使统统的总熵量增长为零或为负值，以形成或保持有序结构。输入负熵是消耗外界有效物质与能量的过程；输出正熵，是发散体系无效物质与能量的过程。这一耗一散，也就成了产生自组织理论有序结构的必要条件。因此，自组织有序结构也就可以称为耗散结构。显然，耗散结构在非开放系统中是不可能形成或保持的。

· **远离平衡态**　这样才可能使系统具有足够的反应动力，推进无序转化为有序，形成耗散结构。例如在恒温恒压条件下，可以使反应物浓度远高于平衡浓度，生成物浓度远低于平衡浓度，从而在实际浓度与平衡浓度间造成巨大浓度差，以推进化学振荡反应的产生。相反，如果在平衡态，则实际浓度与平衡浓度相等，二者之差为零，反应推动力为零，反应已经达到极限，反应系统的浓度已经不再随时间变化发生任何变化，即已经达到“时间终点”。因此，也就不可能产生浓度随时间空间而发生周期性变化的化学振荡现象。此外，在平衡态，系统的熵量已经增至极大，无序度已经增至极大，从而也不可能产生有序。所以 I. R.Prigogine 说，非平衡是有序之源。形象地看，这好比是往咖啡里面加牛奶，达到平衡时的最后状态只能是一碗混沌无序的灰色浑汤。但是在达到那个状态以前的非平衡态，则白牛奶在黑咖啡里排演了多少瞬息万变的漩涡花样和结构！可见，有序的生机是在远离平衡态时萌动的。普里高津 (Ilya Prigogine) 的非平衡态热力学指出，只有在远离平衡态的条件下系统才有可能形成有序结构。如果系统处于平衡态，那么最终只能形成相对静止的混沌状态。在生物化学当中，蛋白质、DNA 分子等都是高度有序的结构，这是因为生物体是个开放系统，而且永远处于非平衡的状态，从而避免了生物分子处于平衡无序的状态。

有序和非对称也有关联。如在晶体中，其结构的有序性导致了其物理性质的不对称性——各向同性，而非晶体结构的无序性导致了其物理性质的对称性——各向异性。另外，生物分子也是高度有序的，有人认为这是由于生命物质在其演化过程中丧失了大量的对称性所致，这正如比埃尔·居里(Pierre Curie)所说的：“非对称创造了世界。”

· **非线性作用** 系统内各要素之间具有超出整体的局部现行叠加效果的非线性作用，是一种异常的非线性因果关系，即一个小的输入就能产生巨大而惊人的效果。这样才可能使系统具有自我放大的变化机制，产生突变行为和相干效应、协同动作，以异乎寻常的方式重新组织自己，实现有序。相反，如果只是具有线性作用，要素间的作用只能是线性叠加即量的增长而不能产生质的飞跃和实现有序。

这种非线性作用，在化学系统中体现在反应链上存在着自催化或交叉催化的环节，即某些反应物分子的一个生成物正是他们自身所需要的催化剂，从而使反应速率达到雪崩似的加快(自催化)；或属于两个不同反应链上的两个产物能各自催化对方的反应(交叉催化)，其结果是可以产生一种难以控制的剧变行为。这种自催化或交叉催化产生的剧变行为，在技术控制论中被称为正反馈，即某种对于指定参考值的偏差不仅未能消除反而得到加强的行为。在化学振荡反应中，正是由于有了正反馈，才使系统得以造成失稳、活化、放大成“化学钟”里的前后呼应的颜色变化，产生周期性的振荡。实际上，正反馈是一种自我复制、自我放大的变化机制，因此才能使亿万分子的微观行为像得到指令般的协同动作并在宏观上实现有序。可见，正反馈、自催化或交叉催化或非线性的相互作用，是产生化学耗散结构不可缺少的动力条件。

· **涨落作用** 即系统中温度、压力、浓度等某个变量或行为与其平均值发生偏差的作用。系统具有涨落或起伏的变化，才能启动非线性的相互作用，使系统离开原来的状态，发生质的变化，跃迁到一个新的稳定的有序状态，形成耗散结构。因此，涨落是一种推动力，涨落导致有序。涨落主要是由于受到系统内部或外部的一些难以控制的复杂因素干扰引起的，带有随机的偶然性，然而却可以导致必然的有序。这就再一次证明，必然性要通过偶然性来表现，偶然性是必然性的补充。

耗散结构理论不仅存在于化学领域，而且也普遍存在于整个自然界乃至人类社会的各个领域。因此，耗散结构理论也就是一种横跨化学学科及整个自然科学和社会科学的理论工具，是一门普遍性热力学或普适性理论，具有广泛的重要的科学意义。

在化学方面，耗散结构理论除了在化学工业中连续化生产的不平衡体系中得到广泛应用外，还使化学家在理论认识上产生了一个飞跃，即化学自组织反应中与外界进行物质与能量交换的“新陈代谢”，也和生物系统一样，是其存在的不可缺少的条件，从而使化学系统“活化”了。这就进一步消除了生命与非生命系统的森严壁垒。同时，对于化学中物质的认识，也不再是机械论世界观中所描述的那种被动的实体，而是与自发的活性相连的客体。由此，I.R.Prigogine 认为，“这个转变是如此深远”，以致可以说是一种“人与自然的新的对话”。所以，现代化学研究已经日益明显地把注意力从平衡态转向非平衡态，从简单的线性关系转向复杂的非线性关系，并成为化学发展的一个重要前沿。耗散结构理论也被誉为 20 世纪 70 年代化学领域的一项辉煌成就。研究化学耗散结构中亿万分子协同动作的通信手段，则可能为物理学和神经生理学的通信过程找到一种更简单的机制；研究具有完全振荡周期的化学钟，则可能研制出比机械振荡的弹簧更加可靠的计时器；研究化学振荡螺旋波与太空星体的漩涡星系、飓风形成的气旋涡和心脏病发作时的心电波动等相似之处，则可能有力地促进天文学、气象学和医学的发展。

在社会领域，由于社会中的各种团体、组织、机构、单位等都可以认为是具有不同层次耗散结构的系统，都可以运用耗散结构理论来加以研究，以形成和保持自组织的有序结构。例如需要提供良好的开放条件，加强与外界物质、能量和信息的交流以提高系统的有序度，应当保持系统的不平衡态来不断产生新的发展动力，争取发挥整体大于部分之和的非线性放大作用，实现新的飞跃等，从而可以促进整个社会的稳定、有序和进化，形成高度有效的自组织结构。

I.R.Prigogine 认为，社会进化固然有其自身的特点，然而从根本上说也是物理宇宙进化的一个方面。因此物理、化学上的耗散理论也应适用于社会进化的研究。所以《化学科学发展战略》指出，今后进一步开展非平衡热力学的理论与实验研究，是一个一旦有所突破会对科学、经济或社会的发展产生重大影响的研究方向。

化学耗散结构理论的建立，是对传统观念的突破，在思想方法上给人以深刻启迪，突破了传统观念，获得了更为全面的科学认识，促进了科学思维方法的发展。

(4)物理学和生物学规律的统一：过去认为，物理学克劳修斯的热力学第二定律和达尔文的进化论在反映自然规律方面是相互矛盾的。前者认为一个孤立的物理系统总是趋于熵值增加的方向，即从有序趋向无序，从高级趋向低级，不断退化；后者认为生物体系居于主导地位的方向总是从无序趋向有序，从低级趋向高级，不断进化。现在耗散结构理论告诉我们，二者并不矛盾，达尔文进化论也符合热力学第二定律。因为生物体系之所以能从无序趋向有序，根本的原因在于它是一个开放系统，能够不断地从环境向体系输入有效的物质和能量即负熵流，从而抵消了系统内无效能即正熵量的增加，直至实现有序。这里不仅没有违背热力学第二定律的熵增加原理，相反，却是以负熵增加的观点，补充、丰富和扩大了它的应用范围，即从孤立系统扩大到了开放系统，从平衡态扩大到了非平衡状态，从正熵增加扩大到了负熵增加，从而能够用热力学第二定律的熵增加原理统一揭示物理系统退化和生物系统进化过程的机制和条件，解决了两个规律之间长期以来存在的矛盾。此外，从环境向系统输入负熵，实际也是消耗环境负熵而增大正熵的过程，同时还由于输入和摄取负熵过程中出现的不可避免的热散失，而进一步增大了环境的正熵，给环境造成了更大的混乱和无序。这就是说，系统内熵的减少，是以环境熵的更大增加为代价取得的。因此尽管系统内的变化是趋于熵的减少，从无序趋向有序，而就环境和系统的总系统变化来说，则仍然趋向于熵增加的方向即从有序向无序，仍然符合热力学第二定律。这样，人们对于热力学理论就可以有一个更广泛和全面的理解，并大体上说明了为什么在一个熵递增的环境里，像人类这样具有高度有序结构的生物能够从混乱中出现，从而破除了百年来人们关于热力学第二定律只能破坏有序的传统观念，或只能是朝着有序状态单调地退化的一个代名词的不全面认识。这是 I.R.Prigogine 耗散结构理论做出的重大贡献。为此他获得了 1977 年诺贝尔化学奖。

(5)平衡态和非平衡态的并重：过去人们多只侧重于平衡态的研究，诸如对于热平衡、相平衡、解离平衡等平衡规律的研究，似乎只有平衡态才能体现出事物的规律性，而对于非平衡态研究则有所忽视。现在，耗散结构理论告诉我们，非平衡态却恰恰正是产生自组织有序结构的一个不可缺少的必要条件，非平衡才是有序之源，必须给予足够重视。此外，宇宙万物种种生动诱人的现象绝大多数都是处于非平衡态而不是平衡态。因此，在重视平衡态研究的同时也要重视非平衡态研究，就会更加接近自然界的实际，取得更好的效果。

总之，耗散结构理论的建立和非平衡热力学的诞生，破除了长期以来忽视非平衡研究的传统观念，成为科学界重视非平衡研究之始。

(6)无序自发向有序的转化：过去认为，从无序到有序是不能自发转化的，否则就违背了热力学第二定律。现在耗散结构理论告诉我们，这种自发转化是可能的，而转化条件实际上也就是依照开放系统从环境向系统输入的负熵流等形成自组织有序结构的四个条件。它们能把系统内亿万个分子一一准确的安排在特定位置上，并按照确定的时空变化协同动作，发挥作用。这样，耗散结构理论就找到了过去认为不可能存在的从无序自发转化为有序的转化机制与条件，第一次全面掌握了无序和有序之间的双向转化规律。具体说就是在一定条件下，在封闭的平衡系统中将是自发地从有序趋向无序；在开放的非平衡体系中将是自发地从无序趋向有序，从而揭示了无序和有序转化同系统的封闭与开放、平衡与不平衡等条件的联系，建立了更为全面的自然观和科学观，促进科学和哲学的发展。此外，对于宇宙的未来，依靠远离平衡的开放系统的条件，正如恩格斯描述的那样：放射到宇宙空间中去的热，能够重新集结和活动起来。从无序趋向有序，使体系重新得到“活性”。这就进一步批判了克劳修斯从热力学第二定律片面外推导出的热寂说，即宇宙不会导致完全热静止或完全无序，从而有力地捍卫了辩证唯物主义的自然观。

总而言之，化学的发展既有连续性，又有阶段性。化学的发展历史证明，化学知识的增长、发展过程是理论和实践的矛盾斗争过程，是化学概念、原理的更迭和发展过程，是用包含较少谬误的理论代替较多谬误理论的一个曲折的历史发展过程，是一个由相对真理向绝对真理逐步演进的过程。化学的哲学问题在化学发展中扮演着重要的角色，化学家从事化学研究，在许多问题上，尤其是涉及概念和理论问题上，需要从哲学方面进行思考；哲学家从事哲学研究应当了解自然科学(其中包括化学)的发展及其成果。因此，无论对于研究化学还是研究化学哲学或哲学的学者来说，化学发展的历史都是一个大宝库，我们可以根据自己的研究需要在其中找到宝贵的借鉴。

思考题

11-1 Boyle 是运用何种哲学思想提出科学元素概念的？

11-2 掌握现代化学元素思想对于人们认识自然界有何重要意义？

11-3 Dalton 原子论的建立对于哲学发展有何作用？

11-4 化学家是运用什么思想方法提出分子学说的，为什么？

11-5 试述 Kekule 发现苯结构过程中偶然性与必然性的统一。

11-6 试述量子化学建立的科学方法。

11-7 试述 Priestley 发现氧而未推翻燃素说的教训，对于你正确认识事物有何借鉴？

11-8 从思想方法上看，Lavosier 为什么能实现一场化学革命？

11-9 试从耗散结构理论说明物理学和生物学规律的统一。

11-10 如何由吉布斯函数值来判断化学反应的方向性。

(西安交通大学　徐四龙)

第 12 章　化学的继往开来

通过前面各章的学习，我们已对化学学科的研究对象、研究方法、研究目标以及化学与社会发展、国民经济和人民生活的关系有所了解，作为本书的结尾，我们有必要回顾一下化学学科的发展简史并展望未来化学的面貌。

早在原始人类社会，人们学会了用火取暖、烹饪、防御野兽等。对火的了解与使用，开启了由野蛮进入文明的步伐，代表了人们开始了用化学方法认识和改造自然的过程。火—燃烧就是一种化学现象。掌握了火的使用之后，人类逐步学会了制陶、冶铜、炼铁，之后，又懂得了酿造、染色等等。这些由天然物质加工改造而成的制品，成为古代文明的标志。在这些生产实践的基础上，萌发了古代化学知识。公元前 4 世纪或更早，中国提出了阴阳五行学说，认为万物是由金、木、水、火、土五种基本物质组合而成，而五行则是由阴阳二气相互作用而成的。此说为朴素的唯物主义自然观，用“阴阳”这个概念来解释自然界两种对立和互相消长的物质势力，认为二者的相互作用是一切自然现象变化的根源。公元前 4 世纪，希腊也提出与五行学说类似的火、风、土、水四元素说和古代原子论。这些朴素的元素思想，即为物质组成及变化理论的萌芽。这些思想也成为中国炼丹术的理论基础之一，到了公元前 2 世纪的秦汉时代，炼丹术已颇为盛行，大致在公元 7 世纪，炼丹术传到阿拉伯国家，与古希腊哲学相融合而形成阿拉伯炼金术。阿拉伯炼金术于中世纪传入欧洲，形成欧洲炼金术，后逐步演进为近代的化学。英文中化学一词(chemistry)的字根 chem，即来源于中世纪的拉丁文炼金术(alchemia)。从炼丹术兴起到英国工业革命开始长达上千年的时间里，中外炼丹术的痴迷者深信物质能转化，试图在炼丹炉中夺造化之功，人工合成金银或修炼长生不老之药，有目的地将各类物质搭配烧炼，进行实验。当然，以现代科学的角度观察，这种尝试是永远不会成功的。但与此同时，为炼丹术而设计的各种器皿，如升华器、蒸馏器、研钵等，以及创造的各种实验方法，如研磨、混合、溶解、结晶、灼烧、熔融、升华、密封等经过改造后仍然在今天的化学实验室中沿用。虽然不能炼就长生不老丹药，但炼丹家在实验过程中也能获得一些重要发现，如发明了火药，发现了若干元素(如汞、锌、砷、锑、磷等)，制成了某些合金(如黄铜、白铜)，还制出和提纯了许多化合物，如明矾等。这些成果我们至今仍在利用，有关物质反应性的原始资料也在这一时期逐渐积累起来。

16 世纪初，欧洲工业化进程开始萌芽，人们逐渐认识到炼丹术的谬误和虚无，进而转向物质化学变化本身的研究，以利实际生活和工业生产，这为化学成为一门真正的科学奠定了重要的基础。18 世纪 60 年代，英国工业革命开始。工业革命推动了社会生产的空前发展，为化学研究提供了研究课题以及至关重要的实验设备和资金支持。燃烧过程在生产和生活中的广泛应用，促使人们开始研究燃烧的实质。最初认为燃烧可以归结为物质吸收或释放一种“燃素”的过程，命名为燃素学说。它对当时已知的许多化学现象作出了定性的解释，但也还存在着许多的矛盾，如它不能解释金属煅烧时，燃素从中逸出后，质量反而增加的事实。18 世纪后期，继发现氧气之后，法国科学家拉瓦锡(A.L.Lavosier)在实验的基础上，证实燃烧的实质是物质和空气中的氧气发生的化合反应。氧化燃烧理论代替了燃素说。拉瓦锡提出的化学元素的概念，揭示了质量守恒定律。因此拉瓦锡被公认为化学学科的奠基人，而化学在 18 世纪后期终于从炼丹术的泥潭中解脱出来，成为一门真正的科学。

19 世纪初，化学研究从实验资料的积累和定性研究向定量研究发展，关于化合物的组成也初步得出了一些规律，如化合物的定组成定律以及化合量定律。在大量实验事实的基础上，英国科学家道尔顿(J.Dalton)提出了关于“原子”的新思想，认为物质是由不能再分割的原子所组成，原子不能创造也不能消灭，每种元素当它与其他元素化合时都是以原子为代表的最小单位一份一份地进行。道尔顿的原子论合理地解释了当时已知的一些化学定律，且在原子论的指导下开始了原子量的测定工作，并得到了第一张相对原子质量表，为化学的发展奠定了重要的基础。化学由此进入了以原子论为主线的新时期。尽管道尔顿的原子论较其同时代的其他微观结构理论更为科学严谨，但由于受当时科学技术发展水平的限制，受形而上学自然观的影响，因此它仍旧存在着缺陷和错误。首先，道尔顿的原子论没有区分原子和分子；其次，在现代科学揭示了原子的内部结构之后，原子不可分割的论点显然是错误的。例如，1808 年，法国学者盖·吕萨克(G.Lussac)进行了气体反应实验提出了气体化合体积定律：在同温同压下，气体反应中各气体体积互成简单的整数比。并且利用刚刚诞生的原子论加以解释，很自然地得出这样的结论：同温同压下的各种气体，相同体积内含有相同的原子数。根据这个观点就会得出“半个原子”的结论，例如由一体积氯气和一体积氢气生成了两体积氯化氢，每个氯化氢都只能是半个原子的氯和半个原子的氢所组成，这与原子不可分割的观点直接对立，这个问题成为盖·吕萨克与道尔顿争论的焦点。为了解决这个矛盾，1811 年，意大利科学家阿伏伽德罗(Avogadro)提出了分子的概念，认为气体分子可以由几个原子组成，例如 H_2，O_2，Cl_2 都是双原子分子，并且指出：同温同压下，同体积气体所含分子数目相等。这样原子学说和气体化合体积定律统一起来了。但是，阿伏伽德罗的分子假说直到半个世纪以后才被公认。至此，近代化学总体的理论基础基本建立了，它指明：不同元素代表不同原子，原子按一定方式或结构结合成分子，分子的结构直接决定其性质，分子进一步组成物质。这个理论基础在化学的发展进程中不断深化和扩展。元素、原子、分子和原子量，也是现代化学科学中最基本的几个概念。随后，俄国学者门捷列夫(D.I.Mendeleev)等深入研究了元素的物理和化学性能随原子量递变的关系，发现了元素性质按原子量从小到大的顺序周而复始地递变的周期关系，并把它表达成元素周期表的形式。元素周期律的发现对化学的发展，特别对于无机化学的系统化，起了决定性作用。18 世纪末到 19 世纪中叶，随着采矿、冶金工业的发展，定性化学分析的系统化、重量分析法、滴定分析法等逐步完善。经典化学分析的建立和完善极大地促进了新元素的发现以及原子量的准确测定。其中，滴定分析法(如银量法、碘量法、高锰酸钾法等)至今仍有广泛的实用价值。现代的仪器分析法虽具有快速灵敏等优点，但试样的预处理及测定结果的相对标准等仍是与经典化学分析法相辅相成。有机化学的奠基和初步的系统化也在 19 世纪中期完成。1858 年，德国学者凯库勒(F .A.Kekulé)总结出碳原子为四价，由此发现了有机化合物分子中价键的饱和性和方向性，后来凯库勒又提出了苯的不饱和六边形结构，这些发现对有机化学的发展起到重要作用，至今它们仍然是有机化学最基本的概念。1885 年，德国学者拜尔(A. von Baeyer)提出了张力学说(strain theory)，用经典力学的观点解释有机化合物的稳定性。1904 年，荷兰学者范特霍夫(J. H. Von’t Hoff)提出了不对称碳原子的概念，打开了有机立体化学的大门。由此，有机化学在工业生产的迫切要求和科研工作中的不断努力之下迅速发展起来。伴随有机化学的发展而产生的有机合成化学工业，以制药业和染料业为代表，极大地改善了人们的生活、并为社会创造了巨大的财富；煤炭和石油等各种天然资源的开发和综合利用也相继向前推进。到了 20 世纪 30 年代，随着有机化学和有机合成工业的进步，世界进入了人工合成高分子材料的新时代，合成橡胶、合成纤维及合成塑料等新材料的成批生产，都是化学家的杰出贡献。

在 19 世纪前期，化学研究与物理学、数学的发展存在一定的脱离，阻碍了前进的步伐。而自 19 世纪中叶开始，运用物理学的定律研究化学体系，阐明化学反应进行的方向、程度和速率等基本问题，取得了可喜的成效，这使人们看到了物理和化学结合的重要意义，逐步形成了物理化学分支学科。到上世纪初化学家对物质的认识虽已经达到分子和原子的层次，同时总结出元素周期律，创立了研究分子立体构型的立体化学。但是，要进一步深入发展，认识化学键、元素周期律以及价键饱和性和方向性等本质问题，则有待于揭开原子结构的奥秘。在 19 世纪、20 世纪之交，物理学有了一系列的重大发现，如电子、放射性和 X 射线等，揭示了原子的内部结构和微观世界波粒二象性的普遍性，使经典力学上升为量子力学。量子力学为化学提供了分析原子和分子的电子结构的理论方法。1927 年海特勒(W.Heitler)和伦敦(F.W.London)应用量子力学方法成功地处理了氢分子中电子的运动，阐明了共价键以及它的饱和性和方向性的本质。量子力学在化学键理论研究上的应用，逐步认识了化学键的本质，对原子结合成分子的方式、依据和规律方面的研究已日趋深入和系统。近代物理学对化学的发展在理论上和实验上都提供了巨大的支持和有力的手段。在实验上，各种衍射和光谱等研究原子、分子和晶体结构的新方法层出不穷，为化学家认识原子、分子结构和性质积累了大量的实验资料及一系列有指导意义的原则。最为著名的例子是克里克(F.H.C Crick)、沃森(J.D.Watson)和威尔金斯(M.H.F Wilkins)利用 X 射线照片发现了脱氧核糖核酸(DNA)的双螺旋结构，获得了 1962 年生理和医学的诺贝尔奖。借助于近代物理学的进展，化学得到了如虎添翼般的迅速发展。不仅自然界中存在的未知元素逐一被发现，而且还在实验室中人工合成了自然界尚不存在的元素；有机化学中广泛使用了核磁共振、质谱以及红外光谱等；分析化学中的各种先进仪器已可以对痕量物质进行测定。时至今日，人们已经充分认识到利用物理学、数学以及计算机技术研究化学体系的重要性；可以说，当今化学界的一切重大进展和突破无不与先进的物理学的技术设备联系在一起。

总而言之，化学虽然作为一门独立的科学存在，但是相对于其他学科而言，是一个更为开放的研究体系，更多地运用了包括数学、物理和应用技术学科在内的一切可用的方法原理和技术手段，几乎涉及所有的自然科学分支。现实生活和工农业生产中的化学问题更是无法回避的。化学学科自身的特色则在于一方面发现、合成新的化合物，研究其构效关系，另一方面则是深入研究化学反应理论和设计化学反应的最佳过程。工业革命直接推动了近代化学的建立和发展，随着 20 世纪末 21 世纪初信息技术革命的兴起，当今化学的发展历程已进入一个崭新的阶段，最为突出的是研究内容进一步拓展，与能源科学、环境科学、生命科学和材料科学紧密结合、相互渗透；另外，计算机、激光、高分辨核磁共振、高精度质谱、扫描隧道电子显微镜等先进的仪器和设备正在被广泛地采用，化学研究的对象从此也不再局限于单个的化合物，而拓展到了更复杂的一些体系上。目前，对化学学科进行进一步的划分，除了无机化学、有机化学、分析化学和物理化学之外，出现了高分子化学、生物无机化学、生物有机化学、药物化学、固体化学、金属有机化学、激光化学、计算机化学、量子化学、表面化学等学科分支，研究目标进一步细化，针对性更强，解决生产和科研中的具体问题时，效果就更明显了。

目前，化学在生命科学和材料科学中的作用正在引起全社会的重视，下面仅从这两个方面举例介绍一些化学学科的前沿课题及其进展。

· 化学在生命科学中的应用和进展 蛋白质、核酸和糖类是生物体的三大基本要素。蛋白质掌管生物体内各种生物功能，例如酶是一类具有催化作用的蛋白质，生物体内的所有反应几乎都是由酶催化完成的；而核酸中储存着生命体的全部遗传信息，它是构造一切生物有机体的总设计师；糖不仅为生物有机体提供建筑材料和能量来源，而且还是高密度的信息载体，具有重要的细胞识别能力。研究这些生命物质的结构与功能的关系，将帮助人们从分子水平上了解生命现象的化学本质。核酸分为脱氧核糖核酸(DNA)和核糖核酸(RNA)，它的功能主要是贮存、传递和表达生物体的遗传信息。这些功能是与其结构紧密相关的，一定的结构决定了一定的功能。科学家可以利用离体的 DNA 重组技术，实现转基因动植物的产生与培育，进行基因治疗，促进有用蛋白质的生产，以及创造出能合成有重大经济价值的细菌等。这就是通常说的基因工程或遗传工程。蛋白质可以被视为一种分子机器，它可以精巧地完成生命特定的功能，例如血红蛋白的输氧功能，酶的专一性催化作用等。

自沃森和克里克等研究者发现脱氧核糖核酸的双螺旋结构以来，当代化学已经和生命科学紧密结合起来了。化学是在分子水平上研究物质运动的科学，而生命运动的基础是生物体内物质分子的化学运动。因此，揭示生命运动的规律必定以认识生物体内的物质分子的结构及其运动为前提。从化学的角度研究、揭示生命现象的本质也大体可以分为两个方面：第一，对生物大分子的结构进行测定或使用先进的有机合成方法人工合成具有重要生理活性的生物大分子。这一方面的研究已在世界范围内迅速展开、并取得了相当的进展。除沃森和克里克的工作外，肯德鲁(J.C.Kendrew)对鲸肌红蛋白质晶体的研究和帕鲁兹(M.F.Perutz)对马血红蛋白结构的测定工作，已经定出了蛋白质分子中一个个原子的空间排列模型，根据这种清晰的蛋白质分子结构，可以阐明蛋白质功能的生物活动过程的结构基础，创立了分子生物学(肯德鲁和帕鲁兹获 1962 年诺贝尔化学奖)。哈德金(D.C.Hodgkin)完成了青霉素和维生素 B_{12} 等重要生物物质晶体结构的测定(1964 年诺贝尔化学奖)，哈伯(R.Huber)等完成了绿色红假单胞菌光合作用反应中心膜蛋白的晶体结构(1988 年诺贝尔化学奖)，伍德沃德(R.B.Woodward)和霍夫曼(R.Hoffmann)研究组人工合成了具有 181 个原子、在空间呈魔毡状分布，性质极为脆弱，受强酸、强碱、高温的作用都会分解的维生素 B_{12}(1965 年诺贝尔化学奖)。这些杰出的研究工作深化了人们对生命过程的认识，考验并提升了现有的化学理论和技术，也促使了很多新兴学科的建立。化学介入生命科学研究的第二个方面就是对于复杂分子聚集体的研究，以及对于动态的生命过程的研究，此方面的研究处于起步阶段，但已有了初步的成果，如克鲁格(A.Klug)对病毒、膜、染色体和肌肉纤维等复杂分子聚集体用电子显微图重建三维图像(1982 年诺贝尔化学奖)，对生物体中的化学过程的研究目前已可以达到飞秒级(1.0×10^{-15}s)。

化学除了对生命科学中的基础问题作出贡献，也更直接地应用于医学和药学的研究之中，特别是有机化学的理论和实践直接对于临床医学的指导作用已经出现了。自 1904 年荷兰学者范特霍夫提出了手性的概念后，有机立体化学从此建立。手性是三维物体的基本属性，若一个物体不能与其镜像重合，该物体就是手性物体。在这种情况下，两种可能的形态被称为对映体，彼此互为对映。自然界中，两种化学结构完全相同、一般条件下物理和化学性质也完全相同的两个互为镜像的对映体往往同时存在，在很长的一段时间内人们并不加以区分。然而，生命体系本身是手性的，构成生命体系的生物大分子的大多数重要的构件仅以一种对映形态存在，所以对于病人服用的药物也是有手性要求的。同一药物分子的两种对映体有可能具有相等的药理活性，或者一种可能是活性的，另一种可能是无活性的甚至是有毒的。上世纪六十年代，震惊世界的“沙利度胺事件”就是由于人们对于药物的手性要求认识不足而造成的悲剧。沙利度胺(Thalidomide)是一种孕妇服用的抗呕吐的镇静类药物，上世纪中期一度在欧洲大量生产并广泛使用。后来发现，许多孕妇服用这种药物后，胎儿出现了畸形。深入研究之后，发现致畸的原因是沙利度胺(Thalidomide)本身是两种对映体的混合物(也叫外消旋体)，其中 *R*-对映体的代谢产物没有胎毒性，也不致畸，而 *S*-对映体的代谢产物既有胎毒性，也有致畸性。假如人们能及早了解这种药物有两种不同对映体且分别对应着不同的药性，就不至于产生那种灾难性的后果了(图 12-1)。

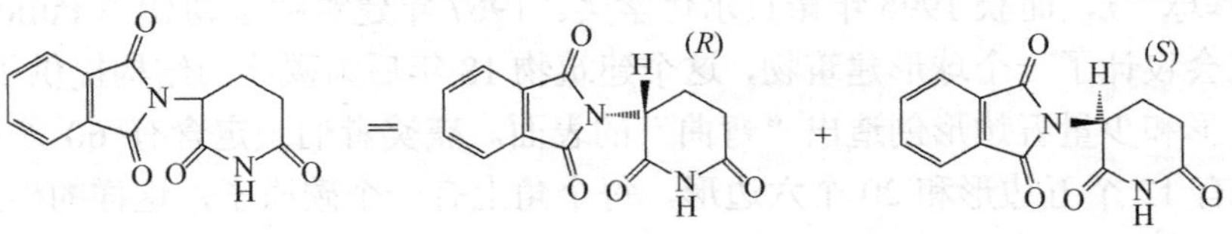

沙利度胺(Thalidomide)　　*R*-沙利度胺,无毒　　*S*-沙利度胺, 代谢产物致畸

图 12-1　沙利度胺的组成

时至今日，人们已充分认识到手性药物不可替代的必要性和优势了。例如，治疗帕金森氏病的 *L*-多巴(DOPA)就是以单一的对映体形式存在的。*L*-多巴(DOPA)本身并没有治疗帕金森氏病的活性，真正有药物活性的是 *L*-多巴脱去羧基后的无手性产物多巴胺。由于多巴胺不能跨越人体的“血脑屏障”进入作用部位，故患者需服用 *L*-多巴作为“前药”跨越“血脑屏障”，再由体内酶将 *L*-多巴催化脱羧而释放出有药物活性的多巴胺。然而，多巴脱羧酶是有立体选择性的，只对 *L*-多巴(手性碳构型为 *S*)发生脱羧作用。所以，必须服用纯的 *L*-多巴，否则，另一种 *D*-多巴可能会危险地聚集在体内，它不能被人体的酶代谢。现在，通过一系列不对称合成的方法，已经可以工业规模生产 *L*-多巴了(图 12-2)。

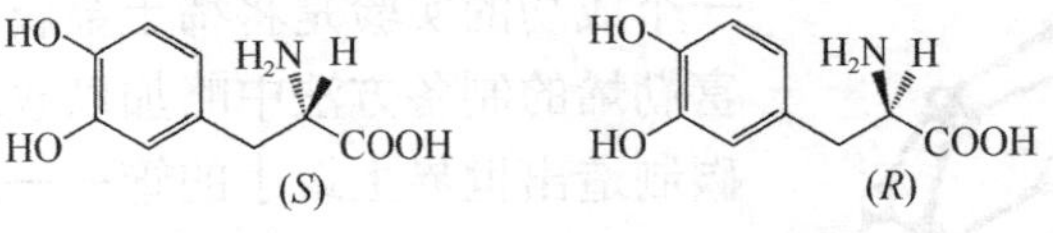

L-DOPA　　*D*-DOPA

图 12-2　*L*-多巴和 *D*-多巴

除以上两例之外，现实生产和生活中还有很多对于对映纯化合物的需求，这就有赖于有机化学等学科的深入发展。2001 年的诺贝尔化学奖授予了美国化学家沙普勒斯(K.B.Sharpless)、诺尔斯(W.S.Knowles)和日本化学家野依良治(R.Noyori)，以表彰他们在手性催化、手性合成研究方面的卓越贡献。这一领域的研究，由于紧密地和医学、药学联系在一起，和人们的医疗健康息息相关，所以得到了各国政府和学者的广泛关注和大量的设备、资金支持，具有广阔的发展前景，可以预计不久的将来还会有重大的突破出现。

· **化学和材料科学** 材料、能源和信息是国民经济的三大支柱产业，而材料则是能源和信息业的物质基础，现在几乎所有的物质生产部门都离不开材料科学的发展和进步。相对于传统的数理化学科而言，材料科学作为一门系统的学科出现的时间较晚，但发展速度很快，发现、设计与合成具有各种特殊性能的新型材料也是化学家施展才能的广阔天地。有机化学的迅猛发展催生了高分子化学，进而形成了高分子工程这一新的产业领域，创造了巨大的社会财富，也提供了很多就业机会；无机化学的深入发展，使人们认识到许多无机物原来是极好的导体或半导体，可以作为计算机等电子设备的零部件；新型的分析仪器的出现，使人们看到了长久以来使用的性能优良的材料的内部结构；物理化学和计算机化学已经可以在理论计算的基础上设计新材料了。近年来出现的智能材料、液晶材料、纳米材料、超导材料和各种各样的光电材料无不与化学家的努力紧密联系在一起。

在寻找、设计、合成新材料的进程之中，化学家也逐渐提升了对化学基础理论的认识。二十世纪最富传奇色彩的研究实例，莫过于英国学者克鲁托(H.W.Kroto)与美国学者斯莫利(R.E.Smalley)、柯尔(R.F.Carl)一起，因发现碳元素的第三种存在形式—— C_{60}(又称“富勒烯”“巴基球”)，而获 1996 年诺贝尔化学奖。1967 年建筑师富勒(R.B.Fuller)为蒙特利尔世界博览会设计了一个球形建筑物，这个建筑物 18 年后为碳族的结构提供了一个启示。富勒用六边形和少量五边形创造出“弯曲”的表面。获奖者们假定含有 60 个碳原子的簇“C_{60}”包含有 12 个五边形和 20 个六边形，每个角上有一个碳原子，这样的碳簇球与足球的形状相同。他们称这样的新碳球 C_{60} 为“巴克敏斯特富勒烯”(buckminsterfullerene)，在英语口语中这些碳球被称为“巴基球”(buckyball)。克鲁托对含碳丰富的红巨星的特殊兴趣，导致了富勒烯的发现。多年来他一直有个想法：在红巨星附近可以形成碳的长链分子。柯尔建议与斯莫利合作，利用斯莫利的设备，用一个激光束将物质蒸发并加以分析。1985 年秋，柯尔、克鲁托和斯莫利经过一周紧张工作后，十分意外地发现碳元素也可以非常稳定地以球的形状存在。他们称这些新的碳球为富勒烯(fullerene)。这些碳球是石墨在惰性气体中蒸发时形成的，它们通常含有 60 或 70 个碳原子。围绕这些球，一门新型的碳化学发展起来了。化学家们可以在碳球中嵌入金属和稀有惰性气体，可以用它们制成新的超导材料，也可以创造出新的有机化合物或新的高分子材料。富勒烯的发现表明，具有不同经验和研究目标的科学家的通力合作可以创造出多么出人意料和迷人的结果。柯尔、克鲁托和斯莫利早就认为有可能在富勒烯的笼中放入金属原子。这样金属的性能会完全改变。第一个成功的实验是将稀土金属镧嵌入富勒烯笼中。在富勒烯的制备方法中略加以改进后现在已经可以从纯碳制造出世界上最小的管——纳米碳管。这种管直径非常小，大约 1 毫微米，管两端可以封闭起来。由于它独特的电学和力学性能，将可以在电子工业中应用。在科学家们能获得富勒烯后的六年中已经合成了 1000 多种新的化合物，这些化合物的化学、光学、电学、力学或生物学性能都已被测定。今天已经有了数百项有关富勒烯的专利，但仍需探索，以使这些激动人心的富勒烯在工业上得到大规模的应用(图 12-3)。

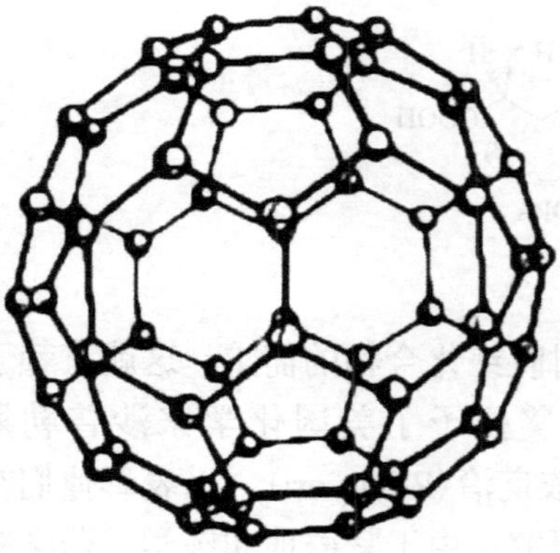

图 12-3 富勒烯 C_{60} 的结构模型

富勒烯的出现，打破了四价碳稳定的经典概念，深化了人们对物质结构的认识，证明了材料科学的发展会为化学学科注入新的活力，进而形成新的研究领域。在新材料的设计与合成研究方面，化学家与物理学家、数学家、生物学家和工程技术专家通力合作，也已取得了丰硕的成果，如常温超导材料(以氧化铜为代表)的出现，人造器官、骨骼和皮肤的产生和初步运用等等。可以预见，材料科学领域必定是未来化学延伸、拓展的方向，另一方面，新材料的发现、设计与合成也会提升、升华甚至改造现有的化学理论基础，两者是相辅相成、共同发展的关系。

设计和合成具有各种特殊性的新型材料是化学家施展才能的广阔天地。目前在新材料领域中，正在形成一个备受关注的新的分支——智能材料。智能结构常常把高技术传感器或敏感元件与传统结构材料和功能材料结合在一起赋予材料崭新的性能，使无生命的材料变得似乎有“感觉”，使被动性的功能材料向具有主动功能的机敏材料发展，这类材料将具有自诊断功能和自愈合功能等。例如在高性能的复合材料中嵌入细小的光纤材料，用于机翼制造，由于复合材料中布满了纵横交错的光纤，它们能像“神经”那样感受飞机机翼上的不同压力，通过测量光纤传输光时的各种变化，可知机翼承受的不同压力。在极端严重的情况下光纤会断裂，光传输中断，于是就能向飞行员发出事故警告。再有一种更巧妙的方法是把大量空心纤维埋入混凝土中，当混凝土开裂时，事先装有裂纹修补剂的空心纤维也会裂开，并释放出黏结修补剂，把裂纹牢牢地焊在一起，防止混凝土桥梁断裂。还有一类智能材料是仿生智能材料，它是在研究一些动物和植物活体的基础上，掌握生物所具有的特异功能，设法把这些研究成果用于智能材料的设计和制备。例如人们知道贝壳很硬而又不易摔碎，于是就去研究贝壳的结构，发现它是由许多层状的碳酸钙组成，每层碳酸钙之间夹着一层有机质，把层层碳酸钙黏在一起，贝壳之所以不易破碎是因为在一层碳酸钙中出现的裂纹不会扩张到其他碳酸钙层中去，而被中间那层柔软的有机质阻挡住了。人们从中得到启示，制造出一种不易破碎的陶瓷材料。英国 Crick W. 博士选择了碳化硅陶瓷，将其烧成薄片，然后在每片碳化硅陶瓷上涂上石墨层，再把涂有石墨层的碳化硅陶瓷层层叠起来加热挤压，使坚硬的碳化硅陶瓷黏结在石墨上。石墨和贝壳中的有机质一样，起着黏结剂作用。这样的陶瓷受到冲击力时顶多是使表面几层破碎脱落，而且表层脱掉后能把大部分能量吸收，避免整个零件破碎。试验证明，折断涂有石墨层的碳化硅陶瓷所用力量比没有石墨层结合的碳化硅陶瓷要高 100 倍。英国利用这种陶瓷材料制造了一台耐高温而不需冷却系统的陶瓷汽车发动机。可以说这是研究仿生智能材料的一个典型实例。智能材料或仿生智能材料现已成为材料科学的一个重要研究领域，各国科学家正在为此作不懈的努力。人们研究鲸和海豚的尾鳍，飞鸟的鸟翼，希望有朝一日能发现像尾鳍、鸟翼那样柔软，既能折叠又很结实的材料；研究竹子抗弯、抗裂的结构，试图将竹子的特性广泛用于飞机、火箭制造中。总之，有关智能材料的研究为化学家开辟了一个充满生机和挑战的全新领域。

化学产生于 18 世纪末，至今已有两百多年的历史。其间，化学受到各种学术思想的影响，也曾经几度陷入唯心主义和神秘论的泥潭，但是随着社会的进步和人们认识水平的提高以及数代化学工作者的不懈努力，已经发展成为一门独立的分支全面的科学，并为社会发展做出了巨大的贡献。今后化学的发展方向，必定与生产实践和实际生活更加紧密地结合在一起，如在医药业和新材料领域中，化学的作用将会越来越大。

(西安交通大学　徐四龙)

参考文献

陈虎. 1998. 现代战争所展现的新式武器. 北京：科学出版社/金盾出版社
丁勇，吴乃虎. 1994. 基因工程与农业. 北京：科学技术文献出版社
姜汤明. 1981. 生物固氮的秘密. 北京：科学出版社
林国强，陈耀全，陈新滋. 2000. 手性合成——不对称反应及其应用. 北京：科学出版社
仁仁. 2002. 化学与环境. 北京：化学工业出版社
唐有祺，王夔. 1997. 化学与社会. 北京：高等教育出版社
唐玉海. 2003. 医用有机化学. 北京：高等教育出版社
唐玉海. 2008. 大学化学. 西安：西安交通大学出版社
王镜岩，朱圣庚，徐长法. 2002. 生物化学. 第 3 版. 北京：高等教育出版社
王彦广. 2001. 化学与人类文明. 杭州：浙江大学出版社
温熙森，匡兴华. 1997. 国防科学技术论. 长沙：国防科技大学出版社
尤田耙. 1993. 手性化合物的现代研究方法. 合肥：中国科学技术大学出版社
周公度，郭可信. 1999. 晶体和准晶体的衍射. 北京：北京大学出版社
Nelson D L，Cox M M·Lehninger. 2000. Principles of Biochemistry. 3td et.， New York：Worth Publishers